Hansjürg Geiger

Auf der Suche nach Leben im Weltall

Wie Leben entsteht
und wo man
es finden kann

KOSMOS

Auf der Suche nach Leben im Weltall

Inhalt

Abb. links: Kometen bieten oft ein spektakuläres Schauspiel (hier Komet NEAT am 7. Mai 2004, aufgenommen vom 0,9-m-WYIN-Teleskop). Aber brachten Sie auch die ersten Lebenskeime auf die Erde? Neueste Forschungen lassen dies vermuten.

Danksagung

Dieses Buch wäre wohl nicht entstanden, hätten ich nicht immer wieder bei Lehrveranstaltungen und Vorträgen erfahren dürfen, wie sehr das Rätsel unserer Herkunft zu berühren vermag und wie enorm die neuesten Forschungsresultate zu diesem Thema faszinieren können. Ich danke deshalb all den Wissenschaftlerinnen und Wissenschaftlern, die uns mit ihrem oft an die Belastungsgrenzen gehendem Einsatz immer wieder neue und überraschende Einblicke in das Funktionieren der Natur bieten.

Ich hatte das große Glück, mit einigen von ihnen Kontakt zu pflegen und von ihnen profitieren zu dürfen. Speziell nennen möchte hier: Franciscus Ayala, Graham Cairns-Smith, Simon Conway Morris, Henri Descimon, David Deamer, Adam Porter, Adolf Scholl, Art Shapiro und Philippa Uwins.

Zu großem Dank bin ich auch meinem Redakteur Sven Melchert vom Kosmos-Verlag verpflichtet, der dieses Projekt überhaupt erst ermöglicht hat. Alexander Burden hat mit viel Engagement die Aufgabe übernommen, meinen Text zu lektorieren.

Meine Frau Iris war die erste Leserin. Sie und meine Tochter Martina haben mich durch alle Höhen und Tiefen begleitet. Merci!

Hansjürg Geiger,
August 2005

I

Einleitung

Es gibt zahllose Sonnen und zahllose Erden, die alle in exakt der gleichen Art wie die sieben Planeten unseres Systems um ihre Sonne kreisen. Wir sehen nur die Sonnen, weil sie die größten Körper sind und weil sie leuchten. Ihre Planeten bleiben für uns unsichtbar, weil sie kleiner sind und nicht leuchten. Die zahllosen Welten im Universum sind nicht schlechter und auch nicht weniger bewohnt als unsere Erde.

GIORDANO BRUNO, *De l'infinito, universo e mondi, 1584.*

Wegen seinen Überzeugungen wurde Giordano Bruno am Morgen des 17. Februar 1600 bei lebendigem Leib auf dem Scheiterhaufen der römischen Inquisition verbrannt.

Es war einer jener Momente, die mir mit vielen Details in Erinnerung geblieben sind. Die Sonne stand noch tief über dem Mittelmeer, brannte aber für die frühe Stunde schon merklich auf meinen Rücken und deutete einen weiteren heißen Tag an. Eine leichte Brise wehte in Richtung des Landesinneren, in der Luft lag der typische Meeresgeruch. Wir, mein Doktorvater Adolf Scholl, Professor an der Schweizer Universität Bern, und ich befanden uns einmal mehr mit einer Gruppe von Assistenten und Studierenden in Banyuls-sûr-mer am dortigen Meeresbiologischen Institut. Das Institut an der französisch-spanischen Grenze bot für unsere binnenländischen Zoologie-Studenten eine hervorragende Möglichkeit, einen Einblick in die Formenfülle des Mittelmeeres zu gewinnen und wir nutzten diese Gelegenheit während vieler Jahre regelmäßig. Es war der 8. August 1996 und ich kam gerade mit einem Kessel voller Seeigel vom felsigen Ufer zurück. Vor dem Institut traf ich eine kleine Gruppe Studenten, die lachend auf mich zukamen. Schon von weitem rief mir einer von ihnen zu: »Haben Sie es schon gehört? Es gibt Leben auf dem Mars!« »Tatsächlich«, antwortete ich, möglichst ohne mein Interesse zu zeigen, »haben euch die kleinen grünen Männchen eine Postkarte geschickt?« Ich hatte im vorhergehenden Winter in meiner Vorlesung zur Evolutionsbiologie ausführlicher über die faszinierenden Entdeckungen zur Entstehung von Leben berichtet und ging in diesem Zusammenhang auch erstmals auf die Möglichkeit von Leben auf anderen Himmelskörpern, speziell auf dem Mars, ein. Die damals schon über 20 Jahre alten Bilder der *Mariner-* und *Viking*-Sonden hatten bei den Zuhörern viel Aufmerksamkeit erweckt und mein Interesse am Mars war allseits bekannt. Ich vermutete also einen Scherz und wollte einfach weitergehen. Die Studenten hielten mich aber zurück und erzählten mir, dass in einem Marsmeteoriten Spuren von Leben und sogar sehr alte Fossilien gefunden worden seien. Ich blieb skeptisch. Schließlich war ja Sommer, ein Teil der Medien litt sicher wieder unter dem Sommerloch und vom Loch-Ness-Ungeheuer war schon lange nicht mehr die Rede gewesen. Der Morgen nahm seinen geplanten Fortgang und wir untersuchten die Seeigel im Kursraum. Wie mancher Urlauber aus eigener unangenehmer Erfahrung weiß, sind diese Tiere beim Einstieg ins Wasser an einer Felsküste häufig lästig. Ihre Stacheln brechen leicht ab und können schmerzhafte und schlecht heilende Wunden verursachen. Unter der Lupe aber sind die Tiere von einer bizarren Schönheit und zeigen eine verblüffende Vielfalt von ständig bewegten Körperanhängen, die mit ihrem zweckmäßigen Bau erstaunen.

Nach dem Seeigel-Praktikum nahm ich dann aber die erste sich bietende Gelegenheit wahr und ging zum nahe gelegenen Kiosk, um mir eine seriöse Tageszeitung zu kaufen. Und tatsächlich: Es war offenbar in der Tat ein Fund von enormer Tragweite gemacht worden. Aufgeregt kaufte ich gleich zwei Zeitungen. Bei beiden war die Titelseite dem Mars gewidmet. Die NASA hatte am Tag zuvor eine Pressekonferenz einberufen, an der das Team von David McKay der überraschten Welt die Entdeckung von möglichen Lebensspuren im vom Mars stammenden Meteoriten ALH 84001 präsentierte. In der Zwischenzeit sind die Interpretationen der Untersuchungsbefunde der NASA heftig kritisiert worden und es ist heute nach wie vor nicht entschieden, was die am Meteoriten ALH 84001 gewonnenen Daten zu bedeuten haben. Das Ereignis zeigt aber eines in aller Deutlichkeit: Wir leben in einer Zeit, in der die Fortschritte in den Methoden und den Beobachtungstechniken der Naturwissenschaften es uns erlauben, die ganz zentralen Fragen unseres Seins mit Erfolg zu untersuchen. Wo liegt die Wurzel unserer Existenz? Sind wir allein im Weltall? Gibt es anderswo Leben? Vielleicht sogar intelligentes Leben? Gibt es einen tiefen Hintergrund und Sinn für unsere Existenz? Ist dieses kalte, von harter Strahlung durchdrungene Weltall mit seinen unendlichen, fast leeren Weiten gar lebensfreundlich? Oder ist das Universum eine sinnlose Quantenfluktuation, unsere Existenz hier auf der Erde ein unglaublicher Zufall und daher in einem auch noch so großen All einmalig?

Die Antworten auf diese Fragen werden die Stellung und das Selbstverständnis von uns Menschen in einem ganz enormen Ausmaß beeinflussen. Wir haben heute, wie nie zuvor in der Menschheitsgeschichte, die Chance zu erkennen, wer wir sind und wie wir in das große Schema der Natur hineinpassen. Die modernen Naturwissenschaften sind dabei, unser Weltbild radikal zu revolutionieren. Der gewaltige Fortschritt in den letzten Jahren ist allerdings nicht nur eine Folge verbesserter Technik. Er wurde auch möglich, weil die verschiedenen Teilbereiche der Naturwissenschaften begonnen haben, ihre Kräfte gemeinsam auf ein neues Forschungsgebiet, auf die Suche nach Leben im Weltall, auszurichten. Die Wissenschaftler haben gelernt, ihre Daten mit den Resultaten von Kolleginnen und Kollegen völlig anderer Fachrichtungen auszutauschen, zu vergleichen und in einen größeren Zusammenhang zu stellen. Astronomen konferieren heute mit Biologen, Chemikern, Geologen, Klimatologen, Physikern und Technikern und finden dabei neue Wege bei der Auswertung der Ergebnisse und gelangen zu Einsichten, die weit über ihr enges Fachgebiet hinausführen. Diese Zusammenarbeit hat zur rasanten Entwicklung einer völlig neuen, alle Naturwissenschaften einbeziehenden Wissenschaft geführt, der Astrobiologie, welche die Suche nach Leben im All vorantreibt.

Die Entdeckungen der jüngsten Zeit und die sich für die nähere Zukunft abzeichnenden neuen technischen Möglichkeiten sind wahrlich atemberaubend:

▶ Astronomen haben Planeten um nahe sonnenähnliche Sterne entdeckt. Ihr Nachweis gelingt zwar immer noch meist nur indirekt, aber schon bald werden neue Riesenteleskope viel detailliertere Beobachtungen erlauben. Es wird vermutlich auch nicht mehr allzu lange dauern, bis Planeten in fremden Sonnensystemen direkt fotografiert werden können. Erste, allerdings noch recht grobe Untersuchungen der Atmosphäre weit entfernter Riesenplaneten sind bereits gelungen. Detailliertere Analysen könnten bei einigen dieser Planeten auch Hinweise auf Lebewesen liefern.

▶ Radioastronomen weisen mit ihren Antennen die Strahlung einer immer größeren Anzahl unterschiedlicher organischer Moleküle im offenen Weltall nach.

▶ Raumsonden durchqueren unser Planetensystem und funken Bilder und Messdaten zur Erde, die klar belegen, dass die gleichen einfachen Bedingungen, wie sie auf unserer Urerde zur Zeit der Entfaltung des Lebens herrschten, heute auch auf anderen Himmelskörpern vorhanden sind oder in der Frühzeit des Planetensystems vorhanden waren.

▶ Astrobiologen nutzen diese Erkenntnisse in Simulationsexperimenten und zeigen, wie biologisch wichtige Moleküle sogar unter Weltallbedingungen entstehen können.

▶ Mikrobiologen sind auf der Suche nach Kleinstorganismen, die auch in extremsten Lebensräumen existieren können und finden bei vielen Bakterien erstaunliche Anpassungsleistungen, die den Mikroben vielleicht geholfen haben, auf der jungen Erde Fuß zu fassen.

▶ Die Wissenschaftler des Projekts SETI (Search for Extraterrestrial Intelligence) suchen mit den größten Radioteleskopen und mit der Unterstützung von Millionen privater Computerbesitzer nach Funksignalen fremder Intelligenzen.

Diese und viele andere Entdeckungen und Entwicklungen der neueren Zeit haben in der Bevölkerung, aber auch bei Wissenschaftlern, eine optimistische Grundstimmung ausgelöst. In unserer Kultur breitet sich allmählich das Gefühl aus, dass wir nicht allein im Weltall sind und der Nachweis von Leben außerhalb unseres Planeten nur noch eine Frage der Zeit ist. Science-Fiction-Geschichten in Film und Fernsehen, in Büchern und Zeitschriften lassen die riesigen Distanzen im Weltall vergessen und vermitteln den Eindruck, auch die Transportprobleme seien irgendwie lösbar. Der Mensch ist in solchen Geschichten bereits Mitglied einer intergalaktischen Kultur oder gerade dabei, ein solches zu werden. Großzügig wird über die Tatsache hinweggegangen, dass zwar gewaltige Fortschritte gemacht worden sind, wir aber bisher noch kein außerirdisches Leben, auch keine noch so primitive Mikrobe, eindeutig nachgewiesen haben. Und wenn wir ehrlich sind, müssen wir Naturwissenschaftler auch zugeben, dass das Phänomen Leben und seine Entstehung als Ganzes noch längst nicht ausreichend verstanden ist, auch wenn wir heute sehr viele und entscheidende Teilprozesse recht gut nachvollziehen können. Leben ist nach wie vor rätselhaft und der Weg von der toten Materie zum ersten primitiven Organismus unklar.

Die Menschen aller Kulturen haben immer wieder über ihre Position in der Welt nachgedacht und Modelle entwickelt, um dem Unbegreiflichen das Unheimliche zu nehmen. Sie mussten sich dabei – speziell im westlichen Kulturkreis – mit einer Welt auseinander setzen, die ständig größer wurde. Das wahre Ausmaß des Kosmos begannen die Wissenschaftler aber erst in den 1920er Jahren zu erahnen, als Edwin Hubble mit Hilfe des damals neuen 2,5-Meter-Teleskops auf dem Mount Wilson im Andromedanebel veränderliche Sterne nachwies und mit ihrer Hilfe die Entfernung von der Erde bestimmte. Die Distanz, die Hubble damals zum Andromedanebel berechnete, 900 000 Lichtjahre, zeigte ganz klar, dass dieses spiralförmige System weit außerhalb unserer Milchstraße liegen musste und damit eine eigene riesige Anhäufung von Sternen bildete. Mit dieser Entdeckung Hubbles wurde gleichzeitig auch die wahre Natur der zahllosen anderen »Spiralnebel« geklärt, die damals schon bekannt waren. Auch sie sind Milchstraßen, Galaxien wie die unsere; sie alle sind Welteninseln in der Unendlichkeit des fast leeren Weltraums und umfassen oft mehrere Hundert Milliarden Sterne.

Die von Hubble errechnete Distanz zum Andromedanebel erwies sich allerdings schon bald als zu klein; heute geht man von der fast dreifachen Entfernung aus. Aber trotz dieses riesigen Abstandes muss das Andromedasystem als unser Nachbar und als Mitglied der so genannten lokalen Gruppe betrachtet werden. Die lokale Gruppe ist eine relativ kleine Anhäufung von etwa 30 meist kleineren Galaxien, die zusammen mit anderen ähnlichen Gruppen den »lokalen

Haufen« bilden. Dieser wiederum ist Teil einer nochmals viel größeren Struktur, dem »lokalen Superhaufen«.

Die Bezeichnung deutet es schon an, mit dem »lokalen Superhaufen« sind die Grenzen des Weltalls noch längst nicht erreicht. Die modernen Großteleskope und nicht zuletzt das zu Ehren von Edwin Hubble getaufte Weltraumteleskop haben uns in den letzten Jahren klar gemacht, dass das Weltall viel größer ist, und unser Superhaufen nur eine von zahllosen ähnlichen riesigen Anhäufungen von Galaxien darstellt. Zwischen den Superhaufen öffnen sich fast unendlich erscheinende Leerräume. Räume, für deren Durchquerung das Licht oft mehr als 100 Millionen Jahre benötigt. Und langsam beginnen wir zu ahnen, dass wir mit dem uns sichtbaren Weltall nur einen winzigen Teil des ganzen Universums beobachten können. In diesem unfassbar riesigen Weltall mit seinen Trillionen von Sternen findet sich der moderne Mensch auf dem Planeten Erde; dem einzigen Planeten den er mehr oder weniger gut kennt, und der von Leben nur so wimmelt. Sollte dieser Planet im ganzen beobachtbaren Teil des Universums der einzige Lebensträger sein? Oder deutet nicht gerade die Existenz von Leben auf der Erde und die Geschwindigkeit, mit der es sich auf der jungen Erde entwickelte, auf eine viel allgemeinere Erscheinung hin? Können oder müssen wir folgern, dass die Naturgesetze, die das Leben auf der Erde sich entwickeln ließen, auch auf anderen Himmelskörpern Leben erlauben, ja vielleicht sogar erzwingen?

Tatsächlich besitzen die fundamentalen Kräfte der Natur Werte, die für die Existenz von Leben geradezu auffällig richtig sind. Wäre z. B. die Gravitationskonstante G nur etwas stärker, so könnten sich nur kurzlebige, heiße, blaue Sterne bilden, die alles Material in ihrer Umgebung aufsaugten und die Bildung von Planeten nicht zuließen. Wäre G aber nur wenig schwächer, würde die Gravitationskraft nicht ausreichen, Sterne vom Typ unserer Sonne mit Planetensystemen zu bilden. Das Gleiche gilt auch für die anderen Naturkonstanten, die mit anderen Werten keine stabilen Atome und keine chemischen Bindungen zuließen und damit den Aufbau von Molekülen unmöglich machten. Wichen in unserem Universum also die Werte für die Naturkräfte nur leicht von den tatsächlich beobachteten Größen ab, so wäre Leben und damit der Mensch nicht möglich. Diese Erkenntnis ist als schwaches anthropisches Prinzip bekannt geworden und in dieser Form kaum bestritten. Andere, stärkere Formen des anthropischen Prinzips gehen viel weiter, bis hin zur Behauptung, die physikalischen Grundkonstanten des Universums seien von einem höheren Willen so aufgestellt worden, dass menschliches Leben entstehen musste.

Gibt es also ein höheres Wesen, einen Gott, der sich eine Natur geschaffen hat, die intelligente Lebensformen erzeugt? Hatte dieser Schöpfer, wenn er denn zumindest eine belebte Welt erschaffen wollte, bei seinem Schöpfungsakt überhaupt eine Wahl bei der Festlegung der Naturgesetze? Das anthropische Prinzip, auch in seiner schwachen Form, scheint Leben auf anderen Himmelskörpern zumindest nicht auszuschließen und ist damit ein weiterer Grund für die gegenwärtige positive Grundstimmung bei der Suche nach Leben. Diese Suche verläuft heute auf zwei verschiedenen Wegen.

▸ In einem ersten Ansatz versuchen Wissenschaftler und Techniker mit großem Aufwand, einen direkten Beweis für außerirdisches Leben zu finden. Es sind Raumsonden zum Mars und zu den Jupiter- und Saturnmonden unterwegs oder geplant, die mit ausgeklügelten Instrumenten Lebensspuren nachweisen sollen. Der Drang, speziell den Mars nicht nur mit Robotern, sondern auch mit Astronauten zu besuchen, wird immer stärker und kann zum gegenwärtigen Zeitpunkt hauptsächlich mit der Suche nach Leben gerechtfertigt werden. Neue Riesenteleskope, die wie der *Terrestrial Planet Finder* auch im erdnahen Weltall stationiert werden sollen, werden im Licht der fernen erdähnlichen Planeten nach Spuren von Leben fahnden. Und noch immer hoffen alle an den verschiedenen SETI-Projekten beteiligten Wissenschaftler und Techniker, den einen, alles verändernden Funkspruch aus dem Rauschen der galaktischen Radiowellen herausfiltern zu können.

▸ Auf dem zweiten Weg versucht ein Heer von Forschern verschiedenster Fachrichtungen, die Wahrscheinlichkeit für Leben auf anderen Himmelskörpern zu schätzen. Dazu sammeln sie Daten aus allen Bereichen der Naturwissenschaften und vereinen sie zu einem neuen, kosmischen Bild des Lebens. Astronomen beobachten in riesigen Gas- und Staubwolken die Bildung neuer Sterne und Planetensysteme und suchen mit immer besseren Instrumenten und ständig raffinierteren Computerprogrammen nach Planeten um ferne Sonnen. Bereits sind erste Planeten in der »lebensfreundlichen« Zone um fremde Sterne entdeckt worden. Biologen und Biochemiker untersuchen, was denn Leben eigentlich ist, wie es entstanden sein könnte und unter welchen, teils extremen, Umweltbedingungen Lebewesen existieren und gedeihen. Sie nutzen die Erkenntnisse der Geologen, Astronomen und Klimatologen und versuchen zu enträtseln, wie sich unter den Verhältnissen auf der Früherde die für Leben im irdischen Sinne notwendigen Grundstoffe bilden konnten. In Laborexperimenten werden diese Bedingungen simuliert und mögliche chemische Reaktionswege beobachtet. Einige Forscher gehen noch einen Schritt weiter und testen, ob solche chemischen Reaktionen nicht auch im freien Weltall ablaufen könnten. Selbst der Versuch, Leben im Labor künstlich zu erschaffen, ist heute kein Tabu mehr. Dieses Buch berichtet über die faszinierenden Entdeckungen der Naturwissenschaftler aller Fachgebiete. Ihre Arbeit ist von Erfolgen und Fehlschlägen gekennzeichnet und gleicht der Arbeit von Detektiven auf der Suche nach der Wahrheit. Es ist eine Arbeit an der Grenze des heute technisch Machbaren, die oft genug einen hohen finanziellen Aufwand erfordert und den beteiligten Menschen viel Geduld und harten Einsatz abverlangt. Der Lohn dieser Mühen ist aber gewaltig. Wir sind dabei, unsere Stellung im Weltall besser zu verstehen und der Lösung des Rätsels unserer bewussten Existenz näher zu kommen. Wir, oder künftige Generationen, werden entweder erleben, dass der Kontakt mit außerirdischen Lebensformen hergestellt wird, oder erkennen müssen, wie absolut allein der Mensch in der Leere des Alls ist. In diesem Sinne bedeutet die Suche nach Leben auch einen Aufbruch des Menschen in eine ganz neue Dimension. Es ist ein Aufbruch ins Ungewisse, bei dem es um die ganz fundamentalen Fragen der Menschheit geht. Wir müssen uns allerdings auch fragen, ob die Menschheit mit ihren so verschiedenen Kulturen auf die möglichen Antworten auf diese uralten Fragen vorbereitet ist.

II

Leben auf der Erde

2.1

Wonach wir suchen

Wenn ich aus dem Fenster meines Arbeitszimmers blicke, sehe ich draußen eine grüne Wiese, Bäume und Häuser. Die Entscheidung, welche dieser Dinge in meinem Blickfeld leben und welche tot sind, fällt mir auf den ersten Blick sehr leicht. Selbstverständlich lebt die Krähe, die auf der Wiese immer wieder nach etwas pickt, und selbstverständlich lebt der Nussbaum, auch wenn er unbewegt dasteht und im Moment keine Blätter trägt. Ebenso klar ist auch, dass die Ziegel auf dem Dach des nahen Bauernhofs nicht leben, ebenso wenig wie die fahrenden Autos auf der Straße und die abgebrochenen Zweige, die schon seit dem vergangenen Winter unter dem Nussbaum liegen. Wenn ich nun als Biologe begründen soll, weshalb ich den Nussbaum als Lebewesen anerkenne, die auf dem Grasboden liegenden Zweige aber nicht, so muss ich weit ausholen und werde mich sehr rasch auf mein »Wissen« berufen. Ich weiß, dass die jetzt noch sehr kleinen grünen Spitzen der Knospen an den Zweigen oben im Baum in den nächsten Tagen größer werden und der Baum bald neue Blätter tragen wird. Ich weiß von den zahllosen chemischen Prozessen, die in den Zellen der Knospen ablaufen und die für das Wachstum und die Vermehrung der Zellen benötigten Stoffe aufbauen. Ich habe gelernt, dass in den Blattzellen Licht aufgenommen wird und Elektronen durch die im Licht enthaltene Energie »bewegt« werden und damit die Speicherung der Lichtenergie beginnt. Es ist diese Lichtenergie, die von den Zellen in eine chemisch nutzbare Form umgewandelt und für den Aufbau von Zellorganellen, Membranen und neuen Zellwänden eingesetzt wird. Kurz, es laufen in allen Teilen des Baumes äußerst komplexe Vorgänge ab, welche die Pflanzenphysiologen mit ihren hoch gezüchteten Nachweismethoden aufdecken können, die aber für unsere Sinnesorgane nicht erkennbar sind. In den toten Zweigen am Boden sind noch im letzten Herbst exakt die gleichen Prozesse abgelaufen. Jetzt sind fast nur noch die Zellwände dieser einst unglaublich aktiven Zellen vorhanden. Was noch übrig ist, zerfällt langsam und wird von Schimmelpilzen, Bakterien, Insektenlarven und anderen auf Holz spezialisierten Lebewesen weiter abgebaut. Der Übergang vom lebenden zum toten Zweig beinhaltet also zumindest den Verlust der geordneten Vorgänge im Inneren der Zelle. Sobald diese biochemischen Prozesse nicht mehr ablaufen, beginnen die Moleküle in den Zellen zu zerfallen – die Zelle ist schnell nur noch eine leere Hülle, sie ist tot.

Ist der Nussbaum also nur eine, wenn auch unglaublich komplexe und komplizierte, chemisch-physikalische Maschinerie? Die Beantwortung dieser Frage ist nur vordergründig einfach und fällt noch schwerer, wenn Mikroorganismen in die Betrachtung einbezogen werden. Was ist der Unterschied eines Lebewesens zu einer Maschine? Ein modernes Verkehrsflugzeug ist ebenfalls ein ungeheuer komplexes System, es wird aber kaum jemandem einfallen, dieses technische Gerät als lebendig zu bezeichnen. Braucht es eine zusätzliche Qualität, möglicherweise eine geheimnisvolle, uns nicht zugängliche Lebenskraft, gewissermaßen eine »Psyche« oder eine »Seele«, die den Lebewesen ihre besonderen Eigenschaften verleiht?

Bevor wir diese Frage weiterverfolgen können, sollten wir uns zunächst einige Gedanken über die besonderen Eigenschaften von Lebewesen machen. Der Zugang fällt uns wahrscheinlich leichter, wenn wir Tiere betrachten. Tiere, insbesondere Säugetiere, zeigen sehr viel mehr und vielfältigere Reaktionen als jede Pflanze. Säugetiere leben oft in Sozialverbänden, sie pflegen Beziehungen untereinander, sie ziehen Junge auf, die sie oft unter Gefährdung des eigenen Lebens gegen Angreifer verteidigen, sie entwickeln Strategien, um möglichst erfolgreich Nahrung zu finden, sie kooperieren mit Artgenossen und oft auch mit anderen Arten und erreichen dadurch gegenseitige Vorteile. Je näher verwandt diese Tiere mit uns sind, desto leichter fällt es uns auch, ihre Körpersprache zu »lesen«. Die Mimik der Schimpansen erinnert oft stark an unsere eigenen Reaktionen und wir sind versucht, hinter diesen »Signalen« Gefühle und Empfindungen aus unserem eigenen Erleben, wie z. B. Lust, Angst und Schmerz, zu vermuten. Wir schreiben diesen Tieren ebenso wie uns »Erleben« und damit »Leben« zu. Unsere Erfahrungen mit uns selbst zeigen uns, dass mit diesem »Leben« sehr viel mehr verbunden ist, als die Deckung unmittelbarer Bedürfnisse oder die simple Beantwortung einfacher Reize. »Leben« beinhaltet für uns auch die Möglichkeit, nach unserem Willen Entscheidungen zu treffen. Unser Bewusstsein und das Denkvermögen erlauben es uns, über die Welt zu reflektieren und Hilfsmittel zu erfinden, die uns den Vorstoß in Bereiche ermöglichen, die unseren Sinnen normalerweise verborgen sind. Einige von uns sind fähig, akustische Schwingungen in einer so meisterhaften Art zu modulieren, dass in uns beim Empfang dieser Signale Gefühle von höchster Intensität ausgelöst werden. Anderen Künstlern gelingt es, Bilder zu gestalten, bei deren Anblick wir den Eindruck haben, die Empfindungen des Malers nachvollziehen zu können. Es erscheint schwierig, all diese Aspekte unseres Lebens nur auf komplexe biochemische Vorgänge zurückführen zu wollen. Der Begriff »Leben« beinhaltet für uns sehr viel mehr als die Interaktionen zahlloser Moleküle. Wir kennen kein vergleichbares künstlerisches oder technisches Schaffen bei anderen Tierarten. Auch wird uns tierisches Leben immer fremdartiger, je geringer der Verwandtschaftsgrad einer Art mit uns ist. Wir können zwar erkennen, dass auch eine Qualle auf Umweltreize reagiert. Ihr Repertoire an Lebensäußerungen ist jedoch vergleichsweise klein – aber noch immer viel komplexer als das eines Baumes – und besteht vorwiegend aus einfachen Reizbeantwortungen. Solche, manchmal durchaus auch erstaunliche Reaktionen auf Umweltveränderungen zeigen auch Einzeller und Mikroorganismen unter dem Mikroskop. Wimpertierchen können gefährliche Stoffe im Wasser erkennen und weichen ihnen aus; Bakterien schwimmen in einem Sauerstoffgefälle in die Richtung der höheren Konzentration; das Augentierchen *Euglena*, ein winziger Einzeller, erkennt Licht und schwimmt auf die Lichtquelle zu.

Die Unterschiede in den Lebensäußerungen, welche die verschiedenen Arten von Lebewesen zeigen, sind fließend. Dies ist für mich einer der Gründe, weswegen die Definition von Leben so schwierig ist. Wie kann man die Leistungen des menschlichen Bewusstseins mit den Lebensäußerungen eines Bakteriums oder eines Baumes in einer Begriffserklärung vereinen? Vielleicht machen wir uns eine solche Definition aber auch unnötig schwer, weil wir Leben auch heute noch viel zu sehr von unserer eigenen, menschlichen Warte aus beurteilen. Wir geraten so in Versuchung, mit dem Begriff Leben auch gleich unser Bewusstsein erklären zu wollen und stehen mit diesem Unterfangen vor einem zweiten großen Rätsel und Definitionsproblem. Leben ist aber auch ohne ein Bewusstsein möglich. Es ist nicht notwendigerweise an ein hoch entwickeltes Nervensystem gebunden, welches die Welt erkennt. Ein Bakterium wird wohl von fast allen Zeitgenossen als lebend anerkannt, es besitzt aber keine Strukturen, die ihm ein auch noch so einfaches Bewusstsein im menschlichen Sinne ermöglichen könnten. Es stellt sich also die Frage, welche Eigenschaften ein Lebewesen minimal erfüllen muss, um von uns als lebender Organismus erkannt und anerkannt zu werden. Diese Frage wird ganz zentral und erhält immense Bedeutung, wenn wir nach außerirdischem Leben suchen wollen.

Angesichts der Unmöglichkeit, eine einzige, klare Definition für »Leben« geben zu können, haben die Biologen schon seit längerem einen Katalog von Kriterien für das Phänomen »Leben« zusammengestellt. Es sind Eigenschaften, die alle auf »Leben« hinweisen, vor allem in ihrer Kombination, die aber einzeln für sich genommen durchaus auch von toten Gegenständen erfüllt sein können. Auch was die Gewichtung der einzelnen Merkmale betrifft, herrscht unter den Wissenschaftlern keineswegs Einigkeit:

▶ **Stofflichkeit.** Lebewesen sind abgegrenzte Systeme, die aus einer unüberschaubaren Fülle chemischer Stoffe bestehen. Chemische Stoffe und die Elemente, aus denen diese Stoffe bestehen, sind also eine wesentliche Voraussetzung für Leben. Leben ohne Stoffe ist zwar theoretisch vorstellbar,[1] es ist aber konzeptionell den Naturwissenschaften verschlossen und bildet keinen Gegenstand dieses Buches.

▶ **Stoffwechsel und Energieumsatz.** Lebewesen brauchen zur Aufrechterhaltung ihrer Lebensfunktionen Stoffe, die sie aus der Umgebung aufnehmen, in sich einbauen und umwandeln. Dabei werden in oft langen und komplexen chemischen Reaktionsketten neue Stoffe aufgebaut, die für die Lebenserhaltung notwendig sind. Die Energie für diese Reaktionsketten wird aus der Umgebung aufgenommen, z.B. aus dem Sonnenlicht, oder wird durch Abbau von Nährstoffen freigesetzt. Diese Energie muss als »freie«, d.h. nutzbare Energie zugänglich sein. Nicht verwertbare Stoffe, Abfälle und giftige Restprodukte der chemischen Vorgänge werden ausgeschieden. Damit verändert jeder Organismus die chemische Zusammensetzung seiner Umwelt, außer er befindet sich gerade in einem inaktiven Dauerstadium. Die Atmosphäre der Erde enthält z.B. nur deswegen Sauerstoff, weil dieses Gas als Abfallprodukt der Photosynthese ausgeschieden wird.

▶ **Komplexität.** Im Lichtmikroskop erscheint uns eine Bakterienzelle äußerst einfach aufgebaut. Meist ist nicht mehr als ein kleines Stäbchen oder eine kleine Kugel zu erkennen. Dieser Eindruck täuscht aber gewaltig. Auch die einfachsten Bakterien sind von einer überwältigenden, hoch organisierten Komplexität. Unsichtbar auch für unsere besten Elektronenmikroskope laufen in jedem Mikroorganismus gleichzeitig und perfekt aufeinander abgestimmt unfassbar viele chemische Prozesse ab. Es ist wohl diese organisierte Komplexität, die ein Lebewesen klar von nicht lebenden Systemen unterscheidet. So nimmt z.B. auch ein Feuer Stoffe auf, verändert sie und scheidet sie aus. Der Unterschied zwischen einem Lebewesen und einem Feuer liegt in der relativen Einfachheit der Vorgänge im Feuer, die im Wesentlichen ungesteuert und vom Zufall bestimmt ständig in sehr ähnlicher Art ablaufen. Im Gegensatz dazu wird alles, was in einer Zelle geschieht, durch eine Befehlszentrale gelenkt, koordiniert und kontrolliert. Jede einzelne Reaktion hat eine ganz bestimmte Aufgabe im Dienste der Funktion der Zelle. Sobald Teile dieser Reaktionsketten unterbrochen werden, verliert eine Zelle ihren Zusammenhalt, zerfällt und wird damit wieder zu toter Materie.

▶ **Eigenständigkeit.** Als Kinder haben wir uns häufig den Spaß gemacht, einen Maikäfer hoch in die Luft zu werfen und zu beobachten, wie er noch in der Luft die Flügel entfaltete, den Absturz elegant auffing und davonflog. Das gleiche Experiment mit einem toten Käfer oder einem Stein bringt ein völlig anderes Resultat. Ein toter Gegenstand beschreibt eine nach den Gesetzen der Physik berechenbare Flugbahn und landet an einer im Prinzip vorhersagbaren Stelle. Der lebende Maikäfer ist zwar auch den Gesetzen der Physik unterworfen, er ist aber im Rahmen dieser Gesetze in der Lage, zu tun, wie ihm beliebt. Er besitzt gewissermaßen eine innere Freiheit, die ihm Wahlmöglichkeiten eröffnet und ihm erlaubt, einen Landeplatz zu wählen. Auch ein Baum besitzt diese innere Freiheit, die ihm ein individuelles Wachstum der Äste, Zweige und Wurzeln ermöglicht und die auch einen Klon nicht zu einem identischen Baum auswachsen lässt. Selbstverständlich wirken Steuermechanismen, die diese innere Freiheit einschränken und sie nicht beliebig machen. Vielleicht steht hinter ihr auch ein tieferes Naturgesetz und sie ist eine Folge von Quantenvorgängen[2] und damit durch physikalische Prozesse gesteuert. Sicher aber ist sie eine Eigenschaft, die in dieser Form von keinem unbelebten Gegenstand gezeigt wird.

▶ **Vermehrung.** Lebewesen können sich durch eine ganze Anzahl von Methoden vermehren. Ein Bakterium teilt sich, wenn es genügend Nährstoffe aufgenommen hat; ein Hohltier kann Teile von sich abtrennen, aus denen Quallen entstehen; Tiere und Pflanzen haben eine verblüffende Vielfalt von Formen der geschlechtlichen Fortpflanzung entwickelt. Vermehrung ist allerdings nicht ausschließlich auf Lebewesen beschränkt, auch das vorhin schon erwähnte Feuer kann sich aufteilen und neue Brandherde bilden. Typisch für Lebewesen ist jedoch, dass bei der Vermehrung auch der Vermehrungsapparat und das Programm für die Bildung neuer, ähnlicher Organismen, kopiert und weitergegeben wird. Ich werde darauf im folgenden Kapitel ausführlicher eingehen. Die nächsten beiden Erkennungsmerkmale für Leben, der Besitz von Erbinformation und deren Veränderbarkeit, hängen direkt mit der Vermehrung zusammen und sind für Leben, wie wir es kennen, einmalig.

▶ **Erbinformation.** Das Programm, das bei der Vermehrung mitgegeben wird und welches den Bau, die Funktionen und den Unterhalt eines Lebewesens steuert, ist in einem extrem langen, fadenförmigen Molekül, der Desoxyribonukleinsäure (DNS), in jeder Zelle gespeichert. Dieses Molekül ist in einzelne sinnvolle Abschnitte, die Gene, gegliedert, die jeweils die Information für ein bestimmtes Erbmerkmal enthalten. Die DNS wird bei jeder Zellteilung kopiert, an die neue Zelle weitergegeben und so von den Eltern auf die Nachkommen übertragen. Bei vielzelligen Lebewesen, wie Pflanzen und Tieren, haben die Zellen in der Regel eine Spezialaufgabe. Sie funktionieren z. B. als Muskelzelle oder als Blutkörperchen. Der Kern der Zellen enthält aber nicht nur die Information, welche die Zelle selbst benötigt, sondern die vollständige Erbinformation für den ganzen Organismus. Daher ist es zumindest im Prinzip möglich, aus dem Kern einer beliebigen Zelle die ganze Bau- und Funktionsanleitung eines Lebewesens zu gewinnen. Die Biotechnologie nutzt diese Erkenntnis, um Lebewesen zu klonen.

▶ **Wandelbarkeit.** Das Kopieren der Erbinformation erfolgt mit einer fast unglaublichen Präzision. Diese Genauigkeit ist notwendig, um die Funktionsfähigkeit des betreffenden Lebewesens zu erhalten. Die Gefahr, dass Fehler bei der Weitergabe der Erbinformation das feine Zusammenspiel aller Teile eines Organismus stören könnten, ist enorm groß. Viele Erbkrankheiten, auch beim Menschen, entstehen nur deswegen, weil in einem einzigen Gen ein einziger »Buchstabe« fehlt oder vertauscht ist. Trotz der drohenden Nachteile ist eine absolute Präzision beim Kopieren der Gene für eine Art aber nicht ideal, ja, sie bedroht sogar deren Existenz. Ohne gelegentliche Fehler könnten keine neuen Erbmerkmale entstehen, es wären keine Anpassungen an sich verändernde oder neue Umweltbedingungen möglich und es könnten sich auch keine neuen Arten entwickeln. Zudem wären wir alle biochemisch völlig einheitlich, was es dem Immunsystem unmöglich machen würde, eigene von fremden Zellen zu unterscheiden. Wir wären hilflos jedem Krankheitserreger ausgeliefert. Jede Art muss also Fehler beim Kopieren der Erbinformation in Kauf nehmen. Sie trägt dafür die »Kosten« in Form von nicht lebensfähigen Individuen, gewinnt aber auch einen Nutzen durch zufällig an neue Gegebenheiten angepasste Artgenossen. Diesen Anpassungsvorgang können Mikrobiologen in einem relativ einfachen Experiment oft direkt im Labor beobachten. Wird eine große Bakterienkultur mit einem beliebigen Antibiotikum behandelt, so gehen dabei fast alle Bakterien zu Grunde. Immer wieder aber überlebt eine der vielen Millionen Mikroben. Sie kann in dieser Umgebung, mit einem für ihre Artgenossen tödlichen Gift, überleben, weil sie zufällig ein Merkmal besitzt, welches ihr erlaubt, das Antibiotikum unschädlich zu machen. Das neue Gen verleiht ihr damit Resistenz. Da dieses Gen im Erbmaterial des Bakteriums fixiert ist, wird es auf die Nachkommen übertragen; das Bakterium wird damit zum Ahnen eines ganzen resistenten Stammes.

Diese Liste von Merkmalen mag verwirrend lang und kompliziert erscheinen, sie zeigt aber eines ganz deutlich: Es gibt kein einfaches Merkmal für das Leben, es gibt kein »Lebensmolekül«, dessen Vorhandensein einen Gegenstand als Lebewesen auszeichnet, auch wenn wir uns ausschließlich auf irdisches Leben beschränken. Wenn wir Leben nachweisen wollen, müssen wir nach Gegenständen suchen, die eine gewisse Eigenständigkeit aufweisen und die fähig sind, komplexe chemische Reaktionsketten aufrechtzuerhalten und sich zu vermehren. Diese Eigenschaften haben auch eine nützliche Seite, wenn wir einen unbekannten Gegenstand auf Leben untersuchen wollen, denn die meisten der aufgeführten Eigenschaften sind relativ einfach und mit vernünftigem Aufwand erkennbar.

Die amerikanische Weltraumbehörde NASA hat eine andere, kurze Definition für Leben in ihr Astrobiologie-Projekt geschrieben. Leben ist danach »ein sich selbst unterhaltendes chemisches System, welches fähig ist, eine Evolution im Sinne Darwins durchzuführen«. Meiner Meinung nach ist diese Definition nicht nur zu stark vereinfachend, sondern für ein Programm, das nach fremden Lebensformen suchen will, auch ziemlich unpraktikabel. Es ist schon auf unserer Erde schwierig und vor allem zeitaufwendig, Evolution von Lebewesen direkt zu beobachten. Wie viel schwieriger muss dieser Nachweis erst auf einem fremden Himmelskörper, mit uns völlig unbekannten Lebensformen zu führen sein.

Der französische Philosoph Henri Bergson (1859–1941) konnte sich nicht mit solchen materialistischen Erklärungen für das Phänomen Leben zufrieden geben. Er brachte den Gedanken des *élan vital* hervor, einer geheimnisvollen »Lebenskraft«, die der Materie ihren

Willen aufzwingt und sie damit »belebt«. Die Wurzeln seiner Lehre, des so genannten Vitalismus, reichen allerdings viel weiter zurück und selbst Naturwissenschaftler haben lange Zeit an eine geheimnisvolle Kraft geglaubt, die für das Phänomen Leben verantwortlich sei. Dieser Lebenskraft wurde die Fähigkeit zugeschrieben, den Lebewesen ihre außerordentlichen Eigenschaften zu ermöglichen. Da die Lebenskraft über den normalen physikalisch-chemischen Gesetzen stehen müsste, wäre sie mit naturwissenschaftlichen Methoden nicht zu untersuchen und das Phänomen Leben damit den Naturwissenschaften nicht zugänglich. Dieser Glaube ging so weit, dass die Chemiker annahmen, die Stoffe in den Lebewesen könnten außerhalb von Lebewesen nicht aufgebaut werden. Die Unterteilung der Chemie in eine organische und eine anorganische Richtung spiegelt diesen alten Glauben auch heute noch wider, auch wenn sie in unserer Zeit aus ganz anderen Gründen aufrechterhalten wird.

Einen ersten Schlag mussten die Vorläufer der Vitalisten 1828 erleben, als es Friedrich Wöhler gelang, einen organischen Stoff (Harnstoff) aus nicht-organischen Ausgangsstoffen herzustellen. Wöhler hatte mit dem Harnstoff nicht einfach eine weitere Substanz im Labor erschaffen, sondern er konnte zeigen, dass an der Bildung eines organischen Moleküls kein Lebewesen beteiligt sein musste und völlig »normale« chemische Vorgänge für diese Synthese ausreichten. Wöhler war sich der Bedeutung seiner Entdeckung sehr wohl bewusst und meldete sie in einem Brief seinem Freund Berzelius mit den Worten: *»Ich kann sozusagen mein chemisches Wasser nicht halten und muss Ihnen schreiben, dass ich Harnstoff machen kann, ohne dazu Nieren oder überhaupt ein Tier, sei es Mensch oder Hund, nötig zu haben. Der Harnstoff erwies sich als identisch mit Pisseharnstoff, den ich in jeder Hinsicht selbst gemacht habe«* [...][3]

Die Grenze zwischen der Welt der organischen und anorganischen Stoffe war damit ein erstes Mal überschritten und die Biochemie begann ihren beispiellosen Triumphzug. Mit jedem weiteren Fortschritt in der Erforschung der grundlegenden biologischen Vorgänge wurde der Vitalismus immer weiter zurückgedrängt. Diese Beobachtung hat Francis Crick[4], Nobelpreisträger und Miterforscher der DNS-Struktur, schon 1966 zu der Bemerkung veranlasst, der größte Feind des Vitalismus sei exaktes Wissen, weil der Vitalismus vor den Tatsachen nicht bestehen könne. Crick identifizierte damals zwei Hauptbereiche, in denen der Vitalismus noch überdauert hätte, nämlich die Entstehung von Leben und das Phänomen »Bewusstsein«. Tatsächlich bestehen in diesen beiden Gebieten auch heute noch große Lücken im Verständnis der Vorgänge und es muss zugegeben werden, dass für die nahe Zukunft eine restlose Beschreibung im naturwissenschaftlichen Sinne noch keineswegs absehbar ist. Trotzdem sind die meisten modernen Naturwissenschaftler der Meinung, ein besonderes »Lebensprinzip« sei zur Klärung der noch in vielerlei Aspekten rätselhaften Vorgänge nicht notwendig. Ein solches »Lebensprinzip« würde selbstverständlich auch die Arbeit der Forscher einschränken. Denn wenn es ein solches Prinzip gäbe, so müsste ein Haltepunkt existieren, bis hin zu dem die naturwissenschaftliche Arbeit möglich wäre, aber nicht weiter. Wie schon erwähnt, widerspricht diese Forderung sämtlichen Erfahrungen im naturwissenschaftlichen Alltag.

Paul Davies[5] weist zu Recht auch auf den Ad-hoc-Charakter des Vitalismus hin. Wenn sich die Lebenskraft nur in Lebewesen manifestiert, so besitzt sie praktisch keine Erklärungskraft und ist damit wertlos. Als Beispiel führt Davies die Erklärung einer Dampflokomotive an. Man kann eine solche Maschine mit all ihren Blechen, Schrauben, Kolben und Rädern und dem Zusammenwirken dieser Teile bis ins letzte Detail beschreiben. Ein Ingenieur kann auch erklären, wie durch das Verbrennen von Kohle freie Energie verfügbar wird, die der Lokomotive den Betrieb möglich macht. Man könnte nun einwenden, dies alles reiche nicht aus, um das gewisse Etwas, gewissermaßen die Essenz einer Dampflokomotive zu erfassen. Eine Dampflokomotive sei mehr als die Summe ihrer Teile. Das ist objektiv betrachtet natürlich Unsinn. Der Ingenieur braucht der Dampflok kein spezielles Etwas einzuhauchen, damit die Maschine funktionieren kann und wir sie als solche erleben können. Die Dampflokomotive besteht ausschließlich aus ihren Teilen. Ihre Funktion und Erscheinung ergibt sich nur durch diese Teile und deren sinnvollem Zusammenwirken. Gerade dieses sinnvolle Zusammenspiel der Teile, das einen Plan für den Zusammenbau der Lokomotive voraussetzt, findet sein Analog auch bei den Lebewesen in Form des genetischen Codes. Wir werden uns also fragen müssen, wie dieser genetische Code entstanden ist, wie in der Erbsubstanz DNS die Information über ein bestimmtes Lebewesen gespeichert ist und wie diese Information zur Steuerung der Zelle verwendet wird. Wir werden sehen, dass diese Fragestellungen durchaus mit naturwissenschaftlichen Methoden angegangen werden können und auch das Problem der Entstehung des Lebens ohne das Prinzip der »Lebenskraft« untersuchbar ist.

2.2
Leben – eine kurze Einführung

Welches Bild erscheint vor Ihrem inneren Auge, wenn Sie die Berufsbezeichnung »Biologe« hören? Ich habe immer wieder die Erfahrung gemacht, dass sich viele Mitmenschen darunter entweder einen bärtigen Zeitgenossen in zerschlissener Kleidung vorstellen, der mit leicht wirrem Blick und einem Schmetterlingsnetz in der Hand durch die Landschaft stürmt, oder einen Mann im weißen Kittel. Dieses Spannungsfeld von Vorurteilen deckt vieles von dem ab, was die Biologie einst war, teilweise auch noch ist und zu was sie sich im 20. Jahrhundert entwickelt hat. Dazwischen liegt eine stürmische Geschichte, welche die Biologie zu einer der Schlüsselwissenschaften der Zukunft gemacht hat. Vor rund 200 Jahren war das noch ganz anders. Die Biologie war damals eine überwiegend katalogisierende und beschreibende Wissenschaft. Und dies, obwohl andere Naturwissenschaften, allen voran die Physik, schon längst begonnen hatten, sich von ihrem alten weltanschaulichen Ballast zu befreien und in die Neuzeit aufzubrechen. Die Biologen aber waren emsig dabei, die Fülle der in Europa bekannten und der in den Kolonien neu gefundenen Arten systematisch zu ordnen und den Bau der Tiere und Pflanzen mit Lupe und Mikroskop ausgiebigst zu untersuchen. Eine weitergehende Auseinandersetzung mit dem Phänomen Leben war damals aus weltanschaulichen, aber auch aus methodischen Gründen unvorstellbar. Es gab schlicht keine technischen Möglichkeiten, die Lebenserscheinungen bis in die Details der Abläufe in den Zellen zu analysieren. Zudem galt der Schöpfungsbericht der Bibel noch immer als wörtlich richtiges Protokoll der Entstehung des Lebens und der Arten. Folgerichtig bezweifelte Ende des 18. Jahrhunderts kaum ein Naturforscher, dass alle Lebewesen in einem einzigen Schöpfungsakt durch göttlichen Willen zu Beginn der Zeit erschaffen worden waren. Und da Gott keine Fehler unterlaufen sein konnten, mussten die Lebewesen seit ihrer Entstehung in jeder Hinsicht perfekt sein. Jede Abweichung von dieser perfekten Form konnte nur gegen den Willen des Schöpfers gerichtet sein und wäre so eine gotteslästernde Unmöglichkeit. Die Arten mussten also seit Anbeginn der Zeit unverändert erhalten geblieben sein und sie mussten aus den gleichen Gründen auch unveränderbar bleiben. Dieser tief verwurzelte Glaube hatte gewaltige Auswirkungen, denn mit der Anerkennung des göttlichen Eingriffs entzog sich das Phänomen Leben jeder naturwissenschaftlichen Untersuchung.

Die Basis für die moderne Biologie wurde erst vor rund 150 Jahren gelegt, als sich einige mutige Wissenschaftler von den Fakten überzeugen ließen und sich langsam von den althergebrachten Ideen befreiten. Als Folge dieser Öffnung erlebte die Biologie eine wahre Revolution, die zu einem vertieften, wenn auch heute immer noch keinesfalls vollständigen Verständnis der Lebensvorgänge führte. Entscheidend für die Neuorientierung der Biologie waren zwei Entwicklungen: erstens die Formulierung der Evolutionstheorie und zweitens die methodischen und konzeptionellen Fortschritte der Biochemie. Der Weg zum heutigen Wissen verlief allerdings keineswegs geradlinig und führte auch in viele Sackgassen. Er erforderte ein hartes Ringen nach Wahrheit und Verständnis; ja oft auch einen harten Kampf mit Kolleginnen und Kollegen, welche die alten Ansichten zumindest zum Teil noch immer beibehielten und vor diesem Hintergrund die Fakten anders interpretierten. Zur Geschichte der Biologie haben zahllose geniale Geister ihren Beitrag geliefert. Wenn ich hier einige Eckpfeiler der modernen Biologie beschreibe und einige der Hauptverantwortlichen für die bahnbrechendsten Erkenntnisse hervorhebe, so erfolgt die Auswahl völlig subjektiv und erhebt keinesfalls den Anspruch auf Vollständigkeit. Der folgende kurze Abriss der Geschichte der Biologie hat nur den Zweck, dem Leser einige wesentliche Entwicklungen und Ereignisse in Erinnerung zu rufen, die zum Verständnis der folgenden Kapitel beitragen können.

Die Biologen des späten 18. Jahrhunderts hatten kaum Anlass, die im westlichen Kulturkreis allgemein akzeptierte Ansicht in Zweifel zu ziehen, wonach die Erde höchstens einige tausend Jahre alt sei. Wie sollten sie auch, gaben sich doch damals selbst die Geologen mit einem derart geringen Alter der Erde zufrieden. Angesichts der kurzen Spanne seit dem Beginn der Zeiten, bereitete es den Biologen auch keine ernsthaften Probleme, an einen Schöpfungsakt zu glauben, in welchem alle Tiere und Pflanzen erschaffen worden seien. In diesem geistigen Umfeld war es schon fast selbstverständlich anzunehmen, in der zur Verfügung stehenden kurzen Zeit seien die Lebewesen auch in der ihnen vom Schöpfer gegebenen Form unverändert erhalten geblieben. Zudem glaubten auch die Wissenschaftler an das Dogma der christlichen Religionen, wonach Gott bei der Erschaffung der Lebewesen von einer ganz bestimmten »Idee« für jede Art ausgegangen sei. Abweichungen wurden als minimal und durch Zufall bedingt eingestuft und waren damit unbedeutend (oder höchstens lästig bei der Bestimmung eines Individuums). Es ist interessant zu beobachten, dass es in der Taxonomie, dem biologischen Fachgebiet, welches sich mit der Einordnung der Arten beschäftigt, auch heute noch das Standardverfahren ist, ein besonders typisches Individuum einer neu entdeckten Art auszuwählen. Dieses eine Exemplar wird in möglichst vielen seiner Merkmale beschrieben und sorgfältigst in einem anerkannten Museum aufbewahrt. Typusexemplar genannt, wird es zum Träger des wissenschaftlichen Namens der Art und gilt später als Referenz. Die Wissenschaft verdankt dieses durchaus sinnvolle und bewährte Verfahren dem schwedischen Naturforscher Carl von Linné (1707–1778), der als Erster die Lebewesen systematisch katalogisierte und der auch die heute noch übliche Form der Namensgebung für eine Art erfand. Linné[1,2] war, wie die allermeisten seiner Zeitgenossen, von der Unveränderlichkeit der Arten genauso überzeugt, wie von der Ansicht, dass seit der Schöpfung keine neuen Arten mehr entstanden seien. Diese Sichtweise muss Linné einige intellektuelle Salti abgefordert haben, denn auch ihm blieben z. B. die Ähnlichkeiten zwischen dem Körperbau der großen Affen und dem Menschen nicht verborgen. Er setzte sich sogar als Erster dafür ein, die beiden Gruppen in eine gemeinsame Gattung (»Menschenähnliche«) zu stellen. Linné tat dies aber ausdrücklich ohne die intellektuelle und moralische Höherstellung des Menschen in Frage stellen zu wollen oder den speziellen Schöpfungsakt zu bezweifeln, aus dem der Mensch hervorgegangen sein sollte.

Trotzdem wurde Linné damit schon fast zum Revolutionär. Denn die Zuordnung des Menschen zu den Menschenaffen, also zu Tieren, war für die allermeisten seiner Zeitgenossen und Kollegen unhaltbar und auch unzumutbar. Speziell der Franzose Georges-Louis Leclerc de Buffon (1707–1788) argumentierte vehement für eine Sonderstellung des Menschen. Nicht nur aus religiösen, sondern durchaus auch aus naturwissenschaftlichen Gründen, weil er in der Natur keine Zwischenstufen vom Affen zum Menschen beobachten konnte. Buffon widersprach Linné aber auch noch in einem zweiten Punkt. Der Franzose gelangte nämlich als einer der ersten Forscher zur Überzeugung, die Arten seien nicht konstant und entwickelten sich in der Natur langsam und unmerklich weg von den ursprünglichen Formen, hin zu neuen Arten und Gattungen. Damit gab Buffon einen entscheidenden Anstoß zur Weiterentwicklung der biologischen Gedankenwelt und wurde, wie auch Geoffroy Saint-Hilaire (1772–1844) und andere, zu einem Wegbereiter für die Idee der Wandelbarkeit der Arten. Der radikale Wechsel in den Ansichten über die Natur der Arten wurde durch den Franzosen Jean Baptiste Lamarck (1744–1829) aufgenommen und weiterentwickelt. Lamarck[2] war eine hochinteressante Persönlichkeit und kam auf vielerlei Umwegen zur Biologie. Er erhielt seine Ausbildung in einer Jesuitenschule, um später Priester zu werden. Nach dem Tod seines Vaters verließ er aber das Kloster, trat der Armee bei und kämpfte in Deutschland. Nach einer kurzen Militärlaufbahn wurde er Bankangestellter und studierte in der Freizeit Medizin, Musik und Botanik. In dieser Zeit veröffentlichte er auch mehrere botanische Arbeiten, die Buffons Aufmerksamkeit erregten und Lamarck eine Berufung als Assistent im königlichen botanischen Garten einbrachte. Nach der Französischen Revolution erhielt Lamarck 1798 einen Lehrstuhl für Zoologie und begann mit dem Studium von wirbellosen Tieren, vor allem von Gliederfüßlern. Die Beschäftigung mit diesen Tieren zeigte ihm, dass zahlreiche Arten nur durch ganz geringfügige, äußere Unterschiede voneinander getrennt sind. So werden z. B. Insektenarten häufig auf Grund einer abweichenden Anzahl Borsten auf den Beinen oder leicht anders gekrümmter Geschlechtsteile unterschieden. Damit reifte in Lamarck die Idee, die verschiedenen Arten könnten durch kleine Änderungen ihrer Körpermerkmale aus gemeinsamen Vorfahren entstanden sein. Ein revolutionärer Gedanke – und dies lange vor Darwin.

Es gab allerdings einen großen Unterschied zwischen dem Franzosen und dem Engländer und der lag in der Erklärung, im Mechanismus, wie es zu diesen kleinen Änderungen kommen konnte. Lamarck stellte sich vor, dass nützliche körperliche Veränderungen, wie sie im Laufe des Lebens eines Tieres oder einer Pflanze auftreten können, auf die Nachkommen übertragen werden und die Arten sich damit ständig umformen, also eine Evolution durchmachen. Ein in vielen Biologielehrbüchern immer wieder gebrauchtes Beispiel soll zeigen, wie die Giraffen zu ihrem langen Hals kamen. Gemäß Lamarcks Idee kann man sich vorstellen, wie diese Tiere durch Strecken des Halses immer höher gelegene Blätter an den Bäumen erreichten und sich damit neue Futterquellen erschlossen. Die gestreckten Hälse würden an die Nachkommen vererbt und diese könnten durch weiteres Strecken noch höher wachsende Blätter erreichen.

Lamarcks Ideen wurden von seinen Kollegen und der Öffentlichkeit sofort heftig abgelehnt und ins Lächerliche gezogen. Besonders der vorgeschlagene Mechanismus für die Evolution, im Laufe des Lebens erworbene, gezielte Körperveränderungen, gilt bis heute als ein

Paradebeispiel für eine falsche Erklärung. Die Ablehnung der Theorie Lamarcks ging sogar so weit, dass über fast 150 Jahre lang das Dogma galt, die Arten könnten keine gezielten Anpassungen an neue Umweltverhältnisse vornehmen. Erst in den letzten Jahren geriet diese tief verwurzelte Überzeugung ins Wanken und kann heute, zumindest für einige Bakterienarten, nicht mehr aufrechterhalten werden. Auch wenn seine zentralen Ideen der Kritik nicht standhalten konnten, kann Lamarcks Beitrag an die moderne Biologie nicht hoch genug eingeschätzt werden. Er war einer der ersten Naturforscher, der klar und konsequent die Unveränderlichkeit der Arten in Frage stellte und gehörte damit zur kleinen Gilde der Wissenschaftler, welche die Biologie von ihren alten Ansichten befreite und ihr den Weg in die Neuzeit öffnete. Damit bereitete Lamarck den Boden für eine der wichtigsten Theorien der modernen Biologie, der Evolutionstheorie von Charles Darwin (1809–1882) und Alfred Russell Wallace (1823–1913).

Es ist schon erstaunlich, wie ähnlich die Erklärung der Evolution durch die beiden völlig unabhängig voneinander arbeitenden Engländer Darwin und Wallace ausfiel. Ein Hauptgrund für diese Übereinstimmungen lag sicherlich in den ähnlichen Einflüssen, denen beide Naturforscher unterworfen waren. Beide wurden durch das erstmals 1798 veröffentlichte Werk von Robert Malthus *(An Essay on the Principles of Population)* beeinflusst und beide hatten auch die *Principles of Geology* von Charles Lyell (1830–1833 erschienen) gelesen. Malthus wurde durch das Massenelend im vorindustrialisierten England geprägt. Für ihn war diese soziale Katastrophe eine Bestätigung seiner Überlegungen, wonach die menschliche Bevölkerung, bei ungehinderter Vermehrung, viel schneller als die Nahrungsmittelproduktion wachsen würde. Der Hunger der Massen war daher eine logische Folge der uneingeschränkten Vermehrung. Malthus schloss daraus, dass die Aussichten für unsere Art alles andere als rosig waren. Auf Darwin musste aber eine andere Konsequenz der Theorie von Malthus wahrhaft elektrisierend gewirkt haben. Schon seit einiger Zeit hatte Darwin realisiert, dass alle Lebewesen immer viel mehr Nachkommen zeugten, als schließlich überleben konnten. Bei der Lektüre des Werkes von Malthus kam ihm der Gedanke, unter diesen Umständen müssten *»günstige Abänderungen erhalten [...] werden [...] und ungünstige zerstört [...] werden«* [2]. Damit hatte Darwin die Grundzüge seiner Theorie über die Evolution der Arten gefunden.

Der zweite entscheidende Denkanstoß, Lyells *Principles of Geology*, bedeutete zunächst für die Geologie eine wahre Revolution. Auch

Lyell hatte einen Vorläufer, James Hutton (1795). Die beiden englischen Geologen widerlegten die damals alles dominierende Lehrmeinung des »Katastrophismus«, indem sie klar bewiesen, dass die Gesteine nicht durch immer wiederkehrende Überflutungen (übernatürlichen Ursprungs) entstanden waren, sondern durch eine Vielzahl von Vorgängen, die sich auch heute noch auf der Erde abspielen (»Aktualismus«).[3] Entscheidend für Darwin und Wallace war, dass viele dieser Vorgänge, wie z. B. die Ablagerung von Sandkörnern zu Sandstein, außerordentlich langsam vor sich gehen. Um die an zahllosen Orten gefundenen, mächtigen Gesteinsschichten erklären zu können, musste mit sehr viel längeren Zeitspannen gerechnet werden, als bis dahin angenommen. Und damit reifte die Erkenntnis: die Erde selbst war viel älter als nur ein paar tausend Jahre! Für die Evolution der Lebewesen stand somit plötzlich sehr viel mehr Zeit zur Verfügung. Dies war entscheidend für die Evolutionstheorie. Denn nur mit den enormen Zeitspannen, welche die Geologen plötzlich zur Verfügung stellten, war ein langsamer Wandel der Arten durch natürliche Selektion überhaupt denkbar. Es gab noch einige weitere Faktoren, die sowohl Darwin als auch Wallace geprägt haben. Beide waren sie z. B. als Naturforscher lange Zeit in den Tropen unterwegs und erlebten dort die unglaubliche Fülle von Formen und Anpassungen der Lebewesen an ihre Umgebung. Darwin beobachtete auf seiner Weltreise an Bord der HMS Beagle (1831–1836) auch immer wieder die Ähnlichkeit zwischen lebenden und ausgestorbenen Tieren, die er in Form von Versteinerungen fand. Eine Tatsache, die ihn vom Vergehen und Entstehen und damit der Veränderbarkeit der Arten überzeugte. Er verfolgte auch, wie er und andere Züchter Haustiere durch Auswahl und gezieltes Kreuzen zu neuen Rassen umformen konnten, oft ganz in die vom Züchter gewünschte Richtung.

Alle diese Einflüsse führten zu den Grundzügen der heute bestens belegten Evolutionstheorie. Die Lebewesen verändern sich nach Darwins Theorie, weil von den Nachkommen eines Lebewesens bevorzugt jene selbst wieder Nachkommen zeugen, die den gegebenen Umweltbedingungen am besten angepasst sind. Die günstigen Eigenschaften können auf die Nachkommen übertragen werden, weil sie im Erbgut der Lebewesen gespeichert sind, also vererbt werden. Die Selektion muss so zwangsläufig zu einer ständigen Optimierung der Arten führen. Darwin veröffentlichte seine Theorie 1859, nach langem Zögern und 23 Jahre nach der Rückkehr von seiner Weltumsegelung. Und dies auch nur, weil er 1858 von Wallace einen Brief und das Manuskript zu einer Evolutionstheorie erhielt, die weitestgehend mit seiner eigenen Theorie übereinstimmte. Wallace, der wusste, wie lange Darwin schon an seiner Theorie gearbeitet hatte, überließ Darwin großzügigerweise den Vortritt bei der Publikation und wurde später zu einem großen Bewunderer Darwins. Für Darwin und Wallace waren zwei Faktoren für die Evolution der Arten zentral: Die vererbbaren Unterschiede und die Selektion durch die natürliche Zuchtwahl. Damit unterschied sich die Evolutionstheorie der beiden Engländer grundlegend von jener Lamarcks. Bei Lamarck war es die Umwelt und ihre Veränderungen, die in den Lebewesen Bedürfnisse hervorriefen, denen sie durch den gezielten Neuerwerb von Fähigkeiten nachkamen und die sie dann weitervererbten. Seiner Ansicht nach waren die Lebewesen also aktiv am evolutiven Wandel beteiligt. Für Darwin und Wallace war es aber die in den natürlichen Populationen bereits vorhandene, durch zufällig veränderte Erbfaktoren bedingte Vielfalt der Formen, die genetische Variabilität und eine natürliche Auslese ermöglichte. Die Arten spielten in ihrer Theorie eine passive Rolle, was für viele ihrer Zeitgenossen schwer zu verdauen war, denn der Zufall erhielt eine zentrale Funktion.

In der Zucht von Nutztieren und Nutzpflanzen fand Darwin ein perfektes Modell für die gestaltende Kraft der Selektion. Hier konnte er durch eigene Beobachtungen auch miterleben, wie neue Rassen entstanden. Weder er noch Wallace hatten aber eine konkrete Vorstellung über die Beschaffenheit der für ihre Theorie so entscheidenden, vererbbaren Unterschiede. Beide konnten sie keine Angaben darüber machen, wie diese Erbänderungen von einer Generation an die Nächste weitergegeben wurden. Diese Tatsache bildete auch prompt einen der Kernpunkte der Kritik an der Evolutionstheorie in der zweiten Hälfte des 19. Jahrhunderts. Und dies völlig unnötigerweise. Denn die Regeln, welche die Vererbung der Merkmale steuern, wurden schon kurz nach Erscheinen von Darwins Buch gefunden, sie blieben aber über 30 Jahre lang der Welt der Wissenschaft verborgen. Die große Entdeckung gelang in tausenden von Versuchen in einem Klostergarten in Brünn (Mähren) im heutigen Tschechien. Die Geschichte der vergessenen oder unbeachtet gebliebenen Grundlagen der Vererbungslehre ist nicht nur eine der großen Absonderlichkeiten der Wissenschaftsgeschichte, sie ist auch ein Schulbeispiel dafür, wie ein Wissenschaftler die Bedeutung der eigenen Entdeckung nur teilweise erfasste und sich durch ungeschicktes Publizieren und übergroße Bescheidenheit selbst um die verdiente Anerkennung für seine Leistung brachte. Sie zeigt aber auch, welchen Einfluss rivalisierende Kollegen haben können.

Der Mann, der ganz auf sich gestellt die Grundzüge der Vererbung entdeckte, hieß Gregor Mendel (1822–1884). Er wurde als Sohn armer Bauern geboren, konnte aber trotzdem gute Schulen besuchen, studierte an der Universität Wien[2] und schloss 1853 mit dem Lehrdiplom für Physik und anderen Naturwissenschaften ab. Ab 1854 arbeitete er als Lehrer und Pater in Brünn und begann 1856 mit seinen Versuchen. Sein Erfolg war wohl vor allem deshalb möglich, weil sich Mendel von Anfang an große Mühe mit der Auswahl der Pflanzenart und der Merkmale gab, die er untersuchte. Mendel fand heraus, dass ein Körpermerkmal der Pflanze nur durch ein »Erbmerkmal« bestimmt wird und in jeder befruchteten Eizelle jeweils zwei solche Merkmale (eines von der »Mutter« und eines vom »Vater«) vorhanden sein müssen. Diese Einheiten sind materiell und können verschiedene Formen oder Ausprägungen annehmen. In der modernen Genetik werden diese Einheiten als Gene bezeichnet und die verschiedenen Ausprägungsformen als Allele der Gene. Ein Gen, welches von Mendel an seinen Erbsen untersucht wurde, ist z. B. das Gen für die Gestalt der reifen Samen. Von diesem Gen sind als Allele die Formen »kugelig«, »kantig« und »gerunzelt« bekannt. Das Allel bestimmt also, wie ein Gen ausgebildet werden soll. Mendel konnte auch beobachten, dass die Ausprägungskraft dieser Allele unterschiedlich sein kann, das Allel »kugelig« ist z. B. dominant über das Allel »gerunzelt«. Bei mischerbigen Erbsen, die beide Allele besitzen, bestimmt das dominante Allel die Gestalt der Erbsen, es gibt keine Zwischenstufen.

Seine wichtigsten Resultate präsentierte Mendel 1865 in zwei Vorträgen vor dem Naturforschenden Verein in Brünn. In schriftlicher Form erschienen seine bahnbrechenden Entdeckungen 1866 in den »Verhandlungen« des Vereins. Trotzdem blieb das Interesse an Mendels Entdeckungen äußerst gering und Mendel wurde bis 1900 kaum je in wissenschaftlichen Arbeiten zitiert. Wieso diese so entscheidenden Erkenntnisse von der damaligen wissenschaftlichen Welt überhaupt nicht beachtet wurden, ist viel diskutiert worden. Ein Hauptgrund könnte in der extrem geringen Publikationstätigkeit Mendels liegen. Er hat in seiner ganzen Karriere gerade einmal zwei Veröffentlichungen geschrieben, obwohl er nach der Arbeit mit den Erbsen seine Befunde bei einer ganzen Reihe von anderen Pflanzenarten bestätigen konnte. Zudem wurden seine Resultate auch von konkurrierenden Wissenschaftlern (z. B. Nägeli[2]) schlicht totgeschwiegen. Ein weiterer Grund dürfte aber auch in der Art und Weise gelegen haben, in der Mendel seine Entdeckung veröffentlichte. Man muss seine Arbeiten schon sehr genau lesen, um zu merken, welch grundlegende

Bedeutung sie haben. Der Leser wird weder durch den Titel *(Versuche über Pflanzenhybriden)*, noch in der Einleitung auf das eigentliche Thema, die Vererbung, hingewiesen. Sehr wahrscheinlich ging es Mendel allerdings auch gar nicht um dieses Thema. Vermutlich interessierten ihn tatsächlich primär die verschiedenen Hybridformen und die Möglichkeiten, diese zu züchten. Es ist also gut erklärbar, dass einige Kollegen Mendels revolutionäre Ergebnisse schlicht übersahen. Jedenfalls starb Darwin im Jahr 1882, ohne etwas von den Daten zu wissen, die seine Theorie so dringend für ihren Durchbruch gebraucht hätte. Denn ohne dieses Wissen über die Natur der Erbmerkmale und die Art und Weise der Übertragung auf die Folgegenerationen war das Konzept der natürlichen Selektion nichts weiter als eine einleuchtende Spekulation.

Nach dem Tode Mendels (1884) dauerte es nochmals 16 Jahre, bis gleich drei Wissenschaftler unabhängig voneinander zu den gleichen Resultaten wie Mendel kamen. Der Holländer Hugo de Vries (1848–1935), der Deutsche Carl Correns (1864–1933) und der Österreicher Erich von Tschermak-Seysenegg (1871–1962) stießen alle im Laufe ihrer Literatursuche auch auf die Schriften Mendels und gaben ihm in fairer Art das Primat. Ganz speziell de Vries entwickelte Mendels Theorie weiter. Er konnte sich dabei auch auf die bahnbrechenden Arbeiten von August Weismann (1834–1914) stützen, der bereits in den 1880er Jahren erkannt hatte, dass sich das genetische Material im Zellkern befinden musste, und zwar in Form eines chemischen Stoffes mit einer vermutlich ganz besonderen Struktur. In Frage kamen eine ganze Reihe von Stoffklassen, wobei die meisten Wissenschaftler der damaligen Zeit das Erbmaterial in den Eiweißen vermuteten, die auch im Zellkern in beachtlichen Mengen nachgewiesen werden konnten. Das Rätsel wurde durch Oswald Th. Avery (1877–1955) gelöst, der 1944 zur allgemeinen Verwunderung bewies, dass es sich bei der Erbsubstanz nicht um Eiweiße handeln konnte, sondern um die Desoxyribonukleinsäure (DNS). Der Schlüssel zur Lösung des Rätsels lag in der Beobachtung von Bakterienstämmen, die untereinander Erbmerkmale austauschten. Avery arbeitete mit *Streptococcus pneumoniae*, dem Bakterium, das Lungenentzündung verursachen kann und in zwei Formen auftritt. Die eine Form ist harmlos und kann die Krankheit nicht auslösen. Die andere Form dagegen führt praktisch immer zur Erkrankung. Wenn nun Avery die gefährliche Sorte der Bakterien abtötete und auf Versuchstiere übertrug, blieben die Tiere erwartungsgemäß gesund. Als Nächstes mischte er die abgetöteten, ehemals virulenten Bakterien, mit lebenden Artgenossen des harmlosen Stammes. Und da geschah das Entscheidende: Die vorher harmlosen Bakterien wurden nach dem Kontakt mit den toten, ehemals krankheitsauslösenden Artgenossen plötzlich gefährlich. Es musste bei diesem Versuch also zu einer Übertragung der für die Erkrankung notwendigen Information gekommen sein. Avery zerstörte nun in den Bakterien systematisch eine Stoffklasse nach der andern und stellte fest, dass einzig und allein die DNS fähig war, die harmlosen Bakterien in die gefährliche Form zu verwandeln. Folglich musste es die DNS sein, welche die Information übertrug.

Zunächst ließen sich allerdings noch längst nicht alle Kollegen von Averys Daten überzeugen. Ganz besonders deshalb nicht, weil die DNS auf den ersten Blick trotz ihrer Größe ein recht langweiliges Molekül ist. Wie konnte es sein, dass dieses aus nur ganz wenigen verschiedenen Bausteinen aufgebaute Molekül für die notwendigerweise unterschiedliche Erbinformation all der zahllosen Tier- und Pflanzenarten verantwortlich war? Die DNS aus den verschiedensten Arten war zwar unterschiedlich groß, aber offensichtlich immer ein und dasselbe Molekül. Wie viel spannender waren da doch die Eiweiße! Von ihnen fand man in allen Arten problemlos unzählige verschiedene Varianten. Dies musste doch ganz einfach ein Hinweis auf den unterschiedlichen Informationsgehalt sein. Trotzdem setzte sich die Überzeugung, in der DNS das genetische Material gefunden zu haben, langsam durch und gleich drei Gruppen begannen in verschiedenen Labors, die Struktur der DNS genauer zu untersuchen. Der Preis war verlockend: Wenn es gelang, den Bau dieses Riesenmoleküls zu klären, so bestand die große Hoffnung, auch gleich Entscheidendes über die Funktionsweise der Gene zu erfahren und damit ein zentrales Rätsel des Lebens zu lösen. Unter den Forschern, die sich für die DNS interessierten, befand sich auch einer der größten Chemiker aller Zeiten, der am California Institute of Technology (CalTech) in Pasadena arbeitende Linus Pauling (1901–1995). Tatsächlich war Pauling der Lösung sehr nahe, als er 1952 ein Modell mit drei umeinander gewundenen Ketten entwickelte. Die Lösung wurde aber nicht in den USA, sondern in England gefunden. Beteiligt am epochalen Durchbruch waren Wissenschaftler an zwei verschiedenen Instituten: Dem King's College in London und dem Cavendish Laboratory in Cambridge.

In London arbeitete Maurice Wilkins an der DNS. Wilkins war ursprünglich Physiker und hatte gelernt, die Röntgenstrahlendiffraktion als Hilfsmittel bei der Strukturaufklärung komplizierter Stoffe einzusetzen. Hinter dem abschreckend klingenden Namen verbirgt sich eine im Prinzip einfache Methode. Sie beruht auf der Beobachtung, dass Röntgenstrahlen durch die Teilchen in einem Stoff abgelenkt werden. Weil die Atome (oder Ionen) in einem Kristall sehr regelmäßig angeordnet sind, entsteht bei der Bestrahlung eines derartigen Stoffs ein relativ einfaches Ablenkungsmuster, aus dem die Abstände und die Anordnung der Atome mit Hilfe von »etwas« Mathematik bestimmt werden können. Die Methode war schon 1912 von Vater und Sohn Bragg erfunden und entwickelt worden. Beide erhielten 1915 für die Entwicklung ihrer Untersuchungstechnik den Nobelpreis. Der Sohn, Sir William Lawrence Bragg, war in den frühen 1950er Jahren Direktor des Cavendish Laboratoriums in Cambridge. In seinem Institut arbeitete damals eine kleine Gruppe an der Aufklärung der räumlichen Struktur von Eiweißen. Selbstverständlich nutzte die Gruppe im Cavendish Laboratory die Röntgenstrahlendiffraktion ihres Chefs, um die Struktur der kompliziert gebauten Moleküle zu erforschen. Dabei wurden sie von Bragg tatkräftig unterstützt. Allerdings waren nicht alle Mitglieder der Gruppe in gleichem Maße an den riesigen Molekülen interessiert. 1951 kam nämlich ein junger Amerikaner, James D. Watson, nach Cambridge und begann schnell mit dem dort tätigen Engländer Francis Crick ein noch viel ehrgeizigeres Projekt. Watson war von der Idee begeistert, in der Struktur der DNS könnte der Schlüssel zum Verständnis des Lebens verborgen sein.

Ganz einfach fiel den beiden jungen Forschern der Start in ihr großes wissenschaftliches Abenteuer allerdings nicht. Denn Watson und Crick standen gleich vor mehreren Problemen: Erstens war die DNS in England die Domäne von Wilkins und dessen Assistentin Rosalind Franklin am King's College, zweitens konnten beide nicht selbst Röntgenbilder der DNS herstellen und drittens wurde immer klarer, dass Pauling einer Lösung nahe war, die Zeit also drängte. Eine nicht gerade komfortable Situation. Das erste Problem konnte insofern gelöst werden, als dass Wilkins zur Zusammenarbeit bereit war und mit Watson und Crick einen intensiven Kontakt pflegte. Ohne Wilkins hätten Watson und Crick in der kritischen Phase auch nicht den Zugang zu Franklins Röntgendaten gefunden. Ihr war es nach Jahren intensiver Arbeit endlich gelungen, aufschlussreiche Bilder der DNS zu machen, was sich letztlich als entscheidend erwies. Bevor es aber so weit war, versuchten Watson und Crick ihr Glück mit dem Bau von Molekülmodellen und probierten, ihre »Bastelarbeiten« mit den bereits gesicherten Daten in Einklang zu bringen. Dieser Weg schien durchaus Erfolg versprechend, denn schon seit längerer Zeit war den

Biochemikern ja bekannt, dass die DNS aus nur wenigen verschiedenen Molekülbausteinen bestand. Dazu gehörten ein spezieller Zucker, die Desoxyribose, eine Phosphatgruppe und vier verschiedene organische Basen. Ein DNS-Molekül musste offenbar aus sehr vielen dieser Bausteine zusammengesetzt sein. Es ging Watson und Crick also darum, eine Anordnung der Einzelteile zu finden, die chemisch möglich war und dem entsprach, was sie bruchstückhaft von den Röntgendaten wussten. Watson hat über die Entdeckung der Struktur der DNS ein äußerst lesenswertes Buch geschrieben[4], welches eines der faszinierendsten Dokumente der Wissenschaftsgeschichte darstellt. Er beschreibt darin auch, wie er eines Tages durch Hin- und Herschieben der Modellteile die richtige Anordnung der Basen im Molekül fand. Das war der Durchbruch, vor allem auch, weil die Abstände zwischen den Basen im Modell genau Franklins neuestem Röntgenbeugungsmuster entsprachen. Watson und Crick veröffentlichten ihre Struktur 1953 in der Fachzeitschrift *Nature*[5]. In der gleichen Ausgabe wurden auch die Röntgenbefunde von Wilkins und Franklin publiziert.

Nach dem Modell von Watson und Crick besteht die DNS aus einem Gerüst zweier langer, umeinander gedrehter Ketten aus Desoxyribose (dem Zucker) und Phosphatgruppen. In jeder Kette des Gerüsts wechseln sich immer ein Molekül Desoxyribose und eine Phosphatgruppe ab. Gegen das Innere dieser Struktur – Doppelhelix genannt – ist von beiden Ketten her immer eine Base gerichtet. Diese Basen, zwei Purin- (Adenin und Guanin) und zwei Pyrimidinbasen (Cytosin und Thymin), sind mit dem Zuckermolekül verbunden und stehen sich in der Achse der DNS gegenüber, und zwar immer eine Purin- und eine Pyrimidinbase, in der Paarung Guanin-Cytosin und Adenin-Thymin. Mit dieser Anordnung erfüllte sich auch die Regel von Erwin Chargaff, dem 1950 auffiel, dass sich der Gehalt an Guanin und Cytosin sowie an Adenin und Thymin in der DNS jeweils genau entsprechen. Die Basen und ihre Paarungen werden häufig durch die Anfangsbuchstaben der Molekülnamen symbolisiert: G-C oder C-G und A-T oder T-A. Zwischen diesen Basen wirken anziehende Kräfte, so genannte Wasserstoffbrücken, die das Molekül zusammenhalten, die aber auch relativ leicht gelöst werden können (vgl. Abb. 3).

Für die Biologie waren die Folgen der Strukturaufklärung enorm. Die nur gerade eine einzige Seite umfassende Publikation von Watson und Crick war so etwas wie die Neugeburt der ganzen biologischen Wissenschaft. Zunächst einmal konnte aus der Struktur der DNS sofort auch ein Vermehrungsmechanismus vermutet werden, mit dessen Hilfe sich die DNS bei einer Zellteilung jeweils verdoppelt. Watson und Crick äußerten sich zunächst noch sehr verhalten über diese offensichtliche Konsequenz und fügten ihrem Artikel lediglich den Satz an: *»Es ist unserer Aufmerksamkeit nicht entgangen, dass die spezifische Paarbildung, die wir hier voraussetzen, sogleich an einen möglichen Kopiermechanismus für das genetische Material denken lässt.«* Später konnte tatsächlich gezeigt werden, dass die Wasserstoffbrücken zwischen den Basen der beiden Stränge (vgl. Abb. 3) bei der Verdoppelung der DNS getrennt werden. Nach der Trennung lagern sich an die beiden Einzelstränge sofort neue DNS-Nukleotiden (DNS-Bausteine, die aus einem Zucker, einer Phosphatgruppe und einer der vier Basen bestehen) an, die danach miteinander verbunden werden. Damit entstehen aus einem DNS-Strang zwei vollständige, doppelsträngige DNS-Moleküle mit der gleichen Basenfolge wie im Ursprungsmolekül. Weiterhin deutete die Struktur der DNS aber auch gleich an, wo und wie in diesem Molekül die genetische Information gespeichert sein musste. Das Gerüst der DNS, mit den sich ständig wiederholenden Zucker-Phosphatgruppen, konnte kaum Informationen enthalten. Diese musste in der Abfolge der Basen kodiert sein. Und damit war auch schon die nächste große Aufgabe formuliert: Jetzt galt es den genetischen Code zu knacken.

Dieses Rätsel wurde in mehreren Schritten gelöst und wieder war es einer der beiden Entdecker der DNS-Struktur, Francis Crick, der den ersten Anstoß zur Lösung gab. Crick vermutete 1958 in einem Vortrag, die in der DNS gespeicherte Information werde zunächst in eine Art Botenstoff umkopiert. Dieser Botenstoff, eine Ribonukleinsäure (RNS), müsste danach ins Zellplasma wandern und dort in Eiweiße (Proteine) überführt werden.

Ein wahrlich genialer Wurf, der zwar die Vorgänge noch nicht im Detail beschrieb, aber bereits das Wesentliche des ganzen Geschehens erfasste. Natürlich zauberte Crick seine Idee nicht einfach aus dem Nichts. Die Ribonukleinsäuren waren schon seit einiger Zeit bekannt. Im Gegensatz zur DNS fand man die RNS aber überwiegend im Zellplasma, und die Vermutung, diese Moleküle könnten eine wichtige Rolle bei der Informationsübertragung spielen, war sicher nicht abwegig. Gemäß Crick bleibt also das Original der Erbinformation sicher aufbewahrt im Zellkern. Die Information, die im Zellplasma zur Steuerung der Zellvorgänge gebraucht wird, gelangt nur in Form von Kopien einzelner DNS-Abschnitte an den Ausführungsort, wo gemäß den kopierten Informationen die Eiweiße aufgebaut werden. Eiweiße sind manchmal sehr lange Ketten aus 20 verschiedenen

Bausteinen, den Aminosäuren, die in beliebiger Reihenfolge aneinander gehängt werden können, wobei die Reihenfolge der Aminosäuren die Eigenschaften eines Eiweißes bestimmt. Wie aber wird nun die in der DNS gespeicherte Erbinformation in ein Eiweiß umgesetzt? Auch dazu gab es Ende der 1950er Jahre erste Ideen. Wiederum war es die Gruppe um Francis Crick, die bereits 1953 mutmaßte, die Reihenfolge der Aminosäuren in den Eiweißen müsste der Abfolge der Basen in der DNS entsprechen. Wenn dies korrekt war, was sich später bestätigte, so konnte daraus eine Erwartung für den genetischen Code formuliert werden, weil zur Verschlüsselung der Erbinformation in der DNS ja nur vier verschiedene Basen zur Verfügung standen. Wenn jede Base in der DNS für den Einbau einer bestimmten Aminosäure in einem Eiweiß verantwortlich wäre, so könnten mit den vier verschiedenen Basen nur gerade die Information für die Platzierung von vier verschiedene Aminosäuren kodiert werden. Da in den Eiweißen aber 20 verschiedene Aminosäuren vorkommen, muss ein Codewort, ein Codon, aus mehr als einer Base bestehen. Auch zwei Basen genügen als Schlüsselwort für eine Aminosäure nicht. Denn auch wenn zwei Basen zusammen für eine Aminosäure stehen sollten, könnten immer noch nur $4 \times 4 = 16$ Varianten kodiert werden, also weniger als für die 20 verschiedenen Aminosäuren nötig ist. Erst mit drei Basen für eine Aminosäure enthält der genetische Code genügend Kombinationsmöglichkeiten, nämlich $4 \times 4 \times 4 = 64$. Also sogar mehr als eigentlich benötigt.

Beide Ideen waren bestechend einfach und sowohl die Annahme, die Reihenfolge der Basen in der DNS entspreche der Reihenfolge der Aminosäuren im Eiweiß, als auch die Spekulation über die Art und die Länge des genetischen Codes, konnten später tatsächlich bestätigt werden. Bis diese Vermutungen aber in Experimenten überprüft waren, dauerte es noch bis 1961. Dieses Rennen, als Erste die Erbinformation lesen zu können, verloren Crick und seine Mitarbeiter. Den Preis gewannen Marshall Nirenberg und Heinrich Matthaei, von den National Institutes of Health in Bethesda, Maryland, denen die erste Zuordnung eines Basentripletts zu einer Aminosäure gelang. Die beiden Amerikaner gingen dabei von einer verblüffend einfachen Idee aus: Es müsste doch eigentlich möglich sein, im Labor ein RNS-Molekül künstlich aufzubauen und dieses in eine Zelle einzusetzen. Mit etwas Glück und einigem Können müsste nun die Zelle die ihr untergeschobene RNS ganz normal behandeln und gemäß der dort gespeicherten Information ein Eiweiß aufbauen. Da in einem solchen Experiment die Basenfolge der künstlichen RNS natürlich bekannt war, blieb im Prinzip nur noch zu schauen, aus welchen Aminosäuren das aufgebaute Eiweiß bestand. Nirenberg und seine Mitarbeiter synthetisierten künstliche RNS-Moleküle, die nur eine einzige Base enthielten, nämlich Uracil. Uracil »ersetzt« in der RNS die Base Thymin, die nur in der DNS vorkommt. Ihre künstlich hergestellte RNS gaben Nirenberg und Matthaei in einen Zellextrakt, in dem alle zur Eiweißbildung nötigen Stoffe vorhanden waren. Der Versuch gelang. Die beiden Forscher konnten beobachten, wie im Zellextrakt eine Eiweißkette entstand. Die genauere Analyse zeigte rasch, dass dieses Eiweiß ganz den Erwartungen entsprechend aus nur einer einzigen, ständig wiederholten Aminosäure, dem Phenylalanin, aufgebaut war. Dies war der Durchbruch, das Basentriplett UUU auf der RNS kodierte also für die Aminosäure Phenylalanin. In der Folge ging die Arbeit recht rasch voran und bis 1966 waren alle 64 Zuordnungen abgeklärt und der genetische Code damit vollständig entschlüsselt.

Mit dem genetischen Code war jetzt zwar die »Sprache« der Erbinformation bekannt, aber noch längst nicht alle Details. Die entscheidende Frage, wie die Zellen diese verschlüsselte Information in Eiweiße überführen, blieb vorerst unbeantwortet. Die Feinheiten der »Übersetzung« des genetischen Codes in ein Eiweiß sind zum Teil ziemlich kompliziert und es bedurfte vieler Jahre intensiver Forschung, um sie zu enträtseln. Es ist exakt diese Komplexität und die Vielzahl fein aufeinander abgestimmter Entwicklungsschritte, die es vielen Naturwissenschaftlern schwer macht, sich die spontane Entwicklung des ganzen Vererbungs- und Syntheseapparats aus einer Ursuppe vorzustellen. Ich werde später in diesem Buch ausführlicher auf diese Probleme eingehen.

Bisher habe ich hier nur von einer Sorte RNS geschrieben. Diese RNS transportiert als Kopie die Information eines Gens, also die Bauanleitung für ein Eiweiß, aus dem Zellkern ins Zellplasma. Eine solche RNS funktioniert wie ein Bote, der die Information von einem zum anderen Ort überträgt. Sie wird deshalb Sinnvollerweise als messenger- oder Boten-RNS (mRNS) bezeichnet. Eine mRNS wird im Zellkern zunächst als 1:1-Kopie eines DNS-Abschnitts aufgebaut. Auch der Kopiervorgang verläuft im Prinzip recht einfach: Zuerst werden die beiden DNS-Stränge voneinander getrennt. Im nächsten Schritt lagern sich RNS-Bausteine an die nun frei zugänglichen DNS-Basen an (vgl. Abb. 4). Solche RNS-Bausteine enthalten immer eine Base, die nur an eine bestimmte Base der DNS passt (Uracil des RNS-Bausteins an Adenin in der DNS, Adenin an Thymin, Guanin an Cytosin und Cytosin an Guanin). Am Schluss des ganzen Vorgangs verbinden spezielle Enzyme die RNS-Bausteine zu einer Kette und lösen den Botenstoff von der DNS.

Gemäß der ursprünglichen Idee von Francis Crick müsste eine mRNS genau der DNS im Zellkern entsprechen, wenn sie im Zellplasma ankommt und dort die Bildung eines Eiweißes startet. Dem ist aber nicht so. Der DNS-Abschnitt, das Gen, enthält nämlich sehr häufig nicht nur die Bauanleitung für ein bestimmtes Eiweiß, sondern zusätzlich oft lange Abschnitte, die für die Eiweißsynthese nicht gebraucht werden, ja die sogar den richtigen Zusammenbau eines bestimmten Eiweißes verhindern können. Die mRNS muss daher, bevor sie im Zellplasma eingesetzt werden kann, von diesen nutzlosen Abschnitten, den *Introns*, befreit werden. Danach braucht es nochmals einen ganzen Apparat, der für den richtigen Zusammenbau der benötigten Teile der RNS, der *Exons*, sorgt. Dazu ist ein komplizierter Vorgang, das Spleißen, notwendig, welches im Detail noch immer nicht vollständig aufgeklärt ist. Mit all dem ist aber noch längst nicht die ganze Komplexität beschrieben. Damit jetzt nämlich die Proteinsynthese einsetzen kann, braucht es weitere Sorten von RNS-Molekülen und eine Struktur in der Zelle, an welcher der Zusammenbau eines bestimmten Eiweißes erfolgen kann. Diese Struktur, ein winzig kleines Zellorganell, wurde 1955 von dem aus Rumänien stammenden Amerikaner George Emile Palade entdeckt und später als Ribosom bezeichnet. Ribosomen sind mit nur ca. 25 nm (1 nm = 1 Milliardstel m) Durchmesser derart klein, dass sie mit Hilfe eines Lichtmikroskops nicht zu erkennen sind. Erst mit der Erfindung des Elektronenmikroskops konnten die Ribosomen entdeckt werden. Aber schon auf den ersten elektronenmikroskopischen Aufnahmen waren sie zu erkennen und es wurde auch sogleich klar, dass die Ribosomen in der Zelle von größter Wichtigkeit sein müssen. Denn auf den meisten Aufnahmen sind sie nicht nur einzeln zu beobachten – in jeder Zelle gibt es sie in riesigen Mengen. Eine einzige Leberzelle des Menschen enthält bis zu zehn Millionen dieser winzigen Zelleinschlüsse. Für einige Amphibienzellen gehen die Schätzungen noch viel höher; Zahlen bis zu einer Billion Ribosomen pro Zelle wurden schon genannt. An der Mehrzahl dieser Ribosomen findet in jedem Augenblick die Synthese eines der zahllosen Eiweiße statt, die eine Zelle für ihr Leben und für die Bewältigung ihrer Aufgabe im Körper eines Lebewesens benötigt. Alle diese Vorgänge laufen nicht einfach nur ab, sie müssen auch gesteuert und aufeinander abgestimmt werden. Man kann kaum erahnen, welch komplexe chemische Fabrik eine Zelle ist und wie anspruchsvoll das »Management« sein muss.

Spätestens an dieser Stelle muss auch kurz auf den Begriff der Zelle eingegangen werden. Die Entdeckung der Zelle gelang dem Engländer Robert Hooke (1635–1703) dank einer der wichtigsten technischen Erfindungen für die Biologie: der des Mikroskops. Schon auf den ersten Skizzen dünner Korkscheiben, die Hooke 1665 nach seinen Beobachtungen an einem noch ganz einfachen Mikroskop fertigte, und in seinem Werk *Micrographia* 1667 veröffentlichte, waren abgetrennte, kastenförmige Einheiten zu erkennen. Auch wenn mit den ersten Mikroskopen kaum mehr als die verdickten Zellwände pflanzlicher Zellen zu erkennen waren, setzte sich die Erkenntnis, dass alle Lebewesen auf unserer Erde aus Zellen und Zellprodukten aufgebaut sind, mit den steten Verbesserungen im Bau der Geräte allmählich durch. Die Zelle ist die grundlegende Organisationseinheit des irdischen Lebens. Mit dem Lichtmikroskop sind allerdings in der Zelle kaum Detailstrukturen zu erkennen, und so wurde lange Zeit nur zwischen dem Zellkern, der Zellwand und dem Zellplasma unterschieden und ihre verschiedenartigen Ausführungen beobachtet. Als in den 1940er Jahren das Elektronenmikroskop erfunden wurde, eröffnete sich den Wissenschaftlern in den zahllosen, neu erkennbaren Strukturen nochmals eine ungeahnte Welt. Zunächst blieben natürlich die Aufgaben dieser Strukturen völlig rätselhaft und die Forscher mussten sich mit dem Katalogisieren der neu gefundenen Zellbestandteile begnügen. Ja, man konnte sich eigentlich nicht einmal ganz sicher sein, dass das, was in den Elektronenmikroskopen zu erkennen war, auch tatsächlich etwas mit dem Inhalt der Zellen zu tun hatte.

Denn die Gefahr, mit der aufwendigen Präparationstechnik Kunstprodukte zu erschaffen, war groß. Aber allmählich lichtete sich die Unsicherheit und mit den Fortschritten in der Analysetechnik gelang es auch, die chemische Zusammensetzung der zahllosen Einschlüsse, Falten, Linien und Punkte in den Zellen abzuklären. Mit ihrem neuen Wissen konnten die Forscher den Weg der genetischen Information in der Zelle nun genauer verfolgen. Bekannt war also bereits, dass die Bauanleitung für ein Eiweiß in Form einer mRNS aus dem Zellkern ins Zellplasma und von dort an die Ribosomen gelangt. Nun sind ja Eiweiße zunächst nichts anderes als lange Ketten von Aminosäuren. Also geht es an den Ribosomen darum, die Aminosäuren in exakt der Reihenfolge zusammenzusetzen, wie sie auf der mRNS verschlüsselt ist. Auch beim »richtigen« Aneinanderreihen der Aminosäuren geht es nicht ohne einen ganzen Apparat an Enzymen und noch einmal einem andern Typ RNS. Die Aufgabe dieser transfer- oder Übertragungs-RNS (tRNS) ist es, eine ganz bestimmte Aminosäure an die mRNS heranzutransportieren. Dazu besitzt die relativ kurze tRNS an einer Stelle drei ganz bestimmte Basen. Je nachdem, welche drei Basen sich an dieser Stelle des tRNS-Moleküls befinden, wird im Zellplasma eine ganz bestimmte Sorte Aminosäure an das eine Ende der tRNS angehängt. Natürlich passt das Basentriplett der tRNS zum genetischen Code auf der mRNS und die angehängte Aminosäure ist genau jene, die gemäß dem genetischen Code an der betreffenden Stelle in die Aminosäurekette des Eiweißes eingebaut werden muss. Das Prinzip des Einbaus einer Aminosäure in eine Eiweißkette ist recht einfach, der Teufel steckt aber auch hier in den Details, auf die wir an dieser Stelle jedoch glücklicherweise nicht eingehen müssen.

Die tRNS mit ihrer Aminosäure wandert also zu einem Ribosom (vgl. Abb. 5). Dort dockt das Basentriplett der tRNS an eine passende Dreiergruppe von Basen der mRNS an (also z. B. CGA nimmt Kontakt auf mit GCU). Im nächsten Schritt wird die an der tRNS angehängte Aminosäure mit der Aminosäure verbunden, die vorher schon ein anderes tRNS-Molekül antransportiert hat. Die tRNS löst sich danach vom ganzen Komplex und wandert wieder in das Zellplasma zurück. Am Ribosom wächst so Schritt für Schritt die Aminosäurekette. Sie muss sich nun noch in der richtigen Art und Weise falten, um zu einem funktionsfähigen Eiweiß zu reifen (vgl. Abb. 5). Die Eiweiße sind die kleinen Magier der Zelle. Sie können, je nach ihrer Aminosäuresequenz und der Faltung ihrer Aminosäurekette, Stoffe abbauen, aufbauen, sie umformen und auch selbst als Bauteile der Zelle funktionieren. Einigen von ihnen, den Enzymen, gelingt es, die zahllosen chemischen Reaktionsschritte in einer Zelle zu steuern. Ja, sie machen diese Reaktionen überhaupt erst möglich und sind damit für Leben in der uns bekannten Form absolut entscheidend. Die Zelle hat nämlich ein wichtiges Problem, welches der Chemiker im Labor oft problemlos umgehen kann: Die meisten chemischen Reaktionen laufen nicht ganz »gratis« ab, sie brauchen zumindest etwas Startenergie. Im Labor kein Problem, man erwärmt das Reaktionsgemisch einfach mit dem Bunsenbrenner und schon laufen die chemischen Reaktionen wie gewünscht und schnell genug ab. Auf Lebewesen lässt sich dieses Verfahren natürlich nicht anwenden. Ausgerechnet die Eiweiße halten nämlich nur relativ geringen Temperaturen stand und verändern sich bereits ab etwa 40 °C in fataler Weise, wie sich bei der Zubereitung von Spiegeleiern wunderbar beobachten lässt. Die Enzyme schaffen es nun aber, die lebensnotwendigen chemischen Reaktionen schon bei Temperaturen unter 40 °C ablaufen zu lassen, sie wirken also als Katalysatoren. Trotzdem brauchen die chemischen Reaktionen in der Zelle aber immer noch viel Energie. In der Zelle wird diese Energie natürlich nicht in Form einer heißen Flamme wie beim Bunsenbrenner zur Verfügung gestellt, sondern sie wird in chemischer Form übertragen. Dieses kleine, für das irdische Leben aber entscheidende Kunststück schafft ein Molekül, das *Adenosintriphosphat* (ATP). ATP besteht aus vier Teilen: dem Adenosin und drei Phosphatgruppen. Das Adenosin haben wir schon in der RNS kennen gelernt: es besteht selbst aus der Base Adenin und einem Molekül Ribose. Die Menge ATP, die z. B. ein erwachsener Mensch täglich benötigt, ist recht beachtlich, man schätzt etwa 60–70 kg! Es ist ganz klar, dass wir eine solche Menge nicht mit der Nahrung aufnehmen. ATP wird in unserem Körper in einem Kreisprozess ständig auf- und wieder abgebaut.

Wenn irgendwo in einer Zelle Energie benötigt wird, so überträgt das ATP seine dritte Phosphatgruppe auf ein anderes Molekül. Damit wird das Empfängermolekül energetisch aufgeladen und kann nun eine chemische Reaktion durchführen. Dem ATP geht bei dieser Übertragung eine Phosphatgruppe verloren, es besitzt jetzt nur noch zwei Phosphate und heißt nun *Adenosindiphosphat* (ADP). Das ADP wird nach getaner Arbeit nicht einfach weggeworfen, sondern neu aufgeladen. Dazu muss es zu einem Mitochondrium (einem relativ großen Zellorganell) transportiert werden, wo ihm wiederum unter Energieaufwand eine dritte Phosphatgruppe angehängt wird. Die Mitochondrien beziehen die Energie für die Bildung von ATP aus dem Abbau von Zucker. Die verschiedenen Formen von Zucker sind deshalb unsere grundlegenden Energielieferanten. Pflanzen können sich den benötigten Zucker selbst herstellen, »wir« Tiere müssen ihn täglich mit unserer Nahrung aufnehmen. Die höheren Pflanzen und die Algen besitzen spezielle Zellorganelle für die Zuckerherstellung, die Chloroplasten. Diese können mit Hilfe der Energie des Sonnenlichts aus Kohlendioxidgas und Wasser Zucker produzieren. Im Zucker steckt also letztlich jene Energie, die mit den atomaren Kernprozessen in der Sonne freigesetzt wird und die mit dem Licht unseres Sternes bei uns eintrifft. Für eine Pflanze bedeutet ein Sonnenbad also etwas völlig anderes als für uns. Es ist für sie ein sinnvoller und lebensnotwendiger Prozess zur Energieaufnahme, während wir dabei nur im übertragenen Sinne Energie tanken können. Die Nutzung der Energie des Sonnenlichts gelingt den Chloroplasten und einigen Bakterien mit einem raffinierten Trick. Sie nutzen die Tatsache, dass in gewissen Stoffen Elektronen Lichtenergie aufnehmen können. Die

Elektronen sind winzigste Bestandteile der Atome und bewegen sich ständig um die Atomkerne. Trifft ein Lichtstrahl auf ein solches Elektron, so geschieht mit ihm etwas Ähnliches, wie mit einer Raumsonde, die sich um einen Planeten bewegt. Bei einer Raumsonde bewirkt der Energiekick eine neue Umlaufbahn, weiter weg vom Planeten. Elektronen, welche durch Bestrahlung angeregt worden sind, können nun aber im Gegensatz zu Raumsonden nicht einfach auf der neuen »Umlaufbahn« bleiben, sie werden sofort wieder in ihren alten Aufenthaltsbereich zurückfallen. Sie können nicht anders, weil sie dort eine Art »Energieloch« hinterlassen haben, welches sofort wieder gefüllt werden muss. Damit die Elektronen in das »Energieloch« zurückfallen können, müssen sie die aufgenommene Energie aber wieder loswerden. Sie machen dies in Form von Strahlung, die sie einfach an die Umgebung abgeben oder aber, und dies ist nun das Entscheidende und Raffinierte an der Photosynthese, sie geben die angeregten, also energiereichen Elektronen an andere Stoffe weiter. Es sind die Farbstoffe in den Chloroplasten, die wie Antennen die Energie aus dem Sonnenlicht aufnehmen. Da die Chloroplastenfarbstoffe hauptsächlich die blauen und roten Anteile des für uns sichtbaren Lichts aus der Sonnenstrahlung aufnehmen können, erscheinen die Blätter für unsere Augen in jenem Farbanteil des Regenbogens, der von der Pflanze nicht verwendet wird: Grün. Wie anders sähe unsere Welt aus, wenn die Chloroplasten auch den »grünen« Teil des Spektrums nutzen könnten! In diesem Falle schluckten die Blätter das gesamte Spektrum der Sonne und erschienen uns deshalb schwarz!

Die angeregten Elektronen bleiben nicht in den Farbstoffen hängen, sondern gelangen auf eine lange Elektronentransportkette, an der eine ganze Reihe von Stoffen beteiligt ist (alle diese chemischen Stoffe müssen von der Zelle selbst hergestellt werden). Bei den Übergängen von einem auf den anderen Stoff geben die Elektronen immer wieder von ihrer aufgenommenen Energie ab, die im Prinzip ähnlich wie in den Mitochondrien an einigen Stellen zu Bildung von ATP genutzt wird. Damit ist aber immer noch kein Zucker hergestellt worden. Dazu muss das ATP in einen weiteren Kreisprozess eingeschleust werden, der nach den Entdeckern Calvin-Benson-Zyklus genannt wird. Hier wird die Energie endlich genutzt und aus CO_2-Gas und Wasserstoffatomen der Zucker aufgebaut. Zucker, insbesondere Traubenzucker, ist also der zentrale Stoff für unsere Energieversorgung. Es ist deshalb kein Wunder, dass wir für die erfolgreiche Suche nach Zucker von der Natur durch ein angenehmes Gefühl belohnt werden. Ohne Zucker kann kein Wachstum stattfinden, keine auch noch so kleine Muskelbewegung, keine Aussonderung irgendeiner Drüse erfolgen, kein Reiz aus der Umwelt aufgenommen, kein Gedanke gedacht, aber auch kein Gefühl erlebt werden. Die allermeisten Lebewesen sind deshalb von der Photosynthese, als dem entscheidenden Lieferanten von Zucker, vollkommen abhängig. Wir werden allerdings später sehen, dass es auch andere Wege zur Energiefixierung gibt, die unsere irdischen Lebewesen realisiert haben. Wege, die möglicherweise für die Rekonstruktion der Entstehung von Leben auf unserem Planeten wertvollste Hinweise liefern können. Zucker aus der Photosynthese ist zwar heute anteilsmäßig die entscheidende Energiequelle des irdischen Lebens, er braucht es aber nicht immer gewesen zu sein.

Schaut man sich die Photosynthese etwas genauer an, so wird man schnell feststellen, dass der Zuckeraufbau eigentlich gar nicht der entscheidende Schritt in diesem komplexen Vorgang ist. Das Entscheidende geschieht lange bevor Zucker im Zyklus der Photosynthese aufgebaut wird. Der Clou an der Photosynthese ist ja, dass Lichtenergie in eine chemisch nutzbare Form umgewandelt wird. Dies geschieht aber bereits nachdem die Farbstoffe durch die Lichtenergie angeregt worden sind. An dieser Stelle der Photosynthese, an der die angeregten Elektronen zur Bildung von ATP verwendet werden, wird die Energie der Lichtteilchen, der Photonen, bereits in eine chemisch nutzbare Form gebracht. Bereits jetzt kann die Energie im Prinzip für alle denkbaren Zellvorgänge genutzt werden. Wieso also unterhalten die meisten zur Photosynthese fähigen Lebewesen den komplizierten Syntheseweg bis hin zur Bildung des Zuckers? ATP wäre ja bereits vorhanden. Der Zucker aber muss in den Mitochondrien in einer weiteren, ebenfalls komplizierten Reaktionskette wieder abgebaut werden, damit nichts anderes als wieder ATP entsteht. So betrachtet ist die Bildung von Zucker in den Chloroplasten und der Abbau dieses Zuckers in den Mitochondrien eigentlich ein Umweg. Tatsächlich können einige einfache Lebewesen, wie z. B. die im Toten Meer lebenden Halobakterien, ohne den Umweg über die Bildung von Zucker oder anderer Kohlehydrate auskommen und direkt mit dem ATP arbeiten. Wie spannend solche »primitiven« Bakterien für die Astrobiologen sind, wird sich im nächsten Kapitel zeigen. Die moderneren Formen der zur Photosynthese fähigen Lebewesen würden aber kaum Zucker aufbauen, wenn für sie damit nicht klare Vorteile verbunden wären. Das große Plus der Zuckerbildung, das den Aufwand lohnend macht, liegt in der Möglichkeit, den Zucker in verschiedenen Formen zu speichern. Damit wird eine Energiereserve angelegt, die es den Lebewesen erlaubt, jederzeit aktiv zu sein, und nicht nur wenn die Sonne scheint. Zudem können die Organismen mit einer solchen Reserve Energie rasch und in großen Mengen bereitstellen. Gerade dies dürfte die Evolution von leistungsfähigen Mikroorganismen und, sehr viel später, auch die der Vielzeller überhaupt erst ermöglicht haben.

Die Evolution von den ersten einfachen Mikroben, über komplexere Mikroorganismen, bis hin zu den Einzellern und den Vielzellern dauerte die unvorstellbar lange Zeit von etwa drei Milliarden Jahren. In dieser Zeit entwickelte sich der ganze komplizierte Zellapparat, mit all den Hunderten oder gar Tausenden von Enzymen, die in sinnvoller Reihenfolge miteinander die Strukturen der Zellen aufbauen, die Verdauung lenken, Wachstum und Vermehrung steuern, Bewegungen ermöglichen und Reaktionen koordinieren. Demgegenüber erscheint die Zeit bis zur Bildung der ersten, sicher noch äußerst einfachen Zellen unglaublich kurz. Nach allem was wir heute wissen, vergingen vermutlich weniger als 200 Millionen Jahre. In diesen 200 Millionen Jahren aber geschah das alles Entscheidende, das Großartige und heute noch immer Geheimnisvolle: Die Geburt der ersten Zellen.

2.3
Extremisten

Schmetterlinge haben mich schon als Kind fasziniert. Ihre Schönheit mag wohl ein Grund für das Interesse gewesen sein. Mindestens so spannend für meinen Bruder und mich war aber, dass diese Insekten fliegen können und mit ihrem torkelnden Flug keineswegs einfach zu fangen sind. In Ermangelung eines richtigen Schmetterlingsnetzes haben wir beide damals versucht, die Falter mit Hilfe eines Federballschlägers zu erwischen. Die Kunst lag darin, die Tiere aus ihrem Flug möglichst sanft mit dem Schläger gegen den Boden zu drücken und sie anschließend in ein großes Glas zu bugsieren. In der Regel funktionierte unsere Fangmethode gar nicht mal so schlecht. Wenigstens gelang uns der Fang immer wieder. Ich muss aber zugeben, die Opfer waren anschließend nicht mehr alle ganz so prächtig wie vor dem Fang, sehr zum Entsetzen unserer Mutter. Sie war der weit verbreiteten Meinung, schon ein bloßes Berühren würde die Tiere flugunfähig machen. Natürlich haben wir ihr sofort demonstriert, wie gut (zumindest ein Teil) unserer Beute auch nach dem Fang noch fliegen konnte. Ganz überzeugten wir sie allerdings nie.

Auch sehr viel später, als ich das Glück hatte, mich beruflich mit Schmetterlingen befassen zu dürfen, habe ich immer wieder festgestellt, wie robust einige dieser so zart wirkenden Tiere sein können. Da gibt es Falter, denen vermutlich Vögel ganze Stücke aus ihren Flügeln gerissen haben und die dennoch bestens fliegen können. Andere haben durch ihre langen Wanderungen fast alle Schuppen verloren und sind trotzdem noch sehr beweglich. Einige Arten überstehen auch den kältesten Winter in der freien Natur und fliegen bereits während den ersten wärmeren Stunden im frühen Frühling. Aber trotz ihrer robusten Zartheit verblasst ihre eindrückliche Anpassungsfähigkeit gegenüber den Leistungen anderer Organismengruppen. Wahre Künstler im Überdauern von extremen Bedingungen sind z. B. weit entfernte Verwandte der Schmetterlinge: die Bärtierchen (Tardigrada). Bärtierchen sind meist nur gerade knapp einen Millimeter große Gliederfüßler (daher die Verwandtschaft mit den Schmetterlingen) mit vier Beinpaaren. Man findet diese kleinen Gesellen recht häufig in Moosrasen, die an Felsen oder in alten Regenrinnen wachsen. Zusammen mit einem ganzen Zoo von Einzellern, Rädertierchen und Fadenwürmern nutzen sie einen Lebensraum, der sehr oft für längere Zeit völlig austrocknen kann und zudem starken Temperaturunterschieden ausgesetzt ist. An diese schwierigen Umweltbedingungen haben sich die Bärtierchen dank eines raffinierten Tricks bestens angepasst: sie bilden Tönnchen, eine Art von Dauerstadien.

Gelingt es einem Bärtierchen, sich bei verschlechternden Umweltbedingungen rechtzeitig in ein Tönnchen umzuwandeln, so hält es fast alle erdenklichen Unbilde aus. Die Tönnchenbildung beginnt, sobald der Lebensraum eintrocknet. Das Tier zieht seinen Körper sofort stark zusammen. Dabei scheidet es viel Wasser aus. Bereits nach 45 Minuten sind der Kopf und die Stummelbeine nicht mehr zu erkennen[1]. Im Tönnchen reduziert das Tier die Lebensvorgänge auf ein absolutes Minimum und verbraucht gerade noch etwa 1/600 der im aktiven Zustand normalen Menge Sauerstoff. Konkret bedeutet ein solcher Wert, dass das Tier kaum noch Lebensvorgänge durchführt und mit extrem wenig Energie auskommt. Dementsprechend kann es nun auch enorm lange Zeiträume ohne Aufnahme von Wasser oder Nährstoffen überstehen. Rekordhalter scheinen Arten der Gattung *Macrobiotus* zu sein. Ihre Tönnchen können auch sechs Jahre nach dem Eintrocknen durch simples Befeuchten wieder erweckt werden. Die Tiere nehmen einfach durch die leicht quellbaren Eiweiße in ihrer Haut Wasser auf, dehnen sich mit Hilfe des Wassers zur ursprünglichen Form aus und sind bereits wenige Minuten später wieder putzmunter. Das wahrhaft Erstaunliche an den Fähigkeiten einiger Bärtierchen ist aber ihre Widerstandsfähigkeit gegen extreme Temperaturen. Tiere der Gattung *Macrobiotus* haben in ihren Tönnchen schon 20 Monate in flüssigem Stickstoff bei nahezu −200 °C überstanden! In einem Experiment wurden Tönnchen über 81 Stunden bei −272 °C aufbewahrt und sind wieder aktiv geworden.[1] Auch hohe Temperaturen bis 100 °C schaden ihnen kaum, zumindest für kurze Zeit. Sicher ist die Leistung der Bärtierchen erstaunlich. Ihre enorme Überlebensfähigkeit bezieht sich aber ausschließlich auf das Überdauern ungünstiger Lebensbedingungen während einer gewissen Zeitspanne. In dieser Lebensphase sind sie völlig inaktiv, zu keiner Bewegung fähig, sie nehmen keine Nahrung auf und können sich nicht vermehren. Derartige Anpassungsleistungen sind zwar auch für Fachleute faszinierend, wurden aber trotzdem auch von den Wissenschaftlern lange Zeit lediglich als bizarre Rekordleistungen wahrgenommen. Leben galt bis in die 1970er Jahre als etwas ganz außerordentlich Verletzliches; als ein Phänomen, welches nur unter ganz engen, besonders günstigen Bedingungen Bestand haben kann. Für Leben, so schien es, brauchte es einen Planeten wie die Erde mit seinen gemäßigten Lebensräumen zu Lande und zu Wasser. Wie falsch die Wissenschaftler mit dieser festgefahrenen Meinung lagen und wie radikal sie ihre Strategien für die Suche nach Leben außerhalb unseres Planeten ändern mussten, zeigte sich erst gegen Ende des 20. Jahrhunderts, als die Extremisten unter den Lebewesen Anlass für grundsätzlichere Überlegungen zum Phänomen Leben gaben.

Thomas Brock von der University of Indiana war 1965 einer der ersten Forscher, der diesen Wandel einleitete. Er entdeckte Bakterien, die nicht nur Temperaturen aushielten, die gemäß den Lehrbüchern als unmöglich zu gelten hatten, sondern derartige Extreme für ihre normalen Lebensfunktionen geradezu benötigten. Brock war damals auf die heißen Quellen im Yellowstone-Nationalpark in den Rocky Mountains aufmerksam geworden. Er hatte bei einem Besuch ein Jahr zuvor zu seiner Überraschung in den Ablaufrinnen der Geysire und der heißen Quellen ein überaus reichhaltiges mikrobielles Leben entdeckt.[2] Im Sommer 1965 kehrte er mit der notwendigen wissenschaftlichen Ausrüstung in den Nationalpark zurück und begann die Lebensgemeinschaften in den heißen Gewässern zu untersuchen. Schnell bemerkte er, dass einige Bakterienarten nicht nur bei Temperaturen um die 60 °C existierten, sondern auch weit darüber. Das war eine echte Sensation! Kein Biologe hatte je damit gerechnet, oberhalb dieser Temperaturgrenze je aktive Lebewesen finden zu können. Allgemein galt es als erwiesen, dass von den wichtigen chemischen Stoffen in einem Lebewesen zumindest die Eiweiße bei höheren Temperaturen ihren Dienst quittieren, weil sie ihre chemischen Eigenschaften verändern und daher funktionsunfähig werden. Dieser Verlust der Funktionsfähigkeit der Eiweiße ist denn auch einer der entscheidenden Gründe für die lebensbedrohenden Probleme, in die ein Mensch bei hohem Fieber über 41 °C gerät. Die Mikrobiologen wussten zwar damals schon von der größeren Hitzetoleranz einiger Bakterien, aber 60 °C galt als Obergrenze. Dieses Vorurteil saß offenbar so tief in den Köpfen der Biologen, dass viele Wissenschaftler versuchten, Bakterien, die sie im Freiland bei über 50 °C gefunden hatten, im Labor bei tieferen Temperaturen zu züchten. Sie waren der Meinung, den Bakterien damit bessere Bedingungen zu bieten und sie so schneller vermehren zu können. Die Entdeckung der extrem hitzeliebenden (hypothermophilen) Bakterien, gelang Brock vor allem deswegen, weil er die eingesammelten Proben unter jenen Bedingungen kultivierte, unter denen er sie im Freiland entnommen hatte. Jetzt war der Bann gebrochen und eine völlig neue Welt von Lebewesen tat sich den überraschten Biologen auf; eine Welt, die plötzlich völlig neue Perspektiven auch für Leben auf anderen Himmelskörpern eröffnete.

Zunächst ging es natürlich darum, die neu entdeckten Organismen, ihre Vielfalt und ihre Lebensansprüche genauer zu untersuchen. Und schon bald war klar: die Temperaturgrenze für einige Bakterien lag nicht nur deutlich über 60 °C, sondern sogar weit über 100 °C. Rekordhalter ist gegenwärtig *Pyrolobus fumarii*, ein Bakterium, das seine maximale Wachstumstemperatur bei 113 °C hat.

Einer der Pioniere in der Erforschung der hitzeliebenden Bakterien ist der Regensburger Professor Karl Otto Stetter. Stetter stellt seinen Untersuchungsobjekten nicht nur in heißen Quellen an touristisch wohl erschlossenen Orten wie dem Yellowstone-Nationalpark nach. Stetter sucht alle möglichen erreichbaren extremen Lebensräume auf, um Proben zu entnehmen, etwa Vulkane in den Anden auf über 5000 m Höhe. Im Labor in Regensburg werden die Proben unter Nachahmung der Bedingungen am Fundort angezüchtet und später gleich in 100-Liter-Tanks vermehrt. Dem Team um Stetter stehen damit nicht nur einige kleine Proben mit wenigen Mikroorganismen zur Verfügung, sondern riesige Mengen. Mit solch reichhaltigem Untersuchungsmaterial können die Wissenschaftler die Lebensansprüche und die Anpassungsleistungen relativ einfach studieren. Schon recht schnell nach der Entdeckung dieser Extremisten zeigte sich, dass diese neue Gruppe von Mikroorganismen neben ihrer Temperaturtoleranz noch eine ganze Reihe weiterer Überraschungen für die Biologen bereithielt.

Der nächste entscheidende Wendepunkt in der an unerwarteten Entdeckungen reichen Geschichte der Hyperthermophilen und ihrer Verwandtschaft kam 1977. Es begann damit, als im Frühjahr 1977 die beiden Geologen John M. Edmond vom Massachusetts Institute of Technology und John B. Corliss von der Oregon State University den Mittelatlantischen Rücken nördlich der Galapagos-Inseln mit Hilfe des Tiefseetauchboots Alvin untersuchten. Die geologisch aktive Region hatte die Aufmerksamkeit der Fachleute auf sich gezogen, weil dort mit Hilfe einer Unterwasserkamera in über 2500 m Tiefe seltsame Trübungen des Meerwassers entdeckt worden waren. Die Geologen hatten schon lange vermutet, es könnte an einigen Stellen auf dem Grunde der Ozeane heißes Wasser aus dem Meeresboden aufsteigen. Solche heißen Quellen, wenn es sie denn gäbe, wären nicht nur an sich interessant gewesen, sondern hätten eines der großen

Rätsel der Meereschemie lösen können. Den Wissenschaftlern war nämlich überhaupt nicht klar, wie das Meerwasser zu seiner speziellen Zusammensetzung an Salzen kam. Dampft man nämlich Flusswasser ein und analysiert die Rückstände, so ergibt sich eine klar andersartige Salzrezeptur als im Meerwasser. Aus den Zuflüssen können die Meere daher ihre Salze nicht erhalten haben. Woher beziehen also die Ozeane ihre Mineralstoffe? Stammt das Salz der Meere etwa aus dem Inneren der Erde? Exakt für die Bearbeitung solcher Fragestellungen war das Tiefseetauchboot Alvin gebaut worden. Das relativ kleine Forschungsschiff erlaubt einer Besatzung von drei Personen Tauchgänge bis 4000 m unter den Meeresspiegel. Berühmt wurde die Alvin, als das Boot im Juli 1986 insgesamt zwölf Tauchgänge zur sagenumwobenen Titanic machte und das Schiffswrack ausgiebig fotografierte. Für Edmond und Corliss war die Alvin aber aus einem ganz anderen Grunde interessant. Mit dem Tauchboot konnten die Wissenschaftler nämlich direkt auf dem Meeresboden Proben des Wassers und des Untergrundes entnehmen und zur Untersuchung mit an die Oberfläche bringen. Genau dies hatten Edmond und Corliss vor, als sie zum Mittelatlantischen Rücken in der Nähe der Galapagos-Inseln aufbrachen. Die beiden hofften, endlich Hinweise zu finden, welche die unter Geologen schon seit längerem zirkulierende Idee stützen könnten, dass im Bereich der geologisch aktiven Zonen um die unterseeischen Gebirge Wasser aus dem Meeresgrund austritt. Dabei müsste es sich um Wasser handeln, das Millionen von Jahren im Boden verbracht und sich dabei mit Mineralstoffen »aufgeladen« hat. Sie mussten nicht sehr lange suchen; schnell fanden sie Gebiete, in denen die Wassertemperatur deutlich über den sonst üblichen 2 °C lag. Ein erster, sehr konkreter Hinweis auf warme Quellen am Meeresgrund und eine wissenschaftliche Sensation. Aber dies war nur der Vorgeschmack für all das, was noch kam. Also suchten Edmond und Curliss weiter – und in fast 2600 m tiefem Wasser stieg die Wassertemperatur plötzlich auf bis zu 17 °C an und die Forscher fanden sich mitten in einem ganzen Feld mit warmen Quellen.[2]

Aber wie sah es um diese Quellen in der absoluten Finsternis der Tiefsee aus. Die beiden Wissenschaftler trauten ihren Augen nicht, denn da war nicht einfach nur eine Schlamm-, Lava- oder Basaltwüste wie sonst in dieser Tiefe üblich, nein, es wimmelte nur so von Lebewesen. Da fanden sich massenhaft riesige Muscheln mit Schalen bis zu 40 cm Länge in den Spalten zwischen den Steinen, überall kletterten große Krabben und andere Krebstiere herum, ganze Kolonien von über 1,5 m langen, röhrenbildenden Bartwürmern streckten ihre Tentakel ins angenehm warme Wasser, Schwämme bedeckten die Gesteine, verschiedenste Arten von Schnecken krochen zwischen den Ritzen herum und sogar rund 75 cm lange, rosafarbene Fische tauchten ins Scheinwerferlicht der *Alvin*.[3]

Viele Biologen hatten zunächst Mühe, diese Entdeckung der Geologen zu verdauen. Da stellten sich nämlich sofort einige nicht ganz nebensächliche Fragen. Woher sollte diese Lebensgemeinschaft ihre Energie beziehen? So weit abgeschieden von jeglichem Sonnenlicht? Wie sollten die Tiere den ungeheuren Druck von über 2,5 t/cm² aushalten? Zahlreiche weitere Tauchfahrten bestätigten die Entdeckung nicht nur, sie zeigten auch, dass ähnliche Lebensinseln an zahlreichen anderen Stellen des Mittelatlantischen Rückens existieren. Und schnell gelang auch eine weitere überraschende Entdeckung: es gibt nicht nur Stellen, an denen warmes Wasser um 20 °C aus den Ritzen des Meeresbodens aufsteigt, es gibt sogar bis zu 380 °C heiße Quellen! Dieses Wasser tritt aber nicht nur einfach durch irgendein Loch aus dem Boden aus. Sein Erscheinen in der Unterwasserwelt ist durch absolut spektakuläre Strukturen markiert, die sich wie Wolkenkratzer einer modernen Großstadt aus dem Meeresboden erheben. Der Grund dafür liegt in den physikalisch-chemischen Eigenschaften des Wassers. Weil in heißem Wasser immer sehr viel mehr Mineralstoffe gelöst werden können als in kühlerem Wasser, ist das unter enormem Druck stehende, überhitzte Wasser dieser Quellen mit Mineralien nur so vollgeladen. Sobald es auf das kalte Meerwasser trifft, wird es aber schockartig abgekühlt. Damit sinkt auch die Löslichkeit vieler Mineralstoffe (unter anderem viele Schwermetallsulfide) rapide ab und diese Stoffe fallen fast schlagartig als feste Mineralien aus. Die Folge sind ganze Felder aus manchmal mehreren Meter hohen, kaminartigen Röhren, den Hydrothermalschloten (hydrothermal vents), aus denen eine schwarze Brühe austritt. Mit diesen »schwarze Raucher« (black smokers) getauften Kaminen war ein neues Forschungsgebiet geboren. Die bisher längsten Schlote entdeckte ein internationales Forscherteam im Dezember 2000 in der Nähe des Mittelatlantischen Rückens, mit Giganten, die bis zu 60 m über den Ozeanboden aufragen!

Die Wasserproben bestätigten schnell, dass die Zusammensetzung des Wassers aus den Hydrothermalschloten genau den Erwartungen der Geologen entsprach. Das Rätsel der Salzrezeptur des Meerwassers war also gelöst. Für die Biologen begann die Arbeit damit aber erst richtig. Da waren immer noch die schon erwähnten

Fragen. Im Zentrum stand jene nach der Energieversorgung. An Photosynthese ist am Meeresgrund selbstverständlich nicht zu denken und die Überreste an organischem Material, welche ständig aus den höheren, lichtdurchfluteten Wasserschichten auf den Tiefseeboden rieseln, reichen bei weitem nicht aus, um die sich oft durch eine enorme Individuendichte auszeichnenden Lebensgemeinschaften mit der nötigen Energie und den ebenso wichtigen Grundstoffen zu versorgen. Wer also liefert all den vielen Krebsen, Würmern, Schnecken und Fischen die nötige Energie? Die richtigen Schlüsse konnte man erst nach der unerwarteten Entdeckung der Tiefseelebensgemeinschaften ziehen. Jetzt erst wurde die enorme Bedeutung der scheinbar nur sonderbaren Spezialisten für seltsame Nischen klar, und den Forschern eröffneten sich mit einem Schlag völlig neue Ansätze für ihre Überlegungen zur Entstehung von Leben auf der Erde und auf anderen Himmelskörpern. Der Schlüssel für die Energieversorgung der Tiere in den unterseeischen Warmwasserfeldern und um die Hydrothermalschlote liegt in der Fähigkeit einiger Bakterien, ihren Energiebedarf nicht aus dem Sonnenlicht, sondern aus einfachen chemischen Verbindungen zu decken. Diese Bakterien nutzen das im Wasser der Hydrothermalquellen reichlich vorhandene Angebot an anorganischen Stoffen und können z. B. durch die Verbindung von Schwefel-Ionen (S^{2-}) mit Sauerstoff Energie freisetzen. Die Schwefel-Ionen aus den vielfältigen Salzen des heißen Wassers geben bei Anwesenheit von Sauerstoff zunächst Elektronen ab und es entsteht elementarer Schwefel. In mehreren weiteren Schritten verbindet sich der Schwefel mit Sauerstoff-Atomen, bis das Sulfat-Ion (SO_4^{2-}) entsteht. Bei jedem der Zwischenschritte werden, wie bei jeder Oxidation, Elektronen abgegeben.[4] Der Trick der Bakterien ist es nun, die Energie dieses Elektronenflusses zu nutzen, und mit seiner Hilfe den von irdischen Lebewesen universell genutzten Energieüberträgerstoff ATP (vgl. voriges Kapitel) aufzubauen. Im Grunde genommen gehen diese Bakterien also sehr ähnlich vor, wie die grünen Pflanzen bei der Photosynthese, die Elektronen werden aber durch chemische Vorgänge angetrieben und nicht durch die Lichtenergie. Mit dem ATP steht den Mikroben die entscheidende Energiequelle für den Aufbau ihrer Lebensmoleküle offen. Die nötigen Rohstoffe liefert die hoch angereicherte Brühe aus den heißen Quellen. Damit können die Bakterien alle für ihr Leben wichtigen Moleküle aufbauen und leben völlig unabhängig vom Sonnenlicht!

Die verschiedenen Arten von Bakterien nutzen aber nicht nur die Schwefel-Ionen für die Energiefixierung. Je nach Bakterienart werden auch elementarer Schwefel, Schwefelwasserstoff (H_2S), Methan (CH_4) oder Ammonium-Ionen (NH_4^+) eingesetzt. Die Tiere in der Nähe der heißen Quellen sind also Teil einer mit den Bakterien beginnenden Nahrungskette und leben allesamt von der Arbeit der Bakterien. Einige Arten gehen dabei noch einen Schritt weiter und halten sich die so nützlichen und lebensnotwendigen Bakterien gleich selbst in einer internen Kultur. Dazu gehören die spektakulären Bartwürmer, die im warmen Wasser um die warmen Quellenfelder und die Hydrothermalschlote leben. Die ersten Tiere dieser seltsamen Gruppe wurden lange vor den heißen Quellen, nämlich 1914 durch Zufall in den Gewässern vor Indonesien gefunden. Die meisten Arten sind außerordentlich dünn, nur 0,1–4 mm breit, erreichen aber trotzdem Längen von 5–150 cm! Alle bauen sie Röhren aus Chitin, in welche sie sich bei Gefahr sofort zurückziehen. Was sie nebst ihrem seltsam schlanken Bau so besonders macht, ist das völlige Fehlen einer Mund- und auch einer Afteröffnung.[5] Lange Zeit wurde darüber gerätselt, wie sich ein Tier mit einem derart vereinfachten Bau überhaupt ernähren konnte? Es gab zwar viele Spekulationen, z. B. die Tiere könnten mit ihren Tentakeln die im Wasser schwebenden Kleinstorganismen fangen und diese außerhalb des Körpers verdauen. Die zahllosen feinen Flimmerhärchen auf den Tentakeln müssten die Nahrungsteilchen danach anschließend an die Basis der Körperanhänge transportieren, wo unbekannte Strukturen die verdauten Teile irgendwie aufnähmen. Allerdings fand an der fraglichen Stelle keiner der interessierten Forscher bei irgendeiner der Bartwurmarten je eine Drüse, welche die nötigen Verdauungssäfte hätte bereitstellen können. Auch fehlte jeder Hinweis auf irgendeine Aufnahmemöglichkeit. Vom ganzen Verdauungssystem schien einzig ein Stück des Darmes übrig geblieben zu sein, das Trophosom, welches aber an beiden Enden keine Verbindung nach außen hatte. Trotzdem, das Trophosom ist die entscheidende Stelle. In ihm wimmelt es nur so von Bakterien. Die genauere Untersuchung zeigte schnell einmal, um welche Bakteriengruppen es sich dabei handelt: es sind bei den meisten Wurmarten die schon oben beschriebenen Schwefel-Ionen oxidierenden Arten und ihre Verwandten. Im Gegensatz zu ihren hyperthermophilen Verwandten handelt es sich hier aber um Arten, die auch unter »normalen« Temperaturen existieren können. Die Bakterien und die Würmer leben ganz offensichtlich in einer Symbiose, einer Lebensgemeinschaft, die beiden Organismen Nutzen bringt. Die Würmer liefern den Bakterien Sauerstoff, Schwefel-Ionen und andere wichtige Ausgangsstoffe, sowie das CO_2 für die Kohlenstoff-Fixierung über den Blutkreislauf, sie bieten den Bakterien auch Schutz in ihrem Inneren und erhalten dafür von den Bakterien die lebenswichtigen organischen Kohlenstoffverbindungen. Ob die Würmer Bakterien auch verdauen oder ob die Mikroben spezielle Stoffe für die Würmer ausscheiden, ist noch nicht ganz geklärt. Für die meisten Tiere sind einige der von den Bakterien benötigten Schwefelverbindungen äußerst giftig. Speziell gilt dies für den Schwefelwasserstoff (H_2S). Es ist hochinteressant, wie die Würmer mit dieser Chemikalie umgehen. Der Stoff ist deswegen giftig, weil er von den allermeisten Tieren an den Farbstoff der roten Blutköperchen, das Hämoglobin, gebunden wird und so die Aufnahme des lebensnotwendigen Sauerstoffs verhindert. Wenn dies geschieht, erreicht zu wenig Sauerstoff die einzelnen Zellen und das Tier erstickt, auch wenn an sich genügend Sauerstoff aus der Umgebung zur Verfügung stünde. Nicht so bei den Bartwürmern. Ihr Hämoglobin ist nicht in roten Blutkörperchen gebunden, sondern wird frei in der Blutflüssigkeit transportiert. Zudem besitzt es nicht nur eine Stelle, an die Sauerstoff anbinden kann, sondern getrennt davon auch eine eigene Andockstelle speziell für H_2S. Der Wurm löst so gleich zwei Probleme: Erstens kann H_2S die Sauerstoffaufnahme des Bartwurms nicht behindern und zweitens verhindert die säuberliche Trennung der beiden Stoffe, dass diese schon miteinander reagieren, bevor sie die Bakterien im Trophosom erreicht haben.

Bartwürmer machen sich also die Lebensleistungen ihrer Bakterien zu Nutze und ernähren sich von der Arbeit der Mikroben, die wiederum von Stoffen leben, die für uns äußerst giftig sind. Aber damit ist die Vielfalt der Lebenserscheinungen und der Lebewesen um die Hydrothermalschlote noch keineswegs erschöpft. In den löcherigen Wänden der Schlote fanden die Wissenschaftler in großen Mengen bakterienähnliche Lebewesen, die ihre Energie vom Wasserstoffgas (H_2) und dem Kohlendioxid (CO_2) aus dem überhitzten Wasser gewinnen können. Die Mikroorganismen der Gattung *Methanopyrus* nutzen im Prinzip wiederum den gleichen Trick wie die oben beschriebenen Sulfatreduzierer und alle anderen Lebewesen auf der Erde auch. Der entscheidende Unterschied liegt auch bei ihnen in der Quelle der Elektronen, und diese macht für uns viele Bewohner der extremen Lebensräume so fremdartig. Alle leben wir von der Energie die frei wird, wenn Elektronen von einem Stoff auf einen anderen übertragen werden. Entscheidend ist dabei, dass bei diesem Vorgang auch wirklich Energie frei werden kann. In der Photosynthese der Cyanobakterien und der grünen Pflanzen wird eine lange Kette von

Stoffen aufgebaut, über welche die Elektronen transportiert werden. Bei jedem Übertragungsschritt fallen die Elektronen eine Energiestufe tiefer. Wie wir schon gesehen haben, bauen alle Lebewesen mit der so nutzbar gewordenen Energie zunächst ATP auf, welches die Energie für die Lebensvorgänge zugänglich macht. Entscheidend wird so der Startpunkt für die Elektronen. Je »höher« dieser Startpunkt liegt, desto mehr Energie kann genutzt werden. Dies ist ähnlich wie bei Stauseen im Gebirge. Je weiter das Wasser zu Tal fallen kann, desto mehr Strom lässt sich aus einer bestimmten Menge Wasser gewinnen. Die Überlegenheit der Photosynthese bei der Energiegewinnung und ihr Erfolg bei den irdischen Lebewesen liegt in der Nutzung der fast unerschöpflichen Energiequelle Sonne. Mit ihrer Hilfe werden die Elektronen möglichst weit den »Energieberg« hochgestemmt, um danach möglichst tief fallen zu können. Die Farbstoffe in den Blättern der Pflanzen funktionieren als Antennen für das Sonnenlicht und ermöglichen den Elektronen einen relativ hohen Startpunkt. Die Energie der Sonne wird also benötigt, um die Elektronen quasi aufzuladen. Den Mikroorganismen in der Tiefsee (oder in anderen extremen Lebensräumen) steht die Sonnenenergie nicht zur Verfügung und sie müssen sich mit dem begnügen, was sie aus ihrem Lebensraum gewinnen können. Dies tun sie aber sehr effizient.

Methanopyrus ist ein solches Lebewesen. Sein Temperaturoptimum liegt bei etwa 100 °C, es kann aber auch 110 °C durchaus aushalten, bei deutlich tieferen Temperaturen stirbt es. *Methanopyrus* nutzt das relativ geringe Energiegefälle der Elektronen im Wasserstoffgas im Vergleich zum Kohlenstoff im CO_2. In einem Prozess, der über insgesamt sechs Reaktionsschritte abläuft, entsteht aus CO_2 und H_2 Methan (CH_4) und Wasser. Diese Reaktion kann nur unter vollständigem Ausschluss von Sauerstoff ablaufen. Summenmäßig lässt sie sich als

$$CO_2 + 4\,H_2 \rightarrow CH_4 + 2\,H_2O$$

darstellen. Den Dreh, aus diesem Reaktionstyp Energie gewinnen zu können, wenden auch einige andere Methanbakterien an. Sie leben aber unter »normalen« Temperaturbedingungen, z. B. in den Mägen der Kühe, in Sümpfen oder in den Faultürmen von Kläranlagen. Für die »normalen« Methanbakterien ist diese Lebensweise aber keineswegs nur vorteilhaft. Damit sie nämlich bei der Methanbildung Energie gewinnen können, müssen sie den Kohlenstoff im CO_2 zunächst etwas mit Energie aufladen, sie aktivieren ihn. Dieses Kunststück gelingt ihnen, indem sie etwas von der Energie, die bei der Gesamtreaktion frei wird, in die Aktivierung des Kohlenstoffs abzweigen. Sie müssen also zuerst Energie investieren, um danach Energie gewinnen zu können. Es ist klar, dass so nicht die volle Energiemenge der Reaktion genutzt werden kann. Und hier kommt der Vorteil des heißen Lebensraums, in welchem *Methanopyrus* lebt, voll zum Tragen. Im Temperaturbereich zwischen etwa 60 °C und ungefähr 250 °C ist dieser Energieaufwand nämlich nicht nötig, weil der Kohlenstoff durch die Wärme schon aktiviert ist, und die Mikroben können die volle Reaktionsenergie für sich nutzen. Oberhalb von 250 °C und unterhalb von 60 °C ist das Gasgemisch aus H_2 und CO_2 in einem Reaktionsgleichgewicht und die Umwandlung zu Methan liefert keine Energie. *Methanopyrus* nutzt also den optimalen Temperaturbereich, um möglichst einfach möglichst viel Energie gewinnen zu können.

Es gibt noch einen weiteren Faktor, der unter den extremen Tiefseebedingungen die Energiegewinnung aus H_2 und CO_2 für *Methanopyrus* vereinfacht: der enorme Wasserdruck. Erinnern wir uns: es braucht vier H_2-Moleküle und ein CO_2-Molekül, damit die Reaktion starten kann. Das Resultat ist ein Molekül Methan (vgl. oben). Aus fünf Volumeneinheiten vor der Reaktion entsteht eine Volumeneinheit Gas am Ende des Vorgangs. Das Gasvolumen wird also durch die Reaktion verkleinert, was unter den gewaltigen Druckverhältnissen am Grunde der Ozeane natürlich einfacher möglich ist als an der Oberfläche. *Methanopyrus* hat sich also enorm raffiniert an seinen Lebensraum angepasst. Wie aber schaffen es diese Mikroben mit der großen Hitze fertig zu werden? Wie können sie ihre Eiweiße bei so hohen Temperaturen funktionsfähig halten? Man kann dieses Problem immer wieder beim Braten eines Hühnereis demonstrieren. Sobald die Temperatur der Pfanne über ca. 60–70 °C steigt, wird das vorher flüssige und durchsichtige Eiklar starr und undurchsichtig. Abkühlen kann die Veränderung nicht mehr rückgängig machen, es handelt sich also nicht um eine umkehrbare Reaktion, wie etwa der Übergang vom flüssigen zum festen Zustand des Wassers bei 0 °C. Solange das Ei bei Zimmertemperatur aufbewahrt wird, ist das Eiweiß im klaren Teil des Hühnereis flüssig und bleibt in diesem Zustand recht lange stabil. Die Biochemiker wissen schon seit sehr langer Zeit, dass im Eiklar vor allem ein Eiweißtyp, das Albumin vorhanden ist. Albumin besteht aus einer großen Anzahl Aminosäuren. Wie wir schon gesehen haben (vgl. voriges Kapitel), sind die Aminosäuren in jedem Eiweiß wie die Perlen in einer Kette einzeln hintereinander aufgereiht und durch Atombindungen miteinander verbunden. Nun liegt die Aminosäurekette des Albumins im Eiklar aber nicht einfach als irgendwie beliebig ausgelegter langer Faden vor. Bevor ein Eiweiß seine Aufgabe erfüllen kann, muss es kunstvoll und in der richtigen Art und Weise gefaltet werden. Dies geschieht meist direkt nach der Bildung des Eiweißes am Ribosom. Wie entscheidend für ein Eiweiß seine Faltung ist, bekommt die Menschheit gegenwärtig durch die BSE demonstriert. Auslöser von BSE (*bovine spongioform encephalopathy* oder »schwammartiger Hirnabbau des Rinds«) ist sehr wahrscheinlich ein falsch gefaltetes Eiweiß, das Prion-Protein (PrP). Für die Faltung des Moleküls sind nun aber andere Kräfte verantwortlich als für die Bindung zwischen den Atomen innerhalb des Eiweißes. Und genau an der Stelle setzen die Tricks der hitzeliebenden Mikroben ein. Um zu zeigen, wie raffiniert die Natur die Gesetze der Chemie nutzt, erlaube ich mir an dieser Stelle einen kurzen Exkurs in die Welt der Atombindungen.

Wichtig für die Bindung zwischen zwei Atomen ist die Eigenschaft der Elektronen, möglichst der Einsamkeit zu entfliehen und immer zu zweit ein bestimmtes Gebiet, ein Orbital, um den Atomkern zu besetzen. Wenn nun ein Atom in einem seiner Orbitale nur ein Elektron besitzt, so kann es das fehlende Elektron aufnehmen, indem es sein Orbital mit einem ebenfalls nur einfach besetzten Orbital eines anderen Atoms überlagert. Beide Atome können so ihre Orbitale ergänzen und erreichen dadurch einen energetisch sehr günstigen Zustand, es wird Energie frei. In dieser Art können die riesigen Moleküle der Eiweiße und der Nukleinsäuren mit ihren Milliarden von Atomen aufgebaut werden. Da die Bindungen zwischen den Atomen Energie freisetzen, sind sie meist sehr stabil und lassen sich erst durch sehr große Hitze von mehreren Hundert Grad Celsius wieder voneinander trennen.

Die Faltung der Eiweiße wird durch schwächere Kräfte erzwungen, die wesentlich leichter gelöst werden können. Diese Kräfte entstehen, weil es unter den Atomen wahre Kraftpakte und Schwächlinge gibt. In den Atombindungen sind nämlich nicht immer beide Partner gleichwertig. Es gibt Atome, die ziehen die Elektronen mit größerer Kraft an sich als andere Atome. Dazu gehört z.B. das Sauerstoffatom, während das Wasserstoff-Atom die Elektronen nur relativ schwach anzieht. Wenn also eine Bindung zwischen einem Sauerstoff- und einem Wasserstoff-Atom entsteht, werden die beiden Elektronen im gemeinsamen Bindungsorbital durch das Sauerstoff-Atom stärker angezogen, sie halten sich also näher beim Kern des Sauerstoff-Atoms als beim Wasserstoffkern auf. Beide Atome haben nun aber je ein

Elektron in die Bindung investiert. Wenn also der Sauerstoffkern die beiden Bindungselektronen näher an sich heranzieht, so hat er in seiner Nähe ein Elektron mehr als ihm eigentlich zusteht. Der Sauerstoff erhält mit dem Elektron auch etwas mehr negative Ladung als vor der Bindung mit dem Wasserstoff. Er kann dem Wasserstoff das Elektron aber nicht vollständig entziehen und so beschränkt sich der negative Ladungsüberschuss auf eine Teilladung. Für das Wasserstoff-Atom präsentiert sich die Lage gerade umgekehrt. Sein Elektron »geht fremd« und ist die meiste Zeit etwas weiter weg als vor der Bindung. Im Wasserstoff entsteht damit ein Mangel an negativer bzw. ein Überschuss an positiver Ladung. Wir finden also beim Sauerstoff einen negativen und beim Wasserstoff einen positiven Ladungsüberschuss. Damit ist ein Dipol entstanden. Solche Dipole können sich in einem Eiweiß an vielen Stellen bilden. Wenn nun das positive Ende eines Dipols Kontakt mit dem negativ geladenen Teil eines anderen Dipols erhält, so ziehen sich die beiden Teilladungen an und der Eiweißfaden bildet eine Schlaufe. Die Chemiker nennen eine solche Anziehung auch Wasserstoffbrücke. Sie sind für die räumliche Struktur der Eiweiße und damit auch für ihr Funktionieren entscheidend. Dipole können aber auch noch andere Folgen haben. Weil ja das stärkere Atom die beiden Bindungselektronen fast nur für sich beansprucht, kann je nach Umgebungsbedingungen ein Wasserstoff-Atom relativ leicht abgespalten werden. Jetzt besitzt der Sauerstoff nicht nur eine zusätzliche Teilladung, sondern gleich eine ganze negative Ladungseinheit mehr. Eine ionisierte Stelle ist entstanden, die nun mit anderen, gegenteilig geladenen Stellen eine deutlich stärkere Anziehungswirkung als eine Wasserstoffbrücke entfaltet. Jetzt können wir endlich wieder zu den Eiweißen der hyperthermophilen Mikroben und ihren Strategien zum Überleben unter enormer Hitze zurückkehren.

Die Wissenschaftler haben bisher mindestens drei Maßnahmen der Winzlinge entdeckt. Eine erste Abwehrschranke wird durch die Anordnung der relativ schwachen Dipolbindungen aufgebaut. Bei den hitzeliebenden Mikroben befinden sich diese Wasserstoffbrückenbindungen im geschützten Innern der Moleküle und nicht an deren Außenseite. Damit sind sie etwas besser von den äußeren Einflüssen abgeschirmt. Zweitens sind spezialisierte Eiweiße entdeckt worden, die sich um die Funktionseiweiße anlagern und sie ganz offensichtlich stabil halten oder ihnen helfen, die richtige dreidimensionale Struktur einzunehmen. Es konnte sogar gezeigt werden, wie die Menge der molekularen Helfer in den Zellen mit steigender Temperatur anwächst. Die Herstellung der Helfermoleküle kostet die Zelle natürlich Material und Energie. Eine Zelle muss also für die Fähigkeit, bei hoher Temperatur leben zu können, auch investieren. Drittens besitzen die hitzestabilen Eiweiße deutlich mehr der relativ starken Ionenbindungen als ihre bei tieferen Temperaturen arbeitenden Verwandten. Ob solcher Anpassungen dämmerte vielen Biologen gegen Ende des 20. Jahrhunderts immer mehr die Erkenntnis, Lebewesen könnten eventuell auch fremde Himmelskörper besiedeln, die auf den ersten Blick nicht so lebensfreundlich sind wie unsere Erde. Wenn das Leben auf unserem so gemäßigten Planeten im Stande war, auch die letzte Nische zu nutzen, zu was allem könnten Lebewesen anderswo fähig sein?

Es waren 1977 aber nicht nur die Dank *Alvin* gemachten Entdeckungen, die zu diesen neuen Überlegungen verleiteten und die Mikrobiologen in Aufregung versetzten. Die zweite Überraschung kam aus einer ganz anderen Ecke. Es war bereits Herbst, als kurz hintereinander zwei Publikationen von Carl R. Woese, Ralph Wolfe und ihren Kollegen erschienen. Die relativ kurzen Arbeiten, die beide in den angesehenen *Proceedings of the National Academy of Sciences* veröffentlicht wurden, sollten die Ansichten der Wissenschaftler über die Verwandtschaftsbeziehungen der Mikroorganismen untereinander und zum Rest der Lebewesen auf eine völlig neue und zunächst überraschende Basis stellen. In den 1970er Jahren hatten sich die Biologen langsam daran gewöhnt, dass die seit Jahrhunderten geltende Zweiteilung der Lebewesen in Pflanzen und Tiere eine zu grobe Vereinfachung der wahren Verhältnisse darstellte. Mit dem wachsenden Verständnis der Vielfalt der Kleinlebewesen genügte es nicht mehr, einfach alle Einzeller, die sich bewegten, den Tieren zuzuordnen und all jene, die zur Photosynthese fähig waren oder mehr oder weniger still verhielten, den Pflanzen. Was sollte man denn zum Beispiel mit *Euglena* tun, die ganz klar schwimmen konnte, deren Körper aber fast vollständig mit einem Chloroplasten zur Photosynthese gefüllt war? Solche Fälle führten zu einer neuen Großsystematik, welche die Lebewesen nicht mehr in zwei, sondern in fünf Gruppen aufteilten: die Bakterien oder Prokaryonten als Einzeller ohne Zellkern, die Einzeller (mit Zellkern), die Pilze, die Pflanzen und die Tiere. Ganz befriedigte aber auch diese Einteilung nicht, denn sie hob im Wesentlichen den Besitz eines Zellkerns zum zentralen Unterscheidungskriterium und wiederholte so im Grunde genommen die alte Zweiteilung. Zudem standen die fünf Bereiche, die ja auch die Evolution der Lebewesen widerspiegeln sollten, auf ganz unterschiedlichen Entwicklungsstufen. Die Bakterien, ganz unten am Ursprung des Lebens, stellten so etwas wie die Basis dar, aus der sich etwa zwei Milliarden Jahre später die Einzeller entwickelt haben sollten und aus denen nochmals fast eine Milliarde Jahre später die Pilze, Pflanzen und Tiere entstanden. Die fünf Gruppen gingen also auseinander hervor und stammten nicht alle von einem gemeinsamen Vorfahren ab. Für viele Systematiker war ein solches Konzept, mit Großgruppen auf der gleichen systematischen Stufe, die aber jeweils einen ganz unterschiedlichen Ursprung besaßen, ein logischer Gräuel. Ihnen kamen die Ergebnisse der Gruppe um Woese und Wolfe gerade recht.

Woese, Wolfe und ihre Mitarbeiter arbeiteten an der University of Illinois; der Durchbruch gelang ihnen, weil sie eine damals ganz neue Methode anwendeten und ihnen damit Daten zur Verfügung standen, die weitestgehend unabhängig von allen Ergebnissen waren, die vor ihnen die Basis der Systematik bildeten. Sie gehörten zu den ersten Wissenschaftlern, die das Erbgut direkt untersuchten, indem sie die Abfolge der Basen auf einem Stück Nukleinsäure »lasen«. Damit wurde es natürlich auch sofort möglich, die Erbinformation von ganz verschiedenen Lebewesen miteinander zu vergleichen. Das war ein gewaltiger Fortschritt, weil die Systematiker vor dem Aufkommen der neuen molekularen Methoden keine andere Wahl hatten, als ihre Analysen auf Ähnlichkeiten im Aussehen der Organismen abzustützen. Das Aussehen eines Lebewesens kann aber stets durch zahlreiche äußere Faktoren beeinflusst werden. So hat z. B. ein Wal in seinem allgemeinen Körperbau viele Ähnlichkeiten mit Fischen. Diese Übereinstimmungen liegen aber nicht etwa in einer Artverwandtschaft begründet, sie sind lediglich das Resultat der Anpassung an den gleichen Lebensraum. In ähnlicher Weise beeinflusst die Umwelt sehr häufig die Gestalt und die Köpermerkmale von Lebewesen und könnte dem Forscher völlig falsche Verwandtschaftsbeziehungen vortäuschen. Besonders dramatisch wird die Situation natürlich bei sehr kleinen Lebewesen, die zudem alle im Wasser oder in anderen Flüssigkeiten leben. Je kleiner die Organismen sind, desto kleiner wird auch die Anzahl vergleichbarer Merkmale und damit der Unterscheidungsmöglichkeiten. Während es relativ einfach ist zu erkennen, dass Wale und z. B. Haie zu völlig verschiedenen Abstammungslinien gehören, wird es bei kleinen, kugelförmigen bakterienähnlichen Mikroben schon sehr viel schwieriger, aussagekräftige Merkmale zu finden. Kein Wunder war es über 100 Jahre keinem Mikrobiologen gelungen, Ordnung in die fast unüberschaubare Fülle von Formen, Umweltanpassungen und Stoffwechselvarianten der Bakterien zu bringen. Die Wissenschaftler setzten deshalb große Hoffnungen in die neuen Methoden und sie waren überzeugt, mit der Analyse des Erbmaterials die direktest mögliche Methode zur Aufdeckung der wahren Verwandtschaftsbeziehungen zu besitzen.

An die Sequenzierung des ganzen Erbguts eines Lebewesens war allerdings in den 1970er Jahren noch nicht zu denken. Dass es aber nicht einmal mehr 25 Jahre dauern würde, bis die vollständige Basenfolge eines so komplizierten Wesens wie dem Menschen zumindest in einer vorläufigen Version vorliegen würde, hätte damals wohl niemand zu träumen gewagt. Aber immerhin, es war technisch schon machbar, wenigstens kurze Stücke zu analysieren. Und diese Möglichkeit nutzte die Gruppe um Carl Woese raffiniert aus. Zunächst mussten die Wissenschaftler ein Stück Erbinformation auswählen, welches sie dann bei möglichst vielen verschiedenartigen Lebewesen vergleichen konnten. Das Stück durfte nicht zu klein sein, dann wären die Resultate statistisch bedeutungslos geworden, es durfte aber auch nicht zu lang sein, weil sonst der Arbeitsaufwand die Möglichkeiten klar überschritten hätte. Die Forschergruppe entschied sich zur Analyse eines Teils der Ribonukleinsäuren welche die Ribosomen aufbauen (vgl. voriges Kapitel). Sie nahmen damit in Kauf, nicht die DNS selbst zu untersuchen, aber immerhin einen Stoff, der sich direkt an der DNS gebildet hatte.

Ribosomen erscheinen im Elektronenmikroskop zwar als winzig kleine Kügelchen, in der »wahren Wirklichkeit« sind sie aber aus mehreren Molekülen zusammengesetzt und bilden zwei ellipsoide Körper. Zur Unterscheidung werden die RNS-Moleküle, aus denen die Ribosomen bestehen, von den Forschern nach ihrer Masse benannt. Bei Bakterien gibt es drei verschieden große ribosomale RNS-Typen. Die kleinste Form besteht aus nur etwa 120 Nukleotiden, den Bausteinen aller DNS- und RNS-Moleküle (vgl. voriges Kapitel), die mittlere Form enthält immerhin fast 1600 und die große Form fast 3000 Nukleotide. Ihre Bezeichnung erhalten die drei Molekültypen nun nach der Geschwindigkeit, mit der sie in der Ultrazentrifuge gegen den Grund des Zentrifugenröhrchens absinken. Das kürzeste, leichteste Stück, welches am langsamsten sinkt, wird als die 5S-RNS bezeichnet (S steht für »Svedberg-Einheit«, dem Maß für die Sinkgeschwindigkeit im Probenröhrchen), das mittellange Stück ist als 16S-RNS bekannt und das längste Stück ist die 23S-RNS. Entsprechende RNS-Moleküle gibt es natürlich auch bei den Lebewesen, die in ihren Zellen einen Zellkern besitzen, den Eukaryoten, zu denen wir Menschen, alle andern Tiere, die Pilze und Pflanzen, aber auch die Einzeller wie das Pantoffeltierchen, gehören. Ihre RNS-Moleküle sind z. T.

etwas größer als die der Bakterien. Die entsprechenden Werte lauten: 5S, 18S und 25–28S.

Für Woese und seine Kollegen war recht schnell klar: Die 5S-RNS war zu kurz, die 23S-RNS zu lang und die 16S-RNS gerade richtig.[6] Hinter dieser Entscheidung verbargen sich methodische und statistische Überlegungen. Wie erwähnt, konnten damals nur recht kurze RNS-Stücke auf die Abfolge der Basen untersucht werden. Eine ganze 16S-RNS mit ihren 1600 Basen, oder auch nur schon die 5S-RNS mit bloß 120 Basen, waren dazu viel zu lang. Den Forschern blieb nichts anderes übrig, als die gewählte RNS mit Hilfe eines Enzyms in noch viel kürzere Stücke zu zerschneiden. Sie wählten ein Enzym, die Ribonuclease T_1, welches ein beliebiges Stück RNS immer nach der Base Guanin (G) zerlegt. Damit erhielten sie eine Mischung mit zahlreichen unterschiedlich langen RNS-Stücken, die an ihrem Ende immer ein G enthielten. Also z. B. CUAG oder ACUUAUCG. Nun ging es darum, die für die Untersuchung geeigneten Stücke auszuwählen. Aus statistischen Gründen wählte die Gruppe um Woese all jene Stücke aus, die aus sechs Basen bestanden, also z. B. UCCAUG. Der Grund ist einfach: Bei einer Kettenlänge von sechs Positionen, bleiben fünf, die beliebig besetzt sein können, die sechste Position ist ja immer ein G. Von den vier Basen, die in einer RNS vorkommen, können nur drei diese fünf Positionen besetzen, weil nach einem G ja sofort der Abbruch käme. Damit ergeben sich für jede der fünf Positionen auf einem beliebigen, aus sechs Basen bestehenden RNS-Bruchstück drei Möglichkeiten. Für das gesamte Teilstück also $3 \times 3 \times 3 \times 3 \times 3$ oder $3^5 = 243$ Möglichkeiten. Woese und sein Team fanden aber beim Zerschneiden der 16S-RNS einer beliebigen Bakterienart höchstens etwa 25 verschiedene Bruchstücke mit der Kettenlänge von sechs Basen. Wenn nun bei zwei Arten die Abfolge der Basen bei einem RNS-Bruchstück gleich war, so konnten sie mit ziemlicher Sicherheit annehmen, dass dies kein Zufall war. Sie hatten mit großer Wahrscheinlichkeit ein Stück gefunden, das übereinstimmte und das beide Arten schon von ihrem Vorfahren übernommen hatten. Die beiden Arten besaßen also ein Stück RNS, welches auf die gemeinsame Verwandtschaft hinwies. Je mehr solcher Übereinstimmungen sich finden ließen, desto näher mussten die beiden Arten miteinander verwandt sein.[6]

Zunächst schien sich die herkömmliche Systematik zu bestätigen. Die Auswertung der Daten zeigte klar zwei große Entwicklungslinien auf: jene der Bakterien und eine zweite der Organismen mit Zellkern. Als aber Woese und Wolfe die RNS einiger Vertreter der methanbildenden Bakterien untersuchten, erlebten sie eine gewaltige Überraschung. Diese Arten zeigten zu den anderen Bakterien nur sehr geringe Übereinstimmungen und ließen sich beim besten Willen nicht in den Stammbaum der »normalen« Bakterien einordnen. Die Methanbildner und einige andere absonderlich lebende Bakterien bildeten ganz eindeutig eine dritte Entwicklungslinie, die deutlich älter war als der gemeinsame Vorfahre der »normalen« Bakterien. Je mehr Arten die Forscher untersuchten, desto eindeutiger wurde das Resultat (Abb. 7). Mehr noch, die neue Bakteriengruppe war mindestens so weit gefächert – und damit alt – wie die »normalen« Bakterien.[6] Die Sensation war perfekt.

Die Resultate der Gruppe um Woese verursachten zunächst natürlich einen Riesenwirbel, weil sich viele Wissenschaftler mit den Konsequenzen der Ergebnisse wenig oder gar nicht anfreunden konnten. Das war zu einem guten Stück auch verständlich, weil Woese sich bei seinen so weitreichenden Schlüssen im Wesentlichen auf die Untersuchung eines einzigen Moleküls abstützte. In der Zwischenzeit sind die »ungewöhnlichen« Bakterien sehr intensiv mit den anderen verglichen worden, und zwar nicht nur in Bezug auf ihre 16S-RNS. Die Arten der neuen Gruppe leben überwiegend unter ganz extremen Bedingungen, sie besitzen anders gebaute Zellwände, in denen Peptidoglykan fehlt, ihre Zellmembran enthält Ether mit verzweigten Ketten statt Ester mit geraden Ketten, sie besitzen ungewöhnliche Coenzyme in ihren Stoffwechselketten, ihre tRNS-Moleküle sind in mehrfacher Hinsicht anders gebaut, sie reagieren anders auf einige Antibiotika als gewöhnliche Bakterien und auch ihr Erbgut ist teilweise anders organisiert. Kurz, sie besitzen eine ganze Reihe von Eigenheiten, und damit wurde mit jedem neuen Resultat immer klarer, hinter der alten Bezeichnung »Bakterien« verbergen sich zwei sehr alte Gruppen, die stammesgeschichtlich voneinander ebenso weit entfernt sind wie von den Lebewesen mit Zellkernen, den Eukaryoten. Natürlich mussten die beiden Gruppen zunächst einmal benannt werden. Weil viele Arten der neu entdeckten Gruppe sehr urtümlich erscheinende Merkmale aufweisen, wurden sie zunächst als Archäbakterien bezeichnet, später erhielten sie den heute gültigen Namen Archaea. Die »normalen« Bakterien werden von den Systematikern heute als Bacteria und die Eukaryoten als Eukarya geführt. Damit scheint das Leben auf unserer Erde in zumindest drei große »Ur-Reiche« oder Domänen organisiert zu sein. Die Forschung ist aber nach wie vor in vollem Gange; es ist durchaus möglich, dass uns noch weitere Überraschungen erwarten.

Abb. 1: NGC 1232 ist eine riesige Spiralgalaxie mit mehreren Hundert Milliarden Sternen. Sie ist etwa doppelt so groß ist wie unsere Milchstraße. Die Galaxie liegt ungefähr 100 Millionen Lichtjahre von uns entfernt im südlichen Sternbild Eridanus (Himmelsfluss). Einzelne Sterne können auf dieser Aufnahme nicht unterschieden werden, wir sehen das Licht ganzer Sternenfelder. Im Zentrum leuchten alte rote Sterne, während die blaue Farbe der Spiralarme durch junge Sterne und Sternent-stehungsgebiete verursacht wird. Aufnahme: Europäische Südsternwarte ESO

Abb. 2: Diese Aufnahme des Hubble-Teleskops zeigt einen winzig kleinen Ausschnitt des Himmels (ca. 1/120 des Vollmonddurchmessers). Trotz dem engen Ausschnitt sind etwa 3000 Galaxien erkennbar, die erahnen lassen, welch riesige Zahl an solchen Sternensystemen im Universum vorhanden sein müssen. Der Blickwinkel wurde so gewählt, dass im Vordergrund fast keine Sterne unserer Milchstraße mit abgebildet worden sind (erkennbar an den „Strahlen"). Alle anderen Objekte sind Galaxien in zum Teil extremer Entfernung. Einige der lichtschwächsten Galaxien auf dieser Aufnahme sind so alt, dass wir sie hier in ihrem Zustand etwa eine Milliarde Jahre nach dem Urknall sehen können. Aufnahme: R. Williams, Space Telescope Science Institute, NASA

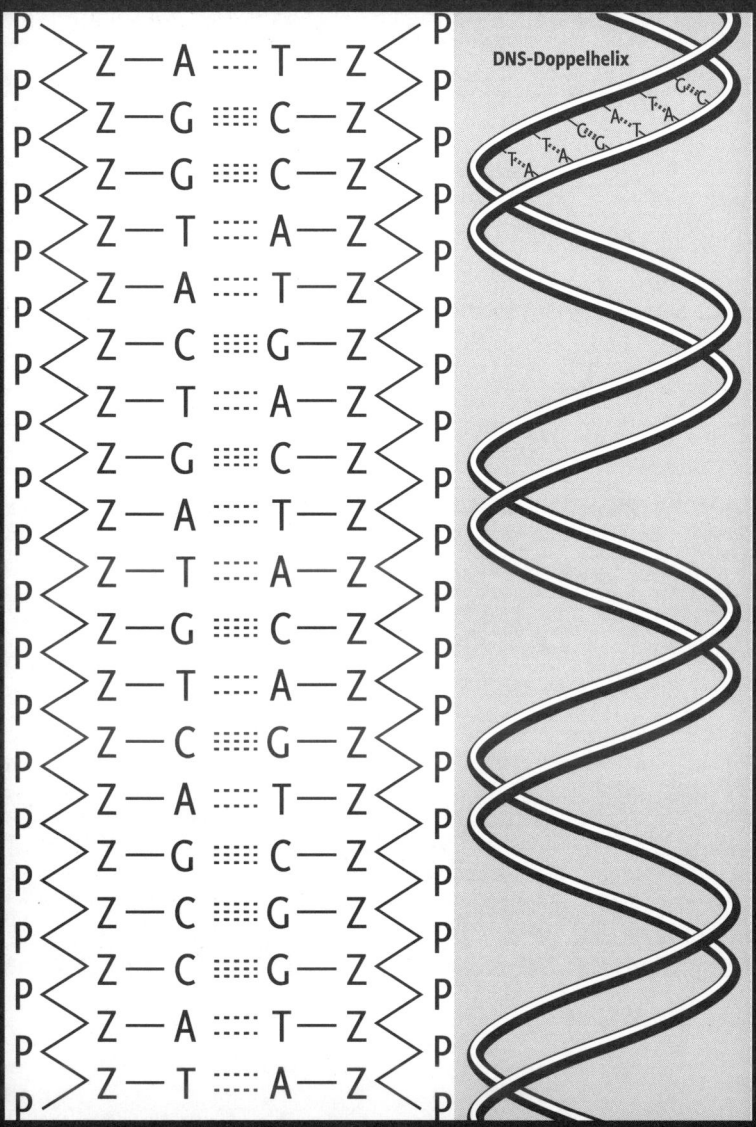

Abb. 3: Die Desoxyribonukleinsäure ist ein Riesenmolekül, das aus zwei umeinander gewundenen Strängen besteht (rechts). Jeder Strang ist aus einem Zucker (Z = Desoxyribose)-Phosphat (P)-Gerüst aufgebaut. Vier verschiedene Basen (A = Adenin, T = Thymin, C = Cytosin, G = Guanin) sind mit den Zuckerteilchen verbunden und weisen gegen das Innere des Doppelstranges. Einer Base im einen Strang steht immer eine ganz bestimmte Base im anderen Strang gegenüber. Die Basen sind unter sich durch zwischenmolekulare Kräfte (Wasserstoffbrücken, gepunktete Linien) verbunden (links). Diese Kräfte können bei der Verdopplung oder beim Ablesevorgang zur Eiweißsynthese relativ leicht gelöst werden.

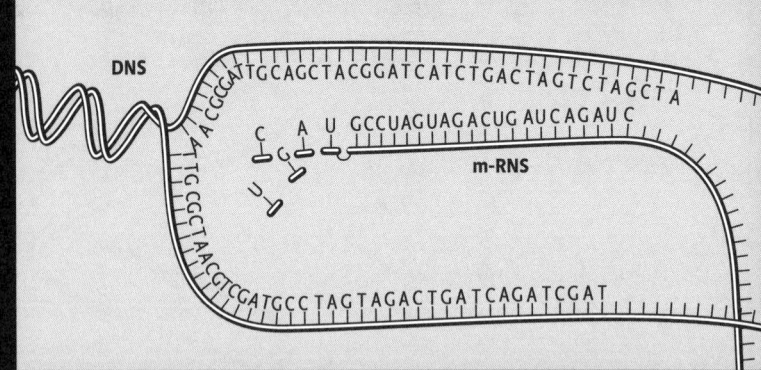

Abb.4 : Schematische Darstellung der Bildung eines mRNS-Stranges (m = messenger = Bote) im Zellkern (Transkription). Der DNS-Doppelstrang wird durch ein Enzym in zwei Einzelstränge geteilt. Die passenden mRNS-Nukleotiden lagern sich an einem der beiden Einzelstränge der DNS (dem kodogenen Strang) an. Ein weiteres Enzym verbindet die mRNS-Nukleotiden. Die entstehende mRNS wandert anschließend aus dem Zellkern ins Zellplasma.

Abb. 5 : Bildung eines Eiweißes an einem Ribosom. Das Ribosom wandert in Pfeilrichtung über die mRNS. Im Bereich des Ribosoms lagern sich tRNS-Moleküle (t = transfer = übertragen) an. Die tRNS besitzt drei Basen, die sich an die passende Basenfolge der mRNS anlagern. Jedes tRNS-Molekül transportiert an seinem Ende eine Aminosäure (Arg, Phe usw.), die zu seiner Basenfolge passt. Die Aminosäuren werden am Ribosom durch Enzyme verbunden. Die um ihre Aminosäure entladenen tRNS-Stücke wandern anschließend wieder ins Zellplasma, wo sie durch weitere Enzyme wiederum mit einer passenden Aminosäure verbunden werden.

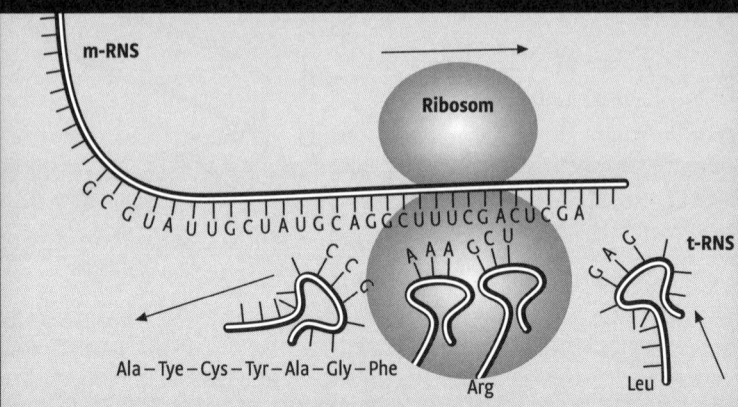

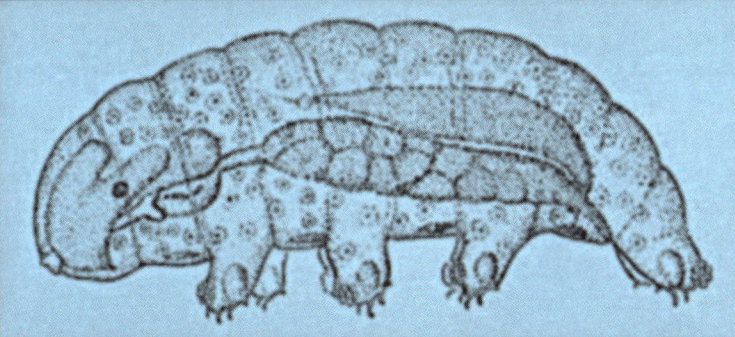

Abb. 6: Ein Bärtierchen der Art Hypsibius evelinae. Diese Süßwasserart bildet neben den Tönnchen auch Cysten, in denen sie nur ein Viertel der sonst üblichen Menge Sauerstoff verbrauchen. Die Tiere können in einer Cyste monatelang überdauern.

Abb. 7: Der Stammbaum des Lebens, gemäß den Resultaten des Vergleichs der 16S-RNS (bzw. 18S-RNS für die Eurkarya) durch das Team um Carl Woese. Die hyperthermophilen Gattungen sind durch dicke Linien markiert.
Aus Koerner & LeVay, S. 55, verändert. Ref. 7.

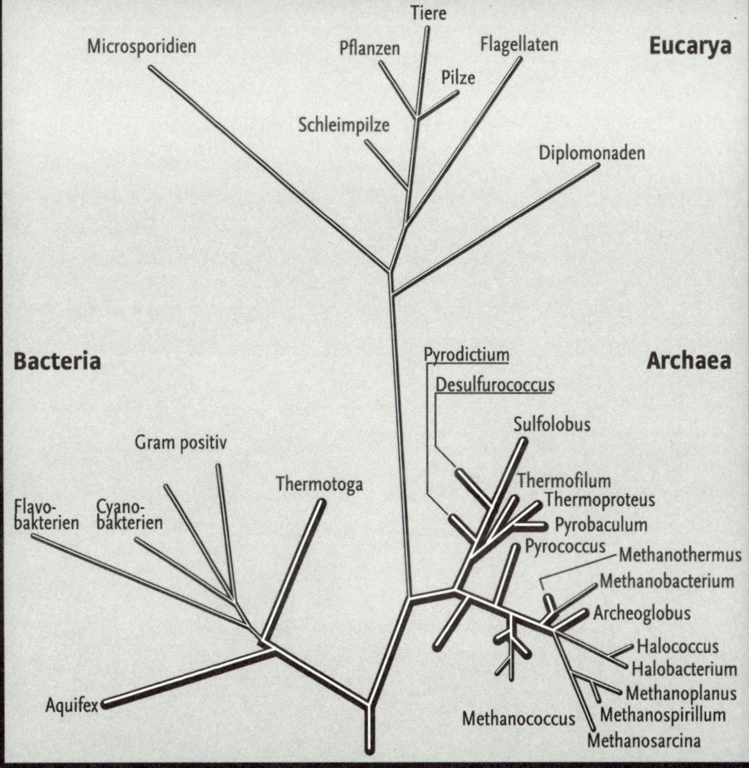

Tiere

Microsporidien Pflanzen Flagellaten **Eucarya**

Pilze

Schleimpilze

Diplomonaden

Bacteria Pyrodictium **Archaea**

Desulfurococcus

Sulfolobus

Gram positiv Thermofilum

Thermoproteus

Flavo- Cyano- Thermotoga Pyrobaculum
bakterien bakterien

Pyrococcus Methanothermus

Methanobacterium

Archeoglobus

Halococcus

Halobacterium

Methanoplanus

Aquifex Methanospirillum

Methanococcus

Methanosarcina

Abb. 8: Die Erde, fotografiert von den Apollo-8-Astronauten auf dem Rückflug vom Mond zur Erde. Die Tag-Nachtlinie liegt über Australien. Oben links ist Indien erkennbar. Die Sonne reflektiert im Indischen Ozean. Aufnahme: NASA.

Abb. 9: Eta Carinae. Dieses Sternsystem ist instabil und steht möglicherweise kurz vor einem Supernovaausbruch. In mehreren kleineren Ausbrüchen ist bereits viel Material in den benachbarten Raum geschleudert worden und bildet eine spektakuläre Explosionswolke. Nach vorsichtigen Schätzungen übersteigt die Masse des Sterns im Zentrum des Systems 120 Sonnenmassen. Eta Carinae gehört damit zur kleinen Klasse der supermassiven Sterne. Aufnahme: John Morse, University of Colorado, STScI und NASA.

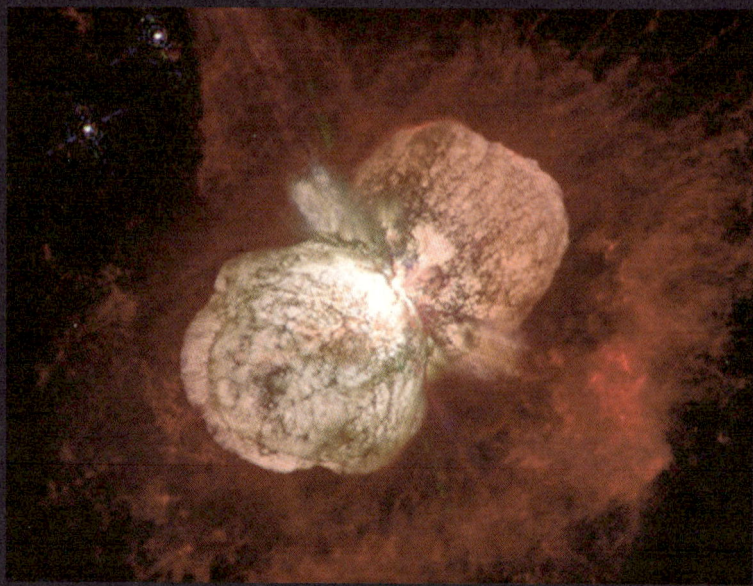

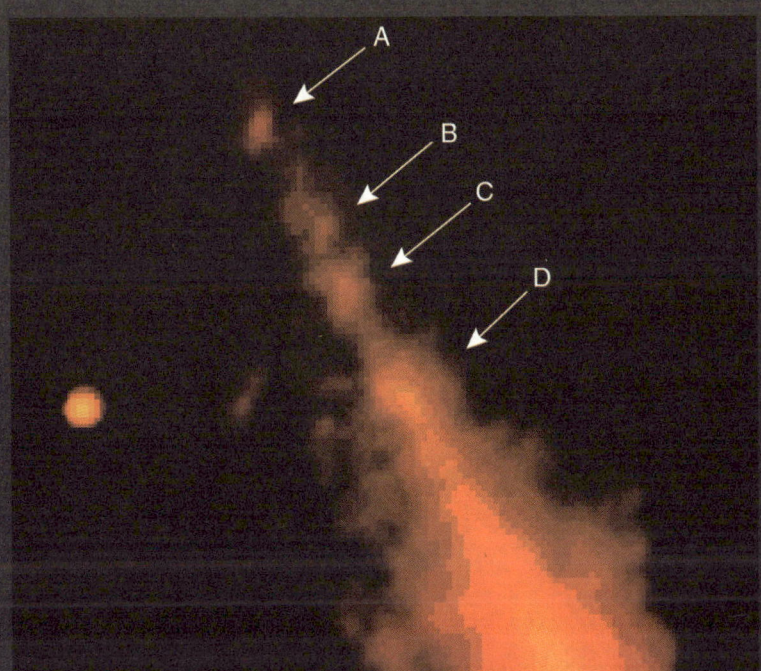

Abb. 10: In dieser Aufnahme ist ein Teil der Staubscheibe um den Stern Beta Pictoris abgebildet. Die Staubscheibe ist von der Seite zu sehen. Der Stern selbst befindet sich am unteren rechten Rand der Aufnahme. Im äußeren Bereich der Staubscheibe sind helle Knoten erkennbar, sie entsprechen ringartigen Materieverdichtungen. Die Zonen zwischen den Ringen könnten durch entstehende Planeten leergefegt oder durch die Gravitationswirkung eines vorbeiziehenden Sterns bewirkt worden sein. Aufnahme: Hubble-Weltraumteleskop, P. Kalas, STScI/NASA.

Abb. 11: Flache Staubscheiben um junge Sterne im Sternbild Orion. Die hier abge-bildeten Staubscheiben sind von der Kante her aufgenommen. Aufnahme: Hubble-Weltraumteleskop, M. J. McCaughrean (MPIA), C. R. O'Dell (Rice Univ.), NASA.

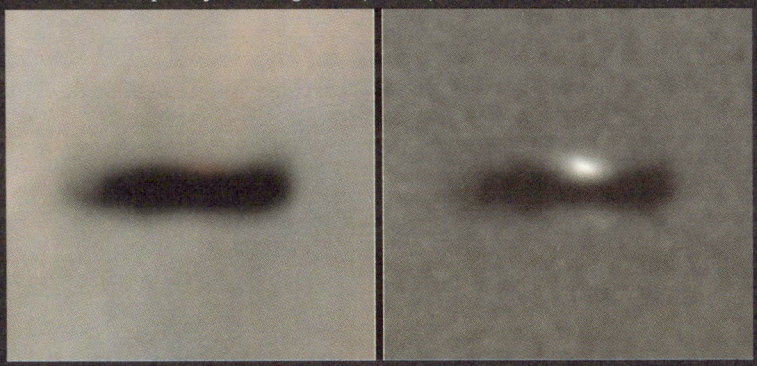

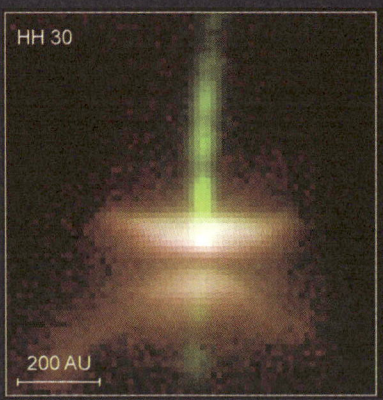
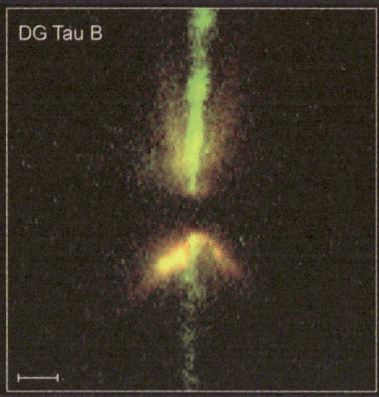

Abb. 12: Zwei schöne Beispiele für aktive junge Sterne. Herbig-Haro 30 (HH 30) kann als Prototyp eines jungen Sterns bezeichnet werden. Er ist von einer schmalen dunklen Scheibe und einer dünnen molekularen Wolke umgeben. Oberhalb und unterhalb der Scheibe leuchtet die Staub- und Gaswolke hell auf. Senkrecht dazu sendet der Stern einen Jet aus leuchtendem Gas aus.

DG Tauri B unterscheidet sich durch die dickere Staubscheibe von HH 30. Die Scheibe erscheint vermutlich so dick, da noch immer viel Material aus der ursprünglichen molekularen Wolke auf sie und den in ihr verborgenen Stern einfällt. Der Jet reicht über eine Distanz von mehr als 150 Milliarden Kilometern. In beiden Aufnahmen enthält der Jet knotige Verdichtungen.

Aufnahmen: Hubble-Weltraumteleskop, Chris Burrows, STScI/NASA.

Abb. 13: Aufnahme des Asteroiden Eros durch die Raumsonde Near Shoemaker. Zahlreiche Einschlagskrater sind erkennbar. Die Oberfläche ist durch ein feines, mehrfach durch Einschläge in kleine Teilchen zerstoßenes Material, dem Regolith, überdeckt. Johns Hopkins University Applied Physics Department und NASA.

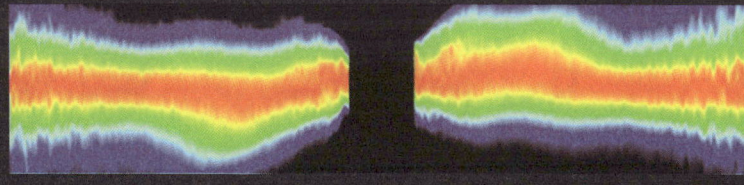

Abb. 14: Das ist die letzte Aufnahme, die Near *während ihrem Landeanflug aus 125 m Entfernung von Eros machen konnte. Abgebildet ist ein ca. 6 x 6 m großer Ausschnitt der Oberfläche. Im oberen Teil des Bildes liegt ein großer Fels auf dem äußerst feinen Material. Im feinen Staub sind zahllose kleine Vertiefungen zu erkennen. Die Striche im unteren Bildteil entstanden, weil bis zur Landung nicht mehr alle Daten des Bildes übermittelt werden konnten. Aufnahme: Johns Hopkins University Applied Physics Department und NASA.*

Abb. 15: Aufnahme des innersten Teiles der Staubscheibe um den Stern Beta Pictoris. In dieser extremen "Nahaufnahme" des Weltraumteleskops Hubble aus dem Jahr 1997 ist der Stern in der Mitte "abgedeckt", um ein Überblenden zu vermeiden. Schön symmetrisch ist eine deutliche Verengung in der Staubscheibe erkennbar, die durch einen Planeten verursacht sein könnte. Der Planet müsste den Stern in einem Abstand von rund 1,4 Milliarden Kilometern umkreisen, ähnlich wie der Saturn in unserem Sonnensystem. Aufnahme: S. Heap, GSFC/NASA.

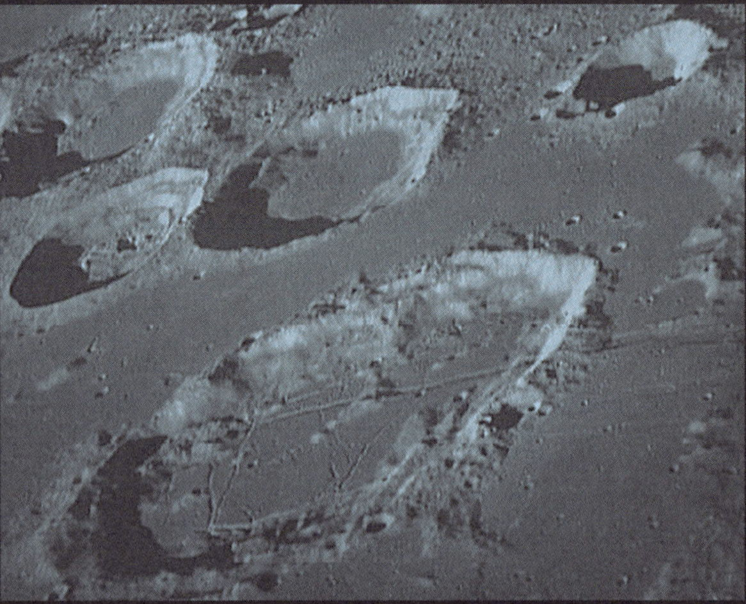

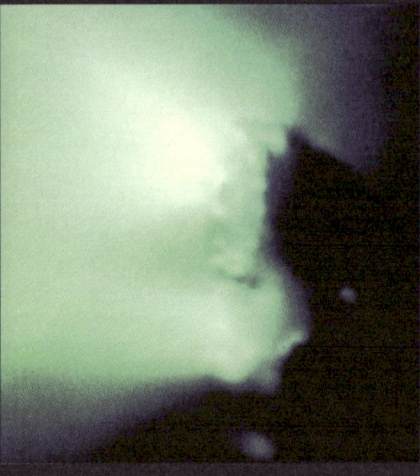

Abb. 16: Aufnahme des Kraters Goclenius am Westrand des Mare Fecunditatis im südöstlichen Teil des Mondes. Blickrichtung ist Süden. Die beiden Krater in der Aufnahme oberhalb Goclenius sind Magelhaens A (links) und Magelhaens. Die Gegend um den Krater Goclenius gehört noch zum relativ jungen und mit wenigen Einschlägen veränderten Mare Fecunditatis. Aufnahme von Astronauten der Apollo-8-Mission vom 24. Dezember 1968.

Abb. 17: Aufnahme des Kerns des Kometen Halley durch die Europäische Raumsonde Giotto.
Giotto flog am 13./14. März 1986 in nur 596 km Distanz am Kern des Kometen vorbei. Der Komet wird von links oben in der Aufnahme durch die Sonne beleuchtet. Aktive Gebiete strahlen sehr hell und stoßen Material ab, das den Schweif des Kometen bildet. Die inaktiven Gebiete des Kometen sind auffällig dunkel. Größe des Kometen: 16 x 8 x 8 km. Aufnahmedistanz: ca. 20 000 km. (ESA)

Abb. 18: Der Pferdekopfnebel im Sternbild Orion. Aus einer dichten, dunklen Wolke strömt kaltes Gas und Staub vor die im Hintergrund hell leuchtende Wolke IC 434. Die helle Zone oben am „Scheitel" des Kopfes wird von einem jungen Stern gebildet, der das umgebende Material mit seinem Strahlungsdruck verdampft. Aufnahme: Hubble-Weltraumteleskop, STScI/NASA.

Abb. 19: Nanobakterien (Nanoben), die auf einem mikroskopisch kleinen Stück Sandstein wachsen. Der Maßstab rechts entspricht 100 nm Länge. Bemerkenswert ist die stark unterschiedliche Größe der Nanoben. Aufnahme: Philippa Uwins, University of Queensland, Australien.

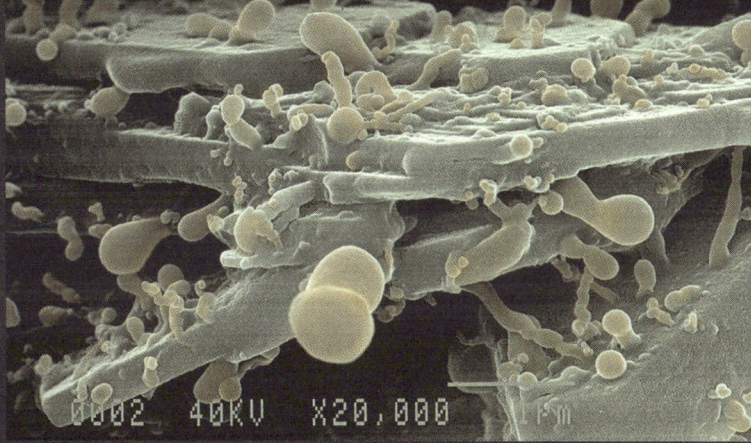

Abb. 20: Auf dieser Viking-Aufnahme ist vermutlich ein Ausfluss-Kanalsystem zu erkennen. Offenbar ist im chaotischen Gelände links im Bild ein unterirdischer Eisvorrat geschmolzen (evtl. durch vulkanische Prozesse), in einer riesigen Flutwelle ausgebrochen und im Bild nach rechts abgeflossen. Bildbreite ca. 140 km. Norden ist gegen oben rechts. Lage: 1° S, 43° W. Aufnahme: NASA/JPL.

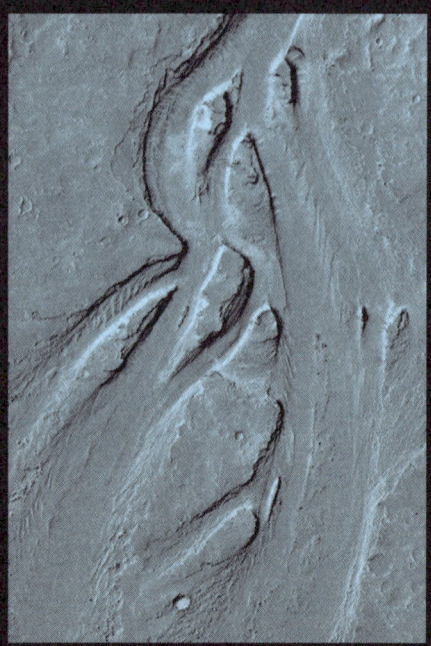

Abb. 21: Aufnahme des Mars Global Surveyor. Das Bild zeigt Feinstrukturen eines Abflusskanals in der Cerberus Fossae Region auf dem Mars (7,9° N, 153,95° O). Bildbreite 1,25 km. Norden liegt ca. 10° gegen rechts oben.
Sehr schön sind stromlinienförmige Abflussspuren und eine ausgeprägte Terrassenbildung zu erkennen. Man beachte auch die steilen Klippen am oberen Ende der „umspülten" Hügel. Die Abhänge laufen gegen unten langsam aus. Vermutlich entstanden die Strukturen durch Wasser-Erosion in einem geschichteten Terrain. Die äußerst geringe Zahl von frischen Einschlagkratern lässt auf ein geologisch sehr junges Alter schließen. Aufnahme: NASA/Malin Space Science Systems.

Abb. 22: Aufnahme des Mars Global Surveyor einer Kraterwand im Innern des großen Einschlagbeckens „Newton". Die Kraterwand wird durch tief eingeschnittene Schluchten zerklüftet. Die Abflusskanäle schlängeln sich wie irdische Flüsse in das flachere, tiefer liegende Gelände. Die Strukturen entstanden wahrscheinlich sowohl durch abfließendes Wasser als auch durch Erdrutsche. An den Abhängen sind deutliche Schichtungen erkennbar - die Folge von Sedimentation in einem größeren Gewässer? 40,8° S, 158,1° W, Bildbreite ca. 3 km, Beleuchtung von oben links. Aufnahme: NASA/ JPL/Malin Space Science Systems.

Abb. 23: Diese beiden Aufnahmen des Mars Global Surveyor zeigen einen kleinen Ausschnitt der gleichen Gegend, Lycus Sulci, nördlich des Vulkanriesen Olympus Mons, in einem zeitlichen Abstand von knapp neun Monaten. Die neu entstandenen dunklen Streifen sind mit Pfeilen markiert. Norden ist oben rechts.

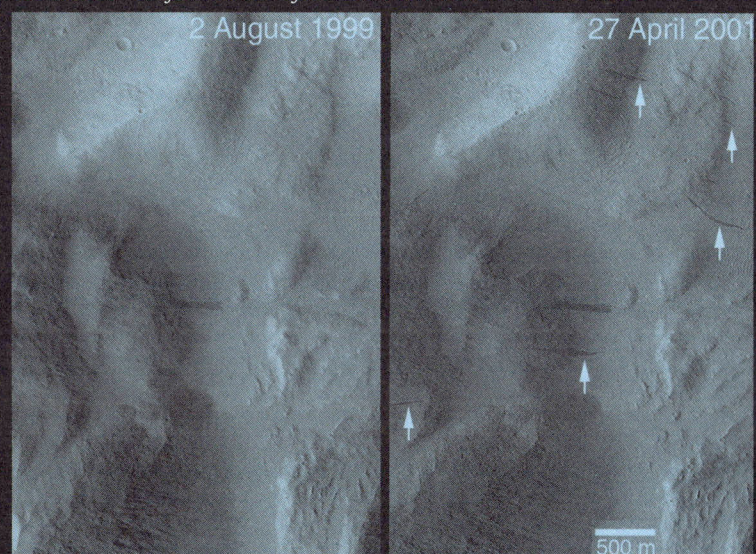

Abb. 24: Aufnahme eines Steins ("Upper Dells") aus dem Felsaufriss des Eagle Kraters, in dem Opportunity *gelandet war. Das Bild wurde mit dem Microscopic Imager geschossen. Deutlich sind feine Schichtungen erkennbar, die in verschiedenen Winkeln zueinander verlaufen. Ein deutlicher Hinweis auf die Ablagerung in einem fließenden Gewässer. Zufällig verteilt sind im Bildausschnitt auch einige der Blueberries zu sehen, kleine hämatithaltige Kügelchen, die dank ihren Eigenschaften ebenfalls auf eine „wässrige" Vergangenheit des Landeplatzes von* Opportunity *hinweisen. Aufnahme: NASA/JPL/Cornell/USGS.*

Abb. 25: Marslandschaft mit packeisähnlichen Strukturen. Das Eis ist mit Staub (vermutlich vulkanischer Asche) überdeckt. Beachtlich ist die geringe Zahl von Einschlagkratern, die auf ein junges Alter der Ebene schließen lassen. Blick von Norden nach Süden. Bildbreite ca. 40 km. Aufnahme des Mars Express *vom 19. Januar 2004 aus 270km Höhe; ESA/DLR/FU Berlin (G. Neukum).*

Abb. 26: Ausschnitt der nördlichen Hemisphäre des Jupitermondes Europa. Das Bild zeigt ein Mosaik von Aufnahmen der Raumsonde Galileo. Die ganze Oberfläche wird durch zahllose, fast geradlinige und meist doppelte Hügelzüge zerschnitten. Die Hügel könnten entstanden sein, als erwärmtes Wasser aus tieferen Schichten aufstieg, das Eis brach und sofort wieder gefror. Die Zusammensetzung des braunen Materials ist ungeklärt. Das Hügelsystem wird durch eine geologisch ältere, bläuliche Oberfläche unterlegt. Sie besteht aus fast reinem Wassereis. Bemerkenswert sind auch die dunklen runden Flecken. Das fast vollständige Fehlen frischer Einschlagkrater ist ein Hinweis auf das geologisch geringe Alter aller Strukturen. Norden liegt gegen unten links. 40 °N, 225 °W. Bildbreite ca. 300km. Aufnahme: NASA/JPL.

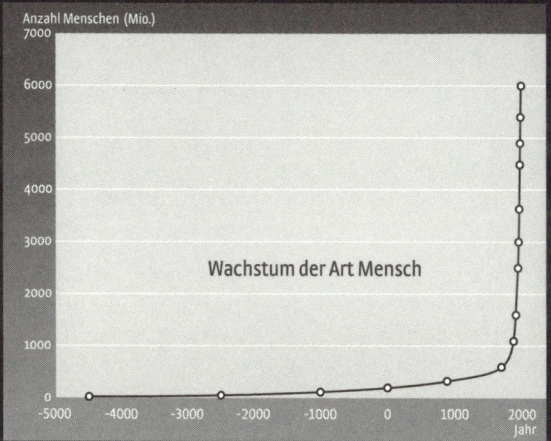

Abb. 27: Entwicklung der Bevölkerungszahlen der Art Mensch während der letzten ca. 7000 Jahre. Die Werte sind bis in das Jahr 1500 mit relativ großen Unsicherheiten behaftet. Es geht hier aber um den qualitativen Verlauf der Kurve.

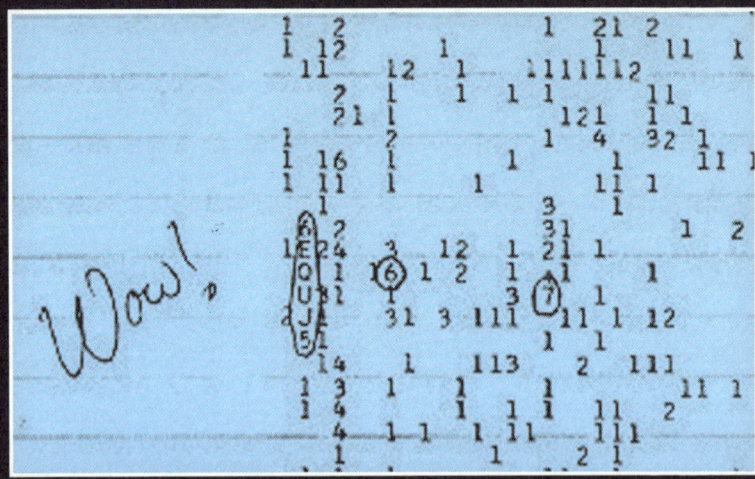

Abb. 28: Computerausdruck des „Wow-Signals", das am 15. August 1977 um 23:16 Ortszeit aufgezeichnet wurde. Jerry Ehmans Bemerkung ist im Original mit roter Farbe notiert.

Abb. 29: Die erste direkte Aufnahme eines Exoplaneten gelang Astronomen der Europäischen Südsternwarte ESO mit dem 8,2-m-Teleskop Yepun. Der Planet umläuft seinen Stern 2M1207, einen Braunen Zwerg, in etwa doppelter Entfernung wie Neptun unsere Sonne.

Es war für die Biologen schon spannend genug, plötzlich mit einer dritten Entwicklungslinie konfrontiert zu sein. Was sie aber völlig verblüffte, waren die Auswirkungen des neuen Stammbaums auf ihre Ansichten über die Evolution der Lebewesen. Die hyperthermophilen Arten fanden sich nämlich sämtlich an der Basis des Stammbaums. Und dies galt nicht nur für die Archaea, sondern auch für die Bacteria.

Diese Entdeckung hat ganz gewaltige Auswirkungen für die Überlegungen, wie, in welcher Form, wann und wo auf unserer Erde das Leben seinen Ursprung nahm und wie es anderswo beginnen könnte. Mit der Entdeckung der Hyperthermophilen stehen nun plötzlich nicht mehr kleine Spritzwassertümpel an den Meeresküsten im Zentrum der Spekulationen, wenn es um die Rekonstruktion der Anfangsbedingungen geht, sondern abgeschiedene und höchst extreme Lebensräume tief unten am Grunde der Ozeane, in der Nähe von vulkanischen, heißen Quellen oder, wie es sich bald einmal zeigte, an anderen extremen und unerwarteten Stellen unseres Planeten oder vielleicht gar im Weltall.

Wie alt die hyperthermophilen Arten der Domänen Archaea und Bacteria tatsächlich sein müssen, zeigte sich vor kurzem, als Yanan Shen, Roger Buick und Donald Canfield vom Danish Center for Earth Sciences in Odense und der School of Geosciences in Sidney, Australien, ihre Untersuchungen an 3,47 Milliarden Jahre alten Baritgesteinen (BaSO$_4$) aus Nordwest-Australien veröffentlichten.[8] Die Gruppe fand in den Gesteinen klare Hinweise auf die Tätigkeit von Sulfat reduzierenden Mikroorganismen. Weil aber das ursprüngliche Gestein, in welchem die Mikroben wirkten, offensichtlich nicht aus BaSO$_4$ bestand, sondern als Gips (CaSO$_4$) abgelagert worden ist, muss es bei relativ tiefen Temperaturen auskristallisiert worden sein, denn Gips ist nur bei Temperaturen unter etwa 60 °C stabil. Dies wiederum heißt, die Organismen, welche diese Gesteine durch ihre Stoffwechseltätigkeit veränderten, müssen bei verhältnismäßig tiefen Temperaturen gelebt haben. Wenn wir diese Resultate in den Stammbaum der Mikroorganismen eintragen (Abb. 7), muss es sich um Lebewesen aus der Domäne Bakteria gehandelt haben (die Archaea sind alle hyperthermophil). Der jüngste Zeitpunkt, zu welchem diese Bakteria gelebt haben können, liegt direkt bei der Verzweigung zu *Thermotoga*. Das wiederum bedeutet für die im Stammbaum noch weiter unten stehenden Arten, dass sie noch deutlich älter sein müssen. Ein weiterer Hinweis, der für das enorme Alter der Hyperthermophilen und ihre Nähe zu den ersten Lebewesen spricht. Die hyperthermophile

Lebensweise vieler Archaea und der ursprünglichsten Bakteria ist aber nicht die einzige Absonderlichkeit der ältesten Mikroorganismen. Schon recht lange vor der Entdeckung der Hyperthermophilen kannten die Wissenschaftler andere »Bakterien«, die unter oft unglaublichen Lebensbedingungen leben konnten. Die Forscher nahmen diese Extremisten zwar mit großem Interesse zu Kenntnis, vermuteten aber auch hinter deren speziellen Lebensweisen keine tiefer liegende Bedeutung. Heute wissen wir, dass die meisten dieser Mikroorganismen sich nicht einfach mit einem speziellen Trick die Eintrittskarte zur Nutzung eines ungewöhnlichen Lebensraums erkauft haben, sondern zur Domäne der Archaea gehören. Damit weisen auch diese Sonderlinge auf die Lebensräume hin, in denen die frühesten Lebewesen auf unserer Erde gelebt haben. Was wiederum ganz entscheidende Auswirkungen auf die Überlegungen der Wissenschaftler über die Entstehung von Leben hat. Noch in den 1960er Jahren galten diese Organismen als bizarre Sonderfälle, die von den erfolgreichen, »moderneren« Lebewesen in seltsame Randbiotope verdrängt worden sind. Heute müssen wir erkennen, dass sie zu den ursprünglichsten Formen des Lebens auf der Erde gehören und auch nach rund vier Milliarden Jahren noch genauso wie in der Frühzeit unseres Planeten in ihrer angestammten Umgebung leben.

Zu diesen Extremisten gehören auch die Bewohner stark salzhaltiger Gewässer. Solche Gewässer scheinen auf den ersten Blick häufig »tot« zu sein, was z. B. dem Toten Meer zu seinem Namen verholfen hat. Tatsächlich wird ein Tourist im Toten Meer kaum je ein Lebewesen zu Gesicht bekommen. Den enormen Salzgehalt von 28 % hält kaum ein größeres Lebewesen aus. Tiere oder Pflanzen fehlen dementsprechend fast völlig. Einzig eine Algenart, die rötlich gefärbte Grünalge *Dunaliella salina*, ist aus dem Toten Meer bekannt. Trotzdem ist es keineswegs unbelebt und das Gleiche gilt auch für andere Gewässer mit extrem hohem Salzgehalt. Eine ganze Anzahl Bakterienarten besiedeln die Salzbrühen. Weil viele dieser Mikroben in ihren Gewässern unglaubliche Dichten erreichen, und für unser Sehempfinden eine rötliche Farbe zeigen, können sie ihren Lebensraum oft knallrot färben. Ähnlich wie die hyperthermophilen Arten sind auch die salzliebenden (halophilen) Mikroorganismen auf den hohen Salzgehalt ihres Lebensraums angewiesen und sterben, wenn der Salzgehalt auf unter 15 % verdünnt wird. Wieso aber ist ein hoher Salzgehalt so lebensfeindlich und für die allermeisten Bakterienarten tödlich? Die sterilisierende Wirkung des Salzes ist schon seit urdenklichen Zeiten bekannt und wurde z. B. auch von den alten Seefahrern für die Konservierung ihrer Fleischvorräte ausgenutzt. Das Problem für die Lebewesen liegt in der Eigenschaft des Salzes, das Wasser anzuziehen. Wenn ein Einzeller in einem Süßwassertümpel lebt, so ist der Salzgehalt in seinem Inneren höher als im Wasser, das ihn umgibt. Weil nun das Salz in seinem Inneren das Wasser anzieht, und dieses durch seine Zellmembran von außen auch eindringen kann, nimmt der Einzeller ständig Flüssigkeit auf. Dasselbe geschieht auch mit unseren Fingerspitzen, wenn wir sie zu lange ins Wasser gehalten haben. Durch die Wasseraufnahme schwellen die Zellen an, dehnen sich aus und brauchen so mehr Platz; die Haut wird schrumplig. Wir können das überschüssige Wasser jedoch problemlos mit dem Blutkreislauf abtransportieren und zur Ausscheidung bringen. Der Einzeller kann dies nicht. Er muss, um nicht zu platzen, mit Hilfe eines speziellen Zellbestandteils, dem pulsierenden Bläschen, das eingesickerte Wasser nach außen befördern. Lebt der Einzeller aber in Wasser, dessen Salzgehalt den in seinem Inneren übersteigt, so wird das Wasser nach außen gezogen und der Einzeller droht einzutrocknen. Zur Abwehr der lebensfeindlichen Bedingungen in einem stark salzhaltigen Gewässer müssen die Mikroorganismen quasi ein »Gegenfeuer« entfachen. Bakterien und Algen behelfen sich mit großen Mengen kleiner Moleküle, wie verschiedenen Zuckerarten, Glycerin und Aminosäuren, die sie in ihrem Inneren einlagern. Mit diesen Stoffen imitieren sie einen Salzgehalt, der größer ist als in ihrer Umgebung und können so dem Wasserverlust vorbeugen. Die salzliebenden Archaea haben den direkten Weg gewählt. Sie speichern in ihrem Inneren eine so große Menge Kaliumsalz, dass die Verhältnisse gerade umgekehrt werden. Sie sind salzreicher als ihre salzige Umgebung und können so ebenfalls nicht austrocknen. Allerdings müssen alle Gruppen ihren Stoffwechsel mit einigen Tricks dem eigenen hohen Salzgehalt anpassen, aber dies scheint einfacher zu sein, als das Wasser entgegen dem vom Salz ausgelösten Strom irgendwie in sich hineinzupumpen.

Im Laufe ihrer Suche nach Bewohnern extremer Lebensräume, den Extremophilen, fanden die Wissenschaftler noch eine ganze Reihe Nutzer anderer seltsamer Lebensräume. Da gibt es Archaen, die in so sauren Lösungen leben können, dass verdünnte Salzsäure daneben fast wie ein harmloses Wässerchen erscheint. Gerade die von Schwefel und Schwefelverbindungen lebenden Archaen müssen in oft extrem saurer Umgebung existieren können. Der Rekord unter den säureliebenden Mikroben, den Acidophilen, wird gegenwärtig von *Picrophilus oshimae* und *Picrophilus torridus* gehalten. Diese kugelförmigen Archaen leben bei einem pH-Wert (dem Maß für den Säuregehalt einer Lösung) um 0,5 und können sogar noch bei pH 0,0 aktiv bleiben. Zum Vergleich: Mittelstark konzentrierte Salzsäure (für chemisch gebildete Leser: 0,1 M) hat einen pH-Wert von 1. Steigt der pH-Wert dagegen an, können sich beide Arten ab pH 3,5 nicht mehr vermehren und lösen sich bei Werten über 5 sogar auf.[2]

Viele dieser Mikroben sind zu einem guten Teil sogar selber schuld an ihrer für andere Lebewesen tödlichen Umgebung. Für die Energieversorgung müssen sie, wie wir schon gesehen haben, Schwefel- und Schwefelverbindungen oxidieren. Damit produzieren sie letztlich aber Schwefelsäure, ein auch in tiefer Konzentration recht gefährlicher Stoff. Lebenswichtige Moleküle, wie z. B. die DNS, zerfallen in saurem Milieu sofort. Ihre Energienutzungsstrategie vergiftet also die Umgebung und die Archaen müssen sich dem anpassen. Sie schaffen dies, indem sie ihr Zellinneres gegen die Säure abschirmen. Dies gelingt ihnen recht gut, weil ihre Zellmembran fast undurchlässig für Protonen, die »Säureteilchen«, ist. Die wenigen Protonen, die trotz diesem Schutzwall in die Zelle gelangen, werden durch spezielle Eiweiße nach außen gepumpt. Exakt dem gegenteiligen Problem sind die an extrem basische Bedingungen angepassten alkalophilen Bakterien, wie *Bacillus acidophilus*, ausgesetzt. Sie können alle ihre Lebensfunktionen auch noch bei pH-Werten um 10 ausführen. Weil die pH-Skala logarithmisch aufgebaut ist, heißt dies, dass die Protonen in der Lösung bis zu 1000-mal seltener als in einer neutralen Lösung vorkommen. Dies bedeutet einen Protonenmangel in der Umgebung der Mikroben, die damit gezwungen sind, Protonen über ein Eiweiß in ihrer Zellmembran in sich aufzunehmen, um im Inneren ein »normales« Milieu halten zu können. Das kostet sie zwar Energie, lässt sie aber konkurrenzlos z. B. in den afrikanischen Natronseen leben.

Wir dürfen nie vergessen, dass natürlich jeder Lebensraum von allen seinen Bewohnern spezielle Anpassungsleistungen verlangt. Auch wir Menschen haben uns zusammen mit allen anderen Säugetieren dem Leben an Land durch eine ganze Menge von Veränderungen an unseren Organen anpassen müssen. Hätten wir z. B. noch immer eine ursprüngliche Niere wie einige Fischarten, so wäre unser Wasserverlust viel zu groß, um ohne ständiges Trinken überleben zu können. Unsere Nieren benötigen für die Ausscheidung des giftigen Harnstoffs jeden Tag ca. 170 Liter Spülwasser, welches sie dann auch gleich wieder bis auf etwa 1,5 Liter zurückgewinnen! Müssten wir dieses Wasser ständig ersetzen, so läge unser täglicher Wasserbedarf in der Größenordnung eines mittelgroßen Aquariums!

Damit sind aber noch längst nicht alle Möglichkeiten extremer Anpassungen irdischer Lebewesen besprochen. Auch die Bewohner sehr trockener und extrem kalter Lebensräume sind für unser Thema von allergrößter Bedeutung. Sie leben z. B. in der Antarktis in den Lücken von durchscheinenden Sandsteinen, die oft ganze Lebensgemeinschaften beherbergen. Typischerweise finden Forscher in den obersten 10–12 mm der löcherigen, gelblichen Steine zunächst eine weißliche Schicht, die nach unten von einer schwarzen und danach wieder weißen Zone abgelöst wird.[9] Die unterste Schicht sieht grünlich aus. Die weiße und schwarze Verfärbung der obersten Schichten stammt von Flechten, die sich mit einem dunklen Farbstoff vor der harten UV-Strahlung in der Antarktis schützen. Die grüne Färbung darunter zeigt Cyanobakterien (»Blaualgen«) an, die dort, unter dem UV-Filter der Flechten, gerade noch genug Sonnenlicht für ihren Lebensunterhalt aufnehmen können, der gefährlichen Strahlung aber nicht so stark ausgesetzt sind. Der löcherige Sandstein wirkt wie ein Schwamm und kann das nur sehr selten auftretende flüssige Wasser recht gut speichern. Das schwarze Pigment der Flechten schützt diese aber nicht nur vor dem UV-Licht. Weil sie so viel Sonnenlicht aufnimmt, hilft die dunkle Farbe auch, den Lebensraum zu heizen. Mit diesem Trick können sie die Zeitspanne mit Temperaturen über dem Gefrierpunkt deutlich ausdehnen und so ihre Aktivitätsphase stark verlängern. Solche Lebensgemeinschaften können in der Antarktis bei Umgebungstemperaturen bis hinunter auf −15 °C und bis in Höhen von 1500 m leben. Sie nutzen die kurzen Phasen, in denen flüssiges Wasser vorhanden ist und die Temperaturen nicht allzu tief fallen. Auf der Oberfläche der Steine könnten die Flechten und Cyanobakterien kaum leben. Der kalte und trockene Wind sowie die starken Schwankungen in der Bestrahlung, machen diesen Lebensraum viel zu unsicher, auch für die an harte Bedingungen angepassten Lebewesen.

Konnten die Forscher in der Antarktis immerhin mit einiger Aussicht auf Erfolg nach Lebewesen suchen, so hätte in einem anderen Lebensraum wohl wirklich niemand mit einem Nachweis gerechnet. Aber gerade dies beweist einmal mehr, wie wenig wir noch immer über das Leben auf der Erde, seine Anpassungsfähigkeit und seine Möglichkeiten wissen, auch extremste Bedingungen nutzen und überdauern zu können. Diese Erkenntnis hat natürlich wiederum die positive Grundstimmung genährt, dass nicht nur auf Planeten mit flüssigem Oberflächenwasser Leben gefunden werden kann. Die Spannweite der Lebensbedingungen ist wohl viel größer, als selbst die kühnsten und spekulationsfreudigsten Wissenschaftler noch vor recht kurzer Zeit gedacht hätten.

Die Geschichte begann schon in den 1920er Jahren, als Edson Bastin, ein in Chicago arbeitender Geologe, sich öffentlich wunderte, weshalb im Wasser aus Ölfeldern, tief aus dem Boden, Schwefelwasserstoff (H_2S) enthalten war.[10] Bastin konnte sich das Vorkommen dieses Gases nur durch die Tätigkeit von Bakterien erklären. Weil er aber den Biologen keine Bakterien vorlegen konnte, wurden seine Überlegungen kaum ernst genommen. Wie sollten da unten, hunderte von Metern im Boden, Bakterien leben können? Abgeschieden vom Licht und jeglichem Nachschub an Grundstoffen? An dieser Skepsis änderte sich auch in den 1960er Jahren nichts, als wiederum den Geologen seltsame Anhäufungen von Mineralien aus der Tiefe der Erde auffielen, wie Eisen-, Mangan- und Zinkverbindungen, die sie sonst nur im Zusammenhang mit Mikroorganismen gefunden hatten. Noch immer konnten sich Biologen aber nicht mit dem Gedanken anfreunden, tief unten in den harten Gesteinen nach Mikroben zu suchen. Natürlich waren damals schon seit langem Mikroorganismen aus den obersten Metern des Erdbodens bekannt. Aber hier konnte man sich immerhin noch vorstellen, wie diese Winzlinge ihre Energie- und Nährstoffe von der Oberfläche her bezogen. Es war aber nicht nur das Energie- und Nährstoffproblem, das die Biologen skeptisch stimmte. Dazu kam ja noch die Tatsache, dass im Boden die Temperatur rasch ansteigt und schon in etwa 3 km Tiefe das damals als Obergrenze für Leben akzeptierte Limit von etwa 60 °C erreicht. Man kann sich also lebhaft ausmalen, wie begeistert Tommy Goulds Ankündigung in den späten 1980er Jahren aufgenommen wurde, als er verkündete, er hätte Bakterien in 7 km tiefen Granitschichten gefunden. Jetzt waren die Anzeichen nicht mehr länger zu übersehen und ganz speziell auch die kurz vorher entdeckten hitzeliebenden Bakterien aus der Tiefsee hatten den Boden für eine seriöse Überprüfung bereitet.

Das amerikanische Energieministerium finanzierte zunächst eine Probebohrung im Savannah-River-Gebiet in South Carolina, die unter größten Vorsichtsmaßnahmen durchgeführt wurde, um eine mögliche Verunreinigung aus den obersten Bodenschichten auszuschließen. Und da waren sie tatsächlich, eindeutig Bakterien, die genauso eindeutig lebten. In der Zwischenzeit haben Bohrungen an vielen Stellen auf der Erde immer wieder Bakterien aus tiefen Bodenschichten nachweisen können. Die größte Tiefe, aus der bisher Mikroben an die Oberfläche gebracht werden konnten, beträgt gegenwärtig 3,2 km.

Dort unten sind die Bakterien großer Hitze, einer hohen Radioaktivität und, ähnlich wie in der Tiefsee, einem sehr hohen Druck ausgesetzt. Interessanterweise sind es nicht nur einzelne wenige Arten, die unter diesen Extrembedingungen leben und sich vermehren. An einigen Fundstätten, wie z. B. in den Küstensedimenten South Carolinas, sind es gleich über Hundert verschiedene Spezies[10].

Mit dem Nachweis dieser Bakterien ist zwar eine spannende Entdeckung gemacht worden, die biologisch brennenden Fragen sind damit aber noch längst nicht beantwortet. Auch hier steht natürlich das Problem der Energie- und Nährstoffgewinnung im Zentrum. Leider ist bis heute noch wenig darüber bekannt, wovon sich die Mikroben tief unter der Erdkruste ernähren. Es scheint aber, als ob wiederum die Reaktion von Wasserstoffgas mit CO_2 zu Methan (CH_4) und Wasser die Energiequelle darstellt. Woher aber stammt der Wasserstoff, ohne den nichts geht? Im Prinzip könnte er aus der Tätigkeit anderer Mikroorganismen abgezweigt werden. Es gibt nämlich eine ganze Gruppe von Mikroben, die Wasserstoff abgeben. Von ihrer Arbeit sind wiederum andere, Methan produzierende Mikroben abhängig. So kann z. B. eine Gruppe von strikt unter sauerstofffreien Bedingungen lebenden Bakterien (die syntrophen Bakterien) Elektronen auf Protonen übertragen und so Wasserstoff erzeugen. Schnell wurde aber klar, dass die Menge Wasserstoff, die in der Tiefe gefunden wurde, nicht aus biologischen Quellen stammen konnte. Ein ziemlich heftiger Knall brachte die Wissenschaftler auf die vermutlich richtige Fährte.[2] Bei einer der Bohrungen wurde der Basaltschutt in einer Grube deponiert und diese explodierte eines Tages plötzlich. Die Untersuchungen zeigten schnell, dass es sich bei diesem Ereignis um eine Knallgasexplosion gehandelt haben musste, einer sehr heftigen chemischen Reaktion, bei der sich Wasserstoff und Sauerstoff zu gewöhnlichem Wasser verbinden. Die Reaktion setzt sehr viel Energie frei und kann deshalb im Chemielabor nur unter sorgfältigen Sicherheitsvorkehrungen durchgeführt werden. Weil ein einziger Funke genügt, um die beiden Gase miteinander reagieren zu lassen, ist der Umgang mit Wasserstoff in unserer sauerstoffreichen Atmosphäre immer gefährlich.

Konnte es also sein, dass der für die Mikroben so wichtige Wasserstoff aus dem Gestein selbst stammte? Alles spricht dafür. Sobald nämlich Grundwasser mit dem Eisen im Basalt (($FeO)_x(SiO_2)_y$) in Kontakt kommt, können die Wasserstoff-Atome des Wassers der Eisenverbindung im Basalt Elektronen entziehen. Im Basalt liegt das Eisen als eine salzartige Verbindung mit Sauerstoff vor (FeO). Wie bei allen

Salzen ist das Metallteilchen (Fe) positiv und das Nichtmetallteilchen (O) negativ geladen, es handelt sich also um Ionen. Im FeO tragen beide Ionen je eine doppelte Ladung, also $Fe^{2+}O^{2-}$. Für chemisch Vorgebildete wird aus dieser Schreibweise auch klar, dass das Eisen zwei Elektronen (mit je einer negativen Ladungseinheit) weniger besitzt als normale Eisen-Atome und der Sauerstoff zwei Elektronen mehr. Kommt nun dieses Eisenoxid (FeO) mit Wasser in Kontakt, können die H-Atome der Wassermoleküle sich als H^+-Teilchen aus der Bindung mit dem Sauerstoff lösen. Die Elektronen der beiden H-Atome bleiben beim Sauerstoff, der nun auch zwei Elektronen zu viel besitzt und so ebenfalls zu einem O^{2-}-Ion wird. Sofort entreißen die H^+-Ionen dem Fe^{2+} ein weiteres Elektron, das Fe^{2+} wird so zum Fe^{3+}. Die beiden vom Fe^{2+} stammenden Elektronen und die zwei H^+-Ionen aus dem Wasser vereinigen sich zunächst zu zwei H-Atomen und danach sofort zu elementarem Wasserstoff (H_2). Die O^{2-}-Ionen verbinden sich mit den Fe^{3+}-Ionen und es entsteht Rost (Fe_2O_3). Als Formel ausgedrückt:

$$2\ FeO + H_2O \rightarrow Fe_2O_3 + H_2$$

Die Energiequelle ist also eigentlich der Wasserstoff, der aber nur entstehen kann, weil Wasser mit dem Eisen im Basalt reagiert. Sobald Wasserstoff zur Verfügung steht, kann dieser, wie schon zuvor für die Methanbakterien beschrieben, mit CO_2 zu Methan und Wasser reagieren. Entscheidend dabei ist, dass mit der freigesetzten Energie wiederum ATP aufgebaut werden kann. Mit Wasserstoff, Kohlendioxidgas, Wasser und dem Energiestoff ATP steht den Mikroben im Prinzip auch der Weg zur Synthese organischer Moleküle frei. Diese Rohstoffe sind das Ausgangsmaterial für zahlreiche Synthesewege, mit denen sich Biomasse aufbauen lässt. Wir sollten allerdings vorsichtig sein. Wie schon erwähnt, ist nach wie vor nicht völlig klar, wie Mikroorganismen so weit unten im harten Gestein tatsächlich überleben können. Die gerade dargestellten Reaktionswege sind zwar einleuchtend und spielen wohl mit großer Wahrscheinlichkeit eine Rolle im Leben der Winzlinge, es bleibt aber sicher noch viel sorgfältige Arbeit zu tun, bis wir wissen, was da unten tatsächlich geschieht. Ein für unser Thema sehr wesentliches Faktum ist aber nicht mehr zu erschüttern: Mikroben können tief im harten Gestein lange Zeit überleben.

Und dies könnte sogar noch viel tiefer im Gestein möglich sein. Zumindest was die enormen Druckverhältnisse in diesen Tiefen betrifft, sind Bakterien auch der allergewöhnlichsten Sorte zu großen Überraschungen fähig. Jedenfalls staunte die Fachwelt nicht schlecht, als Anurag Sharma, James Scott und ihre Kolleginnen und Kollegen vom Geophysikalischen Labor der Carnegie Institution in Washington im Februar 2002 in *Science* von ihren Versuchen mit dem gewöhnlichen menschlichen Darmbakterium *Escherichia coli* und der Metalle abbauenden Mikrobe *Shewanella oneidensis* berichteten.[12] Sie setzten die beiden Arten einem maximalen Druck von 1680 Megapascal aus, dies würde in etwa den Verhältnissen in einem 160 km tiefen Ozean oder in 50 km Tiefe unter Gestein entsprechen. Unter solch extremen Bedingungen wird alles Wasser auch bei Zimmertemperaturen zu kompaktem Eis. Beide Bakterienarten überstanden den Druck nicht nur, sie zeigten sogar Stoffwechselaktivität. Offenbar überlebten die Bakterien in kleinen flüssigen Einschlüssen dieser extremen Form von Eis.

Es gibt aber noch ganz andere, hochgradig lebensfeindliche Bedingungen, unter denen Mikroorganismen für längere Zeit überdauern können. Den Astronauten von *Apollo 12* gelang am 19. November 1969 eine fast perfekte Ziellandung auf dem Mond. Sie setzten ihr Raumschiff nur 156 m neben der zwei Jahre und sieben Monate vorher gelandeten, unbemannten Sonde *Surveyor 3* auf den staubigen Boden des »Meeres der Stürme«. Selbstverständlich besuchten die Astronauten Charles (»Pete«) Conrad und Alan Bean die alte Sonde. Sie war mit einem feinen bräunlichen Staub zugedeckt, der wohl nach der staubigen Landung auf das Gefährt gefallen war. Die Astronauten demontierten einige Teile der Sonde, versiegelten sie steril und brachten sie auf die Erde zurück. Zu den mitgebrachten Teilen gehörte auch das Gehäuse einer Kamera. Und da dran saßen sie, auf dem Polyurethanschaum der Schaltkreisisolierung und nach über zweieinhalb Jahren auf der Mondoberfläche immer noch lebensfähig! Eine kleine Kolonie, etwa 50–100 Bakterien der Art *Streptococcus mitis*. Nun ist diese Art ein recht häufiges, harmloses Bakterium, welches in den Atemwegen und im Mund des Menschen lebt. Wegen der fehlenden Atmosphäre mussten diese ganz gewöhnlichen Bakterien auf dem Mond unter Druckverhältnissen bei praktisch 0 mbar und ohne jede Nahrung überdauern. Die kleinen Organismen waren die ganze Zeit ungeschützt der harten Strahlung der Sonne und des Weltalls ausgeliefert und mussten Temperaturen um 120 °C am »Mondtag« und −130 °C in der »Mondnacht« überstehen. Dies sind zwar nicht ganz die Bedingungen des freien Weltalls, aber sie kommen ihnen, wenigstens was die Strahlung betrifft, sehr nahe. Wie enorm wichtig dieser Fund für unser Verständnis der Überlebensmöglichkeiten einfacher Organismen ist, wurde damals wohl kaum richtig realisiert. Es gab zwar einige Presseberichte, etwa in *Newsweek* und *Sky and Telescope*, aber die Sache geriet schnell in Vergessenheit. Im Nachhinein, 1991, äußerte sich der Kommandant von *Apollo 12*, Pete Conrad, nochmals zu seinem Fund. Conrad meinte: »*Ich habe immer gedacht, das bedeutendste Ding, das wir je auf dem ganzen [...] Mond gefunden haben, war dieses kleine Bakterium, welches zurückkam, lebte und über das nie jemand etwas sagte*«.[13]

Rekordhalter in Sachen Strahlung ist allerdings ein anderes Bakterium. *Deinococcus radiodurans* kann radioaktive und ultraviolette sowie Gammastrahlung bis zum Tausendfachen des Wertes aushalten, der für uns Menschen tödlich ist. Das für uns Menschen harmlose Bakterium wurde schon im Abschirmungsbad von radioaktiven Strahlungsquellen und auch in Behältnissen gefunden, die mit Gammastrahlung »sterilisiert« worden waren. Offenbar hat sich die enorme Strahlungsresistenz aber nicht primär als Anpassung an die Lebensweise in der Nähe von Strahlungsquellen ausgebildet. Solch starke natürliche Strahlungsquellen gibt es auf der Erde vermutlich gar nicht.

Nach allem, was die Wissenschaftler bisher über dieses Bakterium herausgefunden haben, ist die extreme Widerstandskraft gegen Strahlung ein Nebenprodukt ihrer außergewöhnlichen Austrocknungsresistenz. Valerie Mattimore und John Battista von der Louisiana State University in Baton Rouge (USA) konnten 1996 zeigen, dass *Deinococci* auch nach monatelangem Austrocknen wiederbelebt werden können.[2] Offenbar ist das Bakterium fähig, sein Erbgut auch dann wieder in der absolut richtigen Reihenfolge zusammenzusetzen, wenn die DNS durch die Strahlung oder das Austrocknen in mehrere Hundert kleinste Stücke aufgetrennt worden ist. Wie *Deinococcus* diese Puzzlearbeit so schnell und fehlerfrei schafft, ist noch nicht restlos geklärt. Sehr wahrscheinlich ist ein erst kürzlich gefundenes Erbmerkmal, das Gen DR0167, zumindest teilweise beteiligt. Jedenfalls fanden Ashlee Earl und John Battista einen Bakterienstamm, bei dem dieses Gen verändert ist und der nicht gegen Radioaktivität geschützt ist. Auch wenn sich die schier unglaubliche Widerstandskraft von *Deinococcus* gegen Strahlung aus einem ganz anderen Grunde ausgebildet haben mag, und auch wenn der Mechanismus, der dieses Kunststück ermöglicht noch nicht bekannt ist, die Tatsache der Existenz von derart unempfindlichen Mikroben ist für unser Thema enorm wichtig.

Je tiefer die Fachleute in die Welt der Mikroben eindringen, desto mehr lernen sie, wie vielfältig und wie biologisch interessant auch und gerade die ältesten Gruppen der Lebewesen sind. Die Mikroben haben es über Milliarden von Jahren geschafft, in immer neuen und perfekteren Formen unseren ganzen Planeten zu besiedeln. Sie sind damit ein Teil der unglaublichen Erfolgsgeschichte des Lebens auf unserer Erde. Ihre Kleinheit und ihre enorme Vermehrungsfähigkeit machen es ihnen möglich, sich sehr schnell den wandelnden Bedingungen anzupassen, neue Nischen zu nutzen und sich auch den widrigsten Bedingungen erfolgreich zu stellen. Immer dringender wird die Frage, wie extrem denn die Bedingungen sein dürfen, die es den Winzlingen gerade noch ermöglichen, eine längere, ungünstige Phase zu überdauern. Diese Frage wird mit jeder neuen Entdeckung aktueller und drängender. Russell Vreeland und William Rosenzweig von der West Chester University in Pennsylvania schockten ihre Kollegen im Herbst 2000 mit der Meldung, sie hätten aus 250 Millionen Jahre alten Salzkristallen eines Salzstocks lebensfähige Bakterien der Gattung *Bacillus* züchten können! Auf solche Sensationsmeldungen reagieren Wissenschaftler meist mit sehr großer Skepsis. Und es gibt tatsächlich jede Menge guter Gründe, weshalb Vreeland und Rosenzweig in ihrer Arbeit hätten irregeführt werden können. Zuvorderst ist da natürlich das Problem der Verunreinigung. Es kann nie völlig ausgeschlossen werden, dass trotz aller Vorsichtsmaßnahmen einige Bakterien den Sterilisationsprozess überleben und sich anschließend munter vermehren. Vreeland und Rosenzweig haben recht elegant versucht, diese Kritik zu widerlegen, indem sie ihre »Wiedererweckten« dem genau gleichen Sterilisationsprozedere unterwarfen, wie die ursprüngliche Probe aus dem Salzstock. Alle Bakterien starben ab. Die gefundenen Exemplare konnten also nicht von der Oberfläche des Salzkristalls stammen, sie mussten tatsächlich aus seinem Inneren gewonnen worden sein. Ein zweites Problem ist die DNS. Svante Pääbo vom Max Planck Institut in Leipzig hatte in den vergangenen Jahren bei der Analyse der DNS von Neandertalern und Mammuts festgestellt, dass die DNS bei Anwesenheit von Wasser, für menschliche Begriffe zwar langsam, aber für geologische Zeiträume doch recht schnell zerfällt. Er schätzt, DNS-Stücke könnten unter den Bedingungen wie sie in einer lebenden Zelle herrschen, höchstens 50 000–100 000 Jahre überdauern. Aber, so kontern Vreeland und Rosenzweig, gerade hier könnten die verblüffenden Reparatur- und Überlebensmechanismen der Bakterien eingreifen und wenigstens einige von ihnen vor allzu ernsthaftem Schaden bewahren. Bakterien sind eben keine Urmenschen und Mammuts. Wie wir schon gesehen haben, bilden Bakterien Sporen, wenn sich die Bedingungen verschlechtern. Und diese Sporen halten auch ganz enormen Stress aus. Einige Arten beugen den Schäden durch Wasser ganz ähnlich vor, wie auch die Bärtierchen, sie trocknen sich selbst aus. Zudem beschützen sie ihre DNS mit einem Mantel aus kleinen Eiweißen, die chemisch schädliche Stoffe abhalten und die DNS stabilisieren. Sobald sich die Umstände verbessern, setzen zusätzlich noch Reparaturprozesse ein, die wie bei *Deinococcus* bisher noch schlecht verstanden sind, die aber ganz offensichtlich Schäden an der DNS rückgängig machen können. Und weil die Sporen ja in Salz eingetrocknet worden sind, könnte ihnen die wasserentziehende Wirkung des Salzes geholfen haben, das für sie gefährliche Wasser rasch loszuwerden, bevor es größere Schäden anrichten kann. Zudem wurden die Salzkristalle, aus denen Vreeland und Rosenzweig ihre Bakterien gewonnen haben wollen, tief in einem Salzstock bei Carlsbad in New Mexico entnommen. Die dicken Salz- und Gesteinsschichten, unter denen die Kristalle begraben lagen, haben andere schädigende Einflüsse, wie z. B. die UV-Strahlung und Sauerstoff, höchst effizient abgehalten. Pääbo stimmt zu, dass all diese Faktoren für Bakterien und ihre Dauerstadien »lebensverlängernd« wirken können, schätzt aber den »Verlängerungsfaktor« auf höchstens drei bis vier, viel zu kurz, um ein Überdauern von 250 Millionen Jahren erklären zu können. Zur Vorsicht mahnt auch die Feststellung von David Nickle von der University of Washington in Seattle. Er hat die Sequenz der 16S-RNS des *Bacillus*-Stamms mit der Bezeichnung 2-9-3 aus dem 250 Millionen Jahre alten Salz mit der Sequenz heute lebender *Bacillus*-Arten verglichen und findet nur sehr wenige Unterschiede, viel zu wenige jedenfalls, um die »alten« *Bacillus* 2-9-3 als fossile Organismen einstufen zu können. Besonders *Bacillus marismorti* aus dem Toten Meer gleicht dem Stamm 2-9-3 zu 99 %. Vreeland argumentiert dagegen, es könnte sehr gut sein, dass der Mensch auf seiner Jahrtausende alten Suche nach Salz alte Bakterien geborgen, unwissentlich freigesetzt und über die ganze Erde verbreitet hat. Trotz all den einleuchtenden Erklärungen wird es noch viel brauchen, um die Skeptiker zu überzeugen. Vreeland und seine Mitarbeiter sind gegenwärtig dabei, neue Salzkristalle zu untersuchen. Zudem werden unabhängige Labors die Resultate überprüfen. Vreeland will aber noch einen Schritt weiter gehen und noch viel ältere Salzblöcke auf Spuren von eingeschlossenen Mikroben durchforsten. Zunächst soll ein 400 Millionen Jahre alter Salzblock aus Michigan angebohrt werden.

Für all diejenigen Forscher, die nach den Möglichkeiten für Leben im Weltall Ausschau halten, sind die Forschungsresultate von Vreeland und seinen Mitarbeitern natürlich höchst spannend. Man darf in der Begeisterung über die extreme Widerstandskraft vieler Mikroben aber nie vergessen, wie trickreich diese Organismen nicht nur beim Überdauern und Aushalten widrigster Bedingungen sind, sondern dass sie sich genauso raffiniert in die hochsterilen Gerätschaften der Wissenschaftler einschleichen und spannende Resultate vortäuschen können. Aber immerhin, die Chancen, Leben auch unter den Bedingungen zu finden, die auf anderen Planeten oder Monden herrschen, sind nach den Entdeckungen der letzten Jahre deutlich angestiegen. Und die positive Grundstimmung in der Biologie wird durch die verblüffenden und unerwarteten Erkenntnisse der Astronomen ständig weiter genährt.[11]

III

Ein lebensfreundliches Weltall?

3.1
Die Ursprünge der Materie

In unserem täglichen Leben spielt das Weltall meist keine besonders große Rolle. Von unserer kosmischen Umgebung nehmen wir, wenn überhaupt, höchstens die feste Oberfläche unseres Planeten bewusst wahr und manchmal auch die ihn umgebende Gashülle mit ihrem Wettergeschehen. Aber das sind die Ausnahmen in unserem Erleben. Für viele von uns ist die Atmosphäre eine Art behütender Raum, über dessen obere Grenze wir uns keine Gedanken machen oder den wir in der Höhe gar als abgeschlossen empfinden. Nur wenige sind sich auch im Alltag bewusst, dass da oben alles offen ist und die Atmosphäre nur einen ganz dünnen Schutzschild gegen die brutale Strahlung unserer Sonne und das ständige Bombardement mit Teilchen und Wellen unterschiedlichster Energien aus dem freien Weltall bildet. Die kosmische Bedeutungslosigkeit, die offene Verletzlichkeit, aber auch die einmalige Schönheit unseres Lebensraums ist in aller Deutlichkeit erstmals so richtig plastisch mit den Schilderungen und den Fotografien der *Apollo-8*-Astronauten zum Bestandteil unseres Weltbilds geworden. Kommandant Frank Borman, die Astronauten James Lovell und William Anders waren die ersten Menschen, die an Bord einer Raumkapsel die Erdumlaufbahn verließen und einen anderen Himmelskörper, den Mond, umkreisten. Die Bilder, welche die drei Raumfahrer von ihrer Reise über die Weihnachtstage 1968 zur Erde zurückbrachten, zeigen unseren Planeten als blau-weiße Kugel in der Schwärze des Weltalls. Die Atmosphäre hebt sich nicht von der Kugeloberfläche ab, sie ist zu dünn. Die Erde wirkt auf diesen Aufnahmen klein, verloren und doch sehr vertraut.

Wir haben uns mittlerweile zwar an den Anblick der Erde aus dem Weltall gewöhnt. Dem ersten Flug zum Mond folgten andere, ähnliche Expeditionen und wir konnten sogar live am Fernsehen den Blick vom Mond auf die Erde genießen. Aber auch wenn wir die isolierte Winzigkeit der Erde im alles umhüllenden Vakuum des freien Weltalls zu ahnen beginnen, so hat unser Heimatplanet nichts von seiner Bedeutung für uns verloren.

Im Gegenteil, gerade seine offenkundige Verletzlichkeit hat uns klar gemacht, wie sehr wir von ihm abhängig und wie enorm wir auf ihn angewiesen sind. Unser Planet ist und bleibt der Ort, der uns alles, was wir zum Leben brauchen bietet, und den wir nur mit enormem Aufwand und zumindest auch in der näheren Zukunft nur kurzzeitig verlassen können.

Vielleicht ist es nur unsere begrenzte Vorstellungskraft und unser noch immer bescheidenes Wissen um das Weltall und das, was sich in ihm alles noch verbirgt. Aber Leben ohne Stoffe, ohne die chemischen Elemente, welche die Moleküle unseres Körpers aufbauen oder die als geladene Teilchen unseren Nervenzellen ihre Funktion ermöglichen, können wir uns nicht vorstellen. Leben ist von der Vielzahl der chemischen Elemente im Kosmos abhängig, die in buchstäblich unendlicher Fülle von Kombinationen zusammengefügt werden können und die dank ihrer unterschiedlichen Eigenschaften fast beliebig viele verschiedene Verbindungen bilden können. Aber auch hier hat die Menschheit eine Überraschung erlebt. Die chemische Zusammensetzung der Erde, der für sie typische Mix an Elementen, stellt im gesamten Kosmos eine wahrhaft astronomisch große Ausnahme dar und die Wissenschaftler mussten sich fragen, wie die Erde zu ihren Materialien gekommen ist.

Die modernen Methoden der Astronomie machen es möglich, die chemische Zusammensetzung der Stoffe im Universum genau zu erfassen. Alles was es dazu braucht, sind empfindliche Instrumente, welche die elektromagnetische Strahlung, also z. B. das Licht der Sterne oder die unterschiedlichen Frequenzbänder der Radiowellen aus den leuchtenden Gasnebeln, bis ins Detail untersuchen können. Jeder Stoff verändert nämlich in ganz charakteristischer Weise die elektromagnetische Strahlung, er prägt ihr quasi seinen Fingerabdruck auf. Die Methoden sind heute derart ausgereift, dass mit ihnen nicht nur die stoffliche Zusammensetzung weit entfernter Objekte im Weltall erfasst werden kann, sondern auch die Mengenanteile der einzelnen Chemikalien. Bei ihrer Suche nach den chemischen Elementen haben die Astronomen sehr schnell bemerkt, dass diese im Weltall keineswegs in auch nur annähernd gleicher Häufigkeit wie auf der Erde gefunden werden können, im Gegenteil. Mit 99,9 % Anteil dominieren die beiden leichtesten Elemente Wasserstoff und Helium über alle anderen Atomsorten. Auf die restlichen rund 100 Elemente entfällt also nur ein Anteil von 0,1 %. Und doch sind es gerade diese seltenen Elemente, die Leben, zumindest so wie wir es kennen, überhaupt möglich machen. Wenn wir aber das gesamte Universum in Betracht ziehen, so müssen wir feststellen, dass wir eigentlich in einem Weltall aus Wasserstoff und Helium leben. Die Dominanz der beiden leichtesten Elemente ist auch in unserem Sonnensystem deutlich zu beobachten. Die Sonne und die beiden Riesenplaneten Jupiter und Saturn bestehen nämlich ebenfalls zu über 95 % aus Wasserstoff und Helium. Das hat schon fast amüsante Konsequenzen: Die Dichte des Planeten Saturn ist wegen seiner Zusammensetzung so gering, dass er, könnte man ihn in einen entsprechenden Ozean eintauchen, auf dem Wasser schwimmen würde.

Das Weltall wäre ein ziemlich langweiliger Ort, bestünde es ausschließlich aus Wasserstoff und Helium, denn es gibt kaum chemische Reaktionen mit nur diesen beiden Elementen. Für die Vielfalt der chemischen Reaktionen, die ja irdisches Leben so charakteristisch auszeichnen, ist fast ausschließlich der kleine Schmutzanteil, die Verunreinigung des fast reinen Wasserstoff-Helium-Universums durch die restlichen Elemente entscheidend. So betrachtet ist unsere Erde nichts anderes als ein kleines Schmutzpartikelchen in einem riesigen Ozean aus Wasserstoff und Helium, denn die beiden Gase stellen nur gerade 0,1 % der Atome unserer Erde. Den Löwenanteil an den Atomsorten, aus denen unser Heimatplanet besteht, liefern die Elemente Sauerstoff, Eisen, Magnesium, Silizium, Schwefel und Nickel. Die Erde ist allerdings mit ihrem absonderlichen chemischen Cocktail in unserem Sonnensystem nicht ganz allein. Auch die Planeten Merkur, Venus und Mars, unser Mond sowie die Kleinplaneten (Asteroiden), welche in ihrer Mehrzahl zwischen Mars und Jupiter die Sonne umkreisen, sind mehr oder weniger wie die Erde zusammengesetzt. Ähnliches gilt auch für die Gesteine, aus denen die Monde der großen Planeten Jupiter und Saturn sowie die Kometen und Meteoriten bestehen. Alle diese Himmelskörper weichen in ihrer chemischen Zusammensetzung ganz massiv vom kosmischen Durchschnitt ab. Da es kaum vorstellbar ist, dass sie ihre chemischen Anteile nach ihrer Entstehung geändert haben könnten, müssen sich wohl schon während der Geburt des Planetensystems Vorgänge abgespielt haben, welche für die heutige extreme Verteilung der Elemente verantwortlich sind.

Über die Entstehung der chemischen Elemente und über die Gründe, weswegen wir sie in so ungleichen Anteilen im Weltall finden, bestehen heute recht konkrete Vorstellungen. Alle Elemente sind lange vor der Entwicklung unseres Planetensystems entstanden; Wasserstoff und Helium sogar schon kurz nachdem das Weltall selbst seinen Anfang nahm. Die moderne Astrophysik beschreibt die Geburt des Universums in einer Theorie, die zu den großartigsten Erkenntnissen der Menschheit gehört und die heute durch zahlreiche Fakten sehr gut belegt ist. Es ist aber eine Theorie, die wegen den riesigen Kräften und den wahrhaft astronomischen Dimensionen unser Vorstellungsvermögen ganz klar übersteigt. Diese Theorie fordert, dass die gesamte heute vorhandene Materie im Weltall, also alles Material aus dem sämtliche Sterne, Planeten, Kometen, Meteoriten, Asteroiden und die riesigen Gas- und Staubwolken in all den zahllosen Galaxien bestehen, aber auch alle die Atome, aus denen unsere Körper aufgebaut sind, ihren Ursprung vor nicht ganz 14 Milliarden Jahren fanden. Damals muss ein winziges Raumgebilde von nur etwa 1 mm Durchmesser in einem unvorstellbar heftigen Ereignis, dem Urknall[1], »explodiert« sein. Diese Idee ist schon in den 1920er Jahren entwickelt worden, als der russische Mathematiker Alexander Friedmann (1922) und der Belgier Abbé Joseph Lemaître (1927) nach Lösungen für die Gleichungen der allgemeinen Relativitätstheorie Albert Einsteins suchten. Die Resultate der Arbeiten der beiden Theoretiker, die unabhängig voneinander zu den gleichen Resultaten kamen, deuteten auf ein sich ständig ausdehnendes Universum hin und standen damit im Gegensatz zu einem anderen Modell, einem statischen Universum. Einstein selbst hatte schon vor Friedmann und Lemaître erkannt, dass seine Gleichungen mit einem solchen statischen Kosmos nicht vereinbar waren. Konsequenterweise folgerte er aus seiner Arbeit, es müsse eine noch unbekannte Kraft, die »kosmologische Konstante« existieren, die sich gegen die zusammenziehende Gravitationskraft stemmt und das Universum ausdehnt. Einstein war allerdings von seiner neuen Kraft wenig überzeugt und bezeichnete sie später als seine »größte Eselei« (neuere Beobachtungen machen allerdings wahrscheinlich, dass diese »Eselei« ein genialer Wurf gewesen sein könnte).

Die Idee des Urknalls war also zunächst nichts weiter als eine Folgerung aus den mathematischen Gleichungen der theoretisch arbeitenden Astrophysiker. Ihre Überlegungen wurden allerdings sehr bald durch die Resultate der praktischen Astronomen gestützt. Zunächst entdeckte V. M. Slipher mit dem 40-Zoll-Instrument (rund 1 m) der Lowell-Sternwarte, dass die Galaxien keinen festen, ruhenden Ort im Universum einnehmen, sondern sich entweder mit hoher Geschwindigkeit auf uns zu oder von uns wegbewegen (dies gilt für die überwiegende Zahl der Milchstraßensysteme). Slipher musste noch mit einem relativ bescheidenen Instrument arbeiten, ganz anders als Edwin P. Hubble, der wenig später mit dem neuen 2,5-m-Spiegelteleskop auf dem Mt. Wilson seine ersten Messungen durchführen konnte. Hubble entdeckte in seinen Daten schnell eine Beziehung zwischen der Distanz der Milchstraßen und ihrer Fluchtbewegung. Er fand, dass sich die weit entfernten Galaxien scheinbar mit viel größerer Geschwindigkeit von uns wegbewegen als die näher gelegenen Sternsysteme. Je weiter wir also ins Weltall hinaussehen, desto größer ist die Geschwindigkeit, mit der sich die Galaxien von uns entfernen. Weil aber ein Blick in die Weite des Alls auch ein Blick in die Vergangenheit des Universums ist, bedeutet dies nichts mehr und nichts weniger, als dass die Galaxien in früheren Zeiten schneller auseinander wichen als heute. Es sah also ganz so aus, als ob die Galaxien wie die Bruchstücke einer Explosion von einem gemeinsamen Ursprung wegfliegen würden und sich dabei verlangsamten. Diese Beobachtung war ein erster, sehr direkter Hinweis auf die Realität des Urknalls. Und für Edwin Hubble war es, nach der Aufklärung der Natur der Spiralnebel (vgl. Einleitung), schon die zweite, das Weltbild des 20. Jahrhunderts prägende Entdeckung.

In den folgenden Jahrzehnten wurde die Urknalltheorie zum Teil heftig diskutiert und mit konkurrierenden Erklärungsmodellen verglichen, ohne dass eine klare Entscheidung für oder gegen eines dieser Modelle gefällt werden konnte. Zu dünn waren die Beobachtungsdaten. Es dauerte bis ins Jahr 1965, bis endlich eine weitere, schon fast entscheidende Beobachtung zur Stützung der Urknalltheorie gelang. Die theoretisch arbeitenden Astrophysiker hatten schon längere Zeit vermutet, dass ein Rest der Hitze des Urknalls im Weltall übrig geblieben sein müsste und sie hatten auch recht konkrete Vorstellungen über diese Restwärme. Gemäß ihren theoretischen Berechnungen erwarteten sie eine Strahlung bei 2,73 K, also knapp 3 °C über dem absoluten Nullpunkt.

Von solchen Überlegungen hatten Arno Penzias und Robert Wilson keine Ahnung, als sie versuchten, die Quellen von Störgeräuschen beim Empfang von Satellitensignalen zu erforschen. Nach Ausschluss aller möglichen Ursachen für das störende Rauschen in ihren empfindlichen Empfängern blieb ein für Penzias und Wilson unerklärlicher Rest bei 2,7 K. Als die Entdeckung dieser Strahlung bekannt wurde, erkannte Robert Dicke in Princeton sofort ihre wahre Natur: Die von den Theoretikern geforderte Restwärme des Urknalls war gefunden!

Aber auch damit konnten sich die Astronomen nicht zufrieden geben. Zu oft schon mussten im Verlaufe der Wissenschaftsgeschichte auch scheinbar gut begründete Theorien wieder aufgegeben werden, weil sie durch neue und genauere Beobachtungen nicht gestützt werden konnten. Drohte der Theorie vom Urknall Ähnliches? Gab es eine andere Erklärung für das sanfte Glimmen des Kosmos bei 2,7 K? Die enorme Bedeutung der Urknalltheorie ließ den Wissenschaftlern keine andere Wahl, als nach immer genaueren und raffinierteren Methoden zu suchen, die ihre Ideen entweder stützten oder verwarfen. Im Prinzip wäre es recht einfach zu überprüfen, ob die Strahlung bei 2,7 K tatsächlich vom Urknall stammt. Denn wenn die Erklärung für diese Strahlung richtig wäre, so müsste die Temperatur der kosmischen Hintergrundstrahlung in vergangenen Zeiten höher gewesen sein als heute. Wie aber kann man die Temperatur einer längst vergangenen Epoche messen?

Nur gerade drei Jahre nach der Entdeckung der kosmischen Hintergrundstrahlung schlug John Bahcall in Princeton vor, wie dies gelingen könnte. Nach seinem Vorschlag sollte versucht werden, die Temperatur der Strahlung in der Umgebung weit entfernter Gaswolken zu messen. Und weil ja ein Blick in die Tiefe des Alls auch ein Blick in die Vergangenheit ist, wären möglichst weit entfernte Gaswolken für das Vorhaben am besten geeignet. Wenn es also gelänge, die Temperatur der Hintergrundstrahlung in großer Distanz zur Erde zu bestimmen, so könnten die Wissenschaftler überprüfen, ob in der fernen Vergangenheit das Weltall tatsächlich wärmer war als heute, wie dies die Theorie des Urknalls verlangt. So einfach die Idee zu verstehen ist, so schwierig war es, eine erste verlässliche Messung durchzuführen. Erst Ende 2000 konnten der indische Astronom Raghunathan Srianand und seine französischen Kollegen Patrick Petitjean und Cédric Ledoux ihre Daten veröffentlichen[2], die sie mit dem neuen 8,2-m-Teleskop »Kueyen« des European Southern Observatory auf dem Cerro Paranal in Chile gemacht hatten.

Die drei Forscher fanden eine günstig gelegene Gaswolke in einer Distanz von über zehn Milliarden Lichtjahren. Wir sehen die Wolke also in dem Zustand, in welchem sie knappe vier Milliarden Jahre nach dem Urknall war. Zufällig wird diese Wolke vom Licht eines noch weiter entfernten Objekts, eines Quasars, beleuchtet. Quasare sind nach wie vor rätselhafte Gebilde. Offenbar sind sie recht klein, ihre Strahlung ist praktisch punktförmig, sie senden aber mehr Energie aus als Milliarden Sonnen. Der gegenwärtig einzig vorstellbare Prozess, der derart riesige Energiemengen auf sehr kleinem Raum produzieren könnte, wäre der Einfall von Materie in ein schwarzes Loch.

Aus der Art und Weise nun, wie die Atome in der fernen Gaswolke auf die Strahlung des Quasars reagieren, konnte die Gruppe auf eine Temperatur der Hintergrundstrahlung in der Gegend der Wolke zwischen 6 und 14 K schließen. Genau im Temperaturbereich, der nach der Theorie vom Urknall gefordert war. Nach ihr müsste die Hintergrundstrahlung im vier Milliarden Jahre alten Universum 9,1 K betragen. Eine weitere wichtige Bestätigung der Urknalltheorie. Die Energiemenge, die beim Urknall, dem Geburtsmoment von Raum und Zeit, freigesetzt wurde, war fast unendlich groß. Und wie bei jeder Explosion dehnte sich das betroffene Gebiet sofort sehr schnell aus. Allerdings erfolgte die Ausdehnung des Raumes sehr wahrscheinlich nicht ganz gleichmäßig. Sehr vieles deutet darauf hin, dass das Wachstum des »Baby-Weltalls« während einer absolut unvorstellbar winzigen Zeitspanne gleich mit der vielfachen Lichtgeschwindigkeit geschah und das Universum seine Größe in der unvorstellbar kurzen Zeit von jeweils 10^{-35} s verdoppelte! Die Astrophysiker haben diese Epoche als die Phase der Inflation bezeichnet. Gemäß den Berechnungen der Theoretiker begann die Inflationsphase 10^{-35} s nach der Geburt des Universums und dauerte bis zum Zeitpunkt 10^{-33} s. Danach beruhigte sich das Geschehen und das Weltall begann mit der heute beobachtbaren, sich ständig verlangsamenden Ausweitung. Gegenwärtig verdoppelt das Universum seine Größe nur noch alle zehn Milliarden Jahre einmal.

Die Inflationsphase war für das frisch entstandene Universum von ganz enormer Bedeutung. Eine erste Folge war, dass wegen dieser exponentiellen Ausdehnung praktisch alle auch noch so winzigen Ungleichheiten, die im jungen Universum vor dem Zeitpunkt 10^{-35} s eventuell bestanden, sofort verwischt wurden. Die Theorie der Inflation kann damit auch eines der ganz großen Rätsel der Astrophysik lösen. Wenn wir im Sommer in einer sternklaren Nacht den Himmel betrachten, so können wir von bloßem Auge das leuchtende Band der Milchstraße mit ihren dichten Sternenfeldern problemlos ausmachen. Richten wir den Blick etwas weiter nach Westen oder Osten, so leuchten nur noch vereinzelte Sterne vor der Schwärze des Kosmos. Der Beobachter erhält damit den Eindruck, die Sterne und mit ihnen die Materie seien im Weltall völlig unregelmäßig verteilt. Dies stimmt natürlich, allerdings nur im relativ kleinen Maßstab unserer unmittelbaren kosmischen Umgebung. Völlig anders präsentiert sich die Verteilung der Materie, wenn die Forscher alle für uns erkennbaren Galaxien des gesamten Weltalls in eine dreidimensionale Karte eintragen. Jetzt, in diesem wahrlich kosmischen Maßstab, stellen die Astronomen eine überraschend gleichmäßige Verteilung der Leerräume und der Galaxien fest. Diese annähernd gleichförmige Verteilung kann sich aber nicht im Verlauf der Zeit gebildet haben, sie muss schon von Anfang an vorhanden gewesen sein.

Den Astronomen war es aber lange Zeit völlig unklar, welche Vorgänge oder welche Kräfte diese auffällige Gleichförmigkeit hätten erzwingen können. Da kam ihnen Alan Guth im Jahr 1981 mit seinem Konzept der inflationären Kosmologie gerade recht. Mit einem Schlag ließ sich das Problem elegant lösen. Denn mit der Inflationsphase wurde das Universum gleichsam für die regelmäßige Verteilung der Materie vorbereitet. Man kann sich das bildlich vielleicht ähnlich wie bei einem Luftballon vorstellen, bei dem alle Runzeln seiner Hülle beim Aufblasen geglättet werden. Ähnlich verlor das Universum alle kleineren Ungleichheiten, die es in seinem Inneren vor der Inflation vielleicht noch besaß.

Eine zweite Folge der Inflation ist, dass wir heute nur einen kleinen Teil des Universums beobachten können. Auch wenn die Inflation nur einen derart winzigen Augenblick lang andauerte, bedeutet die damalige Verdoppelung von einmal alle 10^{-35} s, dass das Universum heute eine Größe von mindestens zehn Billiarden (10^{16}) Lichtjahren haben müsste. Da nun aber die Lichtgeschwindigkeit die größte erreichbare Geschwindigkeit darstellt, können wir nur über jene Distanz ins Weltall hinaussehen, die das Licht seit dem Urknall zurückgelegt hat. Nach den besten Schätzwerten dürften dies etwa 14 Milliarden Lichtjahre sein. Das Weltall ist also möglicherweise noch 700 000-mal größer als das, was wir je durch die lichtstärksten Fernrohre werden erkennen können. Angenommen, wir könnten den für uns beobachtbaren Teil des Weltalls auf eine Murmel von 1 cm Durchmesser schrumpfen lassen, so entspräche die Größe des gesamten Universums einer Kugel von 7 km Durchmesser!

Die unbeschreiblich rasante Ausdehnung des Universums hatte aber auch noch eine ganz andere Folge. Je stärker sich nämlich nach dem Urknall die Explosion ausdehnte, desto mehr erkaltete es. Bereits gegen Ende der Inflationsphase, also etwa 10^{-33} s nach dem Urknall, war das Universum kühl genug, um aus dem höllischen Feuer seiner Geburt die ersten Elementarteilchen entstehen zu lassen. Diese Aussage mag auf den ersten Blick erstaunen. Wie soll aus der unbeschreiblichen Hitze der frühesten Zeit Materie entstanden sein? Um den Zusammenhang zwischen der Temperatur und der Entstehung von Elementarteilchen, den Bausteinen der Materie, verstehen zu können, müssen wir auf die Arbeiten von Albert Einstein zurückgreifen. In einer Jahrhundertentdeckung gelang es Einstein 1905 mit seiner speziellen Relativitätstheorie eine Beziehung zwischen der Masse und der Energie zu finden. Es war aber nicht einfach irgendeine Beziehung, die der junge Einstein nachweisen konnte. Die berühmte

Gleichung $E = m \cdot c^2$ bedeutet nämlich nichts anderes, als dass Energie (E) und Masse (m) ein und dasselbe sind. Beide Erscheinungen sind »bloß« zwei verschiedene Formen des gleichen Phänomens, die sich ineinander umwandeln lassen. In der Gleichung spielt das Quadrat der Lichtgeschwindigkeit (c^2) die Rolle eines Umrechnungsfaktors. Mit gewaltigen Folgen: Es genügt nämlich eine winzige Menge Materie, um aus ihr unglaublich viel Energie freisetzen zu können. Dieses c^2 ist nämlich eine sehr große Zahl, beträgt doch die Lichtgeschwindigkeit c im Vakuum ca. 300 000 km/s. Das Quadrat dieser Zahl ergibt etwa $9 \cdot 10^{10}$ oder rund 90 Milliarden! Die Menschheit hat diese fatale mathematische Beziehung bei der Explosion von Atombomben drastisch demonstriert bekommen.

Umgekehrt kann auch aus Energie Materie entstehen. Allerdings sind extrem hohe Energiebeträge notwendig, um auch nur ganz wenig Masse zu erschaffen, weil sich bei dieser Operation der Umrechnungsfaktor c^2 zu Ungunsten der Produktion von Masse auswirkt. Beim Urknall stand aber derart viel Energie zur Verfügung, dass alle Materie, die heute im ganzen Universum vorhanden ist, quasi aus der Explosionsenergie »ausfrieren« konnte. Wie Regentropfen in sich abkühlender Luft entstand damals Materie aus der sich schnell verringernden Explosionshitze. Zu Beginn glich die Materie allerdings noch nicht der uns heute vertrauten Form. Die Temperatur war dazu noch viel zu hoch. Als Erstes »gefroren« so seltsame Elementarpartikel wie W- und Z-Bosonen und die Quarks aus dem Energiebrei. Erst mit einer weiteren deutlichen Abkühlung konnten sich die Elementarpartikel zu Elementarteilchen vereinen und Elektronen, Protonen und Neutronen bilden.

Und wieder öffnet sich den Wissenschaftlern ein neues Rätsel. Im frühen Universum muss es nämlich zwei Sorten von Elementarteilchen gegeben haben. Die Modellvorstellungen legen neben der Entstehung von Teilchen der gewöhnlichen Materie auch die Erzeugung von Antimaterieteilchen nahe. Also wenn z. B. Elektronen entstanden, so müssen sich auch deren Antiteilchen, die Positronen gebildet haben. Diese beiden Teilchensorten können aber nicht gleichzeitig nebeneinander bestehen, weil bei jedem Kontakt zwischen Materie- und Antimaterieteilchen beide sofort zerstrahlen und in einer gewaltigen Explosion die in ihnen gespeicherte Energie freisetzen. Beide Formen der Materie müssten aber im frühen Universum eigentlich in fast gleichen Mengen entstanden sein. Wir finden heute im Weltall aber praktisch nur gewöhnliche Materie. Wie es zu dieser so einseitigen Bevorzugung der Materie gegenüber der Antimaterie kam, ist nach wie vor ein Rätsel, auch wenn es Modellvorstellungen gibt, wie in der frühesten Zeit des Universums ganz winzige Ungleichgewichte zwischen den beiden Teilchensorten entstanden sein könnten. Etwa drei Minuten nach dem Urknall hatte sich das junge Universum durch seine Ausdehnung bereits stark abgekühlt. Jetzt, bei diesen »tieferen« Temperaturen, konnten sich die Protonen und Neutronen zusammenlagern und die ersten Atomkerne bilden. Das Zeitalter der Atome hatte begonnen. Entstanden waren die Urelemente des Universums, die Kerne von Wasserstoff, Helium und in Spuren Lithium. Zu größeren Einheiten konnten sich die Elementarteilchen nicht gruppieren. Noch immer aber war es derart heiß im Universum, dass die energiereichen Photonen, die »Strahlungsteilchen«, die Elektronen immer wieder von den Atomkernen wegstoßen konnten und damit die Entstehung vollständiger Atome mit Kern und Elektronenhülle verhinderten. Je mehr sich aber das Universum ausdehnte und damit abkühlte, desto seltener prallten schnelle Photonen mit den Elektronen zusammen. Schließlich war der Moment erreicht, in welchem die Photonen nicht mehr genügend Kraft besaßen, um die Elektronen daran zu hindern, bei einem der vielen Atomkerne zu verbleiben. Die ersten Elektronenhüllen um die Atomkerne entstanden und mit ihnen die ersten vollständigen Atome der Elemente Wasserstoff, Helium und Lithium. Zu dieser Zeit betrug die Temperatur im jungen Universum etwa 3000 K und es umfasste etwa ein Tausendstel der heutigen Größe. Da nun die Elektronen nicht mehr frei im Raum herumflogen, stießen die Photonen auch nicht mehr ständig mit ihnen zusammen und konnten sich nun frei durch den Raum bewegen. Das Weltall wurde im Alter von rund 300 000 Jahren erstmals durchsichtig. Die Epoche der Strahlung war zu Ende.

Damit begann für das immer noch sehr junge Universum das dritte Zeitalter, an dessen Ende die ersten Sterne aufleuchteten. Bei seinem Beginn müssen die Wasserstoff- und Helium-Atome noch außerordentlich gleichmäßig im Universum verteilt gewesen sein. Ihre Entstehung aus dem sich abkühlenden Feuer des Urknalls legt dies nahe. Und tatsächlich ist die Reststrahlung aus jener Zeit, das von Penzias und Wilson gefundene Rauschen bei 2,7 K, über den ganzen Himmel auch mit empfindlichen Messgeräten sehr gleichförmig, aber eben doch nicht ganz genau gleich. Und dies ist für uns gut so, denn mit einer absolut gleichmäßigen Verteilung der Materie zu Beginn der dritten Epoche wäre die Bildung der ersten Sterne und danach jene der ersten Galaxien unmöglich gewesen. Die Kosmologen vermuteten deshalb schon seit längerem, es müsste extrem kleine

Abweichungen von einer absolut einheitlichen Verteilung gegeben haben. Wie diese Abweichungen entstanden, ist eines der kosmologischen Rätsel, mit dem sich die klügsten Köpfe unserer Zeit auseinander setzen. Wenn es die Unregelmäßigkeiten aber gab, so müssten ihre Spuren auch in der kosmischen Hintergrundstrahlung feststellbar sein. Und damit beginnen die technischen Schwierigkeiten, denn die Abweichungen von der durchschnittlichen Temperatur sind so enorm winzig (im Bereich von Zehntausendstel Grad), dass sie schwer nachweisbar sind.

Ein erster Test für die Voraussage der Kosmologen sollte das *Boomerang*-Experiment (Balloon Observations of Milimetric Extragalactic Radiation and Geophysics) werden. *Boomerang* flog im Winter 1998/99 mit einem Ballon in zehn Tagen einmal um den Südpol. An Bord befand sich ein Messgerät, das Abweichungen von der durchschnittlichen Hintergrundstemperatur mit der nötigen Präzision feststellen konnte. Und tatsächlich, da waren sie, die vorausgesagten kleinen Unregelmäßigkeiten in der Temperaturverteilung. Die Detektoren registrierten Abweichungen von der durchschnittlichen Hintergrundstrahlung im Ausmaß von gerade mal 0,0001 °C! Praktisch genau dem Wert, den die Theoretiker vorausgesagt hatten. Auch wenn das nach unglaublich wenig klingt, macht es den Unterschied zwischen einem 100 % gleichmäßigen, auf alle Zeiten uniformem Weltall und einem Universum mit Staubwolken, Sternen, Galaxien und Lebewesen auf zumindest einem der wohl zahllosen Planeten aus. Fast noch wichtiger als die Temperaturabweichungen war die Beobachtung, dass diese Abweichungen im Durchschnitt etwa 1° Durchmesser am Himmelsgewölbe bedecken. Auch dies entspricht exakt dem Wert, den die Theoretiker vorausgesagt hatten. *Boomerang* entdeckte auf seinem Flug gleich Hunderte solcher Abweichungen, genug um die Entwicklung der Galaxien erklären zu können.[3]

Trotz der enormen Messgenauigkeit des *Boomerang*-Experiments gaben sich die Astronomen mit dem Erreichten nicht zufrieden. Bei der Bedeutung der Inflationstheorie für das Verständnis unserer Welt scheint auch der größte Aufwand gerechtfertigt und der konnte nur durch noch größere Genauigkeit erreicht werden. Dazu war es aber nötig, die Messungen von einem Beobachtungspunkt im Weltall vorzunehmen, wozu ein Satellit nötig wurde. Dieser kosmische Späher, *WMAP* (Wilkinson Microwave Anisotropy Probe), startete erfolgreich im Frühjahr 2003 und konnte von seinem Standort, in etwa 1,5 Millionen Kilometer Entfernung von der Erde, die feinen Temperaturunterschiede am Himmel bis zu unvorstellbaren Millionstel Grad Genauigkeit vermessen. Und die Daten entsprachen fast haargenau den von der Theorie vorhergesagten Werten. Die Resultate sind sogar so genau, dass die Wissenschaftler sie vermutlich auch dazu verwenden können, um feine Alternativen in der Theorie gegeneinander zu prüfen. So ganz nebenbei verdanken wir WMAP auch die bisher genaueste Angabe für das Alter des Universums, 13,7 Milliarden Jahre.[10]

Eine weitere Bestätigung der Inflationstheorie gelang 2002 einem Team amerikanischer Universitäten mit Hilfe einer ganz anderen Methode. Die Wissenschaftler versuchten nämlich zu messen, wie sich der Zusammenprall der Photonen mit den freien Elektronen und Protonen in der Frühzeit des Universums auf die Eigenschaften der Photonen auswirkte. Wir haben schon gesehen, dass die Zusammenstöße der Photonen mit den Elektronen die Bildung der Atomhüllen lange Zeit verhinderten. Der Aufprall eines Photons auf andere Teilchen kann aber auch für die Photonen nicht ohne Folgen geblieben sein. Die Energie des Aufpralls, so die Überlegungen der Forscher, müsste die Bewegungsrichtung, die Schwingung der Photonen bis auf den heutigen Tag beeinflussen.

Für ihre Messungen benutzten die Wissenschaftler ein Radioteleskop in der Antarktis, das DASI (Degree Angular Scale Interferometer). Normalerweise schwingt das Licht wild in allen Ebenen des Raumes, wenn es aus den Fernen des Weltalls zu uns gelangt. Stoßen die Photonen aber mit anderen Teilchen zusammen, so wirkt dies wie das Polarisationsfilter einer Sonnenbrille, welches das Licht nur noch in einer Ebene schwingend passieren lässt. Wenn nun die Materie damals im noch jungen Universum gemäß den Voraussagen der Theorie ungleichmäßig verteilt war, so müsste sich dies in verschiedenen Schwingungsebenen der Photonen aus der damaligen Zeit äußern. Tatsächlich fand das Instrument das vorausgesagte Polarisationsmuster und lieferte so einen weiteren enorm wichtigen Beweis für das Standardmodell der Entstehung des Weltalls.[9] Gemäß der Theorie begannen zu Beginn der dritten Epoche des Weltalls die äußerst geringen Dichteunterschiede der Materie ihre Umgebung durch die Gravitationswirkung zu beeinflussen. Auch wenn die Unterschiede zu Beginn fast unmessbar klein waren, bewegten sich die ersten Atome unter dem Einfluss der Gravitationskraft langsam in Richtung der lokalen Dichtezentren hin. Ganz allmählich entstanden die ersten Gaswolken. Und je größer diese frühen Gaswolken wurden, desto größer wurde die Kraft, mit der sie weitere Atome anzogen. Immer mehr Atome strömten zu den Zentren. Damit stieg in jedem der Zentren die Dichte der Atome, und als Folgen davon auch der Druck und die Temperatur immer schneller, bis sie einen kritischen Wert erreichten. Jetzt, unter den höllischen Druck- und Temperaturbedingungen, wurden die ersten Kerne von Wasserstoff-Atomen zu Heliumkernen zusammengepresst. Die ersten Kernverschmelzungen begannen und mit ihnen zündete das atomare Feuer in den ersten Sternen. Im jungen Universum breitete sich erstmals Licht aus. Die Epoche der Sterne hatte begonnen.[4,5]

Wann genau die ersten Sterne entstanden, ist unbekannt. Möglicherweise verlief der Prozess recht rasch und dauerte nur wenige Millionen Jahre. Sicher bildeten sich die ersten Sterne aber nicht isoliert im Weltall, sondern in riesigen Materieansammlungen, in denen alsbald immer mehr Sterne ihr Feuer entzündeten. Spätestens einige hundert Millionen Jahre nach dem Urknall formten sich die ersten Vorläufer der Galaxien, die heute noch als diffuse Flecken in den extremen Langzeitaufnahmen des Weltraumteleskops *Hubble* gerade noch zu erkennen sind (vgl. Abb. 2). Sie sind die Vorläufer der majestätisch leuchtenden riesigen Spiralen, die oft aus mehreren hundert Milliarden Sternen bestehen. Ihre Entwicklung, aus den chaotischen Urgalaxien, dürfte nochmals drei bis vier Milliarden Jahre benötigt haben.

Im Zeitalter der ersten Sterne bestand das Universum aber nach wie vor nur aus ganz wenigen, sehr leichten chemischen Elementen: Wasserstoff (seinem Isotop Deuterium), Helium und winzigen Spuren von Lithium. Mit diesem Grundbestand an Elementen wäre das Weltall niemals in der Lage gewesen, Leben zu entwickeln. Die Prozesse, die zu den höheren Elementen und damit zu jenen chemischen Stoffen führten, die Leben erst möglich machen, begannen aber schon sehr früh, und zwar tief im Innern der ersten Sterne.

Im frühen Universum konnten sich die Sterne mit hoher Wahrscheinlichkeit aus sehr großen Gaswolken bilden und recht viele von ihnen dürften sich damit zu entsprechend großen Sternen formiert haben, mit weit höherer Masse als unsere Sonne sie heute besitzt. Solche Riesensterne gibt es auch heute noch, wenn auch weniger zahlreich. In ihrem Zentrum herrschen ganz enorme Druckverhältnisse, die auch die Temperatur unvorstellbar hoch ansteigen lassen. Unter derart extremen Verhältnissen werden die abstoßenden Kräfte zwischen den Kernen überwunden, die bei »normaleren« Bedingungen zwischen ihnen wirken und damit ein Verschmelzen verhindern. Jetzt setzt eine ganze Reihe von verschiedenen Kernreaktionen ein. Solche Vorgänge starten auch schon in relativ kleinen Sternen. Bei ihnen genügt der Druck und die dadurch entstandene Hitze aber nur, um Wasserstoffkerne zu Helium zu »verschmelzen«, welches sich im Zentrum der Sterne ansammelt. In Sternen mit mindestens der 1,5fachen Sonnenmasse erreicht die Temperatur im Zentrum Werte über 20 Millionen Kelvin. Unter diesen Bedingungen setzt eine Abfolge von Kernreaktionen ein, die unter dem Kürzel CNO-Zyklus bekannt geworden ist. Der Zyklus startet mit einem Kohlenstoffkern (chemisches Zeichen C), der seinerseits durch andere Kernreaktionen aus Wasserstoff und Helium entstanden ist. Ich werde darauf gleich eingehen. Durch Aufnahme von Wasserstoffkernen (die eigentlich nur ein Proton sind) entstehen aus dem Kohlenstoffkern nacheinander die Kerne von Stickstoff (N) und Sauerstoff (O). Am Ende des Zyklus steht ein Stickstoff 15-Kern. Dieser nimmt nochmals einen Wasserstoffkern auf und zerfällt sofort zu Kohlenstoff 12 und einem Heliumkern. Die Reaktionskette ist also geschlossen, am Ende steht mit Kohlenstoff 12 wieder der gleiche Stoff wie am Anfang. Der aufgenommene Wasserstoff findet sich nach einigen Umwandlungen im Heliumkern wieder, der aus dem Reaktionskreis entweicht. Das besondere an diesem Zyklus ist nun, dass er die Elemente Stickstoff und Sauerstoff erzeugt. Speziell die Entstehung von Stickstoff im CNO-Zyklus ist wichtig, weil dies der einzige bekannte Prozess ist, der Stickstoff erzeugen kann. Das heißt nichts mehr und nichts weniger, als dass alle Stickstoff-Atome in unseren Körpern durch den CNO-Prozess im Innern größerer Sterne entstanden sind.[11] Ohne diese Stickstoff-Atome könnten die Lebewesen keine Aminosäuren und damit keine Eiweiße und auch keine DNS aufbauen. Leben in unserer Form ist ohne Stickstoff nicht möglich.

Lange können große Sterne ihren verschwenderischen Umgang mit dem nuklearen Brennstoff nicht aushalten. Ihnen geht im Kerngebiet buchstäblich der Vorrat aus und zwar viel schneller, als einem Stern der Größe unserer Sonne. Wo kein Brennstoff mehr vorhanden ist, kann das atomare Feuer des Wasserstoffbrennens nicht mehr weiter lodern. Im Zentrum des Sterns stoppen daher die Kernverschmelzungen zwischen den Wasserstoffkernen. Handelt es sich um einen sehr großen Stern, so können in seinem Zentrum neue Reaktionen starten. Ist der Stern aber kleiner, so genügt die Dichte für neue Kernreaktionen nicht. Bei allen größeren Sternen ist um die innerste Zone immer noch genügend Wasserstoff vorhanden, der nun durch die vom enormen Druck im Zentrum verursachte Hitze zu Kernreaktionen gezwungen wird. Damit beginnt sich die Zone des Wasserstoffbrennens in einer Kugelschale um die Kernregion nach außen auszubreiten. Durch das Verschmelzen der Wasserstoffkerne entsteht immer mehr Helium, welches zusammen mit den Elementen aus dem CNO-Zyklus gegen das Zentrum sinkt und dort den Druck und die Hitze ständig vergrößert. Der Stern heizt sich immer mehr auf. Die Zone des Wasserstoffbrennens mit ihrer extremen Hitze verschiebt sich dabei immer näher an die Oberfläche des Sterns. Schließlich wird auch das Gas in der Hülle des Sterns übermäßig erhitzt. Wie jedes Gas, das erwärmt wird, dehnt es sich aus und der Stern bläht sich gewaltig auf. Sterne in diesem Stadium ihrer Entwicklung vergrößern den Radius oft um das Hundertfache und werden zu Roten Riesen. Auch unsere Sonne wird dieses Stadium in der fernen Zukunft durchlaufen. Bei einem Stern ihrer Größe dauert es allerdings sehr lange, bis der Wasserstoff im Zentrum bis zur kritischen Konzentration verbraucht ist. Unsere Sonne hat noch genügend Brennstoff, um nochmals etwa fünf Milliarden Jahre lang Wasserstoffkerne zu Heliumkernen verschmelzen zu können; erst dann wird sie sich zum Roten Riesen entwickeln. Nach diesem letzten grandiosen Aufleuchten werden in der Sonne die atomaren Prozesse langsam stoppen. Sie wird unter ihrer eigenen Masse zusammengedrückt werden und zu einem Weißen Zwerg schrumpfen, der über viele Milliarden von Jahren seine Wärmestrahlung an das Weltall abgibt. Für uns auf der Erde wird es aber schon viel früher ziemlich ungemütlich werden, weil die Wärmeabstrahlung der Sonne durch die Veränderungen in ihrem Zentrum schon in etwa einer Milliarde Jahren so hohe Werte annehmen wird, dass die Ozeane verdampfen und Leben hier auf unserem Planeten nicht mehr möglich sein wird.

Große Sterne, die bei ihrer Geburt mehr als ungefähr die achtfache Masse unserer Sonne besessen haben, erleben ein völlig anders Schicksal als ihre kleineren Verwandten. In ihrem Inneren sammelt sich das im Wasserstoffbrennen entstandene Helium ebenfalls an. Der Unterschied zu den kleineren Sternen besteht nun aber darin, dass sie wegen ihrer gewaltigen Masse im Zentrum viel höhere Drücke und Temperaturen erreichen. Die Temperatur in ihnen kann auf über 100 Millionen Kelvin ansteigen. Bei so hohen Temperaturen werden die Heliumkerne mit genügend großer Kraft zusammengedrückt, um die elektrostatischen Abstoßungskräfte zu überwinden. Jetzt können jeweils drei Heliumkerne miteinander »verschmelzen«. Da jeder Heliumkern aus vier Kernteilchen, zwei Protonen und zwei Neutronen, besteht, die alle die gleiche Masse besitzen, beträgt seine Massenzahl 4. Die Masse ist zwar eine wichtige Kenngröße für einen Kern, die chemischen Elemente werden aber durch die Anzahl der Protonen bestimmt. Helium besitzt z. B. die Massenzahl 4 und die

Protonenzahl 2. Jeder Atomkern mit zwei Protonen ist ein Heliumkern, unabhängig von der Anzahl Neutronen. Wenn nun drei Heliumkerne miteinander »verschmelzen«, so entsteht ein Kern mit der Massenzahl 12 und der Protonenzahl 6. Die Protonenzahl 6 entspricht dem Element Kohlenstoff. Der neu entstandene Kohlenstoffkern enthält also sechs Protonen und sechs Neutronen.

In der Zentralregion des Sterns sammeln sich nun sehr schnell die Kerne von Kohlenstoff-, Stickstoff- und Sauerstoff-Atomen an, die wegen ihrer höheren Masse einen noch größeren Druck und damit eine noch höhere Temperatur erzeugen. Damit wird auch das Helium um den Kohlenstoffkern des Sterns heiß genug und zündet ebenfalls Kernreaktionen. Die Hitze der Heliumschale entzündet in den äußeren Bezirken des Sterns nun auch dort den Wasserstoff, der wiederum zu Helium verschmilzt. Der Stern besteht nun aus einer ganzen Reihe von Schichten, in denen jeweils andere Kernreaktionen ablaufen – außen die weniger heißen, gegen innen die immer extremeren.

Man kann es einem solchen reifenden Stern auch von außen ansehen, dass sich in seinem Innern einiges tut. Mit der steigenden Temperatur dehnt sich der Stern nämlich gewaltig aus und wird zu einem Roten Überriesen. In seinem Zentrum wird unter dem Druck des sich ansammelnden Kohlenstoffs immer mehr Wärme frei. Jetzt geht alles immer schneller. Unter dem Einfluss der rasch steigenden Hitze entstehen die Kerne immer höherer Elemente, die mit ihrer großen Masse den Anstieg des Drucks und der Temperatur weiter beschleunigen. Irgendwann wird der Stern durch all diese atomaren Prozesse so heiß, dass er seine äußeren Hüllen unter dem gewaltigen Strahlungsdruck nicht mehr halten kann und sie explosionsartig einfach wegbläst. Die Astronomen kennen die Überreste solcher Ausbrüche recht gut, sie sind unter dem Namen »planetarische Nebel« bekannt. Die etwas seltsame Bezeichnung stammt noch von den ersten Beobachtern, die in ihren einfachen Fernrohren nur undeutliche, kleine, leuchtende Flecken erkennen konnten, welche an die Scheibchen von Planeten erinnerten. Im Innern dieser planetarischen Nebel sind nun natürlich auch all die in den Sternen entstandenen chemischen Elemente enthalten. Sie gelangen durch den Ausbruch des Riesensterns ins Weltall.

Im Überrest des riesigen Sterns, der in seinem ersten Ausbruch bis zu einem Zehntel seiner Masse verloren hat, gehen die Kernreaktionen weiter. Immer neue und immer schwerere Atomkerne entstehen. Mit dem Anstieg der Masse wächst der Druck auf das Sternzentrum ständig an und treibt so die Temperatur bis zu einer Milliarde

Kelvin hoch. Und wieder entstehen neue, schwerere Atomsorten, zuerst Neon- und Magnesium-Atome und schließlich die Kerne aller Atomsorten bis hinauf zum Element Eisen. Jetzt, mit der Bildung von Eisen-Atomen, erreicht der Stern einen dramatischen Wendepunkt in seiner Entwicklungsgeschichte. Von diesem Moment an geht auch für menschliche Begriffe alles ganz außerordentlich schnell. Der entscheidende Punkt liegt in der Energiebilanz der Reaktionen. Bis zur Bildung von Eisen haben alle Kernverschmelzungen immer mehr Energie freigesetzt, als sie verbraucht haben. Es hat also weniger Energie gekostet, die Elementarteilchen zusammenzudrücken, als jeweils bei den Kernverschmelzungen freigesetzt wurde. Dies ändert sich mit der Bildung von Eisen schlagartig. Alle weiteren Kernreaktionen, die größere Kerne als jene der Eisenatome erzeugen könnten, würden mehr Energie verbrauchen als sie selbst produzieren. Im Zentrum des Sterns stoppen daher die Kernreaktionen fast augenblicklich. Für den Stern ist dies der Moment des Todes mit ungeheuren Folgen für ihn und seine ganze Umgebung. Denn mit dem Ende der Kernreaktionen geht auch der höllische Strahlungsdruck verloren, der sich bisher gegen die Gravitationskraft gestemmt und den Sturz der Materie gegen den Mittelpunkt des Sterns vermieden hat. Jetzt steht der Gravitationskraft kein Strahlungsdruck mehr gegenüber und damit kann sie nichts mehr aufhalten. Sie gewinnt die Oberhand und drückt die ganze Materie in das Innerste des Sterns. Der Kernbereich des Sterns fällt unausweichlich und innerhalb von Sekunden in sich zusammen, bis das ganze Zentrum in einer Kugel von nur noch etwa 10 km Durchmessern Platz hat.

Eine groteske Situation, denn in den äußeren Schichten des Sterns laufen die Kernreaktionen ja nach wie vor weiter und der dadurch entstehende Strahlungsdruck drängt dort immer noch die Materie nach außen. Weil nun der Kern so schnell in sich zusammenbricht, kann sich die Materie der äußeren Schichten der neuen Situation nicht schnell genug anpassen. Die Folge ist ein Leerraum zwischen dem Kern und dem Rest des Sterns. Die äußeren Schichten hängen zumindest für kurze Zeit buchstäblich über dem Abgrund, bis auch sie von der Gravitationswirkung gepackt werden. Das ganze Material des Sterns, oft mehr als das Dutzendfache der Sonnenmasse, stürzt nun gegen innen, Richtung Eisenkern. Aber noch bevor die äußeren Schichten den Eisenkern erreichen, prallen sie auf Wellen aus Hitze, auf eine wahre Wand aus energiereichen Elementarteilchen und einer unglaublich heftigen Schockfront, die fast mit Lichtgeschwindigkeit aus dem Eisenkern nach außen drängt. Die gesamte, unbeschreiblich große Energiemenge in diesen Stoßwellen entstand bei der Umwandlung der Gravitationsenergie im zusammengebrochenen Eisen und erzeugt Temperaturen bis 100 Milliarden Kelvin. Damit ist jetzt wieder genügend Energie für neue Kernprozesse vorhanden und es können sich die Kerne aller Elemente bis zum Uran bilden. Dies ist der Geburtsmoment für Silber-, Platin-, Gold- und alle anderen Atomkerne, die allerdings in nur recht geringen Mengen entstehen und deshalb im Universum (und auch auf der Erde) sehr selten sind. Der Stern selbst überlebt diese Ereignisse natürlich nicht. Er explodiert in einem ungeheuer heftigen Ausbruch, einer Supernova-Explosion[6], einem der gewaltigsten Ereignisse im Kosmos. Die Schock- und Stoßfronten zerreißen die äußeren Hüllen des alten Riesen völlig und jagen sie in mehreren Ausbrüchen ins freie Weltall hinaus. Die Energie, die bei einem Supernova-Ausbruch freigesetzt wird, ist derart enorm, dass der Stern während einigen Tagen um das Milliardenfache heller strahlt als vorher. Während dieser Zeit kann die Supernova eine ganze Galaxie überstrahlen und heller leuchten als Milliarden von Sternen.

Die Supernova gibt dabei in wenigen Tagen irdischer Zeitrechnung so viel Energie ab, wie unsere Sonne in ihrer ganzen Lebensdauer von etwa zehn Milliarden Jahren. Zurück bleibt eine Sternleiche, in der die Materie so eng zusammengedrückt wird, dass Protonen und Elektronen zu Neutronen verschmelzen. Der Stern wird zu einem einzigen, riesigen »Atomkern« aus lauter dicht zusammengedrückten Neutronen. Ein Neutronenstern ist geboren, dessen Durchmesser nur noch wenige Kilometer beträgt. Bei noch massereicheren Sternen ist der Druck auch für die Neutronen zu groß und auch sie werden buchstäblich zerquetscht. Nun kann wirklich nichts mehr die Materie aufhalten und sie fällt immer weiter in sich zusammen, bis sie fast unendliche Dichte erreicht. Das Resultat ist ein schwarzes Loch, aus dem wegen seiner enormen Masse nicht einmal mehr die Strahlung entweichen kann.

Genau genommen, ist der soeben beschriebene Tod eines Riesensterns unter den Astronomen als Supernova des Typs II bekannt. Wenn die Wissenschaftler das Glück haben, eine derartige Supernova beobachten zu können, so stellen sie einen sehr schnellen Anstieg der Leuchtkraft fest, gefolgt von einem langsamen, durch mehrere Helligkeitsanstiege kurz unterbrochenen Abfall der Lichtkurve. Solche Sternexplosionen treten fast nur in den staubreichen Armen von Spiralgalaxien auf. Die Astronomen kennen solche Regionen bestens als Brutstätten für junge Sterne. Neben diesem Typ von Supernova-Ereignissen findet man aber praktisch in allen Regionen der Galaxien Supernovae die bis zu zehnmal heller aufleuchten als jene des Typs II. Ihre Lichtkurve steigt ebenfalls anfänglich sehr schnell an, sinkt danach aber fast gleichmäßig und deutlich schneller ab. Die Astronomen haben diese Form von Supernovae als Typ Ia bezeichnet. Typ-Ia-Ereignisse zeigen nicht nur in der Lichtkurve Unterschiede zu den Typ-II-Explosionen. Für die Wissenschaftler besonders interessant ist z. B. auch die Tatsache, dass Typ-Ia-Supernovae in ihrem Maximum alle die gleiche Leuchtkraft entwickeln. Und damit eignen sich diese Supernovae hervorragend dazu, Distanzen im Kosmos bestimmen zu können. Man braucht nur die scheinbare Helligkeit im Teleskop zu messen und diese mit der bekannten tatsächlichen Leuchtkraft zu vergleichen, um ein sehr gutes Maß für die Entfernung zum Explosionsort und der Galaxie, in der sie erfolgte, zu erhalten. Typ-Ia-Ereignisse unterscheiden sich auch in ihrem Spektrum klar von jenen des Typs II. Beim Typ Ia sind die Spektrallinien sehr breit auseinander gezogen, sie sind verschmiert und können kaum den Linien der einzelnen Elemente zugeordnet werden. Auch beim Typ II sind die Spektrallinien breit, aber bei weitem nicht so verschmiert, und können sogar im Maximum der Explosion bestimmt werden. Das normale Bild von hellen, »farbigen« und dunklen Linien in einem typischen Sternspektrum wird offensichtlich durch gewaltige Dopplereffekte verändert. Die Teilchen müssen sich im explodierenden Stern in allen möglichen Richtungen zufallsverteilt und mit sehr hohen Geschwindigkeiten durcheinander bewegen. Erst mit dem Abklingen der Explosion, wenn sich die Ereignisse beruhigen, werden einzelne Linien langsam erkennbar. Jetzt zeigt sich auch ein weiterer Unterschied zum Typ II. Beim Typ II fehlen die Linien des Elementes Eisen völlig, während sie beim Typ Ia kräftig und klar erkennbar hervortreten. Die beiden Formen des Sterntods müssen sich also fundamental voneinander unterscheiden. Beide Formen sind offensichtlich für die Entstehung der höheren Elemente und damit auch für Leben entscheidend.

Die Astronomen haben auch dieses Detektivrätsel gelöst. Sie wissen heute, dass Typ-Ia-Explosionen nur in Doppelsternsystemen eines ganz bestimmten Typs erfolgen. Damit es zu einer Typ-Ia-Supernova kommen kann, müssen sich zwei unterschiedlich große Sterne relativ nahe umeinander bewegen. Solche Doppelsternsysteme sind im Universum keineswegs selten. Der größere der beiden Sterne wird seinen Lebensweg sehr viel schneller als sein kleinerer Begleiter durcheilen, bis hin zum Roten-Riesen-Stadium. Beim relativ geringen Abstand zwischen den beiden Sternen beginnt nun Material aus den aufgeblähten äußeren Hüllen des Roten Riesen auf den kleineren Stern einzufallen. Dies geht so lange weiter, bis vom einstigen Roten Riesen nur noch das Zentrum übrig bleibt, das heiß und hell strahlt. Ein Weißer Zwerg ist entstanden. Er besteht zu einem sehr hohen Anteil aus Kohlenstoff und Sauerstoff, die beim Heliumbrennen im Roten Riesen aufgebaut worden sind.[1,6] Die riesigen Materialmengen, die vom einstmals größeren Partner im Doppelsternsystem auf den kleineren Begleiter abgegeben worden sind, zeigen nun auch im ursprünglich kleineren Stern langsam Wirkung. Er beginnt seine Entwicklung ganz massiv zu beschleunigen und wird nun seinerseits zu einem Roten Riesen. Und jetzt beginnt das Spiel mit der Materialübertragung von neuem, aber in umgekehrter Richtung. Der zum Roten Riesen gewordene, ursprünglich kleinere Stern, gibt nun seinerseits wieder Gas an den Weißen Zwerg ab. Das geht so lange gut, bis der Weiße Zwerg eine kritische Massegrenze erreicht. Die Astrophysiker nennen diese Grenze das Chandrasekhar-Limit, nach dem indisch-stämmigen Theoretiker Subrahmanyan Chandrasekhar.

Chandra, wie er von seinen Kollegen genannt wurde, hatte als junger Student 1930 auf seiner Reise von Indien nach England die Zeit genutzt und über das Verhalten von Teilchen bei sehr hohen Geschwindigkeiten oder Drücken nachgedacht. Bei seinen Berechnungen kam er zu einem ganz erstaunlichen Resultat. Chandra stellte fest, dass oberhalb einer Masse von etwas über 1,4 Sonnenmassen ein Weißer Zwerg nicht mehr stabil sein kann. Wenn der Weiße Zwerg diese Grenze durch den Materialzuwachs von seinem Begleiter erreicht, so werden durch den ungeheuren Druck die Elektronen fast bis auf Lichtgeschwindigkeit beschleunigt. Fällt nun noch immer weiter Material ein, wird der Druck also noch größer, so verlieren die Elektronen ihre Fähigkeit, dem Druck der Schwerkraft zu widerstehen. Die Materie wird in einem so schweren Weißen Zwerg sofort in den freien Fall übergehen und innerhalb einer knappen Sekunde in sich zusammenstürzen. Dabei wird so viel Energie frei, dass der Kohlenstoff neue Kernreaktionen in Gang setzt, die ihrerseits wiederum neue Reaktionen auslösen. Es entstehen Kerne von Elementen bis hinauf zum Nickel 56, das danach relativ langsam zum stabilen Eisen 56 zerfällt. Der Stern wird bei diesem Energieausbruch vollständig zerrissen und verteilt sein ganzes Material in den umgebenden Raum. Im Explosionsmaterial einer Supernova des Typs Ia befindet sich also sehr viel Eisen. Die Wissenschaftler gehen heute davon aus, dass bis etwa die Hälfte des Materials eines Weißen Zwergs in Eisen umgewandelt wird, mit geringen Anteilen an Silikon und Schwefel.

Supernova-Explosionen erlauben den Astrophysikern tiefe Einblicke in die Materie und die Kräfte, die in ihr wirken. Für unser Thema spielen Supernova-Explosionen aber aus ganz anderen Gründen eine entscheidende Rolle. Zum einen ist die freigesetzte Energie so groß, dass sämtliche bekannten höheren Elemente gebildet werden können. Zum zweiten wird in der Explosion ja entweder der ganze Stern zerrissen oder die ganze äußere Hülle des Sterns einfach weggeblasen. Hier wird es nun wichtig, die beiden Typen von Supernovae zu unterscheiden. Explosionen vom Typ Ia produzieren sehr viel Eisen, aber keine höheren Elemente. Die Explosionswolken von Supernovae des Typs II dagegen, die aus dem Material der abgesprengten äußeren Hülle des Riesensterns bestehen, enthalten auch all die höheren Elemente bis hin zum Eisen, die vor dem Supernova-Ereignis im Innern des Riesensterns gebildet worden sind. Dazu kommen alle schwereren Elemente als Eisen, die sich unter dem Einfluss der ungeheuren Energiemengen beim Ausbruch selbst bilden konnten. Das Eisen »versinkt« im Überrest der Typ-II-Explosion, dem Neutronenstern, und gelangt nicht oder fast nicht ins freie Weltall. Dafür sind die Wolken der Typ-II-Explosionen reich an Sauerstoff, der in den äußeren Schichten des Riesen entstand. Das Resultat ist also sehr verschieden: Explosionswolken aus Typ-Ia-Ereignissen enthalten viel Eisen, jene aus Typ II kaum Eisen, dafür die meisten anderen Elemente, speziell Sauerstoff.

Die Explosionswolken der sterbenden Riesensterne unterscheiden sich damit ganz erheblich vom Material, aus dem der Stern ursprünglich entstand. Der Tod in Form einer Supernova hinterlässt entweder eine Wolke, die reich an Eisen ist oder aus Material aller anderen chemischen Elemente. Weil diese Explosionswolken immer mit hoher Geschwindigkeit ins umgebende Weltall gejagt werden, verbreiten sie die neu entstandenen Elemente rasch in der ganzen Umgebung. Der feurige Untergang eines Riesensterns steht am Anfang neuer Vorgänge. Die Wolke mit ihrer Mischung schwererer Elemente bildet einen Teil des Rohmaterials, aus dem sich neue Sterne bilden können. Sobald sie nämlich auf eine andere Gaswolke trifft, beginnen die Gasmassen zu verwirbeln und erzeugen Zonen unterschiedlicher Materiedichte.[7,8] Dort wo die Dichte höher als in der Umgebung ist, beginnt das Spiel der Geburt eines Sterns von neuem. Die Mischung aus ursprünglichem Gas und den Überresten der Supernova stürzen gegen das Zentrum und bildet immer dichtere Klumpen rotierender Materie. Die Geburt von Sternen der zweiten oder einer nachfolgenden Generation hat begonnen. Ich werde auf die Details ihrer Entstehung später noch genauer eingehen. An dieser Stelle ist mir aber sehr wichtig, dass diese neuen Sterne und ihre Planeten nicht nur aus den leichtesten chemischen Elementen, dem Wasserstoff und dem Helium, aufgebaut sind, die nach dem Urknall entstanden waren, sondern dass solche Sterne der zweiten Generation auch die schwereren Elemente aus dem thermonuklearen Höllenofen eines explodierenden Riesensterns enthalten. Die Explosion einer Supernova ist der einzige Prozess im ganzen Universum, der, je nach Typ, sämtliche chemischen Elemente bilden kann. Die Tatsache, dass unsere Sonne und ihre Planeten sowohl relativ viel Eisen als auch Sauerstoff enthalten, zeigt uns, dass an der Entstehung unseres Planetensystems mindestens zwei alte Explosionswolken beteiligt waren, eine mit Material aus einer Typ-Ia- und eine mit Material aus einer Typ-II-Supernova. Vor etwas mehr als 4,5 Milliarden Jahren haben sich diese Wolken vermischt und die Geburt unserer Sonne und ihrer Planeten möglich gemacht.

Konkret bedeutet dies, dass alle schwereren Elemente, aus denen unser Körper aufgebaut ist, aus dem Inneren von Riesensternen stammen. Ihr feuriger Tod bildet die einzige Quelle für die chemischen Elemente, welche die Moleküle der Lebewesen aufbauen. Das Rohmaterial für Leben ist also erst in den Gas- und Staubwolken enthalten, die zu Sternen und Planeten der zweiten oder noch späteren Generationen führen. Ob solche Planetensysteme neben dem unseren überhaupt existieren, war bis gegen Ende des 20. Jahrhunderts keineswegs sicher. Die sensationelle Meldung, die 1995 durch die gesamte Weltpresse ging, die beiden Astronomen Michael Mayor und Didier Queloz von der Universität Genf in der Schweiz hätten den ersten Planeten in einem fremden Sonnensystem entdeckt, veränderte die Situation völlig. Jetzt, und mit jeder weiteren Entdeckung von Planeten um andere sonnenähnliche Sterne, wurde klar: Die Sonne mit ihrer Schar von Trabanten ist nicht einmalig. Da draußen im Weltall gibt es vermutlich noch zahllose andere ähnliche Systeme. Allerdings passten die ersten entdeckten fremden Planeten überhaupt nicht in das Bild, das sich die Wissenschaftler über Planetensysteme und deren Entstehung zurechtgelegt hatten. Und damit stellten sich gleich mehrere, neue und ganz grundlegende Fragen: Wieso waren diese Planeten so absonderlich? Wie waren sie entstanden und was war ihr Schicksal? Hatten die Wissenschaftler die Entstehung von Planeten gar völlig falsch eingeschätzt?

3.2
Die zweite Generation

Zu den erstaunlichsten Leistungen des menschlichen Vorstellungs-
vermögens gehören für mich die Ideen, die Immanuel Kant in seinem 1755 erschienenen Werk *Allgemeine Naturgeschichte und Theorie
des Himmels* über die große Ordnung im Weltall und über die Entstehung des Planetensystems entwickelte. In einer Zeit, in der mit den
besten Fernrohren gerade mal einige wenige Galaxien als undeutliche
Lichtflecke erkennbar und die äußeren Planeten Neptun und Pluto
noch unbekannt waren, beschrieb Kant die »Nebel« als ferne Milchstraßen und präsentierte die erste Theorie über die Entstehung des
Planetensystems. Sicher, Kants Ideen wurden schon sehr schnell
durch den französischen Mathematiker Pierre-Simon de Laplace erweitert und mussten später in den Details überarbeitet werden. In
den Grundzügen sind sie aber auch heute noch gültig. Da die Existenz von Planeten für viele Theorien über die Entstehung von Leben
eine ganz zentrale Rolle spielt, war Kants Hypothese, die einen relativ
einfachen Weg zur Bildung von Planeten beschrieb, lange Zeit auch
eine Art Versicherung. Recht leicht ließ sich argumentieren, wenn
Planeten so einfach, wie von Kant beschrieben, entstehen, so wird
unser Planetensystem sicher nicht das einzig existierende sein. Und
wenn es schon andere Planetensysteme gibt, wird es auf einigen von
ihnen von Lebewesen nur so wimmeln.

Kant und Laplace stellten sich vor, die junge Sonne sei durch eine
Wolke aus zahllosen kleinen Partikel umkreist worden. Diese kleinen
Teilchen, vor allem Gase aus Atomen und Molekülen, aber auch
Staubkörner und kleinere Felsklötze, hätten sich gegenseitig angezo-
gen und durch Zusammenprall immer größere Objekte geformt. Die
beiden Forscher nahmen an, die Gravitationskraft hätte das meiste
Gas in das Zentrum der rotierenden Wolke stürzen lassen und so die
Sonne gebildet. Ein Teil des Materials der Wolke sei aber von der
Sonne nicht aufgenommen worden und hätte eine Scheibe um das
Zentralgestirn gebildet. In dieser Scheibe hätten sich in der Folge
durch weitere Zusammenstöße immer größere Brocken gebildet, bis
hin zu den Planeten. Diesen, für die damalige Zeit recht klaren theoretischen Vorstellungen, stand das völlige Fehlen jeglicher stützender

Beobachtung gegenüber, ohne die jede auch noch so überzeugende Idee nichts als reine Raterei bleibt. Erst 228 Jahre nach Kant, im Jahr 1983, gelang die Überprüfung eines ersten, wichtigen Teils der Kant-Laplaceschen Theorie durch direkte Beobachtung. Bradford Smith und Richard Terrile, heute am Jet Propulsion Laboratory (JPL) in Pasadena in Kalifornien, konnten mit Hilfe eines cleveren Tricks eine Staubscheibe um den nur 50 Lichtjahre entfernten jungen Stern Beta Pictoris abbilden. Spätere Aufnahmen zeigten sogar Verdichtungen in dieser Staubscheibe (vgl. Abb. 10). Weil die Staubscheibe von der Seite her aufgenommen ist, entsprechen die Verdichtungen Ringen in ihr und könnten einen Hinweis auf den Beginn der Planetenbildung sein. Sie könnten allerdings auch durch einen vorbeiziehenden anderen Stern entstanden sein.[1]

Beta Pictoris blieb kein Einzelfall: Zunächst entdeckten die Astronomen mit dem Infrared Astronomical Satellite (IRAS) ähnliche Staubscheiben um eine ganze Anzahl junger Sterne, wie z. B. um die berühmte Wega, dem Hauptstern des Sternbilds Leier. Und dann konnten C. Robert O'Dell von der Rice University und seine Gruppe ab 1993 mit dem reparierten Weltraumteleskop *Hubble* Staubscheiben um noch jüngere Sterne, eigentliche Babysterne, gleich massenhaft fotografieren. Damit war klar, es gibt eine Phase in der Sternentwicklung, in welcher der Stern von einer Staubscheibe umgeben ist. Aber dies waren immer noch erst indirekte Hinweise. Der Beweis für die Existenz von Planeten um fremde Sonnen fehlte nach wie vor, und damit war es immer noch möglich, dass unser Planetensystem mit der Erde eine absolute Ausnahmeerscheinung im Kosmos war. Dies änderte sich ganz dramatisch ab 1995.

Die beiden Schweizer Michel Mayor und Didier Queloz vom Observatoire de Genève waren eigentlich auf die Entdeckung von ganz anderen Himmelkörpern aus. Ihre Suche galt einer Kategorie von Sternen, die unter den Astronomen als Braune Zwerge bekannt sind. Die Astronomen hatten schon seit längerem vermutet, dass es eigentlich eine Klasse von Sternen geben müsste, die bei ihrer Entstehung gerade etwas zu wenig Material aufnehmen konnten und so in ihrem Inneren einen zu geringen Druck für die Zündung der Kernreaktionen aufweisen. Ihre Masse müsste zwischen der Masse der kleinsten zu Kernreaktionen fähigen Sterne (etwa 8 % der Sonnenmasse) und mehreren Jupitermassen liegen. Solche Sterne würden zwar auch Wärme abstrahlen, diese Wärme käme aber nicht von Kernreaktionen, sondern wäre das Resultat des trotz der geringen Größe immer noch gewaltigen Drucks auf das Gas im Zentrum. Diese Himmelskörper würden also nicht leuchten, sondern allenfalls schwach glimmen, daher der Name. Braune Zwerge waren 1994, als Mayor und Queloz mit ihrer Suche begannen, noch immer recht hypothetische Himmelskörper, obwohl zumindest in einem Fall starke Hinweise ihre Existenz zu belegen schienen. David Latham von der Harvard University berichtete bereits 1989 über ein seltsames Objekt, das den Stern HD114762 umkreist. Das Objekt war nicht leuchtend und mit Sicherheit ganz klar leichter als ein »normaler« Stern. Das Problem bestand darin, seine genau Masse zu erfassen. Latham war sich sicher, dass die Masse des Objekts mindestens neun Jupitermassen betragen musste. Damit konnte seine Entdeckung sogar als großer Planet gelten. Wahrscheinlich lag die Masse aber deutlich über diesem Wert. Latham entschied sich daher für die vorsichtigere Variante und stufte seinen Himmelskörper als möglichen Braunen Zwerg ein. Damit war die Jagd auf »richtige« Planeten noch immer offen.

Aufregung kam zwei Jahre später wieder auf. Andrew Lyne vom Jodrell Bank Radio Observatory in England hatte bei einem Pulsar mit der Bezeichnung PSR 1829-10 eine seltsame Beobachtung gemacht. Pulsare gehören an sich schon zu den absonderlichsten Himmelsobjekten, welche die Astronomen bisher entdeckt haben, aber dieses Exemplar war noch spezieller. Um Lynes Entdeckung besser zu verstehen, müssen wir zuerst genauer auf diese seltsamen Gebilde eingehen.

Der erste Pulsar wurde erst 1967 durch Zufall entdeckt, als die Gruppe um Anthony Hewish in Cambridge eine neuartige Radioantenne in Betrieb nahm. Die von der Antenne empfangenen Signale wurden damals noch auf langen Registrierstreifen in Form von Linien, ähnlich wie bei einem EKG, aufgezeichnet. Diese Linienmuster auszuwerten war die Aufgabe der Doktorandin Jocelyn Bell. Dies klingt nach einer ziemlich langweiligen Arbeit, ist aber für Wissenschaftler Routine. Laien stellen sich Forschungsarbeit oft viel zu spektakulär vor. In Wirklichkeit steht vor jeder Entdeckung meist ein recht langwieriges und ermüdendes Sammeln von Daten, oft zur großen Enttäuschung von Studierenden, die sich ihre künftige Tätigkeit unterhaltender vorgestellt hatten. Diese Routine wurde für Jocelyn Bell aber am 28. November 1967 unterbrochen. Da war plötzlich ganz klar ein Muster in den Daten auszumachen. Und dieses Muster hatte es in sich: ein extrem kurzes Radiosignal exakt alle 1,337301 Sekunden. Ein natürlicher Vorgang, der Radiosignale mit einer solch enormen Präzision erzeugen konnte, war 1967 völlig unbekannt. Man kann sich vorstellen, mit welchem Kribbeln auf der Haut Bell ihren Registrierstreifen betrachtet haben muss. Waren dies etwa gar die seit langem erhofften Signale einer fremden Intelligenz? Wir wissen heute, dass dies nicht der Fall war. Bell hatte eine völlig neue Klasse von Himmelskörpern entdeckt, eben die Pulsare. Der Name bezieht sich auf die kurzen Radioimpulse, die sie in enormer Präzision abstrahlen. Die Erforschung der Natur der Pulsare war keineswegs einfach. Schnell war zwar klar, dass ihre Strahlung von einem unglaublich kleinen Himmelsgebiet ausgeht. Ein Pulsar konnte höchstens einen Durchmesser von wenigen hundert Kilometern, möglicherweise aber auch nur von wenigen Kilometern, aufweisen, aber das machte das Rätsel nur noch größer. Es zeigte sich auch, dass Pulsare keineswegs nur im Radiowellenbereich strahlen, sondern im ganzen Spektrum, man kann also das Blinken eines Pulsars auch im Bereich des sichtbaren Lichts beobachten.

In der Zwischenzeit ist man sich über die Natur der Pulsare im Klaren. Pulsare sind nichts anderes als die Überreste von Supernova-Explosionen, die Leichen der ausgebrannten Riesensterne, von denen bereits die Rede war. Da in ihrem Inneren keine Kernreaktionen mehr ablaufen können, kann die Strahlungskraft die Materie nicht mehr aufhalten und die ungeheuer große Schwerkraft des alten Giganten bremsen, sodass sogar die Atome zerquetscht werden. Unter »Normalbedingungen« besteht die Hülle eines Atoms fast nur aus »leerem« Raum, in dem sich die Elektronen bewegen. Dieser Leerraum ist mindestens 100 000 Mal größer als der Atomkern, sodass ein Atom, was seine »festen« Bestandteile betrifft, vornehmlich aus Nichts besteht. Unter dem Einfluss der ins Sternzentrum fallenden Materie werden die Elektronen derart unter Druck gesetzt, dass sie mit den Protonen des Atomkerns zu Neutronen verschmelzen. Damit verschwindet praktisch die ganze Atomhülle aller Atome, der Stern schrumpft auf ein Nichts zusammen und besteht nur noch aus extrem dicht gepackten Neutronen, er ist zum Neutronenstern entartet. Der Radius des Sterns verkleinert sich bis auf wenige Kilometer. Das ursprüngliche Drehmoment des alten Riesensterns bleibt dabei aber erhalten, was den Neutronenstern zwingt, sich extrem schnell um seine Achse zu drehen. Bei einem Neutronenstern entsteht zudem ein unvorstellbar starkes Magnetfeld, das wie ein gewaltiger Dynamo wirkt. Wie jeder Magnet hat auch ein Pulsar zwei Pole. An diesen Polen werden die Teilchen unter dem Einfluss des enormen Magnetfelds fast auf Lichtgeschwindigkeit beschleunigt und geben dabei Strahlung ab. Diese Strahlung ist wegen dem extrem starken Magnetfeld ganz eng gebündelt und schießt an den beiden Polen ins freie

Weltall hinaus. Wenn nun der Pulsar zufällig so rotiert, dass die beiden Strahlungskegel die Erde treffen, so können wir bei jeder »Berührung« einen ganz kurzen Impuls beobachten, der sich wegen der raschen Drehung nach wenigen Millisekunden wiederholt. Wir kennen heute mehrere hundert Pulsare, die alle mit großer Präzision strahlen.

Nicht so der Pulsar PSR 1829-10, den Andrew Lyne in Jodrell Bank beobachtete. Dieser Pulsar sendet seine Radiosignale kurzfristig etwas schneller, danach wieder langsamer, dann wieder schneller aus. Die schnellere und die langsamere Phase in diesem regelmäßigen Muster wechseln sich nach jeweils ungefähr sechs Monaten ab. Lyne und seine Mitarbeiter konnten nur eine mögliche Erklärung für dieses Phänomen finden. Da war irgendetwas, das diesen Pulsar keine gleichmäßige Bahn ziehen ließ, sondern ihn zu einer leicht torkelnden Bewegung zwang. Die Verschiebungen der Radiosignale konnten nur bedeuten, dass ein unsichtbarer Begleiter den Pulsar umkreist. Dieser Begleiter zog den Pulsar, wegen der Schwerkraftwirkung, jeweils etwas näher zur Erde, wenn sich der Begleiter zwischen der Erde und dem Pulsar befand. Damit stieg die Frequenz der Radiosignale leicht an. Umgekehrt wurden die Radiosignale etwas langsamer, wenn der Begleiter sich auf der erdabgewandten Seite seiner Umlaufbahn bewegte und damit den Pulsar von der Erde etwas wegzog. Diese Erscheinung ist als Dopplereffekt bestens bekannt. Lyne und seine Kollegen konnten aus den Bahndaten des unbekannten Begleiters und dem Ausmaß der Verschiebung der Radiosignale schnell seine ungefähre Masse abschätzen. Und jetzt war die Überraschung komplett: Die Masse des Begleiters betrug nur wenig mehr als die der Erde. Der Begleiter musste ein Planet sein!

Lyne und seine Mitarbeiter veröffentlichten ihren Fund in *Nature*, einer der beiden führenden Fachzeitschriften für Naturwissenschaften. Allein die Publikation in einer so angesehenen Zeitschrift gab der Meldung zusätzlich Gewicht und löste entsprechendes Aufsehen aus. *Nature* druckt keinen Artikel, ohne dass dieser von den absoluten Experten auf dem betreffenden Fachgebiet gründlich überprüft worden wäre. Dies geschah selbstverständlich auch mit dem Manuskript, das Lyne und seine Mitarbeiter eingesandt hatten. Dieses Selbstkontrollsystem der Forscher verhindert in der Regel die Publikation ungenügend abgesicherter »Entdeckungen«. Und trotzdem, allen Beteiligten entging in diesem Fall ein winziges, aber entscheidendes Detail. Die Gruppe um Lyne hatte, wie in solchen Fällen üblich, die komplexen Bahnberechnungen zunächst in einer relativ einfachen Form durchgeführt. Dabei wird berücksichtigt, dass nicht nur ein Begleiter den Stern scheinbar am Himmel hin und her schiebt, sondern auch die Bewegung der Erde um die Sonne einen ähnlichen Effekt hervorruft. Wir betrachten von der Erde aus einen Stern jedes halbe Jahr aus einem etwas anderen Winkel, weil wir uns zu diesen Zeitpunkten auf der gegenüberliegenden Seite der Sonne befinden. Das ist so ähnlich, wie wenn wir über den Daumen der ausgestreckten Hand ein Objekt in der Ferne zuerst mit dem linken, danach mit dem rechten Auge anvisieren. Das Objekt scheint zu hüpfen. Auch wenn die rund 300 Millionen Kilometer des Durchmessers der Erdbahn für kosmische Verhältnisse wenig bedeuten, so ist der Effekt bei relativ nahen Sternen und der für die Entdeckung von Planeten nötigen unglaublichen Präzision klar messbar. In den Berechnungen für die Bahn des vermuteten Begleiters des Pulsars PSR 1829-10 wurde nun zunächst in einer vereinfachten Weise eine exakte Kreisbahn für die Erde angenommen. Lyne zog in einer ersten Berechnungsserie den Effekt der verschiedenen Positionen der Erde auf der angenommenen Kreisbahn im All von der beobachteten Wackelbewegung des Pulsars ab. Eine solche Vereinfachung ist üblich, mit ihrer Hilfe wird zuerst nach einem möglichen Muster gesucht und erst anschließend für die wahre Bahn der Erde korrigiert. Und diese Bahn der Erde folgt eben nicht einer Kreisbahn, sondern einer leichten Ellipse.

Irgendwie ging nun in der folgenden Aufregung um die Entdeckung eines Planeten völlig unter, dass ja eigentlich noch die Korrektur für die Ellipse an Stelle der Kreisbahn durchgerechnet werden musste. Lyne bemerkte die Unterlassung erst nach der Veröffentlichung und nachdem sich die Weltpresse der Sensation angenommen hatte, kurz bevor er einen Vortrag vor der American Astronomical Society in Atlanta halten sollte. Er führte die nötigen Berechnungen durch und musste erkennen: Der Planet war weg! Die Katastrophe war perfekt, alles war nur ein Effekt der Erdbahnbewegung gewesen.

Andrew Lyne hatte die menschliche Größe, in aller Offenheit zu seinem Fehler zu stehen. Er setzte sich mit dem Präsidenten der American Astronomical Society, John Behcall in Princeton, in Verbindung und erklärte ihm, was geschehen war. In seinem äußerst lesenswerten Buch beschreibt Michael D. Lemonick[2], wie John Behcall den ziemlich zerknirschten Andrew Lyne ermunterte, trotzdem nach Atlanta zu reisen und dort den versammelten Astronomen zu erklären, wie es zu dem Fehler gekommen war. Lyne tat dies denn auch, und zwar in einer derart offenen und ehrlichen Art und Weise, dass sich am Ende der Erklärung die versammelten Astronomen zu einem stehenden Applaus erhoben.

Die Geschichte der vermeintlichen Entdeckung eines Planeten in der Umlaufbahn des Pulsars PSR 1829-10 zeigt, wie gute Wissenschaftler arbeiten, wie auch sie Fehler machen und wie enorm auf die Spitze getrieben die technischen Möglichkeiten heute genutzt werden. Wissenschaftler können sich nie mit den Resultaten der eigenen Arbeit oder den Schlüssen, die sie aus den Daten gezogen haben, zufrieden geben, sich zurücklehnen und hoffen, es werde schon alles seine Richtigkeit haben. Jeder Teil der Arbeit muss ständig hinterfragt und auf mögliche Fehlerquellen überprüft werden. Gegen diese Pflicht zur Sorgfalt wirkt der auf den Wissenschaftlern lastende enorme Druck, möglichst viele Arbeiten zu veröffentlichen, und dies natürlich immer vor der Konkurrenz. Leider führt dies immer wieder zu voreiligen Publikationen und, auch dies muss zugegeben werden, leider sind auch menschliche Unzulänglichkeiten unter den Forschern verbreitet. Viele Fehler werden erst von Kollegen entdeckt, die auf den veröffentlichten Arbeiten aufbauen möchten oder die Experimente nachvollziehen wollen. Je größer das öffentliche Interesse an einem Forschungsresultat oder einer Theorie ist, desto größer ist natürlich auch die Wahrscheinlichkeit, dass mögliche Fehler gefunden werden. Der Forschungsbetrieb macht für den Außenstehenden deshalb oft einen extrem harten und abschreckenden Eindruck. Aber gerade diese fast brutale Rigorosität in der Suche nach der Wahrheit hat die Naturwissenschaften in so kurzer Zeit enorm weit gebracht.

Überprüft und akzeptiert ist eine zweite Entdeckung und wir wissen heute, dass es tatsächlich Planeten um Pulsare gibt. Aleksander Wolszczan beobachtete zur selben Zeit wie Andrew Lyne einen anderen Pulsar (PSR B1257+12) und stellte dort ebenfalls die charakteristischen Wackelbewegungen fest. Die Überprüfung der Sternbewegungen mit Hilfe des Very Large Array-Radioteleskops in New Mexico ergab, dass in diesem Fall nicht nur ein, sondern mindestens zwei Planeten von etwas mehr als der Größe der Erde den Pulsar umkreisen.[3] Wolszczan verzögerte die Ankündigung seiner Planeten, obwohl er von Lynes Entdeckung gehört hatte, bis er sich seiner Sache absolut sicher war. Obwohl es also zunächst so aussah, als wäre Wolszczan nur Zweiter im Rennen um die Entdeckung der ersten fremden Planeten geworden, haben sich seine Anstrengungen zur Absicherung dennoch gelohnt.

Große Geduld scheint ein wesentlicher Charakterzug Aleksander Wolszczans zu sein. Er und seine Gruppe haben ihren Pulsar

PSR B1257+12 seit der Entdeckung der ersten zwei Planeten systematisch weiter beobachtet. Mit Erfolg. Bald schon konnten sie einen dritten Planeten feststellen und im Winter 2001/2002, nach über elf Jahren der Beobachtung, gelang ihnen sogar der Nachweis eines vierten Begleiters. Der vierte Planet bewegt sich auf einer stark elliptischen Bahn in etwa 3,5 Jahren um den Pulsar und ist ein echter Winzling. Seine minimale Masse beträgt nämlich nur gerade ein Drittel jener unseres Mondes. Eine weitere Demonstration der unglaublich präzisen Radiostrahlung des Pulsars. Mit den vier entdeckten Begleitern besitzt PSR B1257+12 das größte bekannte Planetensystem neben dem unseren.

Planeten um Pulsare waren der erste Beweis, dass es solche Himmelskörper fern unserer Sonne auch tatsächlich gibt. Für die Wissenschaftler war ihre Entdeckung ein ganz enormer Meilenstein. Aber so richtig haben sie in der öffentlichen Meinung halt eben doch nie gezählt. Diese Welten, so nahe bei einem absoluten Höllenstern wie einem Pulsar, der mit seiner mörderischen Strahlung Gesteine zum Schmelzen bringen kann, können bestenfalls sterile, glutflüssige Steinbrocken sein. Leben im Orbit um einen Pulsar erscheint uns absolut unmöglich. Die Pulsar-Planeten bilden aber auch eines der großen Rätsel des Kosmos. Es ist gegenwärtig völlig unklar, wie sie die Supernova-Explosion ihres Zentralgestirns überdauert haben könnten. Man kann sich eigentlich nur vorstellen, dass sich die Planeten um die Pulsare aus den Überresten der Supernova neu formiert haben oder vom Pulsar »eingefangen« worden sind.

Die Tatsache, dass die Pulsar-Planeten von der Öffentlichkeit nie so richtig als echte Planeten wahrgenommen worden sind, war wohl auch der Grund, weswegen der Vortrag von Michel Mayor und Didier Queloz bei einer Zusammenkunft in Florenz am 6. Oktober 1995 wie eine Bombe einschlug. Die beiden Schweizer stellten ihren Kollegen Beobachtungsdaten vor, die nur einen Schluss zuließen: Der etwa 50 Lichtjahre von der Erde entfernte Stern mit der Nummer 51 im Sternbild Pegasus, 51 Pegasi oder mit dem Kürzel 51 Peg, wird von einem Begleiter mit mindestens etwa der halben Masse des Jupiters umkreist.[4] Damit muss es sich bei dem Begleiter um einen Riesenplaneten handeln. Der erste Planet um einen »normalen« Stern war gefunden! Gemäß einer Abmachung unter den Astronomen, wird der erste Begleiter eines Sterns mit dem Buchstaben B bezeichnet, mögliche weitere Begleiter mit den folgenden Buchstaben des Alphabets. Die korrekte Bezeichnung für den neuen Planeten lautet also 51 Peg B. Der Stern 51 Peg ist ein ganz gewöhnlicher, gelblich strahlender, sonnenähnlicher Stern. Die Medien hatten ihre Sensation. Nun war endlich klar, nach Jahrhunderten der Spekulation und fast 400 Jahre nach dem Tode von Giordano Bruno auf dem Scheiterhaufen in Rom, es gab Planeten um sonnenähnliche Sterne. Sofort war da natürlich auch die Spekulation, wenn es schon Planeten um stabile, über Milliarden von Jahren gleichmäßig strahlende Sterne gibt, wird es wohl irgendwo auch einen Planeten mit den gerade richtigen Bedingungen für Leben geben.

Unter den Fachleuten waren solche Überlegungen allerdings nur Randerscheinungen der Diskussion. Sie mussten zunächst ganz andere Fakten verdauen, die auf den ersten (und auch zweiten) Blick überhaupt nicht in ihre Modellvorstellungen über die Entstehung von Planeten passen wollten. Der Planet um 51 Peg ist nämlich kein gewöhnlicher Planet, gemessen an den Verhältnissen, die wir aus unserem Sonnensystem kennen. Das absonderliche an ihm ist seine Umlaufbahn. Ein »Jahr« auf diesem Planeten dauert gerade mal 4,231 irdische Tage und er umkreist seinen Stern in einem Abstand von nur knapp acht Millionen Kilometern. Dies entspricht etwa einem Zwanzigstel der mittleren Entfernung der Erde von der Sonne oder ungefähr einem Siebtel der Distanz des innersten Planeten Merkur zur Sonne. Wie kann sich ein solch großer Planet so nahe an einem Stern aufhalten? Welche Folgen hat die Entdeckung dieses Planeten für die lieb gewonnenen Modelle zur Entstehung von Planeten? Mussten womöglich schon mit dem ersten entdeckten extrasolaren Planeten gar sämtliche bisherigen Vorstellungen über die Entstehung von Planeten verworfen werden?

Die Antworten auf diese drängenden Fragen konnten nur durch die Entdeckung weiterer Planeten um sonnenähnliche Sterne gegeben werden. Und solche Entdeckungen kamen bald. Die Tatsache an sich, dass der erste entdeckte Planet um einen sonnenähnlichen Stern solch absonderliche Bahndaten aufweist, war im Nachhinein betrachtet eigentlich gar nicht so erstaunlich. Der Grund liegt in der Nachweismethode. Michel Mayor und Didier Queloz benutzten eine ganz ähnliche Methode wie sie auch David Latham, Andrew Lyne und Aleksander Wolszczan für den Nachweis ihrer Begleiter verwendet hatten. Auch sie versuchten, eine durch den Dopplereffekt verursachte Verschiebung in der Strahlung des Sterns nachzuweisen. Sonnenähnliche Sterne senden aber keine so energiereiche und hochpräzise Strahlung wie Pulsare aus, an der auch kleinste Veränderungen exakt erfasst werden können. Wie enorm die Genauigkeit ist, mit der die Radiostrahlung eines Pulsars gemessen werden kann, zeigt der Nachweis eines Objekts mit der Masse eines größeren Asteroiden im Orbit um einen Pulsar.

Mayor und Queloz blieb nichts anderes übrig, als im Spektrum des sichtbaren Lichts nach Dopplerverschiebungen zu suchen. Diese Verschiebungen im optischen Bereich sind aber viel schwieriger zu messen als jene in der Radiostrahlung der Pulsare. Entscheidend für die Messung ist die Qualität des Spektrometers, jenes Geräts, welches den Lichtstrahl dehnt und ihn in seine »Regenbogenfarben« auffächert. Darin enthalten sind auch dunkle Linien, die von den chemischen Stoffen im Stern stammen. Sie werden Spektrallinien genannt und unterliegen den genau gleichen Gesetzen wie die Radiowellen. Sie verraten also genauso wie die Veränderungen der Frequenz der Radiowellen die Bewegungen eines Sterns. Weil die Lichtwellen aber verglichen mit den Radiowellen relativ langwellig sind, kann mit ihrer Hilfe nie die Genauigkeit erreicht werden, mit er sich die Bewegungen eines Pulsars messen lassen.

Im Jahr 1994 konnten Mayor und Queloz mit einem Spektrometer arbeiten, das Bewegungen eines Sterns bis hinunter zu etwa 13 Metern pro Sekunde erfassen konnte. Diese Genauigkeit reicht aus, um Braune Zwerge nachzuweisen, genügt aber nicht, um den Einfluss von Planeten, die viel masseärmer sind, zu erkennen. Jedenfalls glaubte man dies 1994, weil niemand große Planeten so nahe an einem Stern vermutete. Je näher sich aber ein Begleiter an seinem Stern befindet, desto größer wird natürlich sein Einfluss auf die Bahn des Sterns und desto leichter wird er nachweisbar. Mayor und Queloz hätten Planeten, die in ähnlicher Größe und in ähnlichen Distanzen wie die Planeten in unserem Sonnensystem ihre Sonne umlaufen, also gar nicht nachweisen können. Jupiter, der die Sonne im fünffachen Abstand Sonne–Erde umrundet, beeinflusst z. B. die Bewegung unserer Sonne mit 12,5 Metern pro Sekunde. Die Erde mit ihrer 333-fach geringeren Masse zieht mit gerade mal acht Zentimetern pro Sekunde an der Sonne vorbei, obwohl sie die Sonne in einem viel engeren Orbit als der Riesenplanet Jupiter umrundet. Wenn Mayor und Queloz mit ihren Instrumenten also einen Planeten entdecken konnten, so musste dieser absonderlich sein. Und dieser Planet um 51 Peg war sogar relativ einfach zu finden: Er zieht und stößt so stark an 51 Peg, dass der Stern mit einer Abweichung von 30 Metern pro Sekunde um das Zentrum seiner Bahn torkelt.

Mayor und Queloz hatten also auch Glück. Sie fanden einen Planeten, dessen Bewegung wegen der Nähe zu seiner Sonne verhältnismäßig einfach zu erkennen war: Einerseits bewirkt die große Nähe ein recht starkes Taumeln des Sterns und damit einen relativ großen Dopplereffekt, und zum anderen ist ein Umlauf um den Stern innerhalb von kurzer Zeit vollendet.

Hätten Mayor und Queloz nach großen Planeten mit Bahndaten wie dem Jupiter gesucht, hätten sie die Bewegung des Sternes über die volle Umlaufzeit des Planeten beobachten müssen und diese beträgt z. B. für Jupiter 11,9 Jahre! Genau diesen Ansatz verfolgte eine zweite Gruppe von Wissenschaftlern. Geoffrey Marcy und Paul Butler von der San Francisco State University hatten schon über sechs Jahre vor Mayor und Queloz mit der Planetensuche begonnen. Marcy und Butler gingen aber von den Verhältnissen in unserem Sonnensystem aus und bereiteten sich mit äußerster Sorgfalt auf die enorm schwachen Einflüsse von Planeten der Größe und des Abstands unseres Jupiters vor. Dazu mussten sie nicht nur ein entsprechend genaues Spektrometer zur Verfügung haben, sie mussten auch Computerprogramme entwickeln, die mit den erwarteten winzigen Veränderungen in den Sternspektren arbeiten konnten. Die beiden begannen ihre Suche mit einem Spektrometer, welches nur wenig genauer war als jenes der beiden Schweizer: Marcy und Butler konnten die Sternbewegungen bis auf zwölf Meter pro Sekunde genau vermessen. Zudem bereiteten sie sich vor, ihre Stichprobe von Sternen über lange Zeit zu beobachten. Während sie dies taten, suchten sie auch nach Möglichkeiten, ihr an sich schon weltbestes Spektrometer weiter zu verbessern. Hierzu waren die beiden auf Steve Vogt, den Doktorvater von Geoffrey Marcy[1] von der University of California in Santa Cruz angewiesen. Vogt ist nicht »nur« Astronom, er ist auch einer der weltbesten Instrumentenbauer. Ihm gelang es, die Genauigkeit des Spektrometers auf den unvorstellbaren Wert von etwa drei Metern pro Sekunde zu verbessern. Jetzt, im Frühsommer 1995, waren die Kalifornier bereit.

Und wieder spielte der Zufall eine entscheidende Rolle. Da Marcy und Butler von allem Anfang an ausschließlich an Planeten interessiert waren, die sonnenähnliche Sterne umkreisen, hatten sie auch ihre Liste der Untersuchungsobjekte entsprechend vorbereitet. Sie benutzten dazu den Gliese-Sternkatalog. In diesem Katalog war 51 Peg auch verzeichnet, aber fälschlicherweise als Riesenstern. Damit war 51 Peg für Marcy und Butler uninteressant, für Mayor und Queloz, die ja eigentlich nach Braunen Zwergen suchten, spielte der Sterntyp keine besondere Rolle. Hätten die beiden Kalifornier einen anderen Sternatlas verwendet, einen, in welchem 51 Peg korrekt eingetragen ist, wäre es für sie ein Leichtes gewesen, seine Bewegungen zu erfassen. Nach der Ankündigung durch die Schweizer Astronomen untersuchten Marcy und Butler 51 Peg sofort und konnten innerhalb kurzer Zeit die Existenz des Planeten und seine absonderlichen Bahndaten bestätigen.

Marcy und Butler waren nun aber dank ihrer perfektionierten Ausrüstung hervorragend für die Planetenjagd gerüstet. Und nur knapp zwei Monate nach Mayor und Queloz waren auch sie so weit, sie hatten ihren ersten Planeten gefunden. Der Stern mit der Nummer 70 im Sternbild Jungfrau wird ebenfalls von einem Planeten umkreist: 70 Virginis B (70 Vir B). Schon wenige Tage nach der Entdeckung von 70 Vir B feierten Marcy und Butler ihren zweiten Nachweis: 47 Ursae Majoris B (47 UMa B) im Sternbild Großer Bär. Diese beiden Planeten weisen auf den ersten Blick etwas weniger schockierende Bahndaten auf als 51 Peg B. 70 Vir B umläuft seinen Stern auf einer Ellipse mit dem mittleren Abstand von 0,482 AE (eine AE oder Astronomische Einheit entspricht der mittleren Entfernung Erde–Sonne) einmal in 116,7 Tagen. Seine Bahn ist stark exzentrisch (Exzentrizität 0,40), sie weicht also deutlich von einer Kreisbahn ab und führt durch ein Gebiet, in welchem in unserem Sonnensystem Merkur und Venus kreisen. 70 Vir B ist ein wahrer Riese unter den Planeten. Seine Masse beträgt mindestens 7,4 Jupitermassen und kommt nahe an die Masse von kleineren Braunen Zwergen heran, wenn er sie in Wirklichkeit nicht sogar erreicht.

Die Astronomen können nämlich die Masse eines Begleiters, der mit der Dopplermethode gefunden wird, immer nur als Minimalmasse angeben. Das Problem liegt darin, dass die Neigung der Umlaufbahn aus unserem Blickwinkel nicht bekannt ist. Falls sich der Planet genau auf der Ebene Erde–Stern bewegt, so messen die Astronomen genau die Kraft, mit der er seinen Stern hin und her schiebt. In diesem Falle lässt sich seine Masse exakt angeben. Bewegt er sich aber außerhalb dieser Ebene, so können wir nur den Teil der Wackelbewegung feststellen, der in der Sichtlinie Erde–Stern erfolgt. Diese Schwankungen in der Bahn des Sterns sind aber kleiner als jene, die der Planet auf der Ebene seiner Umlaufbahn bewirkt. Je stärker die Bahn des Planeten von der Ebene Erde–Stern abweicht, desto geringer ist der Anteil der maximalen Wackelbewegung des Sterns, den wir von der Erde aus wahrnehmen können. Die Bahnabweichungen des Sterns sind wiederum direkt abhängig von der Masse des Begleiters. Nimmt diese Masse zu, steigt auch die Bahnabweichung des Sterns. Je größer also die Abweichung der Umlaufbahn des Planeten von der Ebene Erde–Stern ist, desto stärker werden wir die Planetenmasse unterschätzen. Aus statistischen Überlegungen lässt sich abschätzen, dass mit einer Wahrscheinlichkeit von 2/3 die wahre Masse eines Begleiters kleiner ist als das 1,5fache der jeweils angegebenen Minimalmasse.⁵ Die Wahrscheinlichkeit für eine Masse, die das 3fache der Minimalmasse übersteigt, beträgt 5 %.

Diese etwas komplizierteren Überlegungen sind nötig, um die Natur von 70 Vir B einschätzen zu können. Dieser Himmelskörper wird auch heute noch in den Listen der extrasolaren Planeten geführt, könnte aber mit recht großer Wahrscheinlichkeit auch ein kleiner Brauner Zwerg sein. Die Minimalmasse des zweiten von Marcy und Butler gefundenen Planeten 47 UMa B beträgt immerhin auch das 2,6fache der Jupitermasse, bleibt aber auch mit der Annahme einer extrem stark geneigten Bahnebene unter dem Limit für Braune Zwerge. 47 UMa B ist also klar ein Planet. Ein Jahr auf ihm dauert 1084 Tage. Er umläuft seine Sonne in einem Abstand von etwas über 300 Millionen Kilometern, dies entspricht in unserem Sonnensystem einer Umlaufbahn etwas außerhalb der Marsbahn. Damit könnte die Temperatur auf ihm oder auf einem seiner Monde, falls er welche besitzt, in einem Bereich liegen, in dem Wasser in flüssiger Form möglich ist.

Marcy und Butler präsentierten ihre beiden ersten Planeten auf der Versammlung der American Astronomical Society am 17. Januar 1996. Und wieder war das öffentliche Interesse riesig. Jetzt war klar, 51 Peg B war nicht irgendeine Ausnahmeentdeckung. Planeten mussten offensichtlich recht häufig sein. Dazu kam noch, dass mit 47 UMa B schon sehr schnell ein Planet in jener kritischen Zone gefunden worden war, in der flüssiges Wasser gerade noch möglich ist. Und flüssiges Wasser ist eine absolut notwendige Voraussetzung für Leben, so wie wir es kennen. Man darf sich allerdings keine falschen Vorstellungen über den Planeten selbst machen. Auch 47 UMa B dürfte mit hoher Wahrscheinlichkeit ein Gasriese sein, genauso wie 51 Peg B und 70 Vir B. Aber allein schon die Möglichkeit für flüssiges Wasser animierte die Fantasie der breiten Öffentlichkeit gewaltig. Da war immerhin bereits bei den ersten entdeckten Planeten die Möglichkeit für Leben angedeutet.

Die Entdeckung von 51 Peg B, 70 Vir B und 47 UMa B markiert einen Wendepunkt in der Geschichte der Menschheit. Der Nachweis von Planeten außerhalb unseres Sonnensystems war endlich erbracht. Obwohl diese ersten Planeten wenig mit der Erde, ihrer festen Oberfläche und dem flüssigen Wasser ihrer Gewässer gemeinsam haben, brachte ihre Existenz die realistische Möglichkeit für Leben im Weltall erstmals so richtig in das Bewusstsein der breiten Öffentlichkeit.

Außerirdisches Leben war damit endgültig nicht mehr nur ein Gegenstand für Science-Fiction-Autoren und einigen wenigen Außenseitern unter den Wissenschaftlern; außerirdisches Leben wurde plötzlich zu einem wissenschaftlichen Hauptthema. Mit der Entdeckung der ersten Planeten war der Durchbruch geschafft. Offensichtlich waren die Methoden fein genug, um zumindest bei nahen Sternen Planeten nachzuweisen. Tatsächlich überstürzten sich die Ereignisse in der Folge buchstäblich, und die Entdeckung neuer Planeten gehört heute schon beinahe zu den wissenschaftlichen Routinemeldungen. Bis Ende 2004 sind über 140 Planeten um sonnenähnliche Sterne bekannt geworden. Fast 40 dieser Planeten besitzen Minimummassen, die kleiner als die 5fache Jupitermasse sind. Darunter befinden sich neuerdings auch mindestens fünf Planeten in der Größenordnung des Saturns, des zweitgrößten Planeten unseres Sonnensystems, sowie drei Planeten der Neptun- und Uranus-Klasse.

Eine nagende Unsicherheit blieb aber lange Zeit bestehen: Alle gefundenen Planeten waren nur indirekt beobachtet worden! Es gab bis vor kurzer Zeit kein Teleskop, dessen Auflösung fein genug gewesen wäre, um mit ihm Planeten eines fernen Sterns direkt abbilden zu können. Dieses Kunststück gelang sehr wahrscheinlich erstmals einem internationalen Team, das die phänomenale Auflösung eines der riesigen Teleskope der Europäischen Südsternwarte in Chile nutzen konnte. Schon im September 2004 konnte das Team um Gael Chauvin von der ESO ein Bild vorweisen, das sie mit dem 8,2-m-Spiegel des Yepun-Teleskopes geschossen hatten (Abb. 29). Darauf war neben dem Stern 2M1207, einem etwa 230 Lichtjahre entfernten Braunen Zwerg, ein schwacher rötlicher Lichtfleck erkennbar. Natürlich konnte es sich bei diesem winzigen Pünktchen auch um einen räumlich weit entfernten Stern handeln, der nur aus unserer Perspektive zufällig nahe bei 2M1207 stand. Dem ist mit hoher Wahrscheinlichkeit aber nicht so. Denn zunächst gelang es den Wissenschaftlern, ein Spektrum des vermuteten Begleiters aufzunehmen, worin eindeutige Spuren von Wasserdampf zu erkennen waren. Der fragliche Himmelskörper musste also relativ kühl sein; zu kühl für einen Stern. Zudem scheinen sich die beiden Objekte nach den allerneuesten, im Mai 2005 veröffentlichten Beobachtungen gemeinsam am Himmel zu bewegen, was zwingend so sein muss, wenn sie ein gemeinsames System bilden. Der Begleiter von 2M1207, mit der offiziellen Bezeichnung 2M1207b, dürfte damit der erste Planet in einem fremden Sonnensystem sein, den die Menschheit je zu Gesicht bekommen hat! Beide Objekte, der Braune Zwerg und sein Begleiter, sind mit etwa 10 Millionen Jahren recht jung. 2M1207b ist ein Gasriese mit der etwa fünffachen Masse des Jupiters, der sich immer noch zusammen zieht und der sich etwa doppelt so weit weg wie Neptun in unserem System um seinen Zentralstern bewegt. Man muss allerdings schon auch beachten, dass dieses System mit einem Braunen Zwerg im Zentrum recht speziell ist. Braune Zwerge haben eine relativ geringe Leuchtkraft und dies erleichterte den Forschern ihre Entdeckung ungemein. Ein Stern wie die Sonne würde einen so schwach leuchtenden Planeten auch in der relativ großen Distanz des 2M1207b ganz einfach überstrahlen. Bis Planeten um sonnenähnliche Sterne abgebildet werden können, braucht es noch einiges an technischem Fortschritt. Trotzdem, 2M1207b ist eine epochale Entdeckung!

Vor diesem direkten Nachweis durch eine Fotografie, blieb den Forschern lange Zeit nichts anderes übrig, als nach verräterischen Spuren in der Strahlung der Sterne zu fahnden. Die Methode, Planeten mit Hilfe der Dopplerverschiebung nachzuweisen, war und ist allgemein anerkannt, und kaum ein Wissenschaftler bezweifelte die Existenz der Planeten. Zu gewissenhaft sind die Arbeiten der beteiligten Teams von Planetenjägern durchgeführt worden, zu seriös wurden alle nur irgendwie erdenklichen Fehlerquellen ausgeräumt und zu rigoros war die Kontrolle durch die konkurrierenden Gruppen. Es blieb aber trotzdem immer ein kleiner Zweifel bestehen. Konnte da nicht irgendein bisher unbekannter Vorgang Planeten vortäuschen? Gab es vielleicht eine noch unbekannte Erscheinung, eine noch nie beobachtete Klasse von Sternen, die den Wissenschaftlern etwas vorgaukelte? Ähnlich wie damals, als man die hochpräzise Strahlung der Pulsare zunächst nicht durch natürliche Vorgänge erklären konnte? Musste man nicht schon wegen den eigenartigen Bahndaten äußerste Vorsicht bei der Interpretation der Daten walten lassen?

Exakt aus solchen Gründen kam kurz nach der Entdeckung von 51 Peg B einige Aufregung auf, als behauptet wurde, die gemessenen Dopplerverschiebungen seien auf ein Pulsieren des Sterns selbst zurückzuführen und der vermutete Planet existiere deshalb gar nicht. Tatsächlich pulsieren Sterne, auch unsere Sonne tut dies. Wenn der Stern sich ausdehnt, rückt uns seine Oberfläche etwas näher und damit verschiebt sich sein Spektrum in den blauen Bereich, schrumpft er wieder, entfernt sich die Oberfläche etwas von uns und sein Spektrum wird gegen den roten Bereich verschoben. Die Frage ist deshalb, wie kann man den Effekt des Pulsierens von jenem unterscheiden, der durch einen umlaufenden Planeten bewirkt wird? Im

Prinzip ganz einfach: Wenn sich der Stern ausdehnt, wird seine Oberfläche etwas größer und damit heller. Umgekehrt wird der Stern etwas lichtschwächer, wenn er sich wieder zusammenzieht. Die Dopplerverschiebung und die Helligkeitsschwankung des Sterns müssten zusammen auftreten, wenn die Ursache der Dopplerverschiebung im Pulsieren des Sterns liegen würde. Dies war bei 51 Peg und bei den nachfolgenden Entdeckungen nie der Fall. Ein Pulsieren des Sterns als Ursache für die gemessene Dopplerverschiebung kommt also nicht in Frage.

Die letzten Zweifel über die tatsächliche Existenz der extrasolaren Planeten wurden allerdings erst in der zweiten Hälfte des Jahres 1999 ausgeräumt. Der Beweis, dass diese Planeten echt sind, gelang auf Grund einer cleveren Idee und zeigt wiederum, wie gute Wissenschaft funktioniert. Die Idee ist recht einfach zu verstehen: Bei den überraschend engen Umlaufbahnen einiger der neuen Planeten konnte es doch gut sein, dass sich einer dieser Planeten gerade bei der Passage vor seinem Stern erwischen ließ. Voraussetzung dafür ist, dass die Ebene der Umlaufbahn des Planeten mehr oder weniger genau mit der Sichtlinie Erde–Stern übereinstimmt. Natürlich konnte man nicht erwarten, den Planeten selbst zu sehen. Das Licht des Sterns müsste aber bei der Passage des Planeten um einen geringen, aber nachweisbaren Betrag schwächer werden. Eine solche Sternbedeckung müsste regelmäßig erfolgen, und zwar in genau den Abständen, die mit der Methode der Dopplerverschiebung als Umlaufzeit des vermuteten Planeten bestimmt worden war. Zwei Gruppen von Wissenschaftlern versuchten 1999 eine solche Sternbedeckung nachzuweisen. Und beiden Gruppen gelang das Kunststück.[6]

Die erste Gruppe wurde durch den Harvard-Astronomen David Latham, dem Entdecker des ersten Braunen Zwergs mit geringer Masse, und dem Schweizer Planetenentdecker Michel Mayor angeführt. Diese Gruppe konnte im Juni 1999 mit der Dopplermethode einen Planeten um den 150 Lichtjahre entfernten Stern HD 209458 im Sternbild Pegasus nachweisen. Die Beobachtungsdaten deuteten auf einen Umlauf jeweils alle 3,5 Tage hin. Der Planet musste also seinen Stern in einer extrem engen Bahn umkreisen und war für das Vorhaben wie geschaffen. Die beiden Astronomen informierten Dave Charbonneau vom Zentrum für Astrophysik und Tim Brown vom Nationalen Zentrum für Atmosphärenforschung der USA. Charbonneau und Brown nahmen sofort eine Lichtkurve des Sterns auf, und tatsächlich, da war das Signal. Exakt zum vorausberechneten Zeitpunkt und wieder nach drei Tagen, zwölf Stunden, 33 Minuten und sieben

Sekunden wurde das Licht des Sterns um etwa 1,6 % schwächer. Ein geringer Effekt, aber klar messbar und von unvorstellbarem Wert.

Die zweite Gruppe wurde durch die uns ebenfalls schon bekannten Geoffrey Marcy, mittlerweile an der University of California in Berkeley, und Paul Butler, jetzt an der Carnegie Institution in Washington D. C., geleitet. Sie entdeckten zusammen mit Steve Vogts den gleichen Planeten HD 209458 B am 5. November 1999. Schon am 7. November konnte der sofort alarmierte Kollege Greg Henry von der Tennessee State University in Nashville wiederum exakt zum vorausberechneten Zeitpunkt einen Teildurchgang des Planeten verfolgen. Wiederum sank die Lichtstärke des Sterns HD 209458 um den ziemlich genau gleichen Betrag, den die amerikanisch-schweizerische Gruppe schon vorher beobachtet hatte. Damit war nicht nur zweifelsfrei ein weiterer umlaufender Himmelskörper nachgewiesen, an sich immer noch ein äußerst bemerkenswertes Ereignis. Mit den Messungen konnten die Astronomen auch eine ganze Menge weiterer Daten über den Planeten HD 209458 B errechnen. Zunächst einmal war nun für einen extrasolaren Planeten nicht nur die Minimalmasse bekannt, sondern auch seine wahre Masse. Der Planet umrundet ja seinen Stern fast exakt in der Ebene Stern–Planet–Erde. Also entspricht der gemessene Dopplereffekt der gesamten Kraft, mit welcher der Planet sein Zentralgestirn zum Wackeln bringt. Das Ausmaß der Verfinsterung erlaubte auch die Größe des Planeten abzuschätzen. Es zeigte sich, dass der Durchmesser von HD 209458 B etwa einem Achtel des Durchmessers seines Sterns entsprechen musste. Damit ist HD 209458 B ungefähr 30 % größer als unser Jupiter. Mit der bekannten Masse, ungefähr 63 % der Jupitermasse, und dem nun bestimmten Durchmesser, ließ sich auch die mittlere Dichte des Planeten errechnen. Sie entspricht 38 % der Dichte von flüssigem Wasser. HD 209458 B hat also eine noch viel geringere Dichte als der Planet Saturn in unserem Sonnensystem. Dies war allerdings keine Überraschung. HD 209458 B hält sich in der enorm geringen Distanz von nicht einmal sieben Millionen Kilometern Entfernung von seinem Stern auf. In dieser Distanz muss der Planet durch die Strahlung des Sterns auf bis zu 1600 °C aufgeheizt sein. Diese hohe Temperatur bläht den Planeten auf wie einen Luftballon. Und damit wurde auch eine Aussage über das Material, aus dem HD 209458 B besteht, möglich: Der Planet muss zu einem weit überwiegenden Teil aus Gas, vermutlich Wasserstoffgas bestehen, weil kein anderes Material sich derart dehnen lässt. Auch dies war keine Überraschung, denn es war schon seit langem argumentiert worden, Riesenplaneten so nahe an ihren Sternen könnten nur Gasriesen sein. Steinplaneten wie die Erde, mit so großen Massen, würden durch die enormen Gezeitenkräfte schlicht auseinander gerissen.

Eine ganze Menge von Informationen aus einer einzigen Beobachtung. Aber auch über die Sterne selbst, die von Planeten umkreist werden, lässt sich einiges herausfinden. In einer Presseerklärung des ESO (European Southern Observatory) vom 4. Mai 2000 schreibt die Gruppe um Michel Mayor, die meisten dieser Sterne zeigten einen deutlichen Überschuss an schweren Elementen. Mit anderen Worten, diese Sterne und vermutlich auch ihre Planeten bestehen aus Material, welches durch die Glut des atomaren Höllenofens im Inneren eines Riesensterns ging und durch die Explosion des Sterns in die Umgebung geschleudert wurde. Diese Sterne und ihre Planeten gehören zur zweiten oder gar einer späteren Generation von Himmelskörpern. Sie und ihre Umgebung enthalten die chemischen Elemente, die für Leben notwendig sind.

Die Entdeckung von Planeten um fremde Sonnen war ein großartiges Ergebnis wissenschaftlicher Arbeit. Wir dürfen aber in der Begeisterung über diese bahnbrechenden Ereignisse nicht gleich auch den Schluss ziehen, dass damit schon die baldige Entdeckung von Leben verbunden sei. Bis auf eine bemerkenswerte Ausnahme sind sämtliche der bisher gefundenen Planeten Gasriesen und viele von ihnen kreisen enorm nahe an ihren Sonnen oder auf extrem elliptischen Umlaufbahnen. Beide Faktoren sind für Leben, wie wir es kennen, nicht gerade ideale Voraussetzungen, auch wenn Lebewesen deutlich mehr aushalten, als bis vor kurzem angenommen wurde.

Wir Menschen neigen dazu, Gegenstände in Kategorien einzuteilen. Man kann dies auch mit den extrasolaren Planeten versuchen. Adam Burrows von der University of Arizona hat vor kurzem einen entsprechenden Vorschlag gemacht.[7] Es ist ganz klar, dass eine solche Einteilung so früh in der Entdeckungsphase extrem vorläufig ist und immer auch etwas künstlich wirkt. Sie kann uns aber doch schon einige Hinweise auf die Möglichkeit lebenstragender Himmelskörper geben. Neben den Planeten um Pulsare drängen sich drei Gruppen auf:

► In eine erste Gruppe gehören alle Planeten mit engen Umlaufbahnen um sonnenähnliche Sterne (z. B. 51 Peg B). Es sind höllische Welten. Die große Nähe zum Zentralgestirn bringt ein ganz enorm intensives Bombardement durch Strahlung im UV- und Röntgenbereich sowie durch geladene Teilchen mit sich. Dies treibt die Temperatur auf diesen Planeten auf über 1400 °C. Unter den mörderischen Bedingungen schmelzen Silikate und Eisen, welche möglicherweise die Kerne der Gasriesen bilden. Damit steigen Dämpfe mit diesen Stoffen in der Atmosphäre auf, kondensieren in den kühleren oberen Schichten wieder und regnen als glühende Tropfen aus Eisen und Steinen aus. In diese Gruppe gehört auch der bisher einzige vermutliche Steinplanet, Mü Arae B, der etwa so groß wie Uranus ist und in 15 Millionen Kilometer Distanz seinen Stern einmal in 9,5 Tagen umläuft und auf der Oberfläche etwa 650 °C haben dürfte. Ob auch die beiden anderen Planeten dieser Größenklasse (um die Sterne 55 Cancri und Gliese 436) Steinplaneten sind, muss erst noch untersucht werden.

▸ Planeten der zweiten Gruppe (z. B. 70 Vir B) drehen in größeren Abständen um ihre Sonnen. Die Temperaturen auf ihren Oberflächen dürften maximal »nur« ca 100–500 °C betragen; wegen den oft stark exzentrischen Umlaufbahnen aber stark schwanken. Wolken in ihren Atmosphären enthalten damit keine Silikate, möglicherweise aber Sulfide und Chloride (z. B. Kochsalz).

▸ Die dritte Gruppe von Planeten umfasst die kühlsten der bisher gefundenen Gasriesen. Unter ihnen befinden sich einige (z. B. 47 UMa B), die ihre Sonne in jener Zone umkreisen, in welcher flüssiges Wasser möglich ist. Leben, wie wir es kennen, könnte allenfalls in dieser Zone auftreten. Allerdings haben viele dieser Planeten ebenfalls stark exzentrische Umlaufbahnen, was zu großen Temperaturschwankungen auf ihnen führen muss. Andere, wie der Planet um Gamma Cephei, bewegen sich gar in einem engen Doppelsternsystem. Immerhin sind bereits einige ganz bemerkenswerte Ausnahmen entdeckt worden; Planeten mit sehr erdähnlichen Umlaufbahnen. Dazu gehören HD 28185 B und 47 UMa C. Beides sind Gasriesen. Die mittlere Entfernung des Planeten HD 28185 B von seiner Sonne ist mit 150,6 Millionen Kilometern nur eine Million Kilometer größer als jene der Erde.

All diese neu entdeckten Gasriesen und auch der Steinplanet Mü Arae B bieten für Leben kaum geeignete Bedingungen. Sie zeigen uns aber, dass Planeten in unserer Milchstraße nichts Außergewöhnliches sind. Die relative Leichtigkeit, mit der seit dem Durchbruch neue Planeten gefunden werden, macht auch klar, da draußen müssen noch Millionen von ihnen vorhanden sein! Und trotzdem müssen wir wieder vorsichtig sein. Die für Gasriesen überraschend engen Umlaufbahnen lassen erkennen, dass die Modelle der Wissenschaftler, mit denen sie die Entstehung von Planetensystemen zu erklären versuchen, noch längst nicht der Weisheit letzter Schluss sind. Die Frage, ob unser Planetensystem mit Steinplaneten relativ nahe der Sonne und Gasriesen fern von ihr, die große Ausnahme bildet, und die Planetensysteme mit Gasgiganten nahe beim Zentralgestirn die Regel sind, ist neu und wartet auf eine Antwort. Diese Antwort muss nicht nur zeigen, wie Planetensysteme entstehen, sondern auch wie sie sich entwickeln. Von ihr hängt wesentlich ab, ob wir andere Planeten mit lebensfreundlichen Bedingungen da draußen erwarten dürfen oder nicht. Ideal wäre es natürlich, wenn wir schon bald auch erdähnliche Planeten nachweisen könnten. Dazu braucht es allerdings noch einiges an technischer Entwicklung, denn wie schon erwähnt, sind die Kräfte, mit denen die Erde die Sonne zum »Wackeln« bringt, zu gering, um sie mit den heutigen Möglichkeiten entdecken zu können. Im Weltall stationierte Teleskope könnten uns allerdings schon bald auch zu diesem Durchbruch verhelfen. Die NASA plant schon im Jahr 2007 *Kepler* zu starten. Dieses Instrument sucht nach den so außerordentlich feinen Schwankungen im Licht eines Sternes, die dann entstehen, wenn ein Planet direkt vor seiner Sonne durchzieht. Die Empfindlichkeit von *Kepler* sollte es ermöglichen, sogar den Vorbeizug eines erdähnlichen Planeten zu beobachten. Das *Space Interferometer*, dessen Start gegenwärtig für 2009 geplant ist, wird an seinem Standort weit außerhalb der Erdatmosphäre empfindlich genug sein, um auch die feinen Wackelbewegungen erdähnlicher Planeten messen zu können. Und dann gibt es ja auch noch die Pläne für *Darwin* (ESA) und den *Terrestrial Planet Finder* (NASA), die beide im nächsten Jahrzehnt erdähnliche Planeten sogar fotografieren können sollen! Wir müssen also noch etwas Geduld haben und hoffen, der politische Wille für die Realisierung dieser Projekte lässt nicht nach.

3.3
Die Geburt der Planeten

Die Gleichung $E = m \cdot c^2$, die wir im Abschnitt über die Entstehung der Materie genannt haben, war Ihnen, liebe Leserin, lieber Leser, möglicherweise schon bekannt. Sie ist wohl die berühmteste Gleichung der gesamten Naturwissenschaften. Ich habe sie sogar schon als Aufdruck auf einem T-Shirt gesehen, zusammen mit dem Antlitz des leicht zerzausten Entdeckers. Aber kennen Sie die folgende Gleichung?

$$N = R \cdot f_p \cdot n_l \cdot f_l \cdot f_i \cdot f_c \cdot L$$

Diese Gleichung sieht auf den ersten Blick viel komplizierter aus, als Albert Einsteins Formel aus der Relativitätstheorie. Sie ist aber mit Abstand einfacher zu verstehen und, obwohl sie weit weniger bekannt ist, hat sie ebenfalls einen gewaltigen Einfluss auf die Denkweise vieler Wissenschaftler ausgeübt und wurde so zu einer der wichtigsten mathematischen Beziehungen, die im 20. Jahrhundert entwickelt wurde. Die Gleichung beschreibt die Anzahl der Zivilisationen in unserer Milchstraße, mit denen wir Kontakt aufnehmen können. Ihre Zahl (N) ist abhängig:

- von der Anzahl Sterne, die sich pro Zeiteinheit bilden (R)
- vom Anteil der Sterne, die Planeten bilden (f_p)
- vom Anteil der Planeten pro Sternensystem, die Leben beherbergen können (n_l)
- vom Anteil dieser Planeten, auf denen auch tatsächlich Leben entsteht (f_l)
- vom Anteil der Leben beherbergenden Planeten, auf denen Intelligenz entsteht (f_i)
- vom Anteil der intelligenten Arten, die auch Interesse an interstellarer Kommunikation entwickeln (f_c)
- und von der durchschnittlichen Lebensdauer einer Zivilisation (L)

Viele Teile dieser Gleichung sind ohne weiteres verständlich und sie enthält lauter Faktoren, die wir nach einigem Nachdenken als entscheidend für die Existenz außerirdischen Lebens, und speziell auch von technologischen Zivilisationen, auch selber finden könnten.

Trotzdem hat ihr Entdecker, Frank Drake, der damals, 1961, am National Radio Astronomy Observatory in Green Bank, West Virginia, arbeitete, so etwas wie das Fundament für die Suche nach außerirdischen Zivilisationen gelegt. Hier war eine Gleichung und man konnte sich nun daran machen, die Werte der einzelnen Faktoren zu bestimmen. Über 30 Jahre lang war allerdings nur ein Wert aus dieser Gleichung einigermaßen genau bekannt. R, also die Rate mit der sich neue Sterne bilden, konnte für unsere Milchstraße mit recht guter Verlässlichkeit mit 1 pro Jahr angegeben werden. Über alle anderen Faktoren ließ sich nur spekulieren. Diese Situation beginnt sich nun seit der Entdeckung der ersten extrasolaren Planeten grundlegend zu ändern. Die Wissenschaftler sind heute dabei, Werte für die Faktoren f_p und n_l zu finden. Wenn der technische Fortschritt im bisherigen Tempo weitergeht, könnte zwar nicht gerade morgen, aber in nicht allzu ferner Zukunft auch ein Schätzwert für f_l angegeben werden. Noch sind wir weit entfernt, auch nur einigermaßen genaue Werte in die Gleichung einsetzen zu können, die Entwicklungen der letzten Jahre lassen aber die Hoffnung aufkommen, dass sich dies bald einmal ändern wird. Die neuen Instrumente, wie die vier zusammenschaltbaren 8,2-m-Spiegelteleskope des Very Large Telescope auf dem Cerro Paranal in Chile oder die verbesserten Spektrographen, wie das HARPS des ESO in La Silla (Chile), welches Dopplerverschiebungen bis hinunter zu 1 m/s messen lässt, werden uns mit größter Wahrscheinlichkeit immer mehr und wohl auch immer kleinere Planeten entdecken lassen. Die Suche hat erst so richtig begonnen und wir haben das Glück, die heiße Phase dieser Entdeckungsreise mitzuerleben.

Die weit über hundert neu entdeckten Planeten erlauben es den Wissenschaftlern auch, eine erste Sichtung der Daten vorzunehmen und ihre Theorien über die Entstehung von Planetensystemen zu überprüfen.

Schon die ersten entdeckten Planeten haben ja ganz klar aufgezeigt, dass unsere Vorstellungen stark durch die Beobachtung unseres eigenen Systems beeinflusst waren und andere Planetensysteme keineswegs ähnlich wie das unsere entstanden und aufgebaut sein müssen. Dabei hatte es zunächst ganz nach einer Bestätigung der alten Theorien ausgesehen, als Robert O'Dell und seine Leuten 1993 die ersten Staubscheiben um junge Sterne im Orionnebel fotografieren konnten (Abb. 11). Diese Staubscheiben entsprachen ganz den Erwartungen der Wissenschaftler; sie sind alle nahezu kreisförmig. Zusammen mit der Beobachtung, dass die Bahnen der meisten Planeten in unserem Sonnensystem ebenfalls kreisförmig sind, festigten diese Bilder die Ansicht, solche stabile Umlaufbahnen müssten die Regel sein. Wir wissen heute, dass dies keineswegs der Fall ist. Zudem sind fast alle bisher entdeckten Planeten Gasriesen. Und auch dies dürfte nach den ursprünglichen Theorien eigentlich nicht sein, weil diese Planeten so nahe an ihren Sonnen gar nicht entstehen können. Der intensive Sternenwind junger Sonnen müsste alles Gas von den entstehenden Begleitern wegblasen und nur die Bildung relativ kleiner, felsiger Planeten erlauben. Gasriesen könnten erst in größerer Entfernung von ihren Zentralgestirnen entstehen, ähnlich wie in unserem Sonnensystem z. B. Jupiter und Saturn. Wie also entstehen Planetensysteme? Wieso gibt es Gasriesen derart nahe an den Sternen? Ist die Bildung von Steinplaneten überhaupt zu erwarten?

Thomas P. Ray vom Dublin Institute for Advanced Studies schrieb vor kurzem in der Einleitung zu einem Übersichtsartikel[1], die Bildung von neuen Sternen und die Geburt von Planeten sei eines der zentralsten Themen der Astronomie, aber auch eines der bis vor kurzem am schlechtesten verstandenen. Tatsächlich konnten die Wissenschaftler noch in den 1980er Jahren wesentlich genauere Angaben über die ersten drei Minuten der Existenz des Weltalls machen als über die ersten fünf Millionen Jahre unseres Sonnensystems. Dies hat sich in der Zwischenzeit stark geändert und wir können in den nächsten Jahren auf weitere Verbesserungen im Verständnis des Geburtsvorgangs von Planeten und von Planetensystemen hoffen. Die neuen Einsichten wurden wiederum möglich, weil Fortschritte in der Beobachtungstechnik und in der theoretischen Behandlung der Vorgänge erfolgten. Die immensen finanziellen Mittel, die für den Bau der neuen Großteleskope ausgegeben worden sind und welche für die nächste Zukunft verplant sind, beginnen sich bezahlt zu machen. Die Bilder, die diese Teleskope liefern, bilden die Prüfsteine, an denen die Theoretiker ihre Modelle testen können. Es ist diese Zusammenarbeit zwischen den beobachtenden Astronomen und den Theoretikern, die den Fortschritt bewirkt hat.

Das Sternbild Orion am Winterhimmel auf der Nordhalbkugel ist wohl eine der bekanntesten Gruppierungen von Sternen. Sieben hell leuchtende Sterne machen ihre Umrisse auch für einen ungeübten Beobachter leicht erkennbar. Schon mit bloßem Auge kann man in ihm in einer klaren, dunklen Nacht unterhalb der drei Gürtelsterne einen schwach leuchtenden Fleck erkennen. Mit dem Feldstecher oder besser noch mit einem kleinen Fernrohr eröffnet sich unserem Auge ein beeindruckendes Bild. Hell leuchtende Zonen werden durch dunklere Abschnitte in vielfältigster Weise gestaltet und man wird auch nach stundenlanger Beobachtung immer neue Details erkennen können. Dieses Gebiet ist als Orionnebel jedem Amateurastronomen bestens bekannt. Der Orionnebel ist eine von vielen riesigen molekularen Wolken, die auch mit einem Amateurfernrohr am Nachthimmel beobachtet werden können. Er umfasst ein Gebiet von mindestens 20 Lichtjahren Durchmesser und ist rund 1500 Lichtjahre von uns entfernt. Die Astronomen bezeichnen solche Gebiete als »molekulare Wolken«, weil sie neben den leichten Elementen Wasserstoff und Helium auch Spuren von Molekülen wie Wasser, Alkohol, Ammoniak und zahllosen Kohlenstoffverbindungen enthalten. Daneben konnten die Astronomen auch zahlreiche andere chemische Elemente sowie Staubkörner nachweisen. Obwohl das Material im Orionnebel in den meisten Zonen dünner verteilt ist als im besten Vakuum, das wir in einem Labor erzeugen können, enthält eine solche molekulare Wolke genügend Material für die Bildung von mehreren zehntausend Sonnen.

Lange Zeit haben die Astronomen darüber gerätselt, was diese riesigen Wolken daran hindert, schnell unter ihrem eigenen Gewicht zusammenzufallen. Um dem entgegenzuwirken, braucht es nämlich Energie, welche die Teilchen in Bewegung halten kann. Wärmeenergie reicht dazu aber nicht aus, weil die Temperatur in diesen Wolken gerade mal etwa 10–20 K erreicht, also nur knapp über dem absoluten Nullpunkt liegt. Es muss daher eine andere Energiequelle vorhanden sein. Einen Beitrag könnten Schockwellen von Supernova-Explosionen bilden, deren Energie durchaus genügt, um zumindest in Teilen einer riesigen Wolke die Materie durcheinander zu wirbeln. Solche Explosionen, obwohl sehr selten, sind als Energiequellen durchaus plausibel. Mindestens ein solches Ereignis muss ja auch in der Nähe einer molekularen Wolke geschehen sein, sonst wären die höheren Elemente in der Gas- und Staubwolke nicht erklärbar. Eine weitere Energiequelle könnten Riesensterne in den Wolken sein, die mit ihren Ausbrüchen das Gas und den Staub immer wieder neu aufwirbeln. Ein Hauptanteil der benötigten Energie scheint aber von Magnetfeldern zu stammen, die an vielen Stellen im Weltall nachgewiesen werden konnten, vor kurzem sogar im freien Raum zwischen den Sternen. Der Ursprung der Magnetfelder ist zwar in vielen Fällen noch nicht klar, ihre Kraft reicht aber aus, um die Teilchen in Bewegung zu halten.

Im Laufe der Millionen von Jahren, während denen eine molekulare Wolke existieren kann, beginnt die Gravitationskraft an einigen

Stellen Oberhand zu gewinnen. Auch Störungen von außen, wie z. B. die schon erwähnten Schockwellen von Sternexplosionen, können zu einer lokalen Verdichtung der Materie führen. Die Wolke beginnt sich in tausende kleinerer Klumpen aufzuspalten. Dabei fallen die Gas- und Staubteilchen auf gekrümmten Bahnen langsam gegen das Zentrum der Materieansammlung. Der Klumpen wird dadurch immer dichter und zieht wegen der steigenden Gravitationswirkung ständig mehr Materie an, die sich auf immer engerem Raum versammelt. Weil die Teilchen mit ihrer Bewegung das eigene Drehmoment beibehalten, der Bahnradius aber immer enger wird, steigt ihre Geschwindigkeit rasch. Die immer schnellere Bewegung um das Zentrum bewirkt, dass sich die weiterhin einfallende Materie in einer Scheibe um das Rotationszentrum ansammelt. Diese Scheibe zieht ständig neues Material aus der Umgebung an, sie wird deshalb von den Astronomen als Akkretionsscheibe bezeichnet. Im Zentrum der Scheibe formt sich bei diesem Prozess langsam ein immer größerer Klumpen sich verdichtender Materie. Die Vorstufe eines Sterns, ein Protostern, ist entstanden. Noch sind die Dichte und die Temperatur in ihm für Kernverschmelzungen zu tief und immer noch ist er völlig in der ihn umgebenden Staub- und Gasschicht verborgen. Der steigende Druck in seinem Inneren bewirkt aber einen raschen Anstieg der Temperatur und er beginnt langsam zu glimmen. Dank dieser Wärmestrahlung, die tief aus dem Innern des Protosterns aufsteigt, können solche in Gas und Staub eingehüllten Himmelskörper von den Astronomen seit einigen Jahren beobachtet werden.

Und dabei kam es wieder einmal zu einer Überraschung. Nach der klassischen Kant-Laplace-Theorie müsste das Material eigentlich in einem wahren Mahlstrom ins Zentrum der rotierenden Scheibe stürzen und den jungen Stern mit immer mehr Materie füttern. Dies ist zu einem Teil auch der Fall. Offensichtlich strömen Gase und Staubteilchen aus der zusammenfallenden molekularen Wolke gegen die rotierende Scheibe und werden durch die Reibungskräfte abgebremst, bis sie gegen das Zentrum fallen. Zum Erstaunen der Wissenschaftler ergaben die Messungen aber, dass große Mengen an Materie offensichtlich von den Protosternen wegströmen. Dieser offensichtliche Widerspruch ließ sich lange Zeit nicht erklären. Erst als die scharfen Augen der modernen Großteleskope Protosterne ins Visier nahmen und Bilder mit höchster Auflösung schießen konnten, zeigte sich deren wahre Natur. Die Wissenschaftler mussten erkennen, dass Protosterne keineswegs die friedlichen Gebilde sind, die gemäß der Kant-Laplace-Theorie langsam immer stärker zu strahlen beginnen, bis sie die Kraft einer neuen Sonne erreichen. Nicht nur der Tod eines Sterns ist ein gewaltsames Ereignis, auch seine Geburt geht nicht ohne riesige Ausbrüche vor sich. Auf den Aufnahmen des *Hubble*-Weltraumteleskops erkennt man deutlich, wie an beiden Polen junger Sterne ein langer Strahl, ein Jet, wegschießt (Abb. 12). Ähnliche, aber viel größere Jets kennen die Astronomen seit längerer Zeit von aktiven Galaxien wie den Quasaren, jungen Milchstraßen, bei denen im Zentrum ein monströses schwarzes Loch ein immenses Magnetfeld erzeugt. Aus solchen Milchstraßensystemen brechen lange, aber relativ dünne Strahlen, die oft mehrere Millionen Lichtjahre durchqueren. Es müssen unvorstellbar riesige Kräfte am Werk sein, welche diese Jets antreiben und ins Weltall schießen, denn die Teilchen in ihnen erreichen oft fast Lichtgeschwindigkeit. Treffen solche Jets auf ihrem Weg auf Staubwolken, so heizen sie das Material derart extrem auf, dass es zu einem glühenden Plasma wird. Man findet deshalb oft in riesigen Abständen über den Polen von aktiven Galaxien Klumpen von extrem heißem Gas. Solche Gasklumpen, wenn auch wiederum viel kleiner, sind auch in der Nähe junger Sterne zu beobachten. Sie werden, nach ihren Entdeckern George H. Herbig (damals am Lick Observatory in Kalifornien) und Guillermo Haro (Tonantzintla Observatorium in Mexiko) als Herbig-Haro-Objekte bezeichnet. War da eine Parallele zwischen der Geburt von Sternen und den Vorgängen in aktiven Galaxien?

Heftigste Ereignisse scheinen tatsächlich bei der Geburt von Sternen zur Regel zu gehören. Die Beobachtungen zeigen nämlich, dass die meisten sehr jungen Sterne eine Scheibe besitzen und in einem Stadium ihrer Entwicklung einen Jet aussenden. Beide Erscheinungen, Scheibe und Jet, sind vermutlich miteinander verknüpft, und beide sind sie sehr wahrscheinlich für die Bildung eines Planetensystems ganz entscheidend. Die Entstehung der Jets kann wohl am besten durch das Magnetfeld des jungen Sterns erklärt werden. Dieses Magnetfeld ist als Folge der schnellen Bewegung der einfallenden Teilchen mit großer Sicherheit sehr stark und wird mit zunehmender Größe des Protosterns immer mächtiger. Die einfallenden Teilchen werden daher durch das Magnetfeld schon aus großer Distanz beeinflusst. Sie fallen zunächst entlang der Magnetfeldlinien fast senkrecht auf die rotierende Scheibe. Weil sich aber die Staubscheibe und der junge Stern ständig stärker zusammenziehen, werden auch die Magnetfeldlinien an das Zentrum des Systems gezogen. Dies führt zu einer Krümmung der Magnetfeldlinien zum Zentrum hin. Sobald die Krümmung einen Winkel von etwa 30° erreicht hat, wird die Zentrifugalkraft so stark, dass sie die Teilchen entlang der Magnetfeldlinien nach außen schleudert.[1] Dies bleibt auch nicht ohne Folgen für das Magnetfeld, seine Feldlinien werden senkrecht zur Scheibe schraubenförmig verdreht. Das einfallende Material wird nun zu einem Teil entlang der gebogenen Magnetfeldlinien beschleunigt und vom Stern wegkatapultiert. Ein Jet ist entstanden.

Die physikalischen Details dieses Prozesses sind von Frank Shu und seinem Team an der University of California in Berkeley ausgearbeitet worden[2] und sind als das »X-Wind«-Modell bekannt. Es ist beeindruckend, wie genau Shus Berechnungen mit den Beobachtungen übereinstimmen. Nach seinem Modell saugt das enorme Magnetfeld des jungen Sterns immer wieder Material von der inneren Kante der Scheibe an. Dies geschieht nicht ganz regelmäßig. Wenn Material aus der Scheibe nach außen beschleunigt wird, entsteht am Innenrand der Scheibe eine Zone mit wenig Material, die wieder durch nachströmendes Gas und Staub geschlossen werden muss. Damit fehlt dem Jet für etwa 20–50 Jahre der Nachschub.[3] Es entsteht eine Lücke im nach außen strömenden Material. Tatsächlich zeigen die Jets auf den hochauflösenden Fotografien des Weltraumteleskops *Hubble* ein charakteristisches knotiges Aussehen und scheinen sehr nahe am Stern zu entstehen. Frank Shu geht allerdings noch einen Schritt weiter. Er vermutet, dass der in den Bildern sichtbare, sehr dünne Jet aus ionisierten Teilchen nur Teil eines viel breiteren »Windes« ist, der vom Jet mitgerissen wird.[4] Im Hauptanteil des »Windes« ist die Materie aber sehr schwach konzentriert. Aus diesem Grund können wir ihn auf den Aufnahmen nicht erkennen. Der »Wind« muss gemäß Shu molekulare Teilchen aus der weiten Umgebung der Akkretionsscheibe enthalten. Die Materialmenge, die ein solcher »Wind« vom jungen Stern wegreißt, ist trotz der geringen Dichte riesig. Shu schätzt ihn auf das Mehrfache der Materie, die der spätere Stern enthalten wird. Und dies alles geschieht mit Geschwindigkeiten von 30 000–80 000 km/h.

Der Wind und die Jets entfernen aber nicht nur Material von dem entstehenden Stern und seiner Gas- und Staubscheibe. Die Entdeckung der Jets bei jungen Sternen löst sehr wahrscheinlich auch zwei andere Rätsel, denen die Astronomen bis vor kurzem gegenüberstanden. Wie wir schon gesehen haben, beschleunigt das einfallende Material die Drehbewegung im Zentrum der rotierenden Scheibe. Junge Sterne müssten sich also enorm schnell um ihre eigene Achse drehen. Reife Sterne wie die Sonne rotieren aber relativ langsam. Irgendwie verlieren die Sterne also einen hohen Anteil ihres ursprünglichen

Drehimpulses. Dieser Energieverlust kann recht elegant mit den Jets erklärt werden. Messungen der Geschwindigkeit der Materie in den Jets ergeben nämlich Werte, die weit höher als im begleitenden Wind sind. Es sind Spitzenwerte bis zu 800 000 km/h gefunden worden! Diese enorme Geschwindigkeit entspricht zwar nicht einmal 0,1 % der Lichtgeschwindigkeit, bedeutet aber trotzdem eine ungeheure Beschleunigung für die Teilchen. Die Energie dazu könnte aus dem Drehimpuls der Scheibe und ihrem Zentrum stammen und geht damit dem jungen Stern verloren.

Eine andere entscheidende Frage ist, wie denn die Größe der Sterne bestimmt wird. Den Astronomen ist seit langem aufgefallen, dass die Masse der meisten Sterne im Universum im Bereich von etwa 0,5 bis wenig mehr als der Sonnenmasse liegt. Mit diesem Wert sind die Sterne gerade groß genug, um in ihrem Innern das nukleare Feuer zu entfachen. Sterne dieser Größenklasse verbrennen ihren nuklearen Brennstoff aber auch nicht zu schnell und können einem Planetensystem über Milliarden von Jahren relativ stabile Bedingungen bieten. Eine klare Voraussetzung für die Evolution von Leben. Ein Mechanismus, der die »lebensfreundliche« Größe der meisten Sterne bestimmt, war aber lange Zeit nicht bekannt und es war schlicht nicht erklärbar, wieso die riesigen molekularen Wolken, mit ihren mehreren tausend Sonnenmassen, nicht einfach in einen gewaltigen Monsterstern zusammenfallen. Frank Shu[2] erkannte, dass auch hier wiederum die Jets und der molekulare Wind eine entscheidende Rolle spielen. Sie beide blasen die Umgebung des jungen Sterns buchstäblich von dem dort vorhandenen Material frei. Wenn der X-Wind also einige Zeit aktiv ist, wird die Gas- und Staubhülle um die Scheibe immer dünner und dem System geht langsam der Nachschub an einfallenden Teilchen aus. Das Wachstum des Sterns und seiner Scheibe stoppt und der Jet erlischt.

Wer nun aber glaubt, damit sei für den jungen Stern und seine Umgebung endlich Ruhe eingekehrt, der täuscht sich gewaltig. Noch bevor die Dichte des Wasserstoffgases in seinem Zentrum den kritischen Wert für den Beginn der Kernverschmelzungen erreicht, beginnt eine Phase heftigster Energie- und Materieausbrüche. Die rasche Drehbewegung der jungen Sterne erzeugt im Innern ja den Dynamoeffekt, der das Magnetfeld erzeugt, welches den Wind und den Jet antreibt, solange noch genügend Material einfällt. Aber auch nach dem Erlöschen der spektakulären Jets bleibt das Magnetfeld noch längere Zeit sehr stark, was sich auf die Oberfläche des Sterns auswirkt, wo die Magnetstürme zu riesigen Fleckensystemen und gewaltigen Gasbögen führen, die enorme Mengen Material in die Umgebung des Sterns schleudern. Dazu bläst nach wie vor ein sehr starker »Sternenwind«, der die Umgebung noch von den letzten Resten der ursprünglichen Gas- und Staubhülle leert. Sterne in dieser Phase ihrer Entwicklung verlieren jährlich das Mehrfache der Mondmasse, und zwar während mehreren Millionen Jahren. Sie werden als T-Tauri-Sterne bezeichnet, nach einem Stern im Sternbild Stier, der gerade diese Phase durchläuft. Noch ist genügend Material in der Akkretionsscheibe vorhanden, um Planeten zu bilden. Dies endet aber, wenn im Innern des Sterns die Temperatur durch die fortlaufende Verdichtung auf Werte über etwa zehn Millionen Kelvin steigt. Jetzt kann der erste Funken der thermonuklearen Fusionen springen: Die ersten Wasserstoffkerne verschmelzen unter den höllischen Bedingungen zu Heliumkernen.

Das hat Folgen: Die Hitze im Zentrum des Sterns steigt auf bis zu 15 Millionen Kelvin und drängt die Gasteilchen mit immenser Kraft gegen außen. Dieser Strahlungsdruck, der den Stern ausdehnt, stemmt sich gegen die Gravitationskraft, die den Stern zusammenzieht. Im Wechselspiel der beiden Kräfte, dem ausdehnenden Strahlungsdruck und der zusammenziehenden Gravitationskraft, taumelt der Stern langsam Richtung eines Gleichgewichts. Er wird stabil und beginnt seine Existenz als leuchtende Sonne, die während vielen Milliarden von Jahren die Umgebung mehr oder weniger gleichmäßig mit Energie versorgt.

Die Geburt von Sternen ist selbstverständlich auch für die Entstehung von Leben ein ganz entscheidender Prozess. Erstens liefert der Stern die nötige freie Energie, und zweitens dürfte er auch bei der Entstehung der Planeten und all der anderen, kleineren Himmelskörper in seinem System eine entscheidende Rolle spielen. Ohne diese festen Körper, die Schutz vor Strahlung und all den anderen Unbilden des Kosmos bieten und die auch reichlich jene Stoffe enthalten, auf die Leben angewiesen ist, können wir uns heute den Weg hin zu den ersten Lebewesen kaum vorstellen. Mit der Beobachtung der Akkretionsscheiben um junge Sterne konnten die Astronomen zumindest bestätigen, dass das Material für die Bildung von Planeten um einen Stern mit hoher Wahrscheinlichkeit vorhanden ist. Damit ist aber noch lange nicht erklärt, wie Planeten in der Scheibe entstehen und wie sie sich dort entwickeln. Wie offen die Frage der Herkunft der Planeten noch immer ist, zeigen uns viele der bisher entdeckten extrasolaren Gasriesen. Sie können in ihren extrem engen Umlaufbahnen ganz einfach nicht entstanden sein. Das Gas, aus dem sie vornehmlich bestehen, müsste nämlich durch die heftigen Vorgänge bei der Geburt des Sterns vollständig weggeblasen worden sein, lange bevor die Planeten Zeit zum Einsammeln des Materials gehabt hätten. Wo also entstanden die Gasriesen? Haben sie sich etwa weiter außen in ihrem System gebildet und sind sie erst später gegen innen gewandert? Was bewirkt die Wanderung eines Riesenplaneten durch die inneren Bereiche eines Planetensystems? Welches Schicksal erleiden kleinere Planeten, die sich möglicherweise weiter innen im jungen System gebildet haben? Werden sie durch die Riesen zerstört? Wie stabil sind die Umlaufbahnen der Planeten während längeren Zeiträumen überhaupt? Ist auch die Bildung eines Planetensystems von heftigen Geburtswehen begleitet?

Es sind solche Fragen, die sich aufdrängen, die noch unbeantwortet sind und die uns bewusst machen, dass wir die Bildung von Planetensystemen noch längst nicht vollständig begriffen haben. Weil aber stabile Planetenbahnen für die Entwicklung des Lebens von enormer Bedeutung sind, versuchen die Wissenschaftler, immer mehr fremde Systeme zu finden und zu untersuchen. Denn je mehr Systeme bekannt werden, desto eher wird es gelingen, verallgemeinernde Schlüsse über ihre Evolution zu ziehen. Dabei hoffen die Forscher, dass die Verbesserungen in den Methoden und die neuen Beobachtungseinrichtungen bald auch kleinere Planeten entdecken lassen. Die Frage, ob es da draußen auch Planetensysteme gibt, die dem unseren ähnlich sind, wird mit jedem neu entdeckten Gasriesen in »unmöglichen« Umlaufbahnen immer drängender. Nur der direkte Nachweis von solchen Planetensystemen kann uns die bohrende Frage beantworten, ob die stabilen Bahnen unserer Planeten die kosmischen Ausnahmen bilden oder ob wir mit Milliarden von ähnlichen Systemen rechnen können. Noch stehen wir am Anfang der Entdeckungsreise und noch immer sind die Werte für die Faktoren in der Drakeschen Gleichung unbekannt.

Obwohl die Bildung von Planeten aus der Akkretionsscheibe des jungen Sterns noch lange nicht vollständig verstanden ist, sind klare Fortschritte in der Theorie erzielt worden. Es wird in den nächsten Jahren darum gehen, diese Ideen mit Hilfe der modernen Beobachtungsmittel zu überprüfen und nicht zutreffende Varianten zu eliminieren. Eines ist aber jetzt schon klar: Beliebig viel Zeit zur Bildung von Planeten steht einem jungen Sonnensystem nicht zur Verfügung. Sobald der Stern sein atomares Fusionsfeuer startet, entsteht eine enorme Druckwelle, die von intensiver Strahlung begleitet wird. Kleinere Körper, bis zu einem Durchmesser von wenigen hundert Metern, werden durch die gewaltigen Kräfte einfach weggeblasen und entweder in den freien Weltraum oder aber auf Bahnen sehr weit weg vom Stern befördert. Nur größere Körper können den freigesetzten Kräften trotzen. Wenn also Planeten in einem Sonnensystem entstehen, muss dieser Prozess beim ersten atomaren Feuer der jungen Sonne zumindest bis zur Bildung von Planetenkeimen mit einem Durchmesser von mehreren Kilometern (den Planetesimalen) abgeschlossen sein. Viel mehr als etwa zehn Millionen Jahre stehen für diesen Prozess nicht zur Verfügung!

Neueste Beobachtungen, Experimente und theoretische Überlegungen zeigen, dass die Bildung von Planeten tatsächlich relativ schnell vor sich gehen kann. Der Prozess scheint mit der Bildung erster winziger Flocken fester Materie in der Nähe der jungen Sonne zu beginnen. Solche Flocken können aus der heißen Gaswolke ausfallen, sobald die Temperaturen einige hundert Grad Celsius nicht überschreiten. Offenbar sind derart tiefe Temperaturen schon recht nahe an den jungen Sternen zu finden, sodass sich kleine Materieteilchen recht leicht bilden können. Damit ist bereits ein erster, ganz entscheidender Schritt getan, denn nun helfen den kleinen Flocken ihre Oberflächeneigenschaften beim weiteren Wachstum. Die kleinen Teilchen besitzen an ihrer Oberfläche nämlich relativ starke elektrostatische Kräfte und ziehen sich daher gegenseitig an. Es genügt eine zufällige Annäherung, und schon lassen die Anziehungskräfte die geladenen Staubflocken aufeinander zu fliegen und miteinander »verkleben«.

Dieser Prozess kann ohne weiteres bis zur Bildung von Klumpen in der Größe von Kieselsteinen weitergehen. Jenseits dieser Größe aber wird der weitere Aufbau hin zu noch größeren Brocken weniger leicht verständlich. Denn größere Brocken besitzen natürlich auch eine größere Masse. Je größer aber die Masse eines Körpers ist, desto schwieriger wird es, diesen Körper aus seiner Bahn abzulenken und auf einen ähnlichen Körper zufliegen zu lassen. Diese Eigenschaft ist als Trägheitsmoment bestens bekannt. Dazu kommt, dass die elektrostatische Anziehungskraft eine Oberflächeneigenschaft ist. Weil kleine Körper eine vergleichsweise große Oberfläche und eine relativ kleine Masse besitzen, ist die elektrostatische Anziehungskraft bei ihnen verhältnismäßig groß und hilft die Teilchen zusammenzuführen. Bei größeren Körpern ist dies genau umgekehrt. Sie besitzen eine relativ kleine Oberfläche und eine große Masse. Diese Beziehung zwischen Oberfläche und Masse kann schön gezeigt werden, wenn ein Stein zu Sand zerrieben wird. Jedes entstandene Sandkorn hat seine eigene Oberfläche. Die gesamte Oberfläche aller Sandkörner ist natürlich viel größer als jene des ursprünglichen Steins. Die Masse des Steins hat sich aber mit dem Zerreiben nicht verändert. Die Zunahme der Masse ist also mit einer relativen Abnahme der Oberfläche verbunden. Die anziehenden elektrostatischen Kräfte größerer Körper werden daher vergleichsweise schwächer und das zunehmende Trägheitsmoment verhindert die Bildung noch größerer Brocken. Auch die dritte zwischen den Teilchen wirkende Kraft, die anziehende Gravitationskraft der kleinen Kieselsteine, bringt keine Lösung des Problems. Sie ist bei so kleinen Brocken viel zu schwach, um sie zusammenführen zu können. Die Steinchen würden einfach aneinander vorbeifliegen, ohne ihre Bahn nennenswert zu verändern. Erst bei Körpern von der Dimension kleiner Berge, den Planetesimalen, wird die Gravitationskraft so groß, dass sie beim weiteren Aufbau eines Planeten entscheidend mithelfen kann.

Es gibt durchaus mögliche Auswege aus dem gerade skizzierten Dilemma. Eine viel versprechende Teillösung hat vor kurzem Bill Ward, vom Jet Propulsion Laboratory der NASA (Pasadena, Kalifornien), vorgestellt.[5] Gemäß seinen Berechnungen können sich die Kieselsteine an bestimmten Punkten der rotierenden Scheibe ansammeln. Im turbulenten Fluss der Teilchen in der Scheibe entstehen wirbelartige Verdichtungen, die es den kleinen Steinchen erlauben, zu immer größeren Objekten zusammenzuwachsen. Leider zeigen aber Computersimulationen, dass dieser Prozess zwar Brocken bis zur Größe überdimensionierter Fußbälle produziert, aber kaum größere Klumpen bilden kann.

Es gibt noch einen zweiten Prozess, der die Bildung kleiner Materiekügelchen ausgelöst haben kann. Schon lange haben sich nämlich die Wissenschaftler über eine Klasse von seltsamen Meteoriten gewundert, deren Herkunft sich einfach nicht klären lassen wollte. Es handelt sich um eine Gruppe von Steinmeteoriten, die als Chondriten bezeichnet werden. Der Name nimmt Bezug auf den inneren Bau dieser kosmischen Geschosse. Das griechische Wort »chondros« bedeutet soviel wie »Korn« und es sind denn auch millimeter- bis erbsengroße, häufig kugelförmige Gesteinskörnchen, welche diese Steinmeteoriten aufbauen. Die Chondriten sind keineswegs selten. Über 60 % aller Meteoriten gehören zu ihnen und dies macht das Rätsel ihrer Herkunft nur noch drängender. Eine bis vor kurzem häufig vertretene Ansicht war, die Chondriten seien in der frühesten Zeit des Planetensystems im Bereich des heutigen Asteroidengürtels, also zwischen den Bahnen der Planeten Mars und Jupiter, als kleine Staubhäufchen entstanden. Damals, vor etwas über 4,5 Milliarden Jahren, lag die

Temperatur im Asteroidengürtel bei knapp 400 °C und nicht wie heute nahe dem absoluten Nullpunkt. Dazu kamen die kurzen, heftigen Energieausbrüche der Sonne, welche die Staubansammlungen auf über 1500 °C aufheizten. Dabei schmolz das feine Material natürlich, aber nur um alsbald bei erneuter Abkühlung als kleine Gesteinskörner wieder auszukondensieren. Nach dieser Theorie hätten sich die winzigen Körner später zu größeren Brocken verklumpt. Alles in allem ein langsamer Prozess, der sich auch mehrfach an einem kleinen Gesteinskorn wiederholen konnte.

Diese »gemächliche« Variante der Entstehung der Chondriten wurde im März 2001 durch die Resultate der Untersuchung an zwei erst vor kurzem gefundenen, sehr speziellen Vertretern der Chondriten erschüttert. Alexander N. Krot von der University of Hawaii und seine Kollegen berichteten in *Science*[6] über die Resultate ihrer Analysen eines nussgroßen Chondriten aus der Antarktis und eines etwa orangengroßen Vertreters der gleichen Klasse aus Nordafrika. Das Besondere an diesen beiden Meteoriten ist, dass sie außergewöhnlich hohe Anteile an Eisen und Nickel enthalten. Krot und seine Kollegen studierten diese Eisen-/Nickel-Körner unter verschiedenen Typen von Elektronenmikroskopen und unterzogen sie auch einer Ionenmikroproben-Analyse, mit der die Zusammensetzung von allerkleinsten Stoffmengen untersucht werden kann. Die Resultate der Gruppe ergaben, dass die Struktur der Eisen-/Nickel-Anteile und des sie umgebenden Materials nur erklärt werden kann, wenn sie sich in äußerst kurzer Zeit gebildet haben und danach nie mehr aufgeschmolzen worden sind. Die neu gebildeten Steinkörner müssen daher sehr schnell aus der heißen Zone ihrer Geburt wegtransportiert worden sein. Erinnern wir uns an das Modell von Frank Shu. Sein X-Wind bietet exakt den zum raschen Wegtransport notwendigen Mechanismus. Krot und seine Kollegen stellen sich vor, es hätten sich damals bei der Bildung des Sonnensystems heiße Gasblasen in der rotierenden Staubscheibe gebildet, die aus der Scheibe aufstiegen und sich an ihrem Rand abkühlten. Beim Abkühlen hätten sich die Metallkörner gebildet, die nun vom kräftigen X-Wind mitgerissen wurden und nach einigen Tagen weiter außen wieder in die Staubscheibe fielen. Dort draußen, in größerer Distanz zur Sonne, waren die neu gebildeten Metallkörner vor dem erneuten Aufschmelzen sicher und haben in diesem ursprünglichen Zustand bis heute überdauert. Die Resultate der Gruppe um Krot, die Beobachtungen von Jets bei jungen Sternen mit dem Weltraumteleskop *Hubble* und das theoretische Modell von Frank Shu ergänzen sich auf geradezu ideale Weise.

Optimal wäre es natürlich, wenn die Wissenschaftler die Vorgänge bei der Bildung größerer Staubpartikel und kleinerer Gesteinsbrocken im Labor untersuchen könnten. Das geht aber leider nicht, weil die Erdanziehungskraft die kleinen Schwebeteilchen viel zu schnell nach unten fallen lässt. Sie erreichen so den Boden des Experimentierraums lange bevor sie sich treffen und miteinander verbinden können. Hier eröffnet sich ein ideales Experimentierfeld für die Internationale Raumstation ISS, die sich gegenwärtig im Aufbau befindet. In der Schwerelosigkeit des erdnahen Weltalls könnten solche Vorgänge hervorragend studiert werden. Ein erstes Experiment ist bereits an Bord eines *Space Shuttles* erfolgt und hat faszinierende und unerwartete Resultate erbracht.

Der Versuch wurde von Jürgen Blum von der Universität in Jena entwickelt. Blum und seine Mitarbeiter füllten eine Kammer mit verdünntem Gas und winzigen Glaskügelchen.[7] Die Glaskügelchen sollten die kleinen Staubteilchen in der protoplanetaren Scheibe eines jungen Sterns simulieren. Im Versuch waren die Glaskügelchen sehr viel dichter verteilt als die Staubteilchen im Urnebel eines entstehenden Planetensystems. Dadurch konnten die Forscher das Wachstum der Teilchenhaufen zu größeren Objekten stark beschleunigen und den ganzen Vorgang quasi in Zeitraffer beobachten. Der Versuch erbrachte gleich zwei Überraschungen. Erstens verlief das Wachstum der Teilchen sehr viel schneller als erwartet, und zwar zur großen Verblüffung aller immer schneller, je größer die Teilchen wurden. Dazu trägt die zweite Überraschung stark bei, denn auch die Art des Wachsens der Teilchen verlief völlig anders als vorhergesehen. Die kleinen Glaskügelchen fanden sich nämlich nicht zu immer größer werdenden Kugeln zusammen, sondern zu langen verzweigten Ketten. Die entstandenen Gebilde hatten also keine kompakte Struktur wie ein massiver Festkörper. Im Gegenteil, sie waren »flockig« aufgebaut und hatten damit bei gleicher Masse eine sehr viel größere Oberfläche. Dazu rotierten die Flocken aus Glaskügelchen ständig, was die zum Einsammeln weiterer Kügelchen notwendige Oberfläche nochmals stark vergrößerte.

Sind die Forscher also bisher von der falschen Annahme ausgegangen, die ersten Kerne für größere Brocken müssten aus dicht gepackter Materie bestehen? Es scheint fast so zu sein. Jedenfalls sind die Resultate der Gruppe aus Jena spannend und äußerst viel versprechend. Noch immer aber sind viele Fragen offen. Insbesondere ist das Verhalten der verzweigten Ketten noch völlig ungenügend untersucht und könnte zusätzliche Überraschungen bieten. Ein Hinweis dafür gab ein Experiment, in welchem die verzweigten Ketten in einem Turm über längere Strecken fallen gelassen wurden. Prompt formten die kleinen Partikelchen immer größere Flocken! Ist dies schon das gesuchte Bindeglied? Erfolgt also der Start zum Aufbau eines Planeten ähnlich wie das Wachstum einer großen Schneeflocke aus winzigen Eiskristallen? Es ist jedenfalls gut vorstellbar, wie immer mehr der verzweigten Ketten sich ineinander verhaken und mit ihrer reich strukturierten Oberfläche ständig weitere Ketten einfangen können. Kann so erklärt werden, wie die »Embryo«-Planeten die kritische Größe mit Hilfe der elektrostatischen Anziehungskraft überbrücken und wie danach die kleinen Flocken weiter wachsen konnten? Waren solche Flocken der Start zum Aufbau größerer Brocken, bis zum Moment, wo dank der genügend großen Masse die Gravitationskraft ausreichte und zunächst Felsen und später auch Planetesimale mit Durchmessern bis zu Hundert Metern entstehen ließ?

Wir wissen es noch nicht, und es gibt auch Resultate der Gruppe aus Jena, die zur Vorsicht mahnen. Wachsen nämlich die Flockengebilde über einige Zentimeter Größe hinaus, so werden sie in ihrem Inneren zusammengedrückt, wie die Schneeflocken in einem nassen Schneeball. Damit verlieren sie den Vorteil der großen Oberfläche bei geringer Masse. Entscheidend dürfte sein, wie sich die Strukturen in den äußeren Bereichen der Flockengebilde verändern. Bleiben sie dort locker mit großer Oberfläche und werden sie nur im Inneren der Ansammlung zusammengedrückt? Können sie mit ihrer locker strukturierten Oberfläche weitere Teilchen einsammeln oder wird der ganze Haufen zu einem kompakten Körper, der nur noch sehr selten mit anderen Objekten zusammenstößt? Sollte in einigen Jahren die ISS tatsächlich ihren Regelbetrieb aufnehmen, so planen die Forscher aus Jena dort neue Experimente. Sie erhoffen sich durch diese Versuche Aufschluss über das weitere Größenwachstum der kleinen Brocken bis hin zu eigentlichen Keimen von Planeten mit mehreren Kilometern Durchmesser.

Bisher haben wir hier angenommen, dass beim Zusammenstoß kleiner Körper ein größeres Objekt entsteht. Dies muss aber überhaupt nicht der Fall sein. Ja, die vordergründige Logik spricht sogar deutlich dagegen. Bei den hohen Geschwindigkeiten, welche die Felsbrocken auf ihrer Umlaufbahn besitzen, müssten sie beim Zusammenprall eigentlich schlicht in tausende kleinster Teilchen zerbersten. Ein junger Planet steht also vor einem ganz entscheidenden Dilemma. Einerseits muss er Material einsammeln, um wachsen zu können, andererseits läuft er Gefahr, beim Einsammeln größerer Brocken auch gleich wieder zerstört zu werden. Oder lassen wir uns hier wieder einmal von unbewussten Annahmen, von vorgefassten Meinungen leiten? Ist etwa die Annahme, die Planetenkeimlinge verhielten sich wie große Felsbrocken falsch? Waren die Planetesimale gar keine einheitlichen Klumpen aus hartem Fels, also keine Monolithe? Waren sie anders aufgebaut?

Zum Glück scheinen fast direkt vor unserer Haustür mit den Asteroiden Überreste aus der Urzeit des Sonnensystems erhalten geblieben zu sein. Die Beobachtung dieser Kleinplaneten, die hauptsächlich im riesigen Gebiet zwischen Mars und Jupiter ihre Bahnen ziehen, hat in den letzten Jahren enorme Fortschritte gemacht. Der erste der zahllosen Asteroiden wurde in der Neujahrsnacht 1800/1801 vom italienischen Astronomen Giuseppe Piazzi in Palermo entdeckt. Piazzi nannte seinen Fund Ceres, nach der römischen Göttin des Ackerbaus. Ceres blieb mit etwa 950 km Durchmesser über 200 Jahre mit Abstand der größte bekannte Vertreter seiner Klasse. Einzig Pallas kam ihm mit einem Durchmesser von über 500 km einigermaßen nahe. Erst 2001 wurde der Größenrekord von Ceres gebrochen, als Wissenschaftler am European Southern Observatory in La Silla (Chile) einen Eisklotz mit einem Durchmesser von rund 1300 km etwas außerhalb der Bahn des Planeten Pluto fanden. Das Objekt erhielt zuerst nur eine nüchterne Bezeichnung, 2001 KX76, und wurde erst später auf den Namen Ixion getauft. Mit seinem verhältnismäßig großen Durchmesser übertrifft Ixion sogar den Pluto-Mond Charon und erreicht etwa den halben Radius unseres äußersten Planeten. Noch etwas größer ist das 2002 von Chad Trujillo und Mike Brown vom Caltech in Pasadena entdeckte Objekt mit dem Namen Quaoar, während der bisherige Rekordhalter aus dieser Zone, 2004 DW, mit einem Durchmesser von 1650 km nur noch von Pluto übertroffen wird.

Trotz ihrer Größe ist die Entdeckung dieser weit entfernten Himmelskörper keine eigentliche Überraschung. Die Astronomen vermuteten schon seit längerem außerhalb der Pluto-Bahn Millionen von kleinen und kleinsten Brocken. Sie waren sich in ihrer Annahme so sicher, dass diese Zone sogar schon einen Namen erhielt, bevor sie die ersten Objekte in ihr nachweisen konnten. Heute wird das Gebiet nach dem holländischen Astronomen Gerard Peter Kuiper als Kuiper-Gürtel bezeichnet. Von diesen himmlischen Boliden könnten einige durchaus auch recht groß sein und sogar den Planeten Pluto übertreffen. David Jewitt von der University of Hawaii vermutet, es müsste dort mehr als 70000 Objekte mit einem Durchmesser von über 100 km geben. Im Gebiet zwischen Mars und Jupiter aber, dem klassischen »Asteroidengürtel«, ist Ceres nach wie vor der Rekordhalter in Sachen Größe. Dort, in den riesigen Weiten zwischen dem äußersten Steinplaneten und dem Riesen Jupiter, sind bisher fast 10 000 der Miniwelten gefunden worden, ihre Gesamtzahl dürfte aber weit über eine Million betragen. Weil die meisten der Asteroiden Winzlinge sind, beträgt ihre Gesamtmasse trotz der großen Zahl kaum mehr als 10–15 % der Masse unseres Mondes.

Noch bis vor kurzem konnten die Astronomen nicht viel mehr tun, als diese Himmelskörper katalogisieren, ihre Größe abschätzen und ihre Bahnen verfolgen. Asteroiden sind zu klein, um auch in den stärksten Teleskopen mehr als einen Lichtpunkt zu bieten. Man wusste zwar aus den Helligkeitsschwankungen, dass wohl die allermeisten von ihnen unregelmäßig geformt sein müssen, einzig Ceres hat fast eine Kugelgestalt. Details ihrer Oberfläche und ihrer Zusammensetzung blieben aber verborgen. Dies begann sich erst in den letzten Jahren langsam zu ändern. Radarbeobachtungen von der Erde aus, Aufnahmen der Raumsonde *Galileo* auf ihrem Weg zum Jupiter und vor allem Fotografien der Asteroiden-Raumsonde *Near Shoemaker* begannen langsam ein vollständigeres und völlig neues Bild der kleinen Himmelskörper zu zeichnen. Die unerwarteten Ergebnisse dieser Untersuchungen haben ein gewaltiges Interesse an den Asteroiden geweckt und plötzlich ist ihre Erforschung zu einer der zentralen Aufgaben der Astronomen geworden.

Die Asteroiden gelten heute als Überreste der Materie, die sich in der Frühzeit des Sonnensystems zu den späteren Planeten verband. Dafür spricht die chemische Zusammensetzung der bisher untersuchten Kleinplaneten. Speziell die Daten, die *Near Shoemaker* (*Near* ist die Abkürzung für Near Earth Asteroid Rendezvous) aus der Umlaufbahn um den Asteroiden Eros gesammelt hat, belegen diese Ansicht klar. Eros gehört zu den erdnahen Asteroiden und misst etwa 33 × 13 × 13 km. Allein die äußerst anspruchsvolle Navigation zu einem so kleinen Gesteinsbrocken, der außerhalb der Erdbahn einsam seine Runden dreht und der Erde nie näher als etwa 22 Millionen Kilometer kommt, war ein Meilenstein für die Raumfahrt. Den Spezialisten des Applied Physics Laboratory der Johns Hopkins University, welche die *Near*-Mission für die NASA betreuten, gelang darüber hinaus noch das Kunststück, die Raumsonde hochpräzise um Eros zu steuern und den Asteroiden aus verschiedensten Winkeln und Distanzen ausgiebig zu fotografieren sowie mit hoch empfindlichen Messinstrumenten auch eine ganze Menge über die Zusammensetzung von Eros zu erfahren (Abb. 13 und 14).

Wie raffiniert die Wissenschaftler bei ihren Arbeiten vorgingen und wie sie alle sich bietenden Chancen ergriffen, zeigt z. B. die Art und Weise, wie am 4. Mai 2000 die »Mithilfe« der Sonne ausgenutzt wurde. An diesem Tag traf eine intensive Stoßfront mit harter Röntgenstrahlung auf Eros ein. Diese Röntgenstrahlung stammte von einem vorausgehenden gewaltigen Ausbruch der Sonne, einem so genannten Flare. Solche Ausbrüche sind vor allem während des Sonnenfleckenmaximums keineswegs selten und lösen auf der Erde neben wunderschönen Polarlichtern auch Störungen des Funkverkehrs aus und können sogar die Elektronik von Erdsatelliten zerstören. Richtig eingesetzt, helfen die Röntgenstrahlen aber auch wertvolle Daten über die Oberfläche zu sammeln, auf der sie eintreffen. Der etwa halbstündige Solarflare vom 4. Mai 2000 war so energiereich, dass die Elektronen in den Atomhüllen der chemischen Elemente auf der Oberfläche von Eros mit Energie übersättigt wurden, eine willkommene Gelegenheit, dank dem zusätzlichen Energiestoß der Sonne genauere Daten zu erhalten. Unter solchen Bedingungen sind die Elektronen in der Sprache der Physiker und Chemiker »angeregt«. Angeregte Elektronen müssen aber die aufgenommene Energie sofort wieder abgeben. Wir haben diese Erscheinung schon im Zusammenhang mit der Photosynthese besprochen (vgl. Kapitel 2.2). Die Elektronen auf der Oberfläche der Gesteine geben die aufgenommene Energie in Form von elektromagnetischer Strahlung ab, z. B. im Bereich der Röntgenstrahlung. Weil nun die Art und Weise der abgegebenen Strahlung abhängig ist von den Eigenschaften der Elemente, ergibt ihr Spektrum so etwas wie einen »Fingerabdruck« der chemischen Zusammensetzung eines Körpers. Die Wissenschaftler haben das Röntgen- und Gammastrahlen-Spektrometer XGRS an Bord der Sonde *Near* sofort nach dem Ausbruch der Sonne so programmiert, dass es die Rückstrahlung der angeregten Elektronen auf der Oberfläche von Eros aufzeichnete. Und siehe da, nach diesen Messresultaten muss Eros eine ähnliche chemische Zusammensetzung besitzen wie die ursprünglichsten Meteoriten des Sonnensystems, die Chondriten. Ganz genau genommen gelten die am 4. Mai 2000 gesammelten Daten nur für ein Gebiet von knapp 6 km Durchmesser. Sie sind jedoch in der Zwischenzeit durch zahlreiche weitere Beobachtungen bestätigt worden. Die Feinheiten in der Analyse der Daten erlauben den Astronomen aber nicht nur eine Klassifizierung, sondern auch hochspannende Einblicke in die Entstehungsgeschichte des Asteroiden. Das Spektrometer fand nämlich leichte und schwere Elemente recht gleichmäßig verteilt[8], was nicht einfach Zufall sein kann. Denn wenn Eros wie andere Asteroiden[9] nach seiner Bildung je einmal durch große Hitze aufgeschmolzen und glutflüssig geworden wäre, so müsste die Verteilung der Elemente völlig anders sein. Die schwereren Elemente, wie z. B. Eisen und Nickel, müssten in diesem Falle nämlich in das Zentrum des Himmelskörpers abgesunken sein, und die leichteren Elemente, wie Sauerstoff und Silizium, hätten sich auf seiner Oberfläche anreichern müssen.

Eros könnte auch ein Teilstück eines einstmals größeren Asteroiden sein, der durch Zusammenprall in kleinere Stücke zerschlagen worden ist. Das Nebeneinander von leichteren und schwereren Elementen zeigt aber, dass auch ein solcher Vorläufer noch in seinem unveränderten Zustand gewesen sein muss. Würde Eros nämlich von den äußeren Schichten eines älteren, einstmals glutflüssigen Asteroiden stammen, so müsste er sich hauptsächlich aus leichteren Elementen zusammensetzen. Wäre Eros aber ein Teil des Kerns eines Kleinplaneten, so müsste er vornehmlich aus schwereren Elementen bestehen. Keines von beidem scheint der Fall zu sein, was der ursprüngliche, nie durch Schmelzprozesse veränderte Zustand klar belegt. Zumindest einige der Asteroiden zeigen also auch heute noch den Zustand der Materie aus der Zeit der Entstehung des Planetensystems.

Wieso sind aber diese Kleinplaneten nicht längst durch eine der häufigen Kollisionen im Asteroidengürtel in Stücke zerbrochen worden? Schließlich gibt es auf allen bisher fotografierten Kleinplaneten zahlreiche Krater, wovon einige sogar größer sind als der mittlere Durchmesser des betreffenden Asteroiden. Es müssen gewaltige Einschläge erfolgt sein. Wieso also konnten Asteroiden mit hunderten bis knapp 1000 Kilometer Größe diese Katastrophen bis heute überleben? Lange Zeit vermuteten die Astronomen, des Rätsels Lösung liege in der Zusammensetzung der größeren Asteroiden, die keine monolithischen Blöcke seien, sondern mehr oder weniger lose Geröllhaufen aus den Trümmerstücken zahlreicher Einschläge. Für diese auf den ersten Blick doch ziemlich überraschende Annahme sprechen einige ganz wesentliche Beobachtungen. So ergeben z. B. die Dichtemessungen vieler Asteroiden recht geringe Werte.[9] Die Messwerte sind sogar so niedrig, dass einige Wissenschaftler sie durch Hohlräume unbekannter Dimensionen im Innern der Asteroiden erklären wollen. Zudem rotiert kein einziger der großen Asteroiden schneller als mit zehn Umdrehungen pro Tag. Auch diese Beobachtung von Alan Harris vom Jet Propulsion Laboratory der NASA und Petr Pravec von der Tschechischen Akademie der Wissenschaften in

Prag deutet auf eine lose Struktur hin. Bestünden die Asteroiden nämlich aus jeweils einem zusammenhängenden Stück, so würden die Wissenschaftler erwarten, dass sich einige von ihnen auch schneller drehen, was ganz klar nicht der Fall ist.[9] Bei einer losen Struktur aber kann eine bestimmte Drehgeschwindigkeit nicht überschritten werden, weil die dabei entstehende Fliehkraft einen Geröllhaufen-Asteroiden schlicht in seine Einzelteile zerlegen müsste. Die Wissenschaftler können also aus der statistischen Verteilung der Rotationsgeschwindigkeiten auch auf den inneren Aufbau schließen. Wären die Asteroiden Monolithen, müsste die Verteilkurve ihrer Rotationsgeschwindigkeiten einer Glockenkurve gleichen, mit zumindest einigen sich sehr schnell drehenden Kleinplaneten; bestehen die Asteroiden vornehmlich aus einzelnen Felsstücken, so müsste die Kurve bei höheren Drehgeschwindigkeiten abrupt enden, genau wie in der Beobachtung.

Auch eine andere Klasse von Himmelskörpern, die Kometen, besitzen wohl meist keine kompakte Struktur. Und genauso wie die Asteroiden sind sie mit großer Wahrscheinlichkeit Überreste aus der Frühzeit des Sonnensystems. Im Gegensatz zu den Asteroiden und ihren Verwandten, den Objekten aus dem Kuiper-Gürtel, bewegen sie sich aber noch viel weiter außen, fast an der Grenze unseres Sonnensystems, in einer Zone, die als Oortsche Wolke bekannt ist. Dort, wo die Hitze unserer Sonne fast unmessbar geworden ist und sie nur noch als ein blassgelber, strahlend leuchtender Stern erscheint, haben sie die Zeiten seit der Geburt des Sonnensystems überdauert. Nur sehr selten wird einer der Kometen durch irgendeine Störung aus seiner Bahn geworfen und gelangt zufällig in die Nähe der Sonne. Erst jetzt, wenn unser Zentralgestirn seine Oberfläche mit ihrer Strahlung erwärmt, entwickelt der Komet den mächtigen Schweif und wird unter günstigen Bedingungen für uns Erdenbewohner zu einem spektakulären Anblick. Glück und die modernen Instrumente haben es den Wissenschaftlern in den letzten Jahren ermöglicht, Kometen auf ihrer Bahn in das Innere des Sonnensystems viel detaillierter verfolgen zu können als noch vor wenigen Jahrzehnten. Und so konnten die Fachleute und auch viele Amateure an ihren Fernrohren direkt beobachten, wie einige dieser Kometen offensichtlich recht leicht zerbrechen. Nicht nur dem berühmten Kometen Shoemaker-Levy 9, der im Sommer 1994 in rund zwei Dutzend Trümmerstücken spektakulär mit dem Planeten Jupiter kollidierte, sondern auch den Kometen C/1999 S4 und C/2001 A2 widerfuhr dieses Schicksal. Während Shoemaker-Levy 9 offenbar bei einer Passage des Jupiters zerrissen wurde, genügte die Zunahme der Gezeitenkräfte während der Annäherung an die inneren Gebiete des Sonnensystems bei den beiden anderen Kometen, um sie zu zerstören. Die relative Leichtigkeit, mit der diese Kometen zerfielen, kann wohl nur durch ihren losen Aufbau aus zahlreichen größeren Brocken erklärt werden.

Ein relativ lockerer Aufbau würde den Theoretikern ihre Arbeit massiv erleichtern, denn so ließe sich das Wachstum der ursprünglichen Planetenkeimlinge in der Frühzeit des Sonnensystems sehr viel einfacher erklären als mit Monolithen. »Geröllhaufen«-Asteroiden könnten nämlich durchaus neue Stücke aufnehmen, ohne beim Zusammenprall gleich in tausende von Einzelteilen zerrissen zu werden. Dies wird neuerdings auch durch Computersimulationen bestätigt.[8] Wenn nämlich ein kosmisches Geschoss auf einen solchen Asteroiden prallt, bewirkt dies nur eine Verschiebung und Neuordnung der einzelnen Teile. Der gleiche Zusammenprall mit einem monolithischen Asteroiden würde diesen in Stücke schlagen. Auch wenn ein großer »Geröllhaufen«-Asteroid bei einem heftigen Zusammenprall auseinander brechen sollte, so fügte er sich recht schnell aufs Neue zusammen. Nur gerade jene Teilstücke, die beim Zusammenprall am meisten Energie aufnehmen und auf die höchste Geschwindigkeit beschleunigt werden, verlassen das gemeinsame Gravitationszentrum und fallen nicht mehr auf den Haufen zurück. War das Rätsel gelöst und war so gezeigt, dass Planetesimale ohne weiteres wachsen können?

Bald mussten, wie schon so oft, lieb gewonnene Vorstellungen angesichts der harten Fakten zumindest teilweise aufgegeben werden. An Bord von *Near Shoemaker* befindet sich nämlich auch ein hoch präzises Distanzmessgerät. Dieses Instrument bestimmt mit Hilfe von Laserstrahlen den genauen Abstand der Raumsonde vom Asteroiden. Bestünde nun Eros tatsächlich aus mehreren lose zusammengehaltenen größeren und kleineren Felsbrocken, so müsste sich dies in einer ungleichen Dichteverteilung des Himmelskörpers äußern. *Near* müsste daher auf seiner Umlaufbahn entsprechend der wechselnden Anziehungskraft leicht gestiegen und wieder gefallen sein. Dies war aber nicht der Fall, die Umlaufbahn von *Near* war bis zur spektakulären Landung der Sonde am 12. Februar 2001 keinen solchen Einflüssen unterworfen. Eros muss also gemäß den hoch präzisen Bahnmessungen gleichmäßig aufgebaut sein bzw. aus einem Stück bestehen. Ob dies allerdings auch für die anderen Asteroiden zutrifft, ist angesichts der anderen Messresultate äußerst fraglich.

Die Wissenschaftler sind sich also noch längst nicht sicher, wie weit sie den Bau des Kleinplaneten Eros und die Kräfte, die ihn geformt haben, verstehen. Gerade die letzten Bilder, die *Near* kurz vor seiner Landung zur Erde gefunkt hat, haben weiter zur Verwirrung beigetragen. Sie zeigen Oberflächenstrukturen, deren Herkunft schlicht mysteriös ist. Da ist zunächst die riesige Zahl von großen Felsbrocken, die auf dem äußerst feinen Material der Eros-Oberfläche verstreut herumliegen. Die mit der Auswertung der Aufnahmen betreuten Fachleute schätzen die Zahl der über acht Meter großen Blöcke auf mehr als eine Million.

Es ist völlig unklar, wieso diese großen tonnenschweren Klötze nicht vom feinen Material zugedeckt sind.

Eine mögliche Erklärung könnte in den heftigen Erschütterungen liegen, denen der Kleinplanet bei größeren Einschlägen unterworfen ist. In diesem Falle müsste Ähnliches passieren, wie wenn ein Kessel mit Sand und verschieden großen Steinen geschüttelt wird. Die Sandkörner werden alle auch noch so kleinen Lücken besetzen und dadurch die größeren Teilchen und Steine nach oben drängen. Noch geheimnisvoller sind unregelmäßig geformte, fußstapfengroße Vertiefungen im feinen Oberflächenmaterial. Solche Vertiefungen sind insbesondere auf *Nears* letzter Aufnahme aus 125 m Höhe klar zu erkennen (Abb. 14). Irgendein sonderbarer Vorgang muss das feine Material um einige wenige Zentimeter zusammengedrückt haben. Joseph Veverka, der Leiter des Auswertungsteams, spekulierte bei einer Pressekonferenz Ende Februar 2001, die Sonne könnte die feinen Teilchen der Oberfläche elektrostatisch aufladen und so den Staub anheben. Veverka und seine Leute geben aber offen zu, dass niemand weiß, was auf Eros wirklich vor sich geht.

Damit sind ganz entscheidende Fragen, z. B. wie Planetesimale aufgebaut werden, welche Kräfte sie formen und vor allem auch wie sie die kritische Größe erreichen können, ab der sie selbst durch Einsammeln von kleineren Brocken nicht mehr in Stücke geschlagen werden, nach wie vor offen. Wir dürfen gespannt die Resultate der weiteren Forschungen abwarten. Oder auch auf einen Mitarbeiter namens Zufall hoffen. Der hilft den Forschern manchmal ganz gehörig. Es scheint ganz so, als ob die Wissenschaftler dank einem zufälligerweise »missglückten« Experiment an Bord der Internationalen Raumstation ISS der Lösung des Rätsels der Entstehung der Planetenvorläufer ein gutes Stück näher gekommen sein könnten. Greg Morfill, Direktor am Max-Planck-Institut für Extraterrestrische Physik in Garching bei München, und seine Leute trauten jedenfalls ihren Augen kaum, als sie das Resultat eines falsch angesetzten Versuchs zu Gesicht bekamen. Eigentlich wollten die Wissenschaftler beobachten, wie sich aus Plasma Kristalle bilden. In den Kristallen ist die Materie in ganz außerordentlich strenger Form »geordnet«, d. h. die Teilchen wechseln sich in perfekter Reihenfolge immer wieder völlig gleich ab. Ganz anders in einem Plasma, in welchem die Teilchen völlig zufällig verteilt sind, was so ungefähr die absolut »unordentlichste« Form der Materie darstellt. Mit einem Trick lässt sich aber aus dem Durcheinander von Elektronen und Ionen im Plasma Ordnung, quasi ein kristallisiertes Plasma erzeugen. Dazu spritzt man winzig kleine Kügelchen in das Plasma. Unter den geladenen Teilchen des Plasmas werden die Kügelchen elektrostatisch aufgeladen und können nun als eine Art Katalysator wirken und die Plasmateilchen in einer geordneten Form um sich gruppieren. Wenn dieses Experiment unter den Bedingungen auf der Erde durchgeführt wird, stört die Gravitationskraft den Versuchsablauf empfindlich. Nicht so in der Erdumlaufbahn. Bei einem der Experimente im Orbit wurde nun vergessen, vor dem Experiment das Plasma herzustellen. Als nun die winzigen Kügelchen in die Versuchskammer gespritzt wurden, geschah das völlig Unerwartete. Ohne das Plasma dürften die Kügelchen sich eigentlich nicht aufladen und müssten sich im Raum ziemlich gleichmäßig verteilen. Doch innerhalb weniger Sekunden verklumpten die Kügelchen und bildeten eine kompakte Masse. Nach den Rechnungen der Physiker müsste dazu eigentlich mehr als ein Tag angesetzt werden, bis durch Zufallstreffer ein ähnlicher Effekt erreicht werden könnte. Morfill und seine Leute erklären sich das unerwartete Resultat durch die Bewegung der Kügelchen beim Einspritzen in die Kammer. Dabei werden die Kügelchen über ein Gitter geführt. Es könnte nun sehr gut sein, dass einige von ihnen dabei vom Metall Elektronen aufnehmen und so aufgeladen werden. Die geladenen Kügelchen wiederum könnten bei ungeladenen Genossen eine Verschiebung der Ladung auslösen und so auch diese, zumindest kurzfristig, aufladen. Könnte es nun nicht auch sein, dass in der protoplanetaren Gas- und Staubwolke ebenfalls durch Zusammenstöße geladene Teilchen entstehen und diese sich bei weiteren Aufprallereignissen dank ihrer Ladung rasch zu größeren Brocken aufbauen? Wir wissen es noch nicht, weitere Experimente sind sicher nötig. Das »verunglückte« Experiment an Bord der ISS zeigt aber, wie mit zunehmendem Wissen die Möglichkeiten zur Erklärung auch komplizierter Vorgänge anwachsen.

Leichter zu beantworten fällt den Astronomen die Frage, wieso sich denn die Asteroiden in unserem Sonnensystem nicht zu einem einzigen größeren Planeten vereint haben. Schuld daran ist der nahe Riesenplanet Jupiter. Seine enormen Gravitationskräfte verhinderten den Aufbau eines größeren Körpers in seiner Nähe. Ceres, mit seinen knapp 1000 km Durchmesser, dürfte gerade die theoretisch mögliche Obergrenze für Kleinplaneten im Gebiet zwischen Mars und Jupiter erreichen. Ein größerer, kompakter Planet würde schlicht in Stücke gerissen. Wir werden uns mit den Folgen dieser enormen Stresskräfte auf die Monde des Jupiters noch genauer auseinander setzen.

Mit den Forschungen über das Wachstum der Staubteilchen durch Flockenbildung, über den Aufbau der Asteroiden und über die Theorie des Akkretionsprozesses sind zwar große Fortschritte im Verständnis des Geburtsvorgangs eines Planetensystems gemacht worden. Es sind jedoch noch längst nicht alle Probleme definitiv gelöst und die Bildung eines Planetensystems ist immer noch mit vielen Fragezeichen behaftet. Offensichtlich ist aber die Entstehung eines Planetensystems kein allzu seltener Vorgang und kann auch in der knappen zur Verfügung stehenden Zeit ablaufen. Sonst würden die Wissenschaftler nicht ständig neue extrasolare Planeten entdecken. Mir scheint vor diesem Hintergrund, dass trotz aller notwendigen Vorsicht etwas Optimismus durchaus berechtigt ist und wir davon ausgehen können, dass unser Sonnensystem keinesfalls eine kosmische Seltenheit ist. Die verbleibende, nach wie vor nagende Frage ist aber, ob unser System mit seinem speziellen Aufbau, bestehend aus inneren Steinplaneten wie der Erde und äußeren Gasriesen wie dem Jupiter, in einer ähnlichen Form auch anderswo existiert. Die Astronomen werden diese Frage, die für Überlegungen über die Häufigkeit extraterrestrischen Lebens entscheidend sein kann, nur durch noch genauere und noch raffiniertere Beobachtungen beantworten können. Solche Beobachtungen sind auch für die weitere Entwicklung der Theorien über die Entstehung von Planetensystemen absolut entscheidend. Es ist deshalb kein Zufall, dass der *Terrestrial Planet Finder*, das geplante Weltraumobservatorium der Superlative zur direkten Beobachtung extrasolarer Planeten bis hinunter zur Größe der Erde, weit oben auf der Wunschliste der Astronomen steht und möglicherweise schon bald gebaut werden soll. Vielleicht gelingt es aber noch vor dem Bau des *Terrestrial Planet Finders*, Planeten der Größe der Erde zumindest indirekt nachzuweisen. Auch ein erdgroßer Planet kann seine Sonne leicht verdunkeln, wenn er auf unserer direkten Sichtlinie vor seinem Stern vorbeizieht. Diese kleine Verdunkelung müsste messbar sein! Erste Kandidaten sind bereits gefunden worden.

Sicher ist vorläufig nur, dass ein Himmelskörper schnell weiter wachsen kann, sobald er eine Größe von mindestens einem Kilometer erreicht hat. Die Schwerkraft eines Körpers dieser Klasse ist groß genug, um fast jeden anderen Brocken festhalten zu können, mit dem er zusammenstößt. Je größer ein junger Planet wird, desto größer wird auch seine Anziehungskraft und desto schneller wächst er. Das kann in fast unglaublich kurzer Zeit geschehen. Modellrechnungen von Jack Lissauer vom Ames Research Center der NASA in Kalifornien zeigen, dass ein Planetesimal von der Größe unseres Mondes in nur gerade etwa 100 000 Jahren entstehen kann. In diesem Stadium seiner Entwicklung hat ein junger Planet praktisch alles Material auf seiner Umlaufbahn und in deren näheren Umgebung aufgenommen und wächst kaum noch. Jetzt braucht es den Zusammenstoß riesiger Brocken, ja ganzer mondgroßer Planeten für das weitere Wachstum. Auch dies ist relativ leicht vorstellbar. Das Resultat dieser Vorgänge können Planeten sein mit dem Durchmesser der Steinplaneten Merkur, Venus, Erde und Mars in unserem Sonnensystem. Für sie ist der Bildungsvorgang weitgehend abgeschlossen. Jetzt, wenn auch die Sonne im Zentrum des Systems ruhiger wird, kann sich um die Steinplaneten auch eine Atmosphäre aus Gasen bilden, die aus dem Inneren der jungen Planeten entweichen. Langsam entwickeln die neuen Welten ihre charakteristischen Eigenschaften.

Bei weitem nicht abgeschlossen ist aber in diesem Entwicklungsstand des Planetensystems die Bildung der Gasriesen. Ihre Entstehung wird von den Wissenschaftlern noch immer nur teilweise verstanden. Eine Hauptschwierigkeit besteht schon darin, dass wir auch heute noch immer nicht genau wissen, wie die Gasriesen in unserem Sonnensystem aufgebaut sind. Ohne dieses Wissen drohen alle theoretischen Überlegungen zu reinen Spekulationen zu verkommen. Viele Wissenschaftler vermuten im Zentrum von Jupiter einen Kern aus schwererem Material, der von einer riesigen Gashülle umgeben ist. Über das Verhältnis der beiden Anteile herrscht aber nach wie vor große Unsicherheit. Eine erste Schätzung der Größe des Kerns eines Riesenplaneten wurde in den 1970er Jahren durchgeführt, als die Raumsonden *Pioneer 10* und *Pioneer 11* am Jupiter vorbeiflogen und das Gravitationsfeld des Planeten vermaßen. Die damaligen Daten ergaben, dass Jupiter einen Kern mit der bis zu 20fachen Erdmasse besitzen könnte, der unter einer Gashülle mit ungefähr der 300fachen Erdmasse verborgen ist. Diese Schätzungen waren aber schon damals äußerst unsicher, weil es keinen direkten Weg zur Messung des Kerns von Jupiter gibt. Nach neueren Arbeiten könnte der Jupiter sogar nur einen winzig kleinen festen Kern besitzen, wenn überhaupt. Die Antwort auf die Frage nach der Größe des Kerns ist aber von größter Tragweite. Von ihr hängt ab, wie sich ein derart großer Gasplanet in der Frühzeit des Sonnensystems bilden konnte und wieso Jupiter eine stabile Umlaufbahn besitzt.

Es stehen gegenwärtig zwei Modelle zur Entstehung von Gasplaneten im Zentrum der Diskussionen unter den Astronomen. Das ältere Modell, vom Holländer Gerard Kuiper (University of Chicago) schon 1951 vorgeschlagen, geht davon aus, dass die fast gleichförmige protoplanetare Staub- und Gasscheibe um junge Sterne irgendwann instabil wird und sich zu Klumpen zusammenzuziehen beginnt. Die Gravitationskraft presst die Klumpen immer stärker zu abgekugelten Körpern zusammen, bis Planeten vom Typ des Jupiter oder des Saturn entstehen. Gasriesen entstehen nach diesem Modell durch Instabilitäten in der Gasscheibe. Das Instabilitätsmodell fiel nach den Pioneer-Messungen völlig in Misskredit, weil sich die Forscher nicht vorstellen konnten, wie ein relativ großer, steiniger Kern aus einer zusammenfallenden Wolke aus Wasserstoff- und Heliumgas entstehen kann. Diese Schwierigkeit umging das Modell des Russen Viktor S. Safronov, der in den 1960er Jahren vorschlug, dass sich zunächst ein Stein- und Eisenkern durch langsames Aufsammeln kleinerer Stücke bildet. Erst wenn dieser Kern eine bestimmte Größe erreicht hat, gelingt es ihm, auch die leichten Gase einzusammeln und sich so zu einem Riesenplaneten zu entwickeln. Das Modell der Ansammlung von Gasen um einen Kern erhielt Unterstützung durch Douglas Lin von der University of California und von Hiroshi Mizumo von der Universität in Kyoto, Japan. Lin hatte schon lange vor der Entdeckung von 51 Peg vermutet, Riesenplaneten könnten recht schnell und häufig entstehen und in extremen Umlaufbahnen ihren Stern umkreisen. Sein Modell geht von einem Kern mit etwa der zehnfachen Erdmasse aus. Ein solcher Brocken hätte genügend Anziehungskraft, um sehr schnell alles Gas in seiner näheren Umgebung aufzunehmen. Das Resultat müsste eine Lücke in der protoplanetaren Gas- und Staubscheibe sein. Eine Bestätigung seiner Theorie fand Lin, als das Hubble-Teleskop die protoplanetare Scheibe um den Stern Beta Pictoris fotografierte. Da war klar und deutlich eine Lücke im Gas- und Staubsystem zu erkennen (Abb. 15). Lins Modell zeigt aber auch, wie die Gezeitenkräfte einen Riesenplaneten schnell gegen das Zentrum des Systems ziehen können. Ich werde darauf noch zurückkommen.

Auch gemäß Mizumos Computersimulationen beginnt ein Planet sehr schnell Gas aufzunehmen, wenn sein Kern eine kritische Größe von ungefähr 15 Erdmassen erreicht.[10] Dies war ja interessanterweise gerade die Masse, welche die Amerikaner aus den Pioneer-Daten für den Kern von Jupiter ermittelt hatten.

Blieb die Frage zu beantworten, wie schnell ein Planet mit dieser Methode wachsen kann. Erinnern wir uns, ein Stern der Größe der Sonne durchläuft die kritische Phase, in welcher sich Planeten bilden können, in nur rund zehn Millionen Jahren. Auch wenn eine solche Zeitspanne für uns in keiner Art und Weise vorstellbar ist, stellt sie doch einen äußerst engen Rahmen für die Entstehung eines Riesenplaneten dar. Einmal mehr brachten Computersimulationen die Wissenschaftler ein ganzes Stück weiter. Jack Lissauer, dem Planetologen vom Ames Research Center der NASA in Kalifornien, fiel auf, dass in den bis damals gemachten Überlegungen ein wichtiger Faktor fehlte: Die Reihenfolge, in der die Planeten entstehen. Wenn sich nämlich alle Planeten im gleichen Zeitraum entwickeln, so kommt es zwischen ihnen zur Konkurrenz um das Material in der protoplanetaren Scheibe, und der ganze Prozess braucht sehr viel Zeit. Sobald aber Lissauer in seinen Modellrechnungen einem Planeten etwas Vorsprung gab, konnte dieser Planet sehr schnell sehr viel Material einsammeln, und der ganze Vorgang war in wenigen Millionen Jahren abgeschlossen. Damit sind aber einmal mehr längst nicht alle Probleme gelöst, und zwar aus mindestens drei Gründen:

▶ Erstens sind einige Millionen Jahre immer noch recht lange, wenn die Obergrenze für die Entstehung aller Planeten bei schon fast großzügigen zehn Millionen Jahren liegt.

▶ Zweitens zeigen die neu entdeckten extrasolaren Planeten mit ihren überraschend engen Umlaufbahnen, dass die Bildung von Planeten keineswegs immer zu stabilen Umlaufbahnen führt. Die meisten Theoretiker nehmen heute an, diese Planeten seien weiter draußen in ihrem System entstanden und später durch die Gravitationswirkung anderer Planeten oder durch die Bremswirkung des Gases in der protoplanetaren Scheibe auf immer engere Umlaufbahnen gezwungen worden. Für die Planeten in einem solchen System muss die Wanderung des Riesen nach innen dramatische Folgen haben. Der Gigant selbst kann in einer raschen Spiralbewegung in weniger als einer Million Jahren in seine Sonne stürzen. Andere, kleinere Planeten, die weiter innen als der Riese entstanden, würden dabei durch die Gravitationswirkung entweder in Stücke gerissen, aus dem System hinausgeschleudert oder ebenfalls nach innen zu einem feurigen Untergang in die eigene Sonne katapultiert.

▶ Und drittens sprechen Experimente der Arbeitsgruppe von William J. Nellis am Lawrence Livermore National Laboratory in Kalifornien für einen Jupiter, der entweder gar keinen oder nur einen relativ kleinen Kern aus geschmolzenen Gesteinen und schwereren Elementen besitzt.

Die Gruppe um Nellis versucht mit Hilfe einer gigantischen Gaskanone die Bedingungen nachzuahmen, die tief im Innern des Jupiters herrschen. Bei den Versuchen geht es zwar nur sekundär um die Physik der großen Planeten. Primär werden die Eigenschaften von Wasserstoff unter extremen Druckverhältnissen untersucht. Die Hoffnung besteht, dereinst mit festem, metallischem Wasserstoff neue Werkstoffe, extrem saubere Treibstoffe und neuartige elektrische Leiter herzustellen, die keinen Energieverlust mehr aufweisen. Die Resultate sind aber für die Astrophysiker ebenso spannend wie für die Erforschung der praktischen Anwendungsmöglichkeiten. Die Physiker in Livermore schießen mit einer zweistufigen Gaskanone Geschosse mit Geschwindigkeiten bis zu 7 km/s (26 000 km/h) auf eine kleine Probe aus flüssigem Wasserstoff.[11] Dies entspricht etwa der 15fachen Geschwindigkeit einer Gewehrkugel. Beim Aufprall der Geschosse entstehen Drücke bis zu 180 Gigapascal, oder dem 18 000fachen Druck unserer Atmosphäre. Unter diesen extremen Bedingungen verliert Wasserstoff die Eigenschaften, die er unter Normalbedingungen auf der Erde zeigt.

Die Wasserstoffmoleküle werden so eng zusammengedrückt, dass sie teilweise in einzelne Atome zerfallen und die Elektronen frei von einem Molekül oder Atom zum anderen wechseln können. Fließende Elektronen bedeuten elektrischen Stromfluss. Wasserstoff wird damit unter den Extrembedingungen zu einem elektrischen Leiter und nimmt metallische Eigenschaften an. Nellis und seine Mitarbeiter konnten minimale metallische Eigenschaften von Wasserstoff schon bei Drücken um 140 Gigapascal (4000 K) beobachten. Solche Bedingungen herrschen im Planeten Jupiter bereits in einer Tiefe von nur 7000 km (Jupiterradius: 71 800 km). Vor den Experimenten der Kalifornier war angenommen worden, im Jupiter würde eine Schicht flüssigen Wasserstoffs bis in eine Tiefe von 18 000 km als Isolator wirken und erst in dieser Tiefe in einem sehr plötzlichen Übergang metallische Eigenschaften annehmen. Dieser Übergang und seine Tiefe im Planeten sind wichtig für die Bestimmung der Eigenschaften des Magnetfelds. Jupiter hat ein sehr starkes Magnetfeld, welches durch die Bewegungen im metallischen Kern erzeugt wird. Der Kern scheint nun viel weiter an die Oberfläche heranzureichen, als bisher angenommen worden ist, was auch die relative Stärke des Magnetfelds erklären kann. Ebenso interessant und wichtig ist aber auch die Feststellung, dass der Übergang vom elektrisch nicht leitenden flüssigen zum leitenden metallischen Wasserstoff nicht abrupt, sondern langsam erfolgt.

Werden nun die neuen Resultate über das Verhalten von Wasserstoff bei extrem hohen Drücken in die Modelle über den Aufbau des Jupiters einbezogen, so geschieht etwas Überraschendes: Die Daten stimmen mit einem Jupitermodell überein, bei dem die Masse des Kerns aus schweren Elementen gleich null ist. Ist es also doch nichts mit der Ansammlung von Gasen um einen relativ großen, massiven Kern? Müssen die theoretischen Astrophysiker wieder zurück zum alten Modell der Instabilitäten in der protoplanetaren Scheibe? Dazu ist es wahrscheinlich noch zu früh, weil die Bestimmung der massiven Kerngröße noch immer mit großen Unsicherheiten verbunden ist. Die Existenz eines kleineren, massiven Kerns im Zentrum des Jupiters kann nach wie vor nicht völlig ausgeschlossen werden. Aber reicht ein solcher Kern für die Bildung eines Gasplaneten aus? Kann ein kleiner Kern wirklich in der zur Verfügung stehenden kurzen Zeit die 300fache Erdmasse an leichten und flüchtigen Gasen einsammeln? Oder ist ein kleiner Kern nur als Nebenprodukt während der Entstehung des Planeten durch das eingesammelte schwere Material entstanden und hat mit seinem Wachstum nur am Rande zu tun?

Immerhin haben einige Planetologen begonnen, wieder mit dem Instabilitätsmodell zu arbeiten. Einer dieser Wissenschaftler ist Alan Boss von der Carnegie Institution in Washington. Er schlägt eine Abwandlung des alten Instabilitätsmodells vor. Boss nutzt die Möglichkeiten der modernen Computer und bezieht die neuesten Daten in sein Modell ein. Und er erlebt eine weitere Überraschung: In seinen Simulationen beginnen die protoplanetaren Scheiben bereits nach 2200 Jahren Spiralarme auszubilden. Nach 3000 Jahren bilden sich erste große Klumpen von Material etwas außerhalb der Umlaufbahn des Jupiters. Nach 3500 Jahren ist der erste Planet ungefähr auf die Bahn des Saturns nach außen gewandert und löst die Bildung eines zweiten großen Planeten etwas außerhalb der Jupiterbahn aus. Kurz nach der Bildung der Protoplaneten beginnen in den Simulationen von Alan Boss die relativ schweren Staubkörner immer tiefer gegen das Zentrum des Planeten zu fallen und dort einen kleinen Kern aus schwererem Material zu bilden. Die Kerne der Gasriesen der Jupiter- und Saturn-Klasse würden nach seinem Modell nur etwa ein Zehntel bis ein Drittel so massiv sein wie bisher angenommen.[5]

Zwei Gasriesen in nur 3500 Jahren und erst noch in der ungefähren Entfernung der Riesenplaneten in unserem Sonnensystem. Dies ist schon fast eine fantastisch anmutende kurze Zeitspanne. Allerneueste Computersimulationen scheinen solch kurze Geburtszeiten allerdings klar zu bestätigen. Einer internationalen Gruppe um Lucio Mayer von der University of Washington in Seattle und der Universität Zürich in der Schweiz, gelangen 2002 dreidimensionale Berechnungen des Verhaltens von protoplanetaren Scheiben mit einer bis dahin nie erreichten Auflösung. Und siehe da: Nach nur etwa 1000 Jahren simulierter Zeit entstanden im Computer zwei bis drei Riesenplaneten vom Typ Saturn und/oder Jupiter.[14] Die Berechnungen zeigten, dass die Materie in den protoplanetaren Scheiben rasch zu verklumpen begann. Wenn einmal erste Materieansammlungen entstanden waren, beschleunigte sich der Prozess enorm und führte in unerwartet kurzer Zeit zu recht bekannt anmutenden virtuellen Planetensystemen mit stabilen Planeten, die nicht gleich wieder zerfallen.

Es kommt noch dazu, dass die Gasriesen in den Modellen sehr schnell alles Gas aufnehmen und damit nicht nur wachsen, sondern sich selbst auch eine »saubere« Umlaufbahn schaffen. Dies ist wichtig, weil eine Umlaufbahn mit viel Restmaterial die Bahnen der Planeten stört. Das verbleibende Material könnte die Planeten langsam abbremsen und aus ihrer Bahn werfen. Ein Sturz der Riesen in ihre eigene Sonne wäre die Konsequenz, mit all den katastrophalen Folgen für kleinere Planeten. Sind die Umlaufbahnen aber »sauber«, unterbleibt die Bahnstörung und der Planet kann seine Sonne in einem stabilen Orbit umrunden. Mit solchen Einflüssen der protoplanetaren Scheibe auf das Schicksal des entstehenden Planetensystems rechnet auch Alan Boss. Nach seinen Vorstellungen entscheidet sich die Zukunft der Planeten durch die Existenzdauer der protoplanetaren Scheibe. Ist die Scheibe kurzlebig, so ist im System schon kurz nach der Entstehung eines Jupiters kaum mehr Gas und Staub vorhanden. Unter diesen Bedingungen bleibt das Wechselspiel der Gravitationskräfte zwischen den großen Planeten und der Scheibe aus.

Stabile Umlaufbahnen sind also keineswegs eine Selbstverständlichkeit. Dies belegen immer mehr Simulationsexperimente, z. B. auch jene, die von Philip Armitage vom Canadian Institute for Theoretical Astrophysics und Bradley Hansen von der Princeton University durchgeführt wurden. In ihren Berechnungen wird erkennbar, wie schnell eine protoplanetare Scheibe instabil wird, wenn sich in ihr ein Planet bildet. Das Schicksal eines Planetensystems scheint auch nach ihren Berechnungen von der Masse der Materie in der protoplanetaren Scheibe abhängig zu sein. Ist diese Masse relativ klein, wachsen Planeten der Jupiter-Klasse langsam und verbleiben in stabileren Umlaufbahnen und auch kleinere Planeten haben eine Chance zu überleben. Ist die Masse dagegen groß, kann es zu viel heftigeren Ereignissen kommen, bis hin zur Zerstörung des ganzen Planetensystems.[9] Die extrasolaren Gasriesen, welche die Planetenjäger bisher in den engen Umlaufbahnen um ihre Sterne entdeckt haben, könnten also das Resultat einer instabilen Entwicklung der jeweiligen Planetensysteme sein. Diese »heißen Jupiter« wären danach das Resultat einer spiralförmigen Wanderung der Planeten gegen den Stern im Zentrum des Systems. Dabei könnte es durchaus auch immer wieder zu Kollisionen der »Wanderer« mit ihrer Sonne gekommen sein, was den Tod des Planeten bedeutet und vermutlich auch den Stern ganz gewaltig durchschüttelt.

Derartige Ereignisse gibt es offenbar nicht nur in der Science-Fiction. Die Spuren eines Absturzes in das Zentralgestirn bleiben wohl für lange Zeit lesbar und können mit unseren Instrumenten entdeckt werden. Einen solchen Fall scheint die Gruppe um Garik Israelian mit dem neuen Teleskop der 8-m-Klasse des European Southern Observatory auf dem Cerro Paranal in Chile entdeckt zu haben.[12] Der Stern HD 82943 im Sternbild Hydra (Wasserschlange), für den ein solches Ereignis stark vermutet wird, ist ein sonnenähnlicher Zwergstern. Er wird offenbar von mindestens zwei Planeten begleitet, mit minimalen Massen von 2,2 bzw. 0,88 Jupitermassen. Der Stern selbst ist in seinen äußeren Schichten reich an höheren Elementen. Viele dieser Elemente und ihre Isotope sind in Sternen früherer Generationen oder während deren Todeskampf entstanden. Einige wenige Elemente können aber nicht aus solchen Prozessen stammen. Dazu gehört das Lithium Isotop Li 6. Lithium-6 stammt noch aus der Zeit nach dem Urknall. Es kann allerdings nur bei relativ geringen Temperaturen überdauern. Steigt die Hitze auf über 1,5 Millionen Kelvin, wird es sofort zerstört. In einem neu geborenen Stern werden solche Temperaturen natürlich problemlos überschritten, braucht doch schon die Verschmelzung von Wasserstoff zu Helium mindestens zehn Millionen Kelvin. Erst später in der Entwicklung des jungen Sterns, wenn es zu einer Schichtung in äußere kühlere Zonen und innere heiße Gebiete kommt, könnte das Li 6 zumindest an der Oberfläche des Sterns bestehen bleiben. Wenn also im Spektrum eines Sterns Li 6 nachgewiesen werden kann, so muss es lange nach der Entstehung von außen zugeführt worden sein. Genau dies ist für HD 82943 der Fall. Der Stern zeigt in seinem Spektrum einen relativ großen Anteil Li 6, welches er lange nach seiner »Jugendphase« erhalten haben muss. Das ist aber noch nicht alles. Aus dem Spektrum kann auch die

Menge Li 6 im Stern HD 82943 geschätzt werden, und sie stimmt recht genau mit der Menge überein, die ein Gasriese bei seinem Absturz in HD 82943 mitgebracht haben müsste! Offensichtlich hat also HD 82943 einen seiner Planeten verschluckt.

Es spricht also einiges für die Annahme, die von den Planetenjägern entdeckten »heißen Jupiter« seien durch Bahnstörungen ins Innere ihres Systems gewandert. Dazu gehört auch die Tatsache, dass es bisher unter keinen Simulationsbedingungen gelingen wollte, solche Giganten der Planetenwelt nahe an einem Stern entstehen zu lassen. Der Strahlungsdruck der jungen Sonne ist einfach zu stark und bläst alles Gas nach außen. Es gibt also entweder noch unerforschte Prozesse oder es können nur Steinplaneten nahe an der Sonne entstehen, ganz so wie in unserem stabilen Sonnensystem.

Wenn die Umlaufbahn eines Planeten unstabil wird, bedeutet dies nicht unbedingt, dass er von seiner zentralen Sonne früher oder später verschluckt wird. Sein Schicksal kann auch in die entgegengesetzte Richtung verlaufen und er wird schlicht aus seinem System in die unendlichen Weiten des Weltalls katapultiert. Tatsächlich gibt es ganz konkrete Hinweise auf Planeten, denen genau dies passiert ist und die jetzt als einsame Wanderer durch die Leere zwischen den Sternen der Milchstraße ziehen.

Die Arbeitsgruppe von Kailash Sahu vom Space Telescope Science Institute in Baltimore (Maryland, USA), der Betreiberorganisation des Weltraumteleskops *Hubble*, fand im nahen Sternhaufen M 22 mit einer raffinierten Technik sehr wahrscheinlich mit einem Streich gleich sechs dieser kosmischen Vagabunden.[13] Sahu und seine Kollegen nutzten für ihre Beobachtungen die überlegene Auflösungskraft *Hubbles* und einen von Albert Einstein in seiner allgemeinen Relativitätstheorie vorausgesagten Effekt.

Einstein hatte ja erkannt, dass die Masse eines astronomischen Körpers durch ihr Schwerefeld Lichtstrahlen von ihrem geradlinigen Weg ablenkt. Exakt gleich wie ein optisches Fernrohr mit seinen Glaslinsen, kann z. B. das Schwerefeld einer Galaxie das Abbild eines weit entfernten Objekts bündeln und verstärken. Damit werden für uns Lichtquellen erfassbar, die auch für unsere besten Teleskope viel zu lichtschwach sind. Voraussetzung um diesen Gravitationseffekt auszunutzen ist natürlich die exakte Ausrichtung aller drei beteiligten Objekte. Die als »Linse« dienende Galaxie, die Erde und das Hintergrundobjekt müssen alle auf einer Linie liegen. Mit dieser Methode konnten z. B. Quasare am Rande des für uns sichtbaren Universums nachgewiesen und untersucht werden.

Der gleiche Effekt funktioniert natürlich ebenso mit kleineren Himmelskörpern als ganzen Galaxien. Auch ein Planet besitzt genügend Schwerkraft, um das Licht eines Sterns zu verstärken, wenn der Planet exakt in unserer Sichtlinie vor dem Stern durchläuft. Selbstverständlich ist der Effekt viel geringer, wenn ein Planet als Linse dient, im Vergleich mit einer ganzen Galaxie mit all ihren Milliarden von Sonnen. Zudem sind solche Vorkommnisse, Mikrolinsen-Ereignisse genannt, wegen der zu erwartenden kurzen Zeitdauer und der erforderlichen exakten Ausrichtung natürlich extrem selten. Hier kann das Gesetz der großen Zahl helfen, denn je mehr Sterne zugleich beobachtet werden können, desto wahrscheinlicher wird ein Nachweis. Kugelsternhaufen sind für diese diffizile Beobachtungsaufgabe geradezu ideal. In ihnen stehen die Sterne in großer Zahl sehr dicht nebeneinander. Damit erfasst das Sichtfeld eines Teleskops immer eine große Zahl von Sternen. Hilfreich ist auch, wenn die Objekte nicht zu weit entfernt sind. M 22 war daher für die Arbeiten der Gruppe um Kailash Sahu bestens geeignet, denn der Sternhaufen liegt mit knapp 9000 Lichtjahren Distanz recht nahe zu uns und die Sterne stehen in ihm sehr dicht. Ausgerüstet mit den modernen, hoch empfindlichen Messinstrumenten und der nötigen Computerleistung konnten sich die Wissenschaftler also mit einigermaßen Aussicht auf Erfolg auf die Suche machen.

Bei ihren Beobachtungen im Frühling 1999 erfasste Sahus Gruppe etwa 83000 Sterne und verfolgte ihre Lichtkurve. Und sie hatten Erfolg. Die sechs extrem kurzen, maximal 0,8 Tage dauernden Mikrolinsen-Ereignisse, die sie fanden, können fast nur durch planetare Körper interpretiert werden, die in unserer Sichtlinie vor einem Stern durchzogen. Die Ergebnisse sind bis heute zwar immer noch vorläufig, und Sahu und seine Mitarbeiter warnen vor übereilten Schlüssen. Wenn es sich aber tatsächlich um Planeten handelt, so müssen sie erstens mit maximal etwa 0,25 Jupitermassen relativ klein sein, und zweitens müssen sie sich jeweils in relativ großer Distanz zum Stern bewegen. Wenn die Planeten sich in einer Umlaufbahn um ihre Sonne befänden, hätten dies die Wissenschaftler an bestimmten Effekten in der Lichtkurve recht leicht entdecken können.

Neben der Tatsache, dass es überhaupt möglich sein könnte, frei vagabundierende Planeten in den unendlichen Räumen zwischen den Sternen nachzuweisen, überrascht auch die große Zahl der Nachweise. Sahu und seine Kollegen vermuten nach vorsichtigen Schätzungen, diese sich frei bewegenden Planeten könnten bis zu 10 % der Masse des Kugelsternhaufens ausmachen. Man darf gespannt die weiteren Forschungen abwarten. Wenn es sich bei den Beobachtungen von Sahu nämlich tatsächlich um den Vorbeizug von Planeten vor Sternen in M 22 handelt, eröffnet ihr Nachweis auch die Möglichkeit, sehr alte Planeten untersuchen zu können. Die Sterne in M 22 dürften zu den ältesten Sternen überhaupt gehören und bereits seit ca. 14 Milliarden Jahren ihr Licht ins Weltall abstrahlen. Mit einem so hohen Alter müssen sich die Sterne und wohl auch die Planeten schon kurz nach der Entstehung der ersten Himmelskörper im Weltall aus den Gaswolken des Urknalls geformt haben.

Wenn Gasriesen aber instabile Umlaufbahnen haben, so hat dies gravierende Konsequenzen für ihr ganzes Heimatsystem. Das Durcheinander, das die Wanderung von Gasriesen in ihrem Planetensystem mit großer Wahrscheinlichkeit verursacht, zerstört fast mit Sicherheit eine ganze Anzahl kleinerer Planeten oder wird die Zwerge aus dem System ins freie Weltall katapultieren. Es ist schwierig vorstellbar, wie unter solchen Bedingungen Leben auf den betroffenen Planeten entstehen und sich dort auch halten könnte. Dies könnte allenfalls auf Monden, die um die im System verbleibenden Gasriesen kreisen, möglich sein. Relativ stabile Bedingungen wie auf der Erde sind in solch turbulenten Systemen aber kaum zu erwarten. Wir müssen also mit einem Anteil an Planetensystemen rechnen, die von Beginn an denkbar ungünstige Bedingungen für Leben besitzen. Da mittlerweile schon eine ganze Anzahl sonnenähnlicher Sterne auf die Existenz von Planeten abgesucht worden ist, können die Astronomen bereits eine erste grobe Schätzung dieses Anteils wagen. Die »heißen Jupiter« wurden ja gerade deswegen entdeckt, weil sie durch ihre Größe und durch ihre extremen Bahnen so leicht zu entdecken sind. Wenn wir annehmen, dass die Bildung von Planeten ein normaler Vorgang in der Evolution eines Sterns ist, so lässt sich aus den bisherigen Entdeckungen abschätzen, dass ungefähr 5 % aller sonnenähnlichen Sterne von Planeten des Typs »heiße Jupiter« umkreist werden. Wir sollten aber vorsichtig sein und nicht gleich folgern, 95 % aller sonnenähnlichen Sterne würden erdähnliche Planeten im Umlauf haben. Zu viele Details sind noch unklar.

Immerhin deutet sich an, dass der Wert f_p, der Wert für planetenbildende Sternsysteme in der Drakeschen Gleichung, recht hoch sein kann. Im Moment spricht nichts gegen die Annahme, in diesen Systemen könnten auch Planeten und/oder Monde kreisen, die von ihrer Größe, ihrer Zusammensetzung, ihrer Temperatur und ihrer Bahnstabilität her die für Leben geeigneten Bedingungen besitzen. Bevor wir uns aber auf Werte für f_p und auch n_l festlegen, müssen wir auf den Nachweis erdähnlicher Planeten in der richtigen Distanz zu ihrem Zentralgestirn warten. Die Teleskope der nächsten Generation, die zum Teil schon im Bau oder in der fortgeschrittenen Planung sind, sollten diesen Nachweis möglich machen. Erst dann werden wir wissen, wie hoch der Anteil Sonnensysteme mit erdähnlichen Planeten in der bewohnbaren Zone wirklich ist. Erst dann wird auch klar sein, ob die restlichen 95 % der Sterne, die keine »heißen Jupiter« besitzen, mit ihrem Licht den Tag auf lebensfreundlichen Planeten bescheinen, oder ob es sich bei ihnen um Systeme handelt, bei denen schon alle Planeten im Stern verdampft oder ins freie Weltall geschleudert worden sind.

3.4
Von der glühenden Hölle
zum Planeten der Ozeane

Ausgehend vom Glauben, die Bibel könne als wörtliches Dokument der Vorgänge bei der Erschaffung der Welt aufgefasst werden, hat der irische Bischof Ussher im Jahre 1654 alle Zahlenangaben dieses »Buches der Bücher« zusammengetragen, aufsummiert und so den Zeitpunkt »Null« bestimmt. Im Prinzip ist dies möglich, da die Bibel in Bezug auf die Zeitangaben recht detaillierte Aussagen macht. In Genesis 5,1–5,32 wird zum Beispiel der Stammbaum Adams fein säuberlich aufgelistet. Für jeden der Stammhalter gibt uns die Bibel exakt an, welches Alter er erreicht hat und in welchem Lebensjahr die wichtigsten Söhne geboren wurden. Die Zeitangaben erscheinen uns zwar ziemlich fantastisch, so soll Noah im zarten Alter von 500 Jahren drei Söhne gezeugt haben und Methusalem erst mit 969 Jahren gestorben sein. Alle Angaben sind aber sehr detailliert und keineswegs nur summarisch gehalten, wie das Beispiel der Lebensdauer des Methusalem zeigt, und machen deshalb einen überzeugenden Eindruck. Aus dem Resultat der akribischen Aufsummierung aller Jahresangaben aus der Bibel schloss Bischof Ussher, die Erde sei am 26. Oktober 4004 vor Christus morgens um 9.00 Uhr erschaffen worden.[1] Diese Berechnung des Schöpfungsmoments war für die damalige Zeit durchaus vernünftig und stand auch nicht in allzu extremem Gegensatz zu den aktuell gültigen Erkenntnissen der Naturwissenschaften.

Sobald wir uns aber ein wenig aus dem Einflussbereich der westlichen Kulturen lösen, erkennen wir rasch, dass der Schöpfungsbericht der Bibel nur eine der zahllosen, uns von alten Kulturen überlieferten Erklärungsvarianten für die Entstehung der Welt ist. Die Herkunft und Frühzeit der Erde und des Menschen ist selbstverständlich eines der zentralen Themen fast aller Religionen. Für die geistigen Väter der Glaubensgemeinschaften galt es, den Menschen ihren eigenen rätselhaften Ursprung verständlicher zu machen. Dabei konnten sich unsere Vorfahren natürlich nicht auf naturwissenschaftlich abgesicherte Daten stützen, sondern mussten aus dem Naturverständnis ihrer Zeit eine Erklärung konstruieren, die, angesichts des großen Rätsels der Herkunft, keinem Gefüge aus Ursache und Wirkung zu gehorchen hatte und durchaus mystische Teile enthalten durfte. Der moderne naturwissenschaftliche Weg zur Erklärung der Vergangenheit muss hingegen ganz anderen Anforderungen genügen. Wenn wir heute sicher sind, die Erde sei viel älter als 6000 Jahre und habe sich vor rund 4,5 Milliarden Jahren zusammen mit der Sonne, den anderen Planeten und ihren Monden, den Asteroiden und Kometen aus einer gemeinsamen protoplanetaren Scheibe gebildet, so stützt sich diese Aussage nicht auf eine Eingebung, sondern auf nachprüfbare Fakten, die Teil eines logisch begründeten Weltmodells sind. Mit dem hohen Alter der Erde haben heute auch die Bibelwissenschaftler der katholischen Kirche keine Probleme mehr. Für sie sind die Angaben der Bibel aus jener Zeit zu verstehen, in der sie geschrieben worden sind und haben erklärenden, symbolischen Charakter. Diese aufgeklärte Sichtweise teilen sie allerdings längst nicht mit allen Gläubigen der christlichen Religionen und Sekten. Einige von ihnen sind nach wie vor streng dem wörtlichen Text der Bibel verhaftet, wie z. B. die Anhänger des Kreationismus, für die der biblische Schöpfungsbericht ein in jeder Facette wörtlich zu nehmendes Protokoll real geschehener Vorgänge ist! Dazu gehört auch das geringe Alter der Erde. Die sieben Tage der Schöpfung sind für Kreationisten keine Metaphern für längere Zeiträume, nein, jeder »Tag« entspricht 24 Stunden und keiner Sekunde mehr (oder weniger).

Der Kreationismus ist damit eine fundamentalistische Glaubensrichtung, die vor allem in den strenggläubigen Gebieten der USA zu einer gesellschaftlichen und damit auch politischen Macht geworden ist. Die Kreationisten sind äußerst aktiv und versuchen gegenwärtig, auch in Europa Fuß zu fassen. Führende Anhänger dieser Glaubensrichtung um Duane Gish haben eine ganze Reihe Bücher herausgegeben, sie sind in populären Zeitschriften präsent, führen öffentliche Diskussionen, haben regelmäßige Fernsehauftritte und üben ihren so gewonnenen Einfluss auf Politiker aus. Es ist mir ein großes Anliegen, die Gefahren von einer derartig radikalen Auslegung der Bibel aufzuzeigen. Nachfolgender Exkurs geht daher auf die Problematik der sich zumindest teilweise wissenschaftlich tarnenden Sekte ein.

Die Kreationisten argumentieren eigentlich zweigleisig. Einerseits gilt für sie die Bibel als exaktes Protokoll der Schöpfung. Folgerichtig verwerfen sie alle modernen Theorien, die in der Bibel nicht erwähnt sind oder die den Aussagen der Bibel widersprechen. Sie bekämpfen mit großer Vehemenz die Theorie des Urknalls, alle Modelle zur Entstehung der Planeten und mit spezieller Leidenschaft die Evolutionstheorie der Biologie. Da sie die gesamten modernen Naturwissenschaften aber nicht als bloßen Unglauben abtun können, versuchen sie andererseits, mit pseudowissenschaftlicher Argumentation die Erkenntnisse der Naturwissenschaften »wissenschaftlich« zu widerlegen. Dazu hat die Gesellschaft ein eigenes Forschungsinstitut gegründet, das »Institute for Creation Research« in Santee in der Nähe von San Diego, Kalifornien. Sie unterhält dort sogar ein eigenes Museum, das ihre alternative Sicht der Evolution des Lebens darstellen soll. Die Kreationisten gehen äußerst geschickt vor. In ihrer Argumentation nutzen sie die Sensationsgier der Medien und deren Konsumenten sowie die Unkenntnis der Laien über den Wissenschaftsbetrieb nach Strich und Faden aus. Wird etwa ein Teilaspekt einer jener Theorien, die auf der »Abschussliste« der Strenggläubigen steht, von den Wissenschaftlern nur diskutiert, so ist das für die Kreationisten gleichbedeutend mit der Widerlegung der gesamten Theorie. Tatsächlich aber werden Streitgespräche unter Naturwissenschaftlern manchmal heftig und mit größter Leidenschaft geführt. Sie sind im Wissenschaftsbetrieb normaler Alltag und haben nur selten zur Folge, dass eine der großen und gut untersuchten Theorien aufgegeben werden müsste. Sehr oft aber wird ein Teilaspekt einer Theorie weiterentwickelt, ergänzt oder verfeinert. Die Theorie selbst wird so immer weiter verbessert und keineswegs widerlegt! Die Auseinandersetzung führt in solchen Fällen häufig zu einem besseren Verständnis der Naturvorgänge und nur in extrem seltenen Ausnahmefällen zu einer echten Revolution im Gebäude der großen Theorien. Für die Kreationisten hingegen ist dann aber nicht nur eine Teilaspekt einer Theorie überholt, nein, die gesamte Theorie ist tot; vor allem natürlich, wenn es um zentrale Punkte ihrer Anliegen geht.

Leider werden die Kreationisten häufig durch sensationell aufgemachte Medienberichte unterstützt. Als zum Beispiel Niles Eldredge und Stephen Jay Gould 1972 das Modell des punktierten Gleichgewichts vorschlugen und dies prompt zu teilweise heftigen Diskussionen unter den Wissenschaftlern führte, titelten auch große und seriöse Zeitungen und Zeitschriften sofort über den Untergang des »Darwinismus«. Die Kreationisten hatten ihren großen Tag und triumphierten, war doch wieder einmal ein klarer Beweis für die Unrichtigkeit der verhassten Evolutionstheorie gefunden worden. Dabei ging es Eldredge und Gould lediglich um die Geschwindigkeit, mit der Arten entstehen können, und keineswegs um die Abschaffung der Evolutionstheorie. Die beiden Forscher zeigten, dass die Artbildung in gewissen Fällen sehr viel schneller ablaufen kann, als wohl die meisten Evolutionsbiologen vor ihnen angenommen hatten. Zudem scheinen sich viele Arten nach ihrer Entstehung über sehr lange Zeiträume kaum zu verändern. Die Evolutionstheorie selbst ging wegen den neuen Einsichten der beiden Amerikaner natürlich nicht unter, sondern wurde reichhaltiger und in einem weiteren Aspekt untermauert.

Die Kreationisten werfen dann in solchen Fällen häufig die Frage auf, wem denn nun »geglaubt« werden solle, den Wissenschaftlern, die sich uneins sind, oder der Bibel, die eine klare Aussage macht. Naturwissenschaftliche Erkenntnisse werden so zur Ansichtssache, sie werden zu einer Frage des Glaubens und des Vertrauens in einzelne Wissenschaftler degradiert.

Der Kreationismus ist vor allem in den USA zu einem gesellschaftspolitischen Problem geworden und seine Anhänger sind in den letzten Jahren auch zur »Eroberung Europas« angetreten, wie die vielen, mit großem Aufwand und teuer produzierten Bücher, Zeitschriften und Broschüren beweisen. In Deutschland ist die »Studiengemeinschaft Wort und Wissen e.V.« aktiv, in der Schweiz ist es der Verein »Pro Genesis«, der sich für die nahe Zukunft vorgenommen hat, die Schülerschaft zu bekehren und einen eigenen Erlebnispark aufzubauen. In Italien hat im April 2004 Bildungsministerin Letizia Moratti die Evolutionstheorie aus dem Lehrplan für die 10- bis 13-Jährigen gestrichen und durch die biblische Schöpfungslehre ersetzt! Erst nach massivem Protest wurde die Verordnung zurückgezogen und eine Spezialkommission eingesetzt, die prüft, wie in Zukunft den jungen Italienern die Evolutionstheorie vermittelt werden soll. Die jüngste Aktion der Kreationisten stammt aus Serbien. Dort hat Bildungsministerin Ljiliana Colic Anfang September 2004 beschlossen, für die Grundschule ab dem nächsten Schuljahr die biblische Geschichte von der Erschaffung des Menschen gleichberechtigt neben der Darwinschen Lehre unterrichten zu lassen. Frau Colic musste zwar kurz darauf von ihrem Amt zurücktreten, der Vorfall zeigt aber, wie weit auch in Führungskreise hinein der Einfluss der Kreationisten heute bereits reicht.

In den USA ist es den Kreationisten immer wieder gelungen, Richter und Laienbehörden von der »Wissenschaftlichkeit« ihrer Ansichten zu überzeugen und/oder die Evolutionstheorie als einen die Bibel konkurrierenden, materialistischen und daher in seinen Grundzügen schlechten »Glauben« darzustellen. Verschiedene Schulbehörden streichen daher regelmäßig die Evolutionstheorie vom Lehrplan ihrer Schulen. So auch der Bundesstaat Kansas, wo der Schulausschuss 1999 verbot, die Schüler und Schülerinnen der staatlichen Schulen über Evolution, Paläontologie und den Urknall zu unterrichten. Diese Zensur ist nicht nur deswegen gefährlich, weil sie Glauben mit Wissenschaftlichkeit vermischt und verwechselt, sondern weil sie den jungen Leuten auch eine wichtige Basis des modernen Weltbilds entzieht. Wenn die Resultate des wissenschaftlichen Arbeitens nur als eine andere Art Glaube gelten, so beginnt das Fundament der modernen Gesellschaft zu wanken. Denn ohne naturwissenschaftliches Verständnis fehlen sämtliche Grundlagen, um die Errungenschaften der modernen Technik, der Medizin und der Landwirtschaft zu verstehen und weiterentwickeln zu können. Wenn zu viele Zeitgenossen dieses Fundament nicht kennen oder gar ablehnen, droht entweder die Spaltung der Gesellschaft in eine kleine informierte Elite, welche die Geschicke der Menschheit nach eigenem Gutdünken gestaltet, und in eine uninformierte, manipulierte Masse oder gar ein Rückfall in ein finsteres, fundamentalistisches Zeitalter, mit allen Konsequenzen für unser Leben. Wir Naturwissenschaftler haben hier eine Aufgabe zu erfüllen, die viele von uns in der Vergangenheit zu wenig ernst genommen haben. Es kann nicht hingenommen werden, dass Resultate naturwissenschaftlicher Arbeiten in der breiten Bevölkerung als ein Glaube oder eine weitere Art esoterischen Weltverständnisses gelten. Wir müssen alles unternehmen, um den Menschen den Zugang zu naturwissenschaftlicher Erkenntnis zu zeigen und ihnen das faszinierende Erlebnis des tieferen Verstehens der Welt zu öffnen. Ohne dieses Verständnis wird Naturwissenschaft in der Bevölkerung wie eine Art Geheimorganisation oder ein Glaube erscheinen.

Leider helfen viele Naturwissenschaftler den Menschen kaum, einen Zugang zur Forschung zu finden und schrecken bereits mit ihrem Fachjargon ab, den sie auch bei öffentlichen Auftritten nicht ablegen. Damit verunmöglichen sie es einem Laien bereits durch die zahllosen Fremdwörter, den Übergang vom »Glauben« zum »Verstehen« zu machen. Ich bin fest davon überzeugt und erlebe es als Lehrer tagtäglich, dass fast jeder Vorgang mit einfachen Worten, ganz ohne Fachbegriffe, erklärt werden kann! Dies hat nichts mit unzulässigem Vereinfachen zu tun, ganz im Gegenteil. Es ist natürlich schwieriger, einem Laien einen Vorgang verständlich zu machen, als einem Kollegen eine neue Entdeckung mitzuteilen. Denn Fachbegriffe sind nichts anderes als ein Code, mit dem wir komplexe Geschehnisse oder Dinge benennen, damit wir sie nicht wiederholt neu erklären müssen. Naturwissenschaftler müssen daher aufzeigen, wie fast jedermann, den Willen dazu vorausgesetzt, naturwissenschaftliche Erkenntnisse nachvollziehen und im Prinzip auch überprüfen kann. Die unabhängige Prüfung naturwissenschaftlicher Erkenntnisse ist der eigentliche Unterschied zu jeder Art Glauben und der entscheidende Grund für den beispiellosen Erfolg der Technik. Wie sonst sollte zum Beispiel ein Ingenieur die Konstruktion einer Brücke vorausberechnen und dann auch erleben, dass die Brücke tatsächlich der Belastung standhält (vorausgesetzt es gab beim Rechnen und Bauen keine Fehler ...).

Eben weil die Naturwissenschaften mit »Glauben« nichts zu tun haben, wird eine Theorie in der internationalen Gemeinschaft der Naturwissenschaftler erst dann allgemein anerkannt, wenn sie immer und immer wieder und von ganz verschiedenen Seiten her überprüft und bestätigt worden ist. Und auch dann ist sie nach wie vor Gegenstand ständiger, neuer Hinterfragung. Eine Technik, die auf dem Verständnis der Natur aufbaut und die Erkenntnisse der Naturwissenschaften auswertet, kann nur wegen der rigorosen Überprüfung aller Grundlagen ihren hohen Zuverlässigkeitsgrad halten. So gelangten die Naturwissenschaften in den letzten Jahrzehnten zu den enormen Fortschritten im Verständnis der Welt.

Kein Laie muss einem Naturwissenschaftler einfach nur glauben, und kein Naturwissenschaftler kann von einem Laien verlangen, dass ihm allein auf Grund seiner Position als Naturwissenschaftler geglaubt wird. Wenn Naturwissenschaftler gläubiges Vertrauen fordern, dann nähern sie sich den Fundamentalisten – ein entscheidender Punkt für den Erfolg der Sektierer. Diese verlangen den Glauben an die Heilige Schrift, Forscher verlangen aus ihrer Sicht den Glauben an die Naturwissenschaft. Wem soll ein Laie nun vertrauen?

Die Attacken der Kreationisten können nur abgewehrt werden, wenn es gelingt, den Menschen naturwissenschaftliche Arbeiten verständlich zu machen und ihnen so der Zugang zum modernen Weltbild ermöglicht wird. Das ist aufwendig und kostet Kraft, trotzdem muss diese Arbeit getan werden, wenn verhindert werden soll, dass die aufkommende Entfremdung zu den Naturwissenschaften und die sich ausbreitende Technikfeindlichkeit in starke Strömungen gegen das Rückgrat unseres Weltverständnisses und die Basis unserer Gesellschaft umschlagen. Wir müssen aufzeigen, wieso Astrologie und Esoterik reine Glaubenserscheinungen sind und mit der Wirklichkeit nichts zu tun haben. Nur so lässt sich vermeiden, dass den beiden Strömungen in der breiten Bevölkerung ein ähnlicher Erklärungswert zugesprochen wird wie den Naturwissenschaften. Die Menschheit wird nur dann eine Überlebenschance haben, wenn es gelingt, den Rückfall in ein wissenschaftliches Mittelalter zu vermeiden. Der Erfolg von Esoterik, Astrologie und verschiedener religiöser Strömungen kommt nicht von ungefähr und muss als ernste Warnung wahrgenommen werden. Wie tief solche Grenzwissenschaften in der Bevölkerung verwurzelt sind, zeigen manche Details, die aber nur auf den ersten Blick zum Schmunzeln anregen. So habe ich vor kurzem an einem Kiosk eine astronomische Zeitschrift gesucht, sie zunächst nicht gefunden, um sie dann unter den zahlreichen Astrologieprodukten zu entdecken.

Öffentliche Diskussionen mit Kreationisten sind schwierig, weil sie bei solchen Gelegenheiten eine geschickte Taktik verfolgen und immer wieder mit einer Fülle von einzelnen Beispielen argumentieren. Es fehlt bei solchen Anlässen meist Zeit und Dokumentationsmaterial, um die Einwürfe zu widerlegen und genauer zu beschreiben, weshalb die Weltsicht der fundamentalistischen Eiferer vor den Tatsachen nicht bestehen kann. Auch die Gegenstrategie ist oft nicht einfach, weil jede Diskussion biblischer Texte bei vielen Zuhörern sofort gewaltige Emotionen auslöst. Aber Kreationisten dürfen und müssen auch hart an ihren Wurzeln gepackt werden. Wenn die Bibel schon ein exaktes Protokoll der in ihr beschriebenen Vorgänge sein soll, dann muss zum Beispiel erklärt werden, wer die »Gottessöhne« sind, welche die Töchter der Menschen nach Belieben zur Frau nahmen (Genesis 6,2). Und sie müssen uns unter vielen anderen Ungereimtheiten der Bibel auch erklären, welcher der beiden Schöpfungsberichte (Genesis 1,1–2,4a oder Genesis 2,4b–2,25) das Protokoll der Erschaffung der Erde sein soll. Die beiden Berichte wiedersprechen sich nämlich.

Den Kreationisten sei Thomas von Aquin (1225–1275) in Erinnerung gerufen, der in bemerkenswert einsichtiger Art geschrieben hat: »Wenn der Sinn einer Schriftstelle an sich mehrdeutig ist, so soll keiner an seiner Auslegung derartig stark hängen bleiben, dass schließlich die Heilige Schrift zum Gelächter für die Ungläubigen wird.«

Dieser Exkurs war lang, aber es ist wichtig, den Rückfall in ein dogmatisches, fundamentalistisches Zeitalter zu vermeiden. Solche Strömungen haben in der Weltgeschichte genügend Unheil angerichtet, nicht zuletzt auch von unseren westlichen Kulturen ausgehend. Nun aber zurück zum eigentlichen Thema dieses Kapitels.

Über das wahre Alter der Erde und des ganzen Sonnensystems herrscht unter den Naturwissenschaftlern heute große Einigkeit. Nicht etwa, weil irgendjemand ein bestimmtes Alter zum Glaubenssatz erhoben hat, sondern weil eine ganze Reihe verschiedener Messmethoden zu übereinstimmenden Ergebnissen geführt haben. Besonders wichtig sind Methoden, bei denen Wissenschaftler natürliche Prozesse nutzen können, die mit großer Regelmäßigkeit ablaufen und so wie eine Uhr die Zeit messen. Dazu gehören alle Varianten der Altersbestimmung mit Hilfe der radioaktiven Elemente.

Schon bald nach Entdeckung der Radioaktivität Ende des 19. Jahrhunderts durch den Franzosen Henri Becquerel wurde die Ursache der zunächst geheimnisvollen Strahlung klar: Es gibt einige chemische Elemente, deren Kerne nicht stabil sind und die sich in einen oder gleich mehrere neue Stoffe spalten. Eine folgenschwere Entdeckung, welche die Grundlage für die ganze Atomphysik des 20. Jahrhunderts bildet. Spannend für das in diesem Kapitel behandelte Thema wurde es, als die Physiker merkten, wie sich jedes radioaktive chemische Element mit einer ganz bestimmten typischen »Geschwindigkeit« in seine Spaltprodukte umwandelt. Zwar konnte man von einem einzelnen Atom nie genau voraussagen, wann es zerfiel. Sobald die Forscher aber eine größere Menge Atome eines Elements vor sich hatten, so stellten sie fest, dass nach einer charakteristischen Zeit nur noch die Hälfte des ursprünglich vorhandenen Stoffes da war – der Rest waren Spaltprodukte. Diese Zeitspanne wird heute als Halbwertszeit eines Elements bezeichnet und lässt sich sehr genau bestimmen. Zur Bestimmung der Halbwertszeit muss vom Atomphysiker lediglich in regelmäßigen Abständen die Stoffmenge gemessen werden.

Einige Atomsorten können sehr schnell zerfallen, z. B. Polonium 214. Die Hälfte des ursprünglich vorhandenen Poloniums 214 ist bereits nach 164 µs (eine Mikrosekunde [µs] ist eine Millionstel Sekunde) zu Blei 210 und einem Heliumkern geworden! Nach der doppelten Halbwertszeit, also nach 328 µs, ist nur noch ein Viertel der Ausgangsmenge vorhanden. Eine solch kurze Halbwertszeit, wie sie für Polonium 214 gemessen wird, ist zur Altersbestimmung von Gesteinen der Erde oder von Proben anderer Himmelskörper natürlich wertlos. Diese »schnelllebigen« Stoffe sind schon nach kurzer Zeit praktisch vollständig aus einem Stein verschwunden. Zur Altersbestimmung werden daher Stoffe untersucht, die möglichst hohe Halbwertszeiten aufweisen. So zerfällt z. B. Uran 238 mit einer Halbwertszeit von knapp 4,5 Milliarden Jahren in mehreren Zwischenstufen zu Blei 206. Auch bei diesem radioaktiven Zerfall entsteht Heliumgas, das nun genutzt werden kann, um das Alter eines Steins zu bestimmen. Die Beziehung ist ganz simpel: Je mehr Helium man im Stein findet, desto mehr Uran ist zerfallen und desto älter ist der Stein. Da Heliumgas sehr flüchtig ist, entweicht es sofort aus einem Gestein, wenn dieses zum Schmelzen gebracht wird.

Es deutet vieles darauf hin, dass die Erde, der Mond und andere Planeten zumindest zu Beginn ihrer Existenz glutflüssige Körper waren, die erst allmählich erkalteten und dabei erstarrten. Die meisten Gesteine auf der Erdoberfläche sind auch nach dieser ersten Phase der Planetenentwicklung mehrfach aufgeschmolzen worden, weil sie durch die Bewegungen der Erdkruste immer wieder tief in den Erdmantel absanken, dort bis zur Glutflüssigkeit erhitzt und nach langer Zeit wieder an die Oberfläche transportiert wurden. Es ist deswegen recht schwierig, auf unserer Erde Steine oder Mineralien aus dem »Babyalter« unseres Planeten zu finden. Wesentlich einfacher gelingt dies auf dem Mond, da er offensichtlich schon seit langer Zeit keine nennenswerten Aktivitäten mehr aufweist und viele seiner Gesteine in ihrem ursprünglichen Zustand erhalten geblieben sind. Ähnliches gilt auch für viele Meteoriten.

Die Altersbestimmung eines Gesteins mit der Uran-238-/Helium-Methode basiert auf dem vollständigen Entweichen des Heliums bei jedem Schmelzvorgang. Erst nach dem Erstarren beginnt sich das Helium im Gestein wieder langsam anzusammeln. Bei jedem Schmelzvorgang wird die »Uhr« des Steins also wieder auf Null gestellt und erlaubt so die Bestimmung des Erstarrungszeitpunkts. Im Prinzip gilt dafür die einfache Beziehung, je länger das Erstarren zurückliegt, desto mehr Uran ist zerfallen, was sich im Heliumgehalt des Gesteins zeigt. Die ursprüngliche Uranmenge ist aber von Stein zu Stein unterschiedlich, neben dem Heliumgehalt muss daher auch die noch vorhandene Uranmenge bestimmt werden. Man muss dann nur aus dem Heliumgehalt die entsprechende Uranmenge berechnen, diese zur aktuell vorhandenen Uranmenge addieren – und kennt so die ehemals vorhandene Menge Uran.

Die ältesten von den *Apollo*-Astronauten vom Mond zurückgebrachten Gesteine ergeben alle ein maximales Alter des Erdtrabanten von 4,55 Milliarden Jahren. Dieses Alter passt exakt zu den Werten, die bei Meteoriten gemessen wurden, und dürfte für fast das ganze Sonnensystem gelten, also auch für die Erde. Und tatsächlich sind die ältesten auf der Erde vorhandenen Mineralien, einige Zirkonkörner, mit 4,4 Milliarden Jahren nur wenig jünger. Selbstverständlich werden die Gesteine nicht nur mit einer radioaktiven Zerfallsmethode untersucht. Zur unabhängigen Altersbestimmung messen die Wissenschaftler möglichst viele der bekannten Isotope und deren Zerfallsprodukte. Die erhaltenen Werte sind alle sehr ähnlich, was ein Zeichen für die Zuverlässigkeit der Methode ist.

Wie sah es nun kurz nach ihrer Entstehung auf der Erde aus? Nach ihrer Geburt war die Erde keinesfalls ein lebensfreundlicher Planet. Bereits während des Aufbauprozesses der Erde aus Planetesimalen der protoplanetaren Scheibe wurde die junge Erde ständig durch Einschläge unvorstellbarer Wucht erschüttert. Man nimmt heute an, dass sich in der Frühzeit der Erde hunderte planetare Embryonen von der Größe des Mondes oder des Planeten Mars gebildet hatten. Diese Körper umliefen die Sonne zunächst in mehr oder weniger kreisförmigen Bahnen. Auf Grund der geringen Unterschiede ihrer Bahnradien muss es aber oft zu nahen Begegnungen zwischen ihnen gekommen sein. Durch gegenseitige Gravitationseinflüsse entstanden immer wieder Bahnstörungen, so dass Kreisbahnen rasch zur Seltenheit wurden. Elliptische Bahnen aber kreuzen sich unweigerlich früher oder später. Die Folge: Zusammenstöße zwischen den Planetenkeimen waren sicher keine Seltenheit. Diese kosmischen Crashs müssen grandiose Katastrophen ausgelöst haben, die freigesetzte Energiemenge ließ ganze Himmelskörper von der Größe der Urerde immer wieder vollständig schmelzen und hielt sie längere Zeit in flüssigem Zustand.

Auch unsere Erde entkam diesem Schicksal nicht. Davon zeugt ihr geschichteter Aufbau, mit einem Kern aus schwereren und einer Kruste aus leichteren Elementen. Während der glutflüssigen Phase der Erde sanken die schwereren Elemente zum Zentrum des Planeten, während die leichteren Elemente aufstiegen und heute die Oberfläche bilden.

Nach maximal 100 Millionen Jahren dürfte diese erste Phase der gigantischen Zusammenstöße vorbei gewesen sein. Es gibt nichts, womit wir Menschen die Wucht der Einschläge der damaligen Zeit vergleichen könnten. Was sich dort abgespielt hat, das waren Katastrophen wahrlich astronomischen Ausmaßes, und es spricht nicht nur der geschichtete Aufbau der Erde für eine stürmische Vergangenheit unseres Planeten. Einen weiteren Schlüssel zu dieser überraschenden Erkenntnis lieferte unser guter alter Mond. Schon seit einiger Zeit hatten sich die Astronomen gewundert, wie ein so großer Körper direkt neben unserer Erde entstanden sein konnte. Die Geburt aus einer gemeinsamen Staubwolke musste definitiv ausgeschlossen werden, dazu reichte der Platz einfach nicht aus. Gegen diese Theorie spricht auch, dass sich Mond und Erde ursprünglich sehr viel näher waren als heute. Selbst wenn sich zwei Staubwolken in geringem Abstand gebildet hätten, so müsste die Schwerkraft die gesamte Materie des Systems Erde–Mond in ein einziges Zentrum gezogen haben. Die vorhandenen Daten widersprechen auch der Annahme, die Erde habe den Mond eingefangen, als er unserem Planeten zu nahe kam. Oft wurde daher spekuliert, die Erde sei mit einem größeren Himmelskörper zusammengestoßen, und der Mond hätte sich aus dem Trümmermaterial dieser planetaren Katastrophe gebildet. Diese Theorie, bereits 1976 von Alastair G. W. Cameron (heute an der University of Arizona) vorgebracht, war eigentlich ganz einleuchtend. Sie hatte bloß einen kleinen Schönheitsfehler – es gab keine klaren Beweise.

Beweise gibt es auch heute noch nicht, aber die Indizien im »Fall Mond« sind zunehmend eindeutiger geworden. Dazu beigetragen haben die unglaublich detaillierten Computersimulationen von Robin M. Canup, der am Southwest Research Institute in Boulder, Colorado, arbeitet, und von Erik Asphaug an der University of California in Santa Cruz. Ohne moderne Computer, die dreidimensionale Wechselwirkungen von zahllosen flüssigen Gesteinsspritzern berechnen können, und ohne die Vorarbeiten vieler Physiker wären diese Berechnungen unmöglich gewesen. Canup und Asphaug[2] errechneten in ihren Simulationen, dass die Entstehung des Mondes und seine Zusammensetzung am besten erklärt werden kann, wenn ein Objekt von der Größe des heutigen Planeten Mars mit der Früherde in einem flachen Winkel zusammengestoßen sei. Die Forscher haben den Crashplaneten sogar schon benannt, Theia heißt er, nach der Mutter der griechischen Mondgöttin Selene. Der planetare Streifschuss muss nach den Modellrechnungen kurz vor Ende der Ausbildung der jungen Erde erfolgt sein. Dabei entstand eine riesige Menge glutflüssigen Materials, das sich in der näheren Umgebung der Erde verteilte. Ein Teil dieses Materials sammelte sich in einer engen Umlaufbahn um die Erde und verfestigte sich zu unserem ständigen Begleiter, dem Mond.

Auch die Zusammensetzung des Mondes lieferte wichtige Indizien. Einerseits ergaben die Messungen der amerikanischen Mondsonde *Lunar Prospector* klare Hinweise auf einen kleinen Eisenkern. Ein solch kleiner Kern, wie er vom Team um Alan Binder vom Lunar Research Institute in Tucson, Arizona, aus den Daten der Mondsonde ermittelt wurde, konnte nur das Resultat eines Streifschusses der Erdoberfläche sein. Ansonsten hätte auch tiefer liegendes, stärker eisenhaltiges Material den Weg ins Zentrum des Mondes genommen. Der kleine Eisenkern des Mondes schließt übrigens auch die Erklärung der Mondgeburt aus einer gemeinsamen Staubwolke mit der Erde aus. Auch in diesem Falle müsste der Eisenkern des Mondes deutlich größer sein, nämlich im Verhältnis ungefähr gleich wie jener der Erde. Es kommt hinzu, dass auch das Oberflächenmaterial des Mondes in seiner Feinzusammensetzung jenem der Erde stark gleicht. Ein Team um Uwe Wiechert von der Eidgenössisch Technischen Hochschule in Zürich verglich dazu mit einer empfindlichen Methode die chemische Zusammensetzung der von den *Apollo*-Mondlandungen stammenden Mondproben mit jener der Erde. Die Forscher verglichen bei dieser Analyse nicht nur Anteile der einzelnen chemischen Elemente in den Mineralien, sondern auch jene der verschiedenen Varianten eines Elements, der Isotope. Resultat: praktisch identisch! Dies kann nur bedeuten, dass Erde und Mond einen gemeinsamen Ursprung haben und ihr Material bei der Geburt vermischt wurde. Sehr wahrscheinlich lassen sich aus der ähnlichen Isotopenzusammensetzung auch Rückschlüsse auf den Ursprung von Theia ziehen, denn der Strahlungsdruck der jungen Sonne während der Geburt unseres Sonnensystems hat wie eine riesige Sortiermaschine gewirkt. Gleich einem riesigen Ventilator blies der heftige Sonnenwind die leichteren Elemente und deren Isotope weit in die äußeren Bereiche des Sonnensystems. Nur die schwereren Stoffe konnten sich in der Nähe der Sonne halten. Die Verteilung der Isotope erlaubt also auch Rückschlüsse auf die Distanz zur Sonne, in welcher ein Planet aus der ursprünglichen Staubscheibe entstand. Theia und die Urerde müssen sich in ähnlichem Abstand von der heftig strahlenden Sonne gebildet haben; eine wichtige Erkenntnis, um die Häufigkeit fremder Planeten zu ermitteln, auf denen Leben prinzipiell möglich ist.

Computersimulationen mit Planetenembryos führen regelmäßig zu Planetensystemen mit einer inneren Zone, die einen Himmelskörper von der Größe der Erde, einen zweiten, etwas kleineren Planeten und ein bis zwei Planeten der Größe von Merkur und Mars[3] beheimaten. Bei diesen Simulationen wurde allerdings der Einfluss der großen Planeten, speziell von Jupiter, noch nicht berücksichtigt. Sollten um große Planeten ergänzte Simulationen zu ähnlichen Resultaten führen, so hätten wir einen weiteren Grund für die Annahme, unser Planetensystem sei keineswegs einmalig.

Das Ende der Karambolagezeit bedeutete für die junge Erde zunächst nur eine relative Ruhe. Die größten Planetesimale waren zwar entweder von den Planeten aufgenommen worden oder in kleinere Bruchstücke zerplatzt, aber noch immer kreisten zahlreiche Brocken auf Kollisionskurs mit den jungen Planeten und noch immer kam es zu häufigen Zusammenstößen mit katastrophalen Folgen. Die Spuren dieser Ereignisse sind auf der Erde wegen der Verwitterung und den vielfältigen geologischen Prozessen kaum noch erkennbar. Wir brauchen aber nur in einer klaren Nacht mit einem kleinen Fernrohr oder einem guten Feldstecher die Oberfläche unseres Mondes zu betrachten, um einen Eindruck von Häufigkeit und Wucht der Einschläge zu erhalten (Abb. 16). Die Strukturen auf dem Mond sind auch heute noch, nach über drei bis vier Milliarden Jahren, weitgehend erhalten geblieben, weil auf dem Mond weder Wasser noch Wind die Landschaft verändern. Die jüngsten Gesteine, die von den Astronauten der *Apollo-12*-Mission aus dem Oceanus Procellarum, dem Meer der Stürme, auf die Erde gebracht wurden, haben ein Alter von immerhin 3,2 Milliarden Jahren, während sich die ältesten Hochländer vor fast 4,4 Milliarden Jahre gebildet haben.

Die meisten der mit unzähligen Kratern aller Größen übersäten Hochländer sind allerdings nicht ganz so alt – aber überwiegend zur gleichen Zeit entstanden, nämlich vor etwa 4,1–3,9 Milliarden Jahren. Damals muss ein unglaublich intensives Bombardement auf den Mond eingeprasselt sein, mit ganz gewaltigen Einschlägen. So gibt es in der Südpolgegend, auf der uns mehrheitlich abgewandten Seite des Mondes, einen riesigen Einschlagkrater, das Aitken-Becken. Es hat einen Durchmesser von 2200 Kilometern und entstand vor ungefähr 4,1 Milliarden Jahren. Um einen solch gigantischen Krater ausheben zu können, braucht es den Zusammenprall des Mondes mit einem Asteroiden von etwa 200 Kilometern Durchmesser. Derart große Asteroiden gibt es heute nur noch rund ein Dutzend. Das Ereignis am Südpol des Mondes war aber möglicherweise noch nicht einmal der heftigste Einschlag. Ein noch größerer und heftigerer Treffer könnte die Bildung der dunklen »Meere« auf der uns zugewandten Seite des Mondes verursacht haben. Es gibt Anzeichen, dass die gesamte Gegend der »Meere« des Mondes, also eine Region mit einem Durchmesser von über 3200 km, durch einen der ältesten und größten Einschläge auf dem Mond entstanden ist. Offenbar wurde in diesem riesigen Gebiet die Mondkruste derart geschwächt, dass sie später durch kleinere Treffer aufbrach und sich die Senken durch Lava aus dem damals noch glutflüssigen Inneren des Mondes füllten.

Unser Mond ist nicht der einzige Himmelskörper, der mit seinen unzähligen Kratern von Häufigkeit und Wucht der Ereignisse während der ersten halben Milliarde Jahre nach der Geburt unseres Sonnensystems zeugt. Die Landschaft des Planeten Merkur, der wie der Mond keine Atmosphäre besitzt und auch keine Anzeichen für tektonische Veränderungen zeigt, präsentiert sich ähnlich wie die Oberfläche des Mondes. Mit Einschränkungen gilt dies auch für Mars. Wir müssen also annehmen, dass es sich bei den Mondkratern nicht um eine lokale Häufung von kosmischen Treffern handelt und der Mond aus irgendeinem unbekannten Grund schlicht Pech gehabt hätte und als Einziger das ganze Bombardement über sich ergehen lassen musste. Nein, was wir heute auf dem Mond sehen und was uns Häufigkeit und Wucht der urzeitlichen Zusammenstöße erahnen lässt, dokumentiert offensichtlich die Vorgänge in der Frühzeit des ganzen inneren Sonnensystems.

Diese Erkenntnis hat Folgen für unser Verständnis der Geschehnisse auf der Urerde. Die Erde hat eine deutlich größere Oberfläche als der Mond und auch eine stärker anziehend wirkende Gravitationskraft. Daher ist für sie die Trefferwahrscheinlichkeit deutlich größer als für den Mond, die Erde wurde häufiger von Asteroiden, Kometen und anderen Kleinkörpern getroffen. Dies gilt ebenfalls für große und heftige Einschläge auf der Erde. Wenn auf dem frühen Mond ein oder zwei Asteroiden der Größenklasse um 200 km Durchmesser einschlugen, so ist auf der Erde mit mehr als einem Dutzend ähnlicher Vorfälle zu rechnen. Jeder dieser gewaltigen Crashs muss sich für die gesamte Oberfläche der jungen Erde apokalyptisch ausgewirkt haben. Zunächst entstand beim Einschlag eine gewaltige Hitze, die große Teile der betroffenen Erdkruste zum Verdampfen brachte und in die Atmosphäre schleuderte. Zudem wurde die Erdkruste gewaltig durchgerüttelt, was mit Sicherheit weltweit zu heftigen Erdbeben und Vulkanausbrüchen geführt hat. Durch die Wucht der Einschläge wurden viele Gesteinsbrocken im Auswurfmaterial weit über die Fluchtgeschwindigkeit hinaus beschleunigt und haben den Anziehungsbereich der Erde verlassen. Solche Einschläge sind sehr wichtig für die Verbreitung der ersten Lebenskeime gewesen. Der große Rest des heißen Auswurfmaterials fiel aber wieder auf die Erdoberfläche zurück.

Durch diese Ereignisse freigesetzte Energiemengen haben die Atmosphäre der Erde immer wieder gewaltig erhitzt. Auch die Oberfläche unseres Planeten ging nicht leer aus. Modellrechnungen zeigen, dass der Einschlag eines Objekts mit 300–400 km Durchmesser die gesamte Erdoberfläche auf bis zu 2000 °C aufheizen kann.[3] Alle Ozeane und riesige Mengen Gestein wurden verdampft. Die riesigen Mengen gasförmigen Wassers heizten die Atmosphäre nach dem Treibhauseffekt noch weiter auf. Es dürfte nach jedem dieser Treffer hunderte bis tausende Jahre gedauert haben, bis die Atmosphäre genügend Hitze an das Weltall abgestrahlt hatte und das Wasser wieder auskondensieren konnte. Lange vor dem großen Regen kam es aber zu einem unvorstellbaren Ereignis: Die in die Atmosphäre verdampften Gesteine verfestigten sich bereits bei wesentlich höheren Temperaturen als Wasser. Eine Sturzflut von glühenden Steinen muss auf die Erdoberfläche geprasselt sein.

Mittlere Einschläge von Himmelskörpern um 100–200 km erzeugten nicht ganz so viel Hitze. Immerhin dürfte die durch sie freigesetzte Energiemenge zum Verdampfen der obersten Wasserschichten aller Ozeane geführt haben. Diese Zone ist für das heutige Leben außerordentlich wichtig, weil in ihr die eingestrahlte Sonnenenergie von den photosynthetisch aktiven Kleinlebewesen genutzt werden kann. Ein Überleben von damals möglicherweise schon vorhandenen Organismen in den oberen Schichten der Ozeane und der obersten Erdkruste ist auch nach einem Treffer der »mittleren Sorte« nicht vorstellbar.

Das Bombardement nahm offensichtlich nicht langsam und stetig ab. Aus der Verteilung der Einschlagskrater auf dem Mond lässt sich folgern, dass die Zahl der Einschläge vor 3,9 Milliarden Jahren nochmals einen Höhepunkt erreichte und erst danach stark abnahm. Vor etwa 3,8 Milliarden Jahren wurden die großen Treffer aber definitiv rasch seltener und die alles zertrümmernden Einschläge zur großen Ausnahme. Damals, im letzten großen kosmischen Gesteinshagel, musste wohl auch die Erde einiges an gewaltigen Hieben einstecken. Der Zeitpunkt 3,8 Milliarden Jahre vor der Gegenwart ist deshalb auch für die Entwicklung des Lebens auf der Erde von größter Bedeutung.

Wieso es damals noch einmal zu einer derart ausgeprägten Serie von Einschlägen kam, ist nach wie vor unklar. Das Phänomen ist nicht nur auf Erde und Mond beschränkt. Die Anzeichen für eine ähnliche Häufung der Einschläge auf den Planeten Merkur und Mars und auf einigen Asteroiden, wie etwa Vesta, sind zu deutlich. Zudem weisen auffällig viele Meteorite ein Alter um 3,9 Milliarden Jahre auf! Zur Erklärung wird gegenwärtig vor allem die Theorie von Harold Levison vom Southwest Research Institute in Boulder, Colorado, diskutiert und untersucht. Levison geht davon aus, dass sich die äußeren Planeten Uranus und Neptun erst mit großer Verspätung gebildet haben. Levisons Theorie bezieht sich eigentlich auf Ideen, die George Wetherill von der Carnegie Institution in Washington schon 1995 vorschlug. Die neuen Computermodelle Levisons bestätigen die »alte« Ideen aber nicht nur, sie zeigen auch, wie die beiden Spätgeburten des Sonnensystems durch ihre Gravitationswirkung exakt vor 3,9 Milliarden Jahren unzählige Eis- und Felsbrocken aus den äußeren Teilen des Sonnensystems in die Inneren Gebiete ablenkten.[4] In neuester Zeit bestätigten David Kring vom Mond- und Planetenlabor der Universität Arizona und Barbara Cohen von der Universität auf Hawaii diese Interpretationen der alten Einschlagskrater nicht nur, sie konnten auch zeigen, dass offenbar vor allem Asteroidentrümmer und nicht Kometen an den Kataklysmen schuld waren.[8]

Einschläge durch Objekte der Größe von 300–400 km Durchmesser sind eine noch eher konservative Annahme. Die Erde wurde schließlich aus noch größeren Planetesimalen im Bereich von über 1000 km Durchmesser aufgebaut. Nach Schätzungen von Kring und Cohen[8] muss es vor vier Milliarden Jahren buchstäblich Boliden geregnet haben! Gemäß den Resultaten ihrer Bohrungen erfolgten mindestens 22 000 größere Einschläge, die Krater von über 20 km Durchmesser schlugen. Etwa 40 kosmische Treffer verursachten Krater von über 1000 km bis über 5000 km Durchmesser. Beide Wissenschaftler schätzen, die gesamte Erdoberfläche sei damals ungefähr einmal alle 100 Jahre fast völlig neu erschaffen worden.

In der ersten halben Milliarde Jahre geschahen mehrere gigantische Katastrophen, welche die gesamte Oberfläche der Erde sterilisierten. Aber auch später, nach dem Abflauen der Phase mit den heftigsten Treffern, kam es in der Erdgeschichte immer wieder zu Kollisionen mit anderen Himmelskörpern, mit »kleineren« Asteroiden oder Kometen. Es sei nur an den Einschlag vor 65 Millionen Jahren erinnert, als sich ein etwa 10 km großer Brocken vor der Halbinsel Yucatan in die Erdkruste sprengte. Auch damals war die gesamte Erdoberfläche betroffen. Dieser Einschlag bedeutete das Ende für die Mehrheit aller zu jener Zeit existierenden Lebewesen, wovon die Dinosaurier nur die größten und spektakulärsten Tiere bildeten. Zwar führten solche kleineren Ereignisse nicht mehr zur Sterilisation der ganzen Erdoberfläche oder zum Verdampfen der obersten Wasserschichten der Ozeane. Sie betrafen nur Teile der Oberfläche, was im Klartext bedeutete, dass einfache Mikroorganismen fast mit Sicherheit auch diesen Bedingungen nahe am Einschlagsort trotzen konnten.

Es ist vor diesem Hintergrund schon erstaunlich, dass frühe Lebensspuren 3,5 Milliarden Jahre alt sein sollen. Denn erstens können wir zur damaligen Zeit höchstens ganz einfache Mikroorganismen erwarten, die naturgemäß schlecht als Fossilien erhalten geblieben sein dürften. Zweitens fänden sich damit schon Fossilien in den ältesten überhaupt bekannten Gesteinen und drittens müsste sich das Leben nach den verheerenden Einschlägen auf unserem Planeten sehr schnell entwickelt und ausgebreitet haben.

Die ältesten dieser vermuteten Fossilien stammen aus einem der abgelegensten Winkel Australiens, einer Gegend, die als »Apex Chert« bekannt ist. Dort liegen Schichten, die Warrawoona-Serie, in der sich vulkanische und im Wasser abgelagerte, sedimentäre Gesteine abwechseln. Was die Geologen und speziell die Biologen an diesen Gesteinen so fasziniert und zu heftigen Diskussionen anregt, sind Einschlüsse, die William Schopf von der University of California in Los Angeles schon in den späten 1980er Jahren als Bakterien bestimmt hat. Lange Zeit akzeptierten die Wissenschaftler die Ansichten von Schopf und man kann in fast allen Lehrbüchern die wunderschön nach Bakterien aussehenden Mikrofotografien Schopfs finden. Diese Landmarke der Paläontologie stürzte, leider mit einigem Getöse, im März 2002, als Martin Brasier und sein Team von der University of Oxford einen Artikel in der Zeitschrift *Nature* veröffentlichten und auf Grund ihrer Analysen zu völlig anderen Schlüssen als Schopf kamen. Nach Brasier handelt es sich bei den von Schopf untersuchten Gesteinen nicht um Ablagerungen von Lebewesen, sondern um die Überreste hydrothermaler Schlote und bei den »Mikrofossilien« um nichts anderes als Kunstprodukte, die durch unklare Prozesse in vulkanischem Material entstanden seien. William Schopf hat zwar versucht, die Anerkennung seiner »Fossilien« durch neue Untersuchungen zu retten, musste aber nach der zweiten »Astrobiology Science Conference« vom April 2002 seine Interpretation, es handle sich um den Blaualgen ähnliche Lebewesen, zurücknehmen. Immerhin ist Schopf nach wie vor der Meinung, seine Fossilien seien Reste ehemaliger Kleinstlebewesen.

Nicht viel besser ging es Harald Furnes (Universität Bergen) und seinem internationalen Team, die im April 2004 im Fachblatt *Science* von ihren Entdeckungen im 3,5 Milliarden Jahre alten Barberton Greenstone Belt in Südafrika berichteten.[15] Schon kurz nach der Veröffentlichung ließ Brasier verlauten, die von Furnes gefundenen »Tunnels« im Lavagestein seien ihm bekannt und wären nichts anderes als Reste chemischer Prozesse. Ob dem wirklich so ist oder ob die von Furnes gefundenen Strukturen Überbleibsel von Mikroben sind, ist zurzeit noch völlig offen. Interessant ist, dass offenbar auch Brasier sich an der Rekordjagd nach den ältesten Fossilien beteiligen will. Sein Arbeitsgruppe forscht gegenwärtig an »sehr altem Gestein«, will darüber aber erst berichten, wenn die Resultate der Untersuchungen den eigenen, sehr strengen Kriterien standhalten.[16]

Nicht ganz so alt wie die Steine der Warrawona-Serie, nämlich 3,3–3,5 Milliarden Jahre alt, sind Strukturen aus Felsen in Swasiland, Südafrika, und aus der Pilbara Felsformation in Australien, die stark an Stromatolithen erinnern. Stromatolithen gibt es auch heute noch an den Küsten Australiens, z. B. in der Shark Bay im Westen des Kontinents. Die Paläontologen bezeichnen mit diesem Begriff geschichtete, säulenförmige Ablagerungen, die durch ganze Lebensgemeinschaften von Mikroorganismen entstehen. Die Kleinstlebewesen, vor allem Bakterien, wachsen auf der Oberfläche älterer Kolonien dem Licht entgegen und decken die Schichten ihrer Vorgänger ständig durch Kalkablagerungen zu. Dadurch entstehen typische Abfolgen von bogenförmigen Ablagerungen. Es gibt keine Hinweise, dass diese alten Stromatolithen anders entstanden sein könnten als ihre sich heute durch Mikroorganismen aufbauenden Verwandten. Ab etwa drei Milliarden Jahre vor unserer Zeit werden die Stromatolithen häufiger und enthalten auch kugelige und fadenförmige, bakterienähnliche Einschlüsse. Ein Zeichen für das sich ausbreitende Leben.

Weniger klare Hinweise auf Lebewesen gibt es möglicherweise sogar bis 3,8 Milliarden Jahre zurück. Ihre Spuren finden sich in den ältesten, nur relativ wenig veränderten Gneisen aus Isua in Grönland. In diesen 3,75 Milliarden Jahre alten Gesteinen fanden die Forscher, allen voran der Deutsche Manfred Schidlowski vom Max-Planck-Institut für Chemie, winzige Einschlüsse, die Kohlenstoffreste enthalten. Eine einmalige Chance für die Wissenschaftler, nach chemischen Spuren der Tätigkeit von Lebewesen zu suchen. Lebewesen haben nämlich die seltsame Eigenschaft, bei der Aufnahme von Kohlenstoff in ihre Körper die gewöhnliche, leichtere Variante des Kohlenstoffs, das Isotop C 12, dem etwas schwereren C 13 vorzuziehen. Der Grund für diese Bevorzugung ist unbekannt, chemisch sind die beiden Kohlenstoffvarianten völlig gleichwertig. Finden die Wissenschaftler nun also Kohlenstoffreste, so brauchen sie im Prinzip nur das Verhältnis von C 12 zu C 13 zu bestimmen. Enthält die Kohlenstoffprobe mehr C 12 als dies in Ablagerungen aus nichtbiologischen Quellen der Fall ist, so müssen Lebewesen das C 12 angereichert haben. Es gibt unter »Normalbedingungen« keinen bekannten und auch keinen vorstellbaren anderen Prozess, der ein ähnliches Missverhältnis erzeugen könnte. Und tatsächlich ist in den Isua-Gneisen das C 12 stärker vertreten!

Leider sind aber auch diese Gesteine aus Grönland mindestens einmal auf bis zu 700 °C erhitzt worden, was die Interpretation der Messresultate erschwert und auch andere Auslegungen ermöglicht.

Bessere Anzeichen von Chemofossilien fanden Gustaf Arrhenius und sein damaliger Student, Stephen Mojzsis, auf der Insel Akilia, nahe bei Isua.[6] Arrhenius und Mojzsis benutzten eine sehr viel feinere Methode als Schidlowski in seinen Arbeiten. Mit ihrer moderneren Methode konnten sie auch die unvorstellbar winzigen Mengen von wenigen trillionstel Gramm untersuchen. Auch Arrhenius und Mojzsis fanden in nur 20 Mikrometer kleinen Grafit-Einschlüssen eine klare Verschiebung des Verhältnisses von C 12 zu C 13 zu Gunsten der leichteren Variante, ein Zeichen von ehemaligem Leben. Die Gesteine auf Akilia scheinen mit hoher Wahrscheinlichkeit mit etwas mehr als 3,84 Milliarden Jahren sogar noch etwas älter als jene in Isua zu sein. Allerdings sind auch die Folgerungen von Arrhenius und Mojzsis in letzter Zeit massiv kritisiert worden. Der Geologe Christopher Fedo von der George Washington University in Washington und sein Kollege Martin Whitehouse vom Schwedischen Museum für Naturgeschichte in Stockholm haben die Felsen von Akilia neu untersucht und kommen zum Schluss, es handle sich dabei um vulkanisches Gestein, das durch tektonische Kräfte mehrfach verformt worden ist. Damit wäre ein biologischer Ursprung des C 12-Überschusses in den Grafit-Einschlüssen auf Akilia ausgeschlossen.[10]

Es ist also extrem schwierig, klare Anzeichen früher Lebensformen sicher nachzuweisen; was aber nicht erstaunt, wenn man die enormen Zeiträume in Betracht zieht. Unser Planet ist viel zu aktiv und war dies in der Vergangenheit noch stärker als heute, um derart alte Spuren winziger Lebewesen einwandfrei konserviert zu haben. Die Chancen sind deshalb gering, dass Fossilien irgendeiner Art bis heute hätten überdauern können. Die sichersten Anzeichen frühester Lebewesen scheinen gegenwärtig aus einem Felsen in Grönland zu stammen. Minik Rosing vom Geologischen Museum der Universität von Kopenhagen fand 3,7–3,8 Milliarden Jahre alte Gesteine, über die offenbar Einigkeit besteht, dass sie seit ihrer Ablagerung nie umgeformt worden sind. Und auch in diesen Gesteinen ist das leichtere C 12 stärker konzentriert als dies für abiotische Ablagerungen zu erwarten ist.[11] Aber vielleicht findet Brassier auch an diesen Steinen noch ein Schwachpunkt ...

Auf Grund der Schwierigkeiten, sichere Zeichen von frühen Lebensspuren zu finden, ging Brasier nach seinem »Triumph« über Schopf dann einige Schritte zu weit und stellte das frühe Erscheinen von Lebewesen auf der Erde insgesamt in Frage. Ein solcher Schluss ist mit Sicherheit übertrieben und unbegründet. Es gibt nämlich auch eine ganze Reihe indirekter Hinweise, die nicht nur von zweifelhaften

Fossilien stammen, sondern aus einer ganz anderen Quelle: der Atmosphäre!

Es ist so gut wie sicher, dass unsere Atmosphäre ursprünglich frei von Sauerstoff war. Natürlich ist es nicht ganz einfach, die Zusammensetzung eines längst nicht mehr existierenden Gasgemischs zu rekonstruieren, schließlich kann niemand hinfahren und eine Probe nehmen. Zum Glück für uns beeinflusste die Mixtur der Gase aber die chemischen Reaktionen auf der Urerde, und diese Reaktionen führten zu Ablagerungen, die heute noch vorhanden sind. Es gibt zwei schöne Argumentationslinien, die eine mit ganz edlem Hintergrund, die andere ziemlich gewöhnlich: Es geht um Diamanten und rostige Steine.

Ihren langjährigen Forschungen zum Thema der Uratmosphäre konnte die Gruppe um James Farquhar vom Department of Geology an der University of Maryland in College Park 2004 quasi die Krone aufsetzen. Es gelang ihnen nämlich, das Verhältnis der verschiedenen Varianten des Schwefels, der Schwefelisotope, in den winzig kleinen Einschlüssen von Diamanten zu messen. Normalerweise ist es für die chemischen Reaktionen nicht ganz gleichgültig, welche Isotope einer Atomsorte miteinander reagieren. Je nach den Umgebungsbedingungen kann die eine oder die andere Form bevorzugt werden und besser reagieren. Was die Schwefelverbindungen betrifft, so gibt es eine Reaktionsform, bei der es nicht auf die Masse der beteiligten Schwefelisotope ankommt, aber dieser Weg funktioniert nur in Abwesenheit von Sauerstoff und/oder Ozon. Genau dies fanden die Forscher um Farquhar in Diamanten aus einer Mine in Botswana. Die Wissenschaftler können so ihre früheren Befunde an Pyrit (»Katzengold«) und Sulfaten wunderbar bestätigen, wonach es vor etwa 2,4–2,1 Milliarden Jahren höchstens Spuren von Sauerstoff in unserer Atmosphäre gab.[14]

Sauerstoff wiederum ist eine der entscheidenden Voraussetzungen für das Rosten von Metallen an der Erdoberfläche. Alles Eisen, das vor 2–3 Milliarden Jahren durch das Wasser aus den Gesteinen an der Erdoberfläche gelöst und über die Flüsse in die Meere gespült wurde, hätte schon auf dem Festland oxidiert und wäre als Rost (Eisenoxid) abgelagert worden, wenn die Atmosphäre damals nennenswerte Mengen Sauerstoff enthalten hätte. Davon ist aber nichts zu finden. Der Sauerstoffgehalt der Atmosphäre muss damals weit unter einem Prozent des heutigen Werts gelegen haben. Dem fehlenden Eisenoxid auf dem Festland stehen aber mächtige Schichten von gebänderten Eisensteinen gegenüber, die offensichtlich in den Flachmeeren der frühen Erde entstanden. Woher aber können die Meere ihren Sauerstoffgehalt bezogen haben? Ganz sicher nicht aus oder von der Erde selbst. Es gibt, nach allem, was wir heute wissen, nur eine einzige Quelle für größere Mengen an freiem Sauerstoff, und dies ist die Photosynthese der Lebewesen. Offensichtlich enthielten die Meere vor 2,5–3 Milliarden Jahren im Gegensatz zur Atmosphäre ein wenig Sauerstoff, und der konnte nur von Lebewesen stammen, die zumindest eine Frühform der Sauerstoff produzierenden Photosynthese beherrschten. Es gab also zu jener Zeit in den Flachmeeren bereits recht weit entwickelte Mikroben. Der von ihnen produzierte Sauerstoff reichte gerade aus, um das in die Meere geschwemmte Eisen zu oxidieren.

Dies erklärt auch, wieso der Sauerstoff in der Atmosphäre weitgehend fehlte. Das von den Mikroben freigesetzte Gas reagierte sofort mit dem reichlich vorhandenen Eisen im Wasser und hatte keine Chance, in nennenswerten Mengen Sauerstoff in die Lufthülle des Planeten zu entlassen.

Vor ungefähr zwei Milliarden Jahren müssen die Cyanobakterien oder ihre Verwandten aber derart häufig geworden sein, dass der von ihnen erzeugte Sauerstoff nicht mehr bereits in den Flachmeeren durch das Eisen vollständig gebunden werden konnte. Die Folge: Sauerstoff entwich aus den Meeren in die Atmosphäre. Jetzt begann die Oxidation des Eisens auch auf dem Land und die Bildung von Bändereisenerzen in den Flachmeeren nahm ab. Dafür entstanden auf den Kontinenten die ersten Rotsedimente! Auch die Lebewesen selbst zeigen heute noch Spuren ihrer ursprünglichen Entwicklung in einer Umgebung ohne Sauerstoff. Viele Syntheseketten in den heute lebenden Organismen starten mit Reaktionen, die keinen Sauerstoff benötigen. Erst die letzten Reaktionsschritte verwenden auch Sauerstoff. Dazu gehören z. B. der Aufbau von Cholesterin und der Steroidhormone oder auch die Fettsäuresynthese.[12] Auch dies sind klare Zeichen, dass die Lebewesen zunächst ohne Sauerstoff auskamen und erst später mit ihm zu neuen Leistungen befähigt wurden.

Sicher ist auch zu erwarten, dass vor den Cyanobakterien mit ihrer weit entwickelten Photosynthese einfachere Lebewesen mit ursprünglicheren Formen der Photosynthese existiert haben müssen. Solche Bakterien gibt es auch heute noch, zu ihnen gehören die grünen und purpurnen Schwefelbakterien. Tatsächlich finden sich in den ältesten Gesteinsablagerungen sulfathaltige Lagen, die eine Lebenswelt aus Schwefelbakterien nahe legen. Gab es also eine Blütezeit der Schwefelbakterien vor jener der Cyanobakterien?

Es ist daher kaum vorstellbar, dass Brasier mit seiner pessimistischen Interpretation der Befunde Recht haben könnte. Das Leben auf der Erde entstand sicher schon lange vor dem rasanten Anstieg des Sauerstoffgehalts der Erde vor etwas über zwei Milliarden Jahren. Gewiss, die Fossilien von Cyanobakterien stammen vermutlich erst aus dieser Zeit. Daraus aber auch gleich auf einen so späten Start des Lebens zu schließen, missachtet einfach zu viele andere Befunde.

Trotz der massiven Schwierigkeiten bei der Auswertung der Daten gibt es Anzeichen für erste einfache Lebewesen schon kurz nach dem Ende der alles zerstörenden Bombardements auf der Erde. Diese ersten Lebewesen müssen zahlreich gewesen sein, sonst wären ihre Spuren als Fossilien und indirekt als Ablagerungen von Erzen heute nicht mehr nachweisbar. Sie könnten aber auch schon viel früher die Erde besiedelt und die apokalyptischen Zeiten irgendwie in geschützten Nischen überdauert haben. Die Fähigkeit einiger Extremisten (vgl. Kapitel 2.3) drängen solche Gedanken auf. Die Lebewesen könnten nach dem Ende der großen Einschläge ihre geschützten Verstecke verlassen und die langsam einkehrende Ruhe auf der Oberfläche zur Eroberung der obersten Wasserschichten in den küstennahen Regionen der Meere genutzt haben.

Ein Wort zur Vorsicht soll hier aber doch angebracht sein. Obwohl die Beobachtungen der Astronomen und die Modelle zur Entstehung von Planeten alle auf eine chaotische Frühzeit hindeuten, und obwohl unser Mond und die Planeten Merkur und Mars klare Anzeichen für eine katastrophale frühe Phase in ihrer Entwicklung zeigen, fehlen Spuren der Einschläge auf der Erde praktisch völlig. Da gibt es keine uralten Krater wie auf dem Mond und keine auffällige Häufung von Elementen wie dem Iridium, das in höheren Konzentrationen nur in Meteoriten vorkommt. Es gibt für die vermuteten Einschläge auf der Erde schlicht keine eindeutigen Beweise. Natürlich kann der Grund dafür in den geologischen Prozessen liegen, welche die Gesteine der Erde immer wieder neu aufgeschmolzen haben und die dadurch die uralten Spuren verwischt haben könnten. Aber trotzdem sollten in den ältesten Gesteinen wenigsten Hinweise auf die gewaltigen Ereignisse vorhanden sein. Sie gibt es zwar, in Form von Ablagerungen von unterschiedlich großen Steinen, die größten unten, die Folge eines Einschlags sein könnten, aber solche Spuren sind zweideutig. Es gibt sogar ganz konkrete und klare Belege für eine Phase vor etwa 4,4 Milliarden Jahren, in der es auf der ganz jungen Erde bereits einmal eine kontinentale Kruste und sogar flüssiges Wasser bei normalen Temperaturen gegeben haben muss. Zeugnis dafür geben Zirkoniumkristalle aus Nordwest-Australien, deren Sauerstoffisotopenverhältnis nur in feuchter, relativ kühler Umgebung möglich war.[7] Diese überraschende Entdeckung könnte die Zeitspanne, die dem Leben bei seiner Entstehung zur Verfügung stand, ganz beträchtlich ausweiten. Offensichtlich gab es schon sehr früh in der Geschichte unseres Planeten, nämlich nach nur rund 110 Millionen Jahren, eine Epoche, in der das sich abkühlende Gestein mit flüssigem Wasser in Kontakt kommen konnte.

Die Zirkoniumkristalle könnten natürlich auch aus einer vorübergehend ruhigen Phase der jungen Erde stammen. Sie beweisen keineswegs, dass es auf der Früherde ausschließlich ruhig zuging. Und ebenso wenig beweisen diese Zirkoniumkörnchen die Existenz früher Ozeane. Für ihre Bildung genügten auch wesentlich kleinere Gewässer, in die heißes Magma einfloss.

Wir haben heute immer noch zu wenige Daten, um uns ein genaueres Bild der ganz jungen Erde machen zu können. Aus dem Fund der Zirkoniumkörner aber gleich auf eine Phase zu schließen, in welcher sich lauschige Inseln aus einem riesigen Ozean erhoben, wie dies einige Journalisten taten, ist zumindest ziemlich verwegen. Auch dürfte der erste Regen kaum die Qualität eines heutigen Wolkenbruchs besessen haben. Die vulkanische Aktivität führte fast mit Sicherheit zur Bildung von Schwefelsäure, nicht gerade das, was wir heute als Trinkwasser bezeichnen würden – aber vielleicht für einige Extremisten auch nicht allzu abschreckend.

Voraussetzung für die Entstehung des Lebens war sicher die Anwesenheit von Wasser und eines möglichst reichhaltigen Mixes an chemischen Elementen. Das Vorhandensein dieser Elemente und Grundstoffe ist keineswegs selbstverständlich, und wir müssen uns einmal mehr hüten, aus den heutigen Verhältnissen auf die Bedingungen vor vier Milliarden Jahren und davor zu schließen. Die Erde entwickelte sich zwar in einer Distanz zur Sonne, die heute für Leben angenehme Bedingungen schafft, mit Temperaturen die gerade hoch genug für flüssiges Wasser sind. Sie bewegt sich damit in der »bewohnbaren Zone«, in welcher Leben, wie wir es kennen, möglich ist. In der Entstehungszeit der Erde war diese Zone allerdings einer viel heftigeren Strahlung der Sonne ausgesetzt als heute, und die Temperaturen lagen viel zu hoch, als dass sich in der protoplanetaren Scheibe nennenswerte Mengen von Wasser- und Kohlendioxidmolekülen, oder leichtere Elemente wie Stickstoff und Kohlenstoff, an die Gesteine binden konnten. Solch flüchtige Stoffe wurden durch die Strahlung verdampft und in die weiter außen liegenden Bereiche des Planetensystems verdrängt.

Die Erde war damals in einer paradoxen Position. Einerseits gerade in der richtigen Distanz zur Sonne, um später in ihrer Entwicklung lebensfreundliche Bedingungen bieten zu können, andererseits aber wegen ihrer Nähe zur jugendlichen Sonne aus Material entstanden, dem die wichtigsten Stoffe für die Entstehung von Leben fehlte. Woher stammt also all das Wasser, das heute unsere Bäche, Flüsse, Seen und Ozeane füllt? Wo liegt die Quelle für den lebenswichtigen Kohlenstoff, den Stickstoff und all die anderen Elemente? Eine mögliche Antwort auf diese Fragen wurde eigentlich schon gegeben. Die heftigen und häufigen Einschläge von Meteoriten und Kometen aus dem äußeren Sonnensystem haben in der Anfangszeit unserer Erde nicht nur Verwüstung und Zerstörung im globalen Ausmaß bewirkt, sondern auch viele der Stoffe, die für das Leben notwendig sind, auf die Erde transportiert. Ein großer Teil des Wassers unserer Ozeane und ein wesentlicher Teil des Vorrats der Erde an den für Leben so wichtigen Elementen Kohlenstoff und Stickstoff stammen aus dem äußeren Sonnensystem. Dort, in genügender Distanz zur Sonne, lagen auch vor über vier Milliarden Jahren die Temperaturen so tief, dass sich die leicht verdampfenden Stoffe an Gesteinskörnchen anbinden konnten.

Ganz besonders effiziente Transporteure von Wasser und einem beeindruckenden Cocktail lebenswichtiger Chemikalien könnten die Kometen gewesen sein. Schon seit längerem ist aus der Analyse des von ihnen reflektierten Lichts bekannt, dass sie im Wesentlichen aus Wassereis bestehen, das sich um Staubpartikel und Gesteinsbrocken angelagert hat. Als der berühmte Halleysche Komet im März 1986 wieder in Sonnennähe kam, ließen sich die Europäer die Gelegenheit nicht nehmen und steuerten die Sonde *Giotto* direkt in den Kometenschweif. Die Analyse der *Giotto*-Daten ergab einen Wassereisanteil von 80 % und einen Kohlenmonoxidgehalt von 10 % des Kometengases. Der Rest bestand aus Kohlendioxid und aus zu Ketten verbundenem Formaldehyd. Das wahrhaft beeindruckende am Vorbeiflug war aber, neben der technischen Leistung, auf den Bildern zu erkennen: Halley ist vollkommen schwarz! Der Komet ist so schwarz, dass die Bildauswertung zumindest im ersten Anlauf gar nicht richtig möglich war (Abb. 17). Die Spezialisten vermuten auf der Oberfläche daher eine teerartige Masse, die eine Unzahl chemischer Verbindungen enthält. Es darf allerdings nicht verschwiegen werden, dass auch die Herkunft des irdischen Wassers und der Gesteine der Erde noch nicht restlos geklärt ist. Insbesondere stimmt die Isotopenzusammensetzung der Elemente in den heute bekannten Kometen und Meteoriten nicht mit derjenigen auf der Erde überein.[9] Eine groß angelegte Vergleichsuntersuchung von Michael J. Drake und Kevin Righter vom Mond- und Planetenlabor der Universität von Arizona ergab vor kurzem auch deutliche Unterschiede zwischen einer Klasse von Meteoriten, den Chondriten, und dem Material des Erdmantels.

Es ist aber auch gut möglich, dass ein Großteil des Wassers die Erde ganz langsam und in kleinen Portionen über lange Zeiträume hinweg erreicht hat. Diese Idee geht auf die 1980er Jahre zurück, als die mit der Bildauswertung der Satelliten beschäftigten Wissenschaftler immer wieder rätselhafte schwarze Flecken von 50–100 km Durchmesser in der hohen Atmosphäre unseres Planeten auf ihren Fotos entdeckten. Solche Flecken sind nur unter ganz speziellen Beleuchtungsbedingungen zu finden, nämlich dann, wenn das Licht der Sonne mit dem Sauerstoff in der höheren Atmosphäre reagiert und dabei ein Leuchten im ultravioletten Bereich des Spektrums erzeugt. Wasser ist die einzige bekannte häufigere Substanz, die solche Löcher im Leuchten der oberen Atmosphäre erzeugen kann. Woher sollen aber die benötigten größeren Wassermengen kommen? Die überraschende Antwort könnte sehr wohl auch das Rätsel der Herkunft unseres Wassers lösen. Es scheint nämlich, als ob die Erde ungefähr alle drei Sekunden von Minikometen getroffen wird, die in der höheren Atmosphäre verglühen. Tatsächlich gibt es bereits erste direkte Beobachtungen einzelner verdampfender kosmischer Schneebälle. Jeder dieser Zwergkometen brächte etwa 20–40 Tonnen Wassereis zur Erde. Wenn diese Interpretation stimmt, so summierte sich der Wassereintrag über lange Zeit hinweg ganz beträchtlich. Louis Frank, Physiker an der University of Iowa, schätzt, dass auf diesem Wege alle 20 000 Jahre genügend Wasser die Erde erreichte, um den Meeresspiegel um ungefähr 2,5 cm anzuheben.[13] Auf den ersten Blick nicht viel, aber, wie mein Großvater zu sagen pflegte, »auch viel Kleinvieh macht viel Mist«, denn in immerhin 2,5 Milliarden Jahren sammelte sich auf diesem Wege genügend Wasser an, um alle Ozeane zu füllen.

All diese Beobachtungen werfen stets neue Fragen auf. Sie zeigen uns immer wieder aufs Neue, wie wenig gesichert das Wissen über unsere direkte kosmische Umgebung auch heute noch ist, und wie wenig über die Himmelskörper weiter draußen im Sonnensystem bekannt ist. Die Zone jenseits der Bahn des Planeten Pluto, aus der die großen Kometen stammen, ist noch praktisch völlig unerforscht. Umso dringender sind Raummissionen auch in diesen Bereich unseres

Sonnensystems. Wir können nur hoffen, die noch immer umstrittene *Pluto-Kuiper-Mission* der NASA wird rechtzeitig starten können. Ihre Aufgabe wäre es, den Pluto und die weiter entfernt liegende Zone des Kuiper-Gürtels zu erkunden. Das Problem sind Kürzungen des NASA-Budgets, die den Start hinausschieben oder gar unmöglich machen könnten. Wird der Starttermin aber zu weit hinausgezögert, so wird ein Raumflug zum Pluto wegen der stark elliptischen Umlaufbahn des Planeten für lange Zeit zu aufwendig und damit zu teuer.

Die Raumsonde *Giotto* hat aber beim Halleyschen Kometen nicht nur das Kometengas untersucht. Das Raumlabor war auch mit einer Sonde zur Analyse der Staubteilchen ausgerüstet. Und wieder einmal erlebten die Wissenschaftler Überraschendes. Zunächst konnten sie feststellen, dass die Staubteilchen sehr viel häufiger waren, als vor der Mission angenommen wurde. Die zweite Überraschung ergab sich, als die Daten über die Zusammensetzung des Staubs vorlagen. Der Staub besteht nämlich nicht vorwiegend aus steinigem Material, wie »normaler« Staub aus dem Weltall, sondern hat einen sehr hohen Anteil an organischen Stoffen. Dies erklärt auch die auffällig dunkle Färbung des Kometenkerns. Mit seinen zahlreichen Kohlenstoffverbindungen ähnelt die Zusammensetzung der Teilchen jener einer seltenen Klasse von ursprünglichen Meteoriten, den kohligen Chondriten. Spannend ist auch, dass unter den nachgewiesenen Kohlenstoffverbindungen ein relativ hoher Anteil an recht großen, kompliziert aufgebauten Molekülen vorhanden ist. Mit diesen und zahlreichen anderen Funden wurde der Staub im Sonnensystem urplötzlich zu einem zentralen Forschungsgegenstand. Denn offensichtlich können auch unter den Bedingungen im freien Weltall komplizierte chemische Stoffe aufgebaut werden und unter zerstörerischen Bedingungen überdauern. Und einmal mehr stellen sich neue spannende Fragen: Wie leicht entsteht der mit organischen Molekülen angereicherte Staub unter Weltraumbedingungen? Gehört solcher Staub zur normalen Ausstattung eines Planetensystems? Oder ist unser Sonnensystem mit seinem organischen Staub ein kosmischer Sonderfall? Hat dieser Staub womöglich sogar mit der Entstehung von Leben auf der Erde etwas zu tun? Ist dieser Staub der Schlüssel zur Entstehung von Leben?

3.5
Moleküle des Lebens

Staub ist lästig. Und dies gilt nicht nur für den Haushalt oder den Computerbildschirm. Auch für Astronomen waren die Staubmassen im Weltall bis vor kurzem eigentlich fast nur ein Hindernis, das ihnen die Sicht auf interessantere Lichtquellen verwehrte. Gewiss, die Staubmassen im Weltall faszinieren mit ihren oft bizarren Formen und ihren spektakulären Farben Laien wie Profis. Kosmische Nebel sind denn auch häufig Vorzeigeobjekte beim Sternwartenbesuch (Abb. 18). Und Staubwolken standen schon lange im Verdacht, die Wiege der Sterne und der Planeten zu bilden. Aber welch dramatische Rolle der Staub und das Gas in einem kosmischen Nebel auch für die Entstehung von Leben auf der Erde gespielt haben könnte, begannen die Wissenschaftler erst in den letzten Jahren zu ahnen. Die Gase und der Staub in den dunklen, manchmal alles zudeckenden Wolken sind nämlich keineswegs einförmig und für einen Biologen langweilig. Ganz im Gegenteil.

Einen der ersten und spektakulärsten Belege für diese Behauptung lieferte im Sommer 1999 das Messgerät CIDA (Cometary Impact Dust Analyzer) an Bord der Raumsonde *Stardust*. *Stardust* ist ein ehrgeiziges Projekt der NASA mit europäischer Beteiligung und scheint auf dem besten Weg zu einem vollen Erfolg zu sein. Der künstliche Himmelskörper wurde am 7. Februar 1999 an der Spitze einer Delta-II-Rakete von der Cape Canaveral Air Station in Florida gestartet. Das Ziel war ein sehr naher Vorbeiflug am Kometen 81P/ Wild 2. Das Unternehmen gelang absolut planmäßig und die Sonde flog am 2. Januar 2004 in nur 237 km Entfernung am Kern des Kometen vorbei, eine navigatorische Meisterleistung! Selbstverständlich fotografierte *Stardust* den Kometen, einen unregelmäßig geformten, ca. 5 km großen, mit Einschlagskratern überzogenen Eisklumpen, aber das war nicht der eigentliche Zweck der Mission. Das Interesse der Wissenschaftler galt dem Schweif des Kometen, den Staub- und Gasteilchen, die sich unter dem Strahlungsdruck der Sonne von seiner Oberfläche gelöst hatten. Im Gegensatz zu früheren Flügen sollte *Stardust* diese Teilchen aber nicht nur vor Ort analysieren, sondern gleich einige Proben einsammeln und diese zurück zur Erde bringen.

Hierzu wurden Plättchen, die mit einem feinen Gel überzogen sind, in den Staubschweif des Kometen gehalten. Auch dieses Manöver gelang zur Freude der Kontrolleure am Jet Propulsion Laboratory in Pasadena absolut perfekt, und wenn alles weiterhin nach Plan verläuft, wird die Sonde am 15. Januar 2006 eine kleine Landekapsel hoch über der Erdatmosphäre ausstoßen und mit ihr die Plättchen auf die Erde zurückbringen. Bei einem Erfolg wäre es zum ersten Mal möglich, ganz feine Staubteilchen eines Kometen im Labor gründlich untersuchen zu können. Ein ganz schön anspruchsvolles Programm für eine »Billigsonde«!

Wer Sammeln geht, möchte natürlich einen möglichst große Ertrag einheimsen. Aber so einfach liegen die Verhältnisse beim Vorbeiflug an einem Kometen natürlich nicht. Schon allerkleinste Teilchen setzen bei dem großen Unterschied in der Geschwindigkeit von 6,1 km/s zwischen der Sonde und dem Staub riesige Energiemengen beim Aufprall frei. Und tatsächlich trafen mindestens zehn Partikel den ersten Schutzschild derart heftig, dass sie ihn gleich durchschlugen und erst durch einen zweiten Schild von einer Beschädigung oder gar Zerstörung der Sonde abgehalten werden konnten. Dies war aber vorgesehen, und *Stardust* sollte nur allerkleinste Teilchen wie Moleküle und Ionen auffangen, die durch den Strahlungsdruck der Sonne von der Oberfläche des Kometen gelöst worden sind.

Die Sorgen der Wissenschaftler gingen bei der Vorbereitung der Mission aber noch weiter. Sie befürchteten, die Aufprallenergie könnte so groß sein, dass größere Moleküle beim Einfangen mit den Gelplättchen vollständig zerstört würden und daher nach der Rückkehr der Kapsel zur Erde nicht mehr nachweisbar wären. Sie bauten deshalb der Raumsonde zusätzlich noch das Messgerät CIDA ein, das schon beim Vorbeiflug Analysen durchführen und die Ergebnisse zur Erde übermitteln kann.

CIDA ist ein Wunderwerk der Analysetechnik. Seine Nachweisgrenze für chemische Stoffe liegt deutlich unter einem Picogramm. Es braucht also weniger als die unvorstellbar geringe Menge von einem billiardstel Gramm Material, um eine Messung ausführen zu können. Im Prinzip besteht das Gerät aus einem Auffangschirm und dem eigentlichen Analysegerät. Die Teilchen prallen auf den Schirm, zerplatzen dort und das Analysegerät kann danach ihre Bruchstücke untersuchen.[1] Dies gelang zwar, allerdings registrierten die Wissenschaftler nur gerade 29 Einschläge oder etwa 100-mal weniger Treffer als erwartet. Woran dies lag, wird zu untersuchen sein. Trotzdem werden die detaillierten Resultate mit Spannung erwartet.

Von Anfang an war geplant, CIDA nicht erst in der Nähe des Kometen 81P/Wild 2 einzusetzen, sondern bereits vorher, und zwar mehrfach. Die Forscher wollen nämlich nicht nur den Kometenstaub unter die Lupe nehmen, sondern auch gleich die Gelegenheit nutzen und Proben des interstellaren Staubs analysieren. Sie möchten gerne wissen, woraus das Material besteht, das sich zwischen den Sternen in unserer unmittelbaren kosmischen Nachbarschaft bewegt und welches, allerdings in deutlich höherer Konzentration, die spektakulären Nebel um ferne Sterne bildet. Es geht also um Material, das von außerhalb des Sonnensystems kommt und in einem Strom zwischen den Planeten hindurchfließt.

Leider kann CIDA nicht während des ganzen Flugs ständig Daten einsammeln. Die Silberscheibe, der eigentliche »Teilchensammler«, muss genau auf den Teilchenstrom ausgerichtet werden, wenn die Messungen korrekt erfolgen sollen. Das Ausrichten und Nachführen eines Geräts während des Flugs kostet aber sehr viel Treibstoff, der nicht zur Verfügung steht. Die Wissenschaftler müssen also warten, bis der Auffangschirm durch die Flugbahn der Raumsonde gerade den richtigen Winkel zum Strom des interstellaren Staubs einnimmt. Messungen können daher nur in einigen wenigen günstigen Phasen auf dem Flug von *Stardust* erfolgen.

Eine erste solcher Phase wurde in der Zeit von April bis Juli 1999 erreicht. Gespannt warteten damals die Forscher unter der Leitung von Jochen Kissel am Max-Planck-Institut für extraterrestrische Physik in Garching bei München auf die ersten Resultate. Und tatsächlich gelang es, bereits bei der ersten Gelegenheit insgesamt fünf Staubteilchen einzufangen. Für einen Laien mag diese Zahl sehr klein erscheinen; wir dürfen aber nicht vergessen, wie enorm fein verteilt die Gase und Staubteilchen selbst in einer aus der Ferne auch noch so dunkel erscheinenden Wolke sind. Noch viel geringer ist die Staubdichte in der Nähe der Sonne, die mit ihrer Strahlung kleine Teilchen verdampft und ihre Umgebung buchstäblich leer bläst. Nur wenigen Teilchen gelingt es, weit in das Innere des Sonnensystems einzudringen. Es braucht also schon etwas Glück, einzelne von ihnen zu erwischen.

Das Einsammeln der Teilchen besorgt die schon erwähnte Silberscheibe. Auf sie prallen die Teilchen mit einer Geschwindigkeit von etwa 20–30 km/s auf. Dabei wird so viel Energie freigesetzt, dass die Teilchen augenblicklich zu Atomen oder kleinen Molekülen verdampfen, die elektrisch neutral, teilweise aber auch geladen sein können. Gerade die geladenen Teilchen lassen sich nun besonders gut untersuchen. Sie werden im Gerät einer elektrischen Spannung ausgesetzt, die sie sofort zu einem Nachweisgerät hinzieht. Jetzt kommt es ganz darauf an, welche Masse die Ionen haben. Die Wissenschaftler nutzen nun nämlich die Tatsache aus, dass leichtere Teilchen schneller zum Detektor hin beschleunigt werden können als die schwereren Bruchstücke. Je leichter ein Teilchen ist, desto eher kommt es beim Detektor an. Das Gerät muss also nur bestimmen, wann die Teilchen am Detektor eintreffen. Ein kleiner Computer kann aus der Abfolge recht einfach die Masse der Bruchstücke bestimmen. Das Gerät gibt aber auch Auskunft über die Menge der am Detektor eintreffenden Teilchentrümmer mit einer bestimmten Masse. Je mehr Teilchen mit einer bestimmten Masse beim Aufprall entstanden, desto stärker reagiert der Detektor. Diese Methode der Massenspektroskopie gehört heute zu den Standardverfahren der Chemiker.

Das Resultat ist eine Zickzacklinie, in der die Anzahl Teilchen gegen deren Masse aufgetragen ist. Für die Chemiker ist diese »Kurve«, das Massenspektrum, so etwas wie der Fingerabdruck der Substanz, die sie gerade untersuchen. Und wie ein Fingerabdruck einen Täter verraten kann, gibt auch das Massenspektrum sehr viel mehr Informationen über die Substanz preis, als nur die Masse ihrer Bruchstücke. Es braucht allerdings schon einiges an Detailwissen und auch etwas Fingerspitzengefühl der Wissenschaftler, um der gezackten Linie des Massenspektrums ihren ganzen Informationsgehalt abzuringen. Für einen Fachmann ist es aber möglich, aus dem Massenspektrum die Natur der chemischen Stoffe, aus der die Bruchstücke entstanden, zu rekonstruieren.

Was das Massenspektrometer an Bord von *Stardust* nun aber an Messresultaten über die interstellaren Teilchen auf die Erde meldete, verblüffte die Wissenschaftler und übertraf selbst ihre kühnsten Erwartungen. Nach allem was bekannt ist, müssten im Raum zwischen den Sternen eigentlich die Produkte der atomaren Kernverschmelzungen aus den Sternen vergangener Generationen vorherrschend sein. In diesen Sternen werden die höheren Elemente aus Wasserstoff und letztlich Helium erbrütet und nach dem feurigen Untergang der Sterne ins Weltall geschleudert (vgl. Kapitel 3.1). Helium ist also quasi das Bauelement für schwerere Atomsorten. Weil das Element Helium die Massenzahl vier besitzt, sollten im interstellaren Staub eigentlich kleinere Moleküle und Ionen mit durch vier teilbaren Massenzahlen vorherrschen. Die erwarteten chemischen Stoffe müssten also hauptsächlich aus den Elementen Kohlenstoff, Sauerstoff, Magnesium, Silizium, Schwefel, Kalzium und Eisen aufgebaut sein. Dazu gehören

Mineralien wie z. B. Karbonate, Sulfide, Silikate, Siliziumdioxid, Eisenerze und ähnliche Stoffe mit geringen Massen bis vielleicht 100 oder maximal 200 Atommassen.

Doch das Massenspektrum sah ganz anders aus! Bereits bei den ersten beiden Einschlägen, die CIDA vermessen konnte, waren bis über die Massenzahl 1000 hinaus zahlreiche Ionen vorhanden, und es war keine Beziehung zur Zahl vier erkennbar. Die eingefangenen interstellaren Staubteilchen bestanden also nicht, oder zumindest nicht vorwiegend, aus Mineralien. Das war die eine Überraschung. Das zweite unerwartete Resultat war die enorm große Masse der Bruchstücke. Die Teilchen mussten allesamt aus sehr vielen Atomen bestehen, die sich zu großen Verbänden zusammengeschlossen hatten, weitaus größer als alle anderen bis damals im Weltall nachgewiesenen Moleküle. Franz Krueger und Jochen Kissel konnten nicht anders, sie mussten aus den Daten auf hochpolymere Kohlenstoffverbindungen schließen, nicht unähnlich Kunststoffen, die aus vielen kleineren Bausteinen zusammengesetzt sind.

Überraschend war auch, wie kompliziert die Stoffe gebaut sein müssen. Die Analyse der deutschen Forscher zeigt nämlich, dass offensichtlich viele Moleküle in den interstellaren Staubteilchen aus aromatischen Kohlenwasserstoffen bestehen. Diese Stoffgruppe ist eine der wichtigsten in der organischen Chemie. (Achtung: Die Bezeichnung »organisch« soll nicht auf Lebensprozesse hinweisen. Die Chemiker verstehen unter der »organischen Chemie« jenen Wissenschaftszweig, der sich mit den Kohlenstoffverbindungen beschäftigt. Die können aber auch außerhalb von Lebewesen entstehen.) Etwa ein Drittel aller organischen Molekülsorten sind Aromate oder deren Abkömmlinge. Und dazu gehört eine riesige Vielzahl von Stoffen, die in den Lebewesen eine ganz entscheidende Rolle spielen. So besteht z. B. der grüne Farbstoff, der in den Pflanzenblättern als Antenne für die Sonnenenergie dient, das Chlorophyll, in seinem Zentrum aus vier miteinander verbundenen Abkömmlingen von aromatischen Molekülen (und »Anhängseln« in Form von Kohlenstoffgruppen). Ganz ähnlich aufgebaut ist auch die Häm-Gruppe, der zentrale Baustein des Hämoglobins, des Blutfarbstoffs der Wirbeltiere, ohne den wir keinen Sauerstoff zu den Zellen im Inneren unseres Körpers transportieren könnten, und ohne den deshalb größere, vielzellige Lebewesen gar nicht möglich wären. Aromatische Kohlenstoffverbindungen sind also für Leben (wie wir es kennen) absolut zentral.

Der Nachweis riesiger organischer Moleküle im interstellaren Staub war sicher eine große Überraschung. Die Wissenschaftler wussten allerdings schon längst, dass fein verteilt im Weltall enorme Mengen organischer Stoffe und anderer Moleküle vorhanden sein müssen. Sie konnten aber mit ihren indirekten Methoden immer nur relativ kleine Moleküle, die aus nur wenigen Atomen aufgebaut sind, eindeutig nachweisen. Davon sind bis heute immerhin über 120 verschiedene Sorten bekannt, bis hin zu Molekülen, die aus 13 Atomen bestehen.[2] Nachgewiesen wurden all diese Moleküle dank der charakteristischen elektromagnetischen Strahlung, die sie verschlucken (absorbieren) oder die sie aussenden (emittieren), wenn sie Energie aufnehmen. Dahinter steckt das exakt gleiche Prinzip, das wir schon bei der Anregung der Elektronen in der Photosynthese kennen gelernt haben (vgl. Kapitel 2.2). Die Elektronen in einem Molekül nehmen durch die Strahlung Energie auf und bewegen sich für eine extrem kurze Zeit etwas weiter weg von den Atomkernen. Sie können die aufgenommene Energie aber nicht für längere Zeit behalten, sondern müssen sie sofort wieder abgeben. Sie fallen quasi in das Energieloch zurück, das sie nach ihrer Anregung in der Elektronenhülle hinterlassen haben. Natürlich können die Elektronen dies nur tun, wenn sie die aufgenommene Energie wieder abgeben. Sie tun dies in Form von elektromagnetischer Strahlung, die sie z. B. im Bereich der Wellenlängen von Radiowellen oder der Infrarotstrahlung von sich geben. Der entscheidende Punkt ist, dass die Wellenlänge der aufgenommenen Strahlung sehr oft eine andere ist als jene, über welche die Elektronen ihre Energie wieder abgeben. Wenn also das Licht eines Sterns eine kalte Gas- und Staubwolke durchdringen muss, bevor es uns auf der Erde erreicht, so werden die Elektronen in den Wolkenmolekülen durch das Sternlicht angeregt. Der Strahlung des Hintergrundsterns fehlt damit genau jene Energie, welche die Elektronen für ihre Anregung benötigen. Wichtig ist nun, dass Elektronen in den verschiedenen Atomen und Molekülen bei unterschiedlichen Energiemengen die Strahlung aufnehmen. Jeder Stoff, jedes Atom und jedes Molekül, entnimmt dem Sternlicht in einer ganz charakteristischen Art und Weise Energie. Und weil jeder Energiemenge eine ganz bestimmte und sehr genaue Wellenlänge im elektromagnetischen Spektrum zugeordnet werden kann, weist das Licht des Hintergrundsterns Lücken bei genau jenen Wellenlängen auf, bei welchen die Stoffe Energie zu ihrer Anregung aufgenommen haben. Der Bau und die Struktur der Moleküle bestimmt also die Wellenlänge, bei der sie Energie aus dem Sternlicht filtern. Im Licht entsteht durch die Energieaufnahme der verschiedenen Stoffe ein ganz charakteristisches Muster von fehlenden Wellenlängen, von schwarzen Linien (den Absorptionslinien), aus dem der Fachmann auf die chemische Struktur der Stoffe in einer Gas- und Staubwolke schließen kann. Natürlich braucht es eine ganze Menge Moleküle des gleichen Typs, die alle gemeinsam in der gleichen Art und Weise das Sternlicht verändern, damit ihr Einfluss über die riesigen Distanzen in den Spektren wahrgenommen werden kann.

Im Prinzip funktioniert diese Methode auch umgekehrt. Moderne Radioteleskope können auch die Strahlung der Elektronen empfangen, die sie beim Zurückfallen in das Energieloch im Bereich der Radiowellen abgeben. Die Elektronen funktionieren in diesem Falle wie kleine Radiosender, deren gemeinsame Strahlung über die kosmischen Distanzen hinweg bis zu uns nachweisbar ist.

Die Liste der Moleküle, die dank der Analyse der Spektren im Infrarot- und Radiobereich seit Ende der 1960er Jahre zwischen den Sternen und dank *Spitzer*, dem neuen Infrarotteleskop der NASA, auch in den Staubscheiben direkt um junge und jüngste Sterne herum entdeckt worden sind, umfasst auch einige illustre Namen. Über den Fund von interstellarem Trinkalkohol wurde bereits berichtet. Schon 1969 wurde Formaldehyd (Formalin) nachgewiesen, ein früher in biologischen und medizinischen Sammlungen häufig gebrauchtes Konservierungsmittel, 1970 Methanol und Ameisensäure, 1974 das bekannte Narkosemittel Ether (Dimethylether) und vor kurzem sehr wahrscheinlich Glycin, die einfachste Aminosäure. Und dies alles in astronomischen Mengen!

All diese Moleküle sind allerdings relativ klein. Trotzdem ist ihr Fund ganz entscheidend wichtig, denn offensichtlich laufen selbst im interstellaren Raum oder in der Nähe von Sternen genügend chemische Reaktionen ab, die einfache organische Moleküle in derart riesigen Mengen entstehen lassen, dass wir ihre unglaublich feine Wirkung auf die Radiostrahlung hier auf der Erde messen können. Dies ist alles andere als eine Selbstverständlichkeit, denn entweder fehlt den Atomen im kalten interstellaren Raum die nötige Energie, um miteinander zu reagieren und Moleküle zu bilden, oder aber die Hitze und der Strahlungsdruck in der Nähe der Sterne lässt kleine Teilchen verdampfen und bricht die Moleküle gleich wieder auseinander. Es braucht also so etwas wie eine Reaktionskammer, eine Art interstellares Reagenzglas, in der die nötigen chemischen Vorgänge geschehen können und in welcher die Teilchen zumindest für einige Zeit geschützt sind. Ohne solch abgeschirmte Räume könnten selbst die einfachsten Moleküle nicht entstehen, sie könnten sich kaum in größeren Mengen ansammeln und keinesfalls längere Zeit überdauern.

Völlig unmöglich wäre die Bildung noch größerer Moleküle, in der Art wie sie Kissel und Krueger mit CIDA entdeckt haben. Wo aber sind sie zu finden, diese kosmischen Reagenzgläser? Wie sehen sie aus? Auch zu diesen Fragen sind Teilantworten eigentlich schon seit langem gegeben worden, aber mangels direkten oder auch indirekten Beweisen im Bereich der Spekulation geblieben. In den 1940er Jahren überlegte sich der holländische Astronom Henk van de Hulst als einer der ersten Wissenschaftler, wie sich die Atome der häufigsten Elemente im Kosmos wohl verhalten würden, wenn sie auf die kalte Oberfläche von Staubkörnern treffen. Es war damals schon klar, dass diese Staubkörner vornehmlich aus Silikaten bestehen. Van de Hulst kam schnell zur Überzeugung, die Atome von Wasserstoff, Sauerstoff, Kohlenstoff und Stickstoff würden unter den Weltallbedingungen auf der Oberfläche der Staubkörner anhaften und so eine gefrorene Schicht bilden. Mehr noch: Atome, die einzeln durch das Weltall treiben, also Atome, die nicht in einem Molekül gebunden sind, verhalten sich oft sehr reaktionsfreudig. Solche Atome müssten beim Zusammentreffen auf der Oberfläche der kalten Staubkörner trotz der tiefen Temperaturen miteinander reagieren und einfache Moleküle aufbauen. Das Resultat der Anlagerung müsste gemäß van de Hulst eine gefrorene Schicht mit Molekülen von Wasser, Methan, Kohlenmonoxid, Kohlendioxid und Ammoniak um den Silikatkern sein. Aber wie gesagt, solche Überlegungen, und mögen sie noch so gut begründet sein, sind nichts als Spekulation, solange sie nicht überprüft werden können.

Es dauerte fast 30 Jahre, bis die Astronomen einen ersten wichtigen Puzzlestein zur Bestätigung der van de Hulstschen Theorie finden konnten. Erst zu diesem Zeitpunkt war die Technik der Spektralanalyse weit genug entwickelt, um auch dünn verteilte chemische Stoffe entdecken zu können. Dafür ging jetzt alles ziemlich schnell: In den Infrarotspektren einiger durch Hintergrundsterne beleuchteter Staubwolken fanden die Wissenschaftler die Absorptionslinien von Silikaten, den vermuteten Kondensationskernen für die kleineren Moleküle. Fast gleichzeitig tauchten in den Spektren in Form der verräterischen Spektrallinien auch die »Fingerabdrücke« von Wasser, Kohlenmonoxid, Kohlendioxid und anderer Moleküle auf. Die Silikatkörner waren also Realität und die kleinen Moleküle vorhanden.

Schnell aber zeigte sich, dass der interstellare Staub noch viel komplexer aufgebaut sein musste. J. Mayo Greenberg, der zuerst an der State University von New York in Albany und später in Leiden in den Niederlanden arbeitete, bemerkte bei der Analyse des Lichts, das durch interstellare Staubwolken dringt, eine weit höhere Abschwächung der Lichtmenge, als sie allein durch die Anwesenheit der Silikatkörner erklärbar war. Eine derart hohe Lichtdämpfung war eigentlich nur durch eine sehr dunkle Färbung der Silikatkörner erklärbar, eine Färbung, wie sie etwa durch Kohlenstoffverbindungen entstehen kann. Greenberg vermutete deshalb im Eismantel um die einzelnen Staubkörner kohlenstoffreiches Material.[3] Er stellte sich vor, wie bereits in den Staubwolken um die jungen Sterne unter dem Einfluss der energiereichen UV-Strahlung die einfachen, kleinen Moleküle im Eispanzer um die Silikatkörner chemisch verändert werden und neue Reaktionen untereinander eingehen. Die ständige UV-Bestrahlung in der Nähe des jungen Sterns könnte nach den Überlegungen der Chemiker die Bildung einer ganzen Reihe hochinteressanter Moleküle auslösen. Um dies genauer untersuchen zu können, simulierten Greenberg und seine Gruppe in einer langen Versuchsreihe im Labor die Bedingungen in einer Staubwolke nahe eines jungen Sterns. Sie bestrahlten verschiedenste Mischungen einfacher, in Eis eingeschlossener Stoffe mit UV-Licht und erwärmten diese. Schon von bloßem Auge konnten die Wissenschaftler erkennen, dass da etwa Neues entstanden sein musste: Das vorher farblose Material war nun gelblich geworden. Selbstverständlich wurde das »gelbe Zeug«, wie es Greenberg und seine Leute nannten, chemisch analysiert. Es bestand aus einer Mischung von Glycerol, Glyceramid, einigen Aminosäuren, den biologisch so wichtigen Bausteinen der Eiweiße und einer ganzen Anzahl anderer organischer Moleküle. Ein wahrlich elektrisierender Befund!

Die Mischung ergab allerdings noch nicht ganz die im Spektrum der kosmischen Wolken gefundenen Absorptionslinien. Es mussten also noch weitere Prozesse ablaufen, die aber im Labor schwer zu simulieren waren. Wie gerufen kam da für Greenberg und seine Arbeitsgruppe die Einladung, an einem Satellitenexperiment teilzunehmen. Es war damals geplant, einen europäischen Satelliten mit einem Spaceshuttle in den erdnahen Weltraum zu transportieren und später wieder zur Erde zu bringen. Der Satellit wurde *EURECA* (EUropean REtrievable CArrier, die europäische, rückholbare Plattform) getauft und sollte biologische Proben über längere Zeit der harten UV-Strahlung der Sonne aussetzen. Greenbergs Leute gaben dem Satelliten ihr »gelbes Zeug« mit.

EURECA fand in der breiten Öffentlichkeit zwar wenig Beachtung, wurde aber für die Wissenschaft zu einem spektakulären Erfolg. Wie geplant, fing ein Spaceshuttle den Satelliten nach einem Jahr wieder ein und die Wissenschaftler konnten die Proben untersuchen. Was sie zurückerhielten, war nicht mehr gelb, sondern braun, und dies nach nur vier Monaten Bestrahlung im Weltraum. Wiederum musste sich das Material chemisch verändert haben. Und diesmal stimmten die Absorptionslinien des »braunen Zeugs« fast haargenau mit den Linien in den Spektren der Dunkelwolken überein! Aber aus was bestand dieses »braune Zeugs«? Nur die Analyse in einem Massenspektrometer konnte die Antwort bringen. Greenbergs Gruppe übergab ihre wertvolle Probe an Seb Gillette, dem Fachmann an der renommierten Stanford University, und der fand darin eine unerwartet hohe Konzentration an polyzyklischen aromatischen Kohlenwasserstoffen (PAHs; die international gebräuchliche Abkürzung nimmt Bezug auf die angelsächsische Bezeichnung polycyclic aromatic hydrocarbons).

PAHs sind spannende und auch im Zusammenhang mit Leben widersprüchliche Moleküle. Einerseits findet man sie als Grundbausteine in vielen lebenswichtigen Molekülen, andererseits sind einige von ihnen stark krebserregend. PAHs entstehen oft bei starker Erhitzung von kohlenstoffhaltigem Material. Dies kann zum Beispiel beim übermäßigen Backen von Brot oder beim unvorsichtigen Grillen von Steaks geschehen. Man findet die PAHs aber auch in Zigarettenrauch oder den Abgasen von Automobilmotoren. Die Struktur der PAHs lässt sich mit der sechseckigen Geometrie von Bienenwaben vergleichen. Die Bezeichnung »polyzyklisch« tragen sie, weil in ihnen mehrere bis viele solcher Sechsecke wie in den Bienenwaben oder in einem Maschendraht miteinander verbunden sind. In jeder Ecke eines solchen Sechsecks sitzen durch Doppelbindungen aneinander gehängte Kohlenstoff-Atome, von denen gegen außen jeweils eine Seitenkette oder ein Wasserstoff-Atom abzweigt. PAHs sind also ziemlich komplexe organische Moleküle mit mehreren Kohlenstoffringen. Für uns ist es aber viel wichtiger und entscheidend, dass es sich um exakt die gleichen Stoffe handelt, die Krueger und Kissel Jahre später mit CIDA im interstellaren Staub direkt nachweisen konnten.

Und die PAHs scheinen nicht nur durch unser Sonnensystem zu fließen, nein, sie sind offenbar ein weit verbreitetes Phänomen. Seit über 30 Jahren haben sich nämlich Astrophysiker über eine Sorte Strahlung im Infrarotbereich gewundert, deren Ursprung sich einfach nicht genau bestimmen ließ. Es gab zwar die gut begründete Vermutung, bei den »unidentifizierbaren Infrarotbändern« könnte es sich um die Strahlung großer organischer Moleküle handeln. Um sicher zu sein, hätten die Forscher aber unter kontrollierten Laborbedingungen ein Vergleichsspektrum herstellen müssen. Dazu wiederum hätten sie die Moleküle in einem Vakuum ebenso extrem verdünnen müssen, wie dies im freien Weltall der Fall ist. Weil aber kein irdisches Labor groß genug sein kann, um eine kosmische Wolke zu simulieren, schien das Unterfangen lange Zeit undurchführbar. Der Durchbruch gelang Hans Piest von der niederländischen Universität in Nijmegen. Er fand vor kurzem eine raffinierte indirekte Methode und konnte damit ein Spektrum von PAHs unter stark verdünnten Bedingungen aufnehmen. Und Bingo: Das Laborspektrum der PAHs entsprach weitgehend den im Weltall beobachteten Infrarotbändern![18] Piest ist nun dabei, die genauere Zusammensetzung der interstellaren organischen Molekülmischung abzuklären.

Nach allen vorliegenden Messresultaten müssen im interstellaren Raum also mindestens drei Gruppen von Teilchen vorhanden sein:

▸ die ummantelten Silikatkörner, in deren Eismantel sich offenbar recht komplexe chemische Vorgänge abspielen,

▸ frei im Weltall treibende, große organische Moleküle, die polyzyklischen aromatischen Kohlenwasserstoffe, und

▸ kohlenstoffhaltige, unregelmäßig geformte, kleine Festkörper.

Welch eine Ausweitung der Ansichten! Man muss sich an dieser Stelle auch in Erinnerung rufen, dass noch im ersten Drittel des 19. Jahrhunderts die Ansicht vorherrschte, für die Entstehung organischer Moleküle sei eine geheimnisvolle Lebenskraft, der *élan vital*, verantwortlich (vgl. Kapitel 2.1). Jetzt entdecken die Forscher diese riesigen Moleküle, von denen man einst glaubte, sie könnten nur in Lebewesen entstehen, in ganz enormen Mengen auch im freien Weltall. Es braucht also nicht einmal den Chemiker, der gestützt auf sein Wissen gezielt raffinierte Methoden zur Produktion einsetzt, es geht auch ohne eine solche ordnende Kraft, völlig planlos.

Für die Astrobiologen ist dies eine ganz gewaltige und entscheidend wichtige Erkenntnis: Die Bildung der Vorstufen von lebenswichtigen Molekülen gehört überall dort, wo Atome miteinander reagieren können, offensichtlich zu den völlig normalen Eigenschaften des Kohlenstoff-Atoms. Die Rolle des kosmischen Reagenzglases fällt, nach allem was wir heute wissen, den winzig kleinen, nur etwa ein Drittel Mikrometer messenden Silikatkörnern zu, die frei im Weltall treiben. Sobald die Silikatkörnchen in eine der dichten Gas- und Staubwolken in der Umgebung einer jungen Sonne eindringen, frieren auf ihrer Oberfläche die Atome an, reagieren unter dem Energie spendenden Einfluss der UV-Strahlung miteinander und bilden neue, organische Moleküle kleiner bis mittlerer Größe. Zusammen mit

Wassermolekülen und den schon viel früher, vielleicht sogar in fernen, fremden Gaswolken entstandenen PAHs sowie den Kohlenstoffteilchen bildet sich langsam ein Hülle aus schmutzigem Eis um die Kondensationskerne aus Silikat.

Dieser Schmutz im Eis hat es wahrhaft in sich. Er enthält den ganzen Cocktail an komplexen organischen Molekülen des »gelben Zeugs«, das Mayo Greenberg erstmals beobachten konnte. Nach der Modellvorstellung, die Greenberg und seine Leute entwickelten, verklumpen die ummantelten Silikatkörner miteinander, sobald sich die Gas- und Staubwolke zusammenzieht und einen neuen Stern mit seinen Planeten bildet. Ein Teil der vereisten schmutzigen Staubkörner bildet dabei die Kometen, die in großer Zahl um die junge Sonne kreisen. Die allermeisten Staubkörner aber werden wohl mit dem Sternwind (vgl. Kapitel 3.3) ins Weltall katapultiert. Erst wenn sie nach langer Zeit wieder in eine andere dichte Gaswolke eindringen, können sie sich weiterentwickeln. Die UV-Strahlung wird den Wassermantel weitgehend verdampfen und dem organischen Material neue chemische Reaktionen ermöglichen. Aus dem gelben wird das braune Zeugs. Allerdings sind auch in diesem Stadium noch immer kaum PAHs und auch keine Kohlenstoffteilchen entstanden. Dazu braucht es Stoßfronten von Supernova-Explosionen, die mit ihrer ungeheuren Wucht die vereisten und mit dem braunen Zeugs verschmutzten Silikatkörner aufeinander prallen lassen. Unter der Kraftwirkung der äußerst heftigen Zusammenstöße entstehen PAHs und Kohlenstoffteilchen[3].

Eine wahrhaft gewaltige Vorstellung. Supernova-Explosionen sind nicht nur für die Entstehung der höheren chemischen Elemente zuständig (vgl. Kapitel 3.1), nein, sie spielen auch eine ganz entscheidende Rolle bei der Synthese komplexer organischer Moleküle.

Dass all dies nicht nur reine Spekulation ist, haben auch Louis J. Allamandola, Max P. Bernstein, Scott A. Sandford und ihre Mitarbeiter am Ames Forschungsinstitut der NASA in Moffett Field in Kalifornien in den letzten Jahren in einer fantastisch einfach anmutenden Versuchsserie immer wieder eindrucksvoll gezeigt. Lou Allamandola wollte im Labor die Verhältnisse in der Nähe eines jungen Sterns simulieren und schauen, ob und welche chemischen Stoffe unter diesen Bedingungen entstehen. Er und seine Leute bauten sich hierzu schuhschachtelgroße Vakuumkammern, die sie in ihrem Innern auf 10 K abkühlten, also auf superfrostige −263 °C. Bei solch tiefen Temperaturen bewegen sich die Teilchen nur noch ganz geringfügig und können kaum miteinander reagieren. In diese Kammern leiteten sie ein Gasgemisch aus Wasser, Methan, Ammoniak und Kohlenmonoxid ein. Als Kondensationskerne, oder als Ersatz für die Staubkörner im Weltall, wurden kleine Plättchen aus Aluminium- oder Cäsium-Iodid verwendet. Um die Bedingungen in der Nähe eines jungen Sterns möglichst gut nachzuahmen, wurde die Kammer zudem in ultraviolettes Licht getaucht. Der Nachweis der Stoffe, die sich im Innern der Kammer bildeten, erfolgte über ein Infrarotspektrometer. Es muss faszinierend gewesen sein, die Vorgänge in den Kammern zu verfolgen. Fast sofort nach dem Start der Versuche bildete sich auf den Plättchen eine dünne weiße Schicht aus gefrorenem Material. Dabei blieb es aber nicht. Sobald die auf den Plättchen angefrorenen chemischen Stoffe von der UV-Strahlung getroffen wurden, begannen die Moleküle aufzubrechen und Radikale zu bilden. Radikalen fehlt ein Bindungspartner, sie besitzen eine offene Reaktionsstelle, die sie augenblicklich schließen, sobald sie dies können. Die Radikale auf den Plättchen reagierten deshalb sofort mit anderen Radikalen, und damit begann eine Reihe komplexer organischer Reaktionen, die eine enorme Vielfalt an chemischen Stoffen bildeten. Da fanden sich Alkohole, Ether, Ketone und Nitrile, und ein Stoff, den die Chemiker als Hexamethylentetramine bezeichnen. Gibt man dieses Hexamethylentetramin in saures Wasser, so bilden sich – Aminosäuren. Nach einigem Spielen mit den Ausgangsbedingungen fanden sich im Reaktionsgemisch sogar Quinone. Dies sind Moleküle, die in den Lebewesen im Zentrum der Energiestoffwechselvorgänge stehen. Quinone sind z. B. für die Umwandlung von Lichtenergie in chemische Energie in der Photosynthese zuständig.

Man kann es nicht genug betonen: Das zunächst fast Unglaubliche an der ganzen Geschichte ist, dass all diese Stoffe unter Weltallbedingungen in einem absolut simplen Reaktionsgemisch auf der Oberfläche von Staubkörnern ohne große Nachhilfe durch einen steuernden Chemiker entstanden![4]

Eine Frage drängt sich natürlich sofort auf: Haben diese Ereignisse auch bei der Geburt unseres Sonnensystems eine Rolle gespielt? Gab es damals, in der Frühzeit unseres Sonnensystems, auch in der Nähe der Erde solche Reaktionskeime, an denen sich organische Moleküle aufbauten? Gelangten diese Moleküle zur Erde? Ist die junge Erde etwa gar mit komplexen organischen Molekülen geradezu geimpft worden?

Erinnern wir uns an die Frühzeit unseres Planeten, an die Epoche der gewaltigen Einschläge durch Planetesimale und – durch Kometen. Kometen, die nichts anderes sind als mit organischem Material verschmutzte Eisklumpen (vgl. Kapitel 3.4). Auch wenn vieles noch im Bereich der Spekulation liegt, so scheint es heute schon mehr oder weniger gesichert: Kometen müssen vor über 3,8 Milliarden Jahren riesige Mengen komplexer organischer Moleküle auf die Urerde transportiert haben – und Sternschnuppen tun dies auch heute noch täglich in beachtlichem Ausmaß. Scott A. Sandford, der am Ames-Forschungszentrum der NASA in Moffett Field in Kalifornien arbeitet, schätzt die heute noch täglich durch kleinste Teilchen auf die Erde fallende Menge organischen Materials auf etwa 30 Tonnen. Er und seine Kollegen von der NASA stützen diese Zahlenangabe auf Messungen, die sie mit Hilfe des ER2-Flugzeugs der NASA durchführen können. Diese Maschine kann bis auf 20 km Höhe steigen und sammelt dort, weit oberhalb der Flugstraßen der Passagierjets, mit Hilfe von ölbeschichteten Platten die einfallenden Teilchen aus dem Weltall ein. Einige dieser Teilchen besitzen bis zu 50 % Anteil an organischen Molekülen.[5] Viele, wenn nicht die meisten dieser Teilchen, dürften von Kometen stammen, die auf ihrer Bahn der Sonne nahe kamen und bei denen die Strahlung der Sonne einen Teil ihres Oberflächenmaterials zum Verdampfen brachte. Die Resultate dieses Vorgangs sind die wunderbaren Schweife der Kometen, von denen wir gegen Ende des 20. Jahrhunderts gleich mehrere mit bloßem Auge bewundern durften. Die Wissenschaftler haben die chemische Zusammensetzung der Schweife und der hell leuchtenden Zone direkt um den Kometenkern, der Koma, auch vom Boden aus spektroskopisch untersucht. Und sie wurden prompt fündig. Der an der Universität Bern forschende Hans Balsiger und seine Arbeitsgruppe wiesen in den Leuchterscheinungen der Kometen Hyakutake und Hale-Bopp eine ganze Anzahl organischer Verbindungen nach, darunter die kleinsten Alkane Methan und Ethan.

Wie vielfältig die chemischen Reaktionen im Weltall sind, zeigt auch die Zusammensetzung einiger Meteoriten. Berühmt geworden sind die mit größtmöglicher Sorgfalt durchgeführten Untersuchungen an den beiden kohligen Chondriten, dem Murray- (Einschlag am 20. September 1950 in Kentucky, USA) und dem Murchison-Meteoriten (28. September 1969 in Murchison, Australien). In ihnen wurde ein ganzer Cocktail von Aminosäuren entdeckt, darunter auch die von den irdischen Lebewesen genutzten Sorten Glycin, Alanin, Asparaginsäure, Valin, Isovalin, Prolin, Glutaminsäure, Leucin und Isoleucin, nebst einer ganzen Anzahl weiterer, von uns Lebewesen nicht verwendeten Aminosäuren[6]. Über 70 verschiedene Aminosäuren, Nukleinbasen, also die Bausteine der Erbsubstanz DNS wie auch der

RNS, Carbonsäuren wie z. B. die Ameisen- und Essigsäure, Ketone, Chinone, Amine und Amide fand beispielsweise die Arbeitsgruppe um Michel Maurette aus Paris. Für einen organischen Chemiker ist dies fast alles, was sein Herz begehrt.

Bei all diesen faszinierenden Entdeckungen bleibt zunächst immer eine gute Portion Zweifel. Es ist immer wieder das gleiche alte Problem: Wir sitzen hier auf einem von Lebewesen und ihren Abbauprodukten verschmutzten Planeten, und es könnte deshalb immer sein, dass diese Stoffe nachträglich in die Proben gelangten, also von irdischen Bakterien stammen, die es irgendwie geschafft haben, nach dem Aufprall in die Meteoriten einzudringen. Zudem, wie sollten so empfindliche Stoffe wie organische Moleküle den feurigen Eintritt in die Erdatmosphäre überstehen können? Jede Sternschnuppe führt uns doch plastisch vor Augen, welch große Energiemengen beim Eintritt eines Meteoriten in die Erdatmosphäre freigesetzt werden. Verglühen die organischen Moleküle denn nicht sofort? Lange Zeit war dies Lehrmeinung. Schließlich bekam jedes Kind des Raumfahrtzeitalters mit, wie die Astronauten nur durch spezielle Einrichtungen wie Hitzeschilder oder die etwas wackeligen Kacheln der Spaceshuttle den Wiedereintritt in die Erdatmosphäre überleben können, und wer mitbekommen hat, wie die *Apollo-13*-Besatzung nach ihrer Panne auf dem Flug zum Mond nur mit knapper Not den rettenden Ozean erreichte oder wer die bedrückenden Bilder der verglühenden *Columbia* gesehen hat, der weiß genau, wie heikel die Durchquerung unserer Lufthülle wegen der enormen Reibungskräfte ist. In solchen Situationen helfen Spekulationen und Wunschdenken rein gar nichts, klare Beweise müssen auf den Tisch. Und es gibt tatsächlich gleich mehrere solcher Belege.

Da wurde zunächst einmal in den Meteoriten eine ganze Reihe von Aminosäuren festgestellt, die in den irdischen Lebewesen fehlen. Diese Aminosäuren können also nicht aus Bakterien stammen, die nach der Landung mit den Meteoriten in Kontakt kamen und durch feine Spalten in das Innere der kosmischen Brocken vordrangen. Sie müssen von den Meteoriten auf unseren Planeten gebracht worden sein. Ein zweiter wichtiger Hinweis betrifft den Bau der Aminosäuren und hat die Astrobiologen ganz besonders in Aufregung versetzt, weil er möglicherweise auch gleich einen Teil der Erklärung für ein chemisches Rätsel bilden könnte.

Es geht um Folgendes: Fast alle Aminosäuren treten in zwei spiegelbildlich verschiedenen Formen auf. Man kann diese Erscheinung, die Chiralität, mit dem Verhältnis der linken zur rechten Hand vergleichen. Wenn ein Chemiker Aminosäuren im Labor produziert, entstehen beide Formen in gleichen Anteilen und es ist kein Grund erkennbar, wieso dies nicht so sein sollte. Die Chemiker bezeichnen eine solche Mischung als ein Razemat. Spannend ist nun aber, dass die Aminosäuren in den Eiweißen aller Lebewesen nur in ihrer linkshändigen Form gefunden werden. Wieso diese Einseitigkeit besteht, ist völlig unklar. Die ersten Untersuchungen der Aminosäurenzusammensetzung der beiden kohligen Chondriten ergaben eine razemische Mischung. Dies hätte nicht der Fall sein dürfen, wenn die Aminosäuren aus Verunreinigungen durch irdische Bakterien in die Meteoriten gelangt wären. Also wiederum ein Hinweis auf den außerirdischen Ursprung der Moleküle. Ein an sich schon sehr bedeutend des Resultat. Es sollte aber bald noch spannender werden. 1982 erschien im Fachmagazin *Nature* eine Publikation der beiden Geochemiker Michael Engel und Bart Nagy von der University of Arizona. Die beiden berichteten, sie hätten unter den Aminosäuren aus dem Murchison-Meteoriten ein leichtes Übergewicht der linkshändigen Form gefunden.[7] Lange Zeit wurde das Resultat der beiden Forscher von der internationalen Gemeinschaft der Naturwissenschaftler nicht anerkannt. Zu groß war ganz einfach die Gefahr einer irdischen Verunreinigung und damit einer Verfälschung des Resultats. Zudem war auch überhaupt kein Mechanismus erkennbar, der eine solche Verteilung hätte bewirken können. Richtig ernsthaft mit der Möglichkeit einer zumindest leicht einseitigen Verteilung der Aminosäurevarianten begannen sich die Wissenschaftler erst 1997 auseinander zu setzen, als der Chemiker John Cronin und seine Kollegin Sandra Pizzarello von der Arizona State University in Tempe an Aminosäuren, die in irdischen Lebewesen nicht vorkommen, einen Überschuss der linkshändigen Form bis zu 10 % messen konnten.[8] Jetzt, nach der sehr sorgfältigen Arbeit von Cronin und Pizzarello, ließen sich die Fakten nicht mehr wegdiskutieren. Irgendein Vorgang, oder auch gleich mehrere Prozesse, schienen nicht nur die eine Form der Aminosäuren in den irdischen Lebewesen zu bevorzugen, sondern auch im Kosmos. Was konnte dies sein?

Es gab da eine Möglichkeit, und diese führte zurück zur Geburt der Sterne und ihrer Planetensysteme. Der Engländer James Hough und seine Arbeitsgruppe an der University of Hertfordshire verfolgten eine Spur[9], der vor ihnen schon der Stanford-Chemiker William Bonner nachgegangen war. Die Forscher vermuteten die Ursache im polarisierten Licht bestimmter Sterne. Nicht in gewöhnlichem polarisiertem Licht, bei dem die Lichtwellen alle in der gleichen Richtung schwingen, sondern in rotierendem polarisiertem Licht. Bei dieser Art der Polarisierung dreht die Richtung der Schwingungsebene des Lichts ständig, entweder im Uhrzeigersinn oder im Gegenuhrzeigersinn, wenn man gegen die Lichtquelle schaut. Je nach Drehrichtung wird nun in einer ursprünglich razemischen Mischung von Aminosäuren die eine Form leicht häufiger zerstört. Dies ist ganz besonders dann der Fall, wenn intensives UV-Licht während längerer Zeit eine Aminosäuremischung bestrahlt. Genau solche Lichtquellen mit rotierendem polarisiertem Licht fanden Hough und seine Leute in dem berühmten Sternentstehungsgebiet des Orionnebels: junge Sterne! Ihr Einfluss schien die Einseitigkeit in der Aminosäurenverteilung in den Meteoriten bestens erklären zu können. Die Berechnungen von Hough ergaben nämlich einen erwarteten Überschuss in der Region von maximal 10 %, exakt jene Verschiebung, die Cronin und Pizzarello im Murchison Meteoriten gemessen hatten.

Das konnte aber noch nicht die ganze Erklärung sein, schließlich besteht immer noch ein gewaltiger Unterschied zwischen einem leichten Übergewicht in der 10-%-Region und der praktisch 100-prozentigen Linkslastigkeit der Aminosäuren in allen Lebewesen auf der Erde. Es musste also noch einen Vorgang geben, der eine leicht einseitige Verteilung noch verstärken konnte. Obwohl dieses Forschungsgebiet noch sehr jung ist und künftig noch mit vielen Überraschungen gerechnet werden kann, ist bereits ein möglicher Vorgang bekannt geworden, der ein leichtes Ungleichgewicht verstärken kann. Die Arbeitsgruppe von Kenso Soai an der Wissenschaftlichen Universität in Tokyo führt die Auswahl der »Händigkeit« auf Stoffe zurück, die ihre eigene Produktion beschleunigen können. Die japanische Gruppe ging von einer leicht ungleichgewichtigen Aminosäure-Mischung aus und ließ diese weiter reagieren, und zwar zu Stoffen, die ihre eigene Entstehung beschleunigen können (zu solchen Stoffen später mehr). Und siehe da: Schon recht schnell wirkte sich das anfänglich nur leichte Ungleichgewicht in den Anteilen der linken und rechten Form aus, und jene Form mit dem leichten Startvorteil gewann in den weiteren Reaktionsschritten die Oberhand.[10]

Es gibt aber durchaus auch Möglichkeiten, wie auf der jungen Erde selbst die eine oder die andere Form zu einer Anreicherung gekommen sein könnte. Wiederum war es ein ganz einfaches Experiment, das von Robert Hazen (Carnegie Institution in Washington), dem an der Purdue University in Lafayette forschenden Timothey Filley (beide arbeiten auch für das Astrobiologische Institut der NASA) und Glenn Goodfriend von der George Washington University in Washington durchgeführt und im Mai 2001 veröffentlicht wurde.[11] Ihnen gelang der Nachweis, dass Asparaginsäure, eine der 20 in den irdischen Lebewesen gebrauchten Aminosäuren, sich an Kalzit (kristallinem Kalk, $CaCO_3$) anlagern kann. Das Aufregende an dem Versuch ist nun, dass dies unterschiedlich geschieht, je nachdem, ob es sich um die linke oder rechte Form handelt. Kalzit ist auf der Erdoberfläche enorm weit verbreitet und ist trotzdem besonders, weil er im Gegensatz zu vielen anderen Kristallen an der Oberfläche ungleiche Anrisse bildet, die sich wie Spiegelbilder zueinander verhalten. Kristalle sind alle salzartige Stoffe, die aus positiv geladenen Metall-Ionen und negativ geladenen Nichtmetall-Ionen bestehen. Im Kalzit kann das stark positiv geladene Kalzium-Ion (Ca^{2+}) frei an der Oberfläche liegen. Auch die Aminosäure besitzt elektrisch geladene Teilbereiche. Einer davon, die Säuregruppe, trägt aus chemischen Gründen eine negative Teilladung. Da sich positive und negative Ladungen anziehen, bewegen sich die Aminosäureteilchen in der Lösung an die Kristalloberfläche. Jetzt spielt die Ausrichtung der Kristallanrisse eine Rolle: Je nach deren Ausrichtung wird die Links- oder aber die Rechts-Form an die Kristalloberfläche angelagert. Die Bindung mit dem Kalzit ist recht stabil. Hazen spekulierte deshalb, es könnte sogar sein, dass durch wiederholtes Eintrocknen an der Kristalloberfläche eine Verbindung zwischen den Aminosäuren zu Stande kommt und eine Eiweißkette zu wachsen beginnt. Man kann den Faden sogar noch weiterspinnen und eine Verbindung zur Arbeit der japanischen Gruppe um Kenso Soai herstellen. Wenn tatsächlich an der Oberfläche der Kalzite Aminosäureketten zu wachsen beginnen, wird die erste Aminosäurekette, die ihre eigene Synthese auslöst, in der Mischung rasch die Oberhand gewinnen und damit der späteren Entwicklung ihren Stempel aufdrücken. Es könnte also sehr gut sein, dass die »Linkslastigkeit« des irdischen Lebens reiner Zufall ist, weil in der frühesten Epoche der Synthese einfacher organischer Moleküle durch Zufall eine Kette aus der Linksform von Aminosäuren als Erste ihre eigene Synthese auslösen konnte. Wenn dem so wäre, dann könnte es auf einem anderen Planeten gerade umgekehrt zu einer »Rechtslastigkeit« gekommen sein.

Aber wie steht es mit der zweiten Hürde für den Import organischer Stoffe auf die Erde, den hohen Temperaturen beim Eintritt in die Erdatmosphäre? Wieso sind all die hoch empfindlichen organischen Moleküle bei der Landung auf der Erde nicht einfach zertrümmert worden und/oder verbrannt? Offensichtlich ganz einfach deswegen, weil sie im Innern der Meteoriten recht gut geschützt sind.

Auch für diese überraschende Erkenntnis gibt es seit kurzem gleich mehrere Beweise. Erneut sind es Forschungsarbeiten aus ganz unerwarteten Gebieten, die uns diese Gewissheit gebracht haben. Ein erster, dramatischer Beleg stammt von einer Forschergruppe, welche das Massenaussterben an der Zeitenwende von der Perm- zur Triaszeit untersuchten.

Den Paläontologen ist seit langem bewusst, dass damals, vor rund 251 Millionen Jahren, etwas ganz Furchtbares auf der Erde geschehen sein muss. Vergleicht man nämlich die Fossilien unterhalb und oberhalb der Grenzschicht zwischen den beiden Erdzeitaltern, so fehlen in der Trias urplötzlich fast alle Arten aus dem Perm. Die Ausgrabungen lassen keinen anderen Schluss zu: Es müssen innerhalb der geologisch extrem kurzen Zeitspanne von maximal einigen Tausend Jahren über 90 % aller Arten in den Meeren und um die 70 % aller Landlebewesen ausgestorben sein. Damit ist das Perm/Trias-Ereignis das mit Abstand schlimmste bekannte Massensterben der ganzen Erdgeschichte. Schon lange war spekuliert worden, der Grund könnte in einer ähnlichen Katastrophe wie am Ende der Kreidezeit liegen. Der Auslöser wäre also auch ein Einschlag eines Kometen oder Asteroiden. Im Gegensatz zum Kreide/Tertiär-Ereignis fehlten aber eindeutige Beweise fast völlig. Insbesondere konnte bisher kein Iridium gefunden werden. Dieses Metall ist in irdischen Gesteinen sehr selten, findet sich in Meteoritenmaterial aber in recht hoher Konzentration. Sein Nachweis – weltweit – in der dünnen Grenzschicht zwischen der Kreide und dem Tertiär lieferte den ersten Hinweis für den Einschlag eines kosmischen Boliden vor 65 Millionen Jahren.

Wo war also das Iridium aus dem Perm/Trias-Ereignis geblieben? Gab es damals tatsächlich auch ein Meteoriteneinschlag? Es gibt dieses Iridium tatsächlich, aber es kam an einer völlig unerwarteten Stelle zum Vorschein. Den ersten starken Hinweis für den Einschlag eines Himmelskörpers vor gut 250 Millionen Jahren fand nämlich ein Team um die in Seattle an der University of Washington arbeitende Luann Becker in fossilen Schichten mit großen organischen Molekülen und den darin eingeschlossenen Edelgasen.[12]

Die Veröffentlichung der Forschungsresultate in der Top-Fachzeitschrift *Science* im Februar 2001 war für die Astrobiologen eine riesige Sensation und eine Bestätigung älterer Beobachtungen. Jetzt war nicht nur mit einiger Wahrscheinlichkeit die Ursache für das verheerende Geschehen am Ende der Permzeit bekannt, nein, da war auch gleichzeitig der Beweis erbracht, dass sehr große organische Moleküle den Absturz auf die Erde in Mengen von Tausenden von Tonnen problemlos überstehen können. Genau genommen war dies nicht die erste derartige Feststellung, aber sie erfolgte in einer Zeit, in der die Forschergemeinde und die breite Öffentlichkeit hungrig nach solchen Berichten waren, und sie wurde dementsprechend aufgenommen.

Die gleiche Luann Becker hatte nämlich zusammen mit Jeffrey Bada, dem Direktor des Astrobiologie-Instituts der NASA, und ihren Kollegen schon 1994 im 1,85 Milliarden Jahre alten Krater bei Sudbury (Ontario) die gleichen, großen organischen Moleküle vom Typ der Fullerene gefunden. Fullerene bestehen ausschließlich aus Kohlenstoff-Atomen, manchmal gleich aus mehreren Hundert, die zu einer Art Kugel miteinander verbunden sind. Auf der Erde entstehen Fullerene häufig bei Feuern und bilden einen Bestandteil des Rußes. Und damit hätten die Fullerene aus dem 1,85 Milliarden Jahre alten Sudbury-Krater und aus der Grenzschicht zwischen Perm und Trias natürlich auch in riesigen Bränden entstanden sein können. Die Brände am Ende der Permzeit hätten allerdings auch eine gemeinsame und weltweite Ursache gebraucht, stammten die Proben, die Becker und ihre Leute untersuchten, doch aus China, Japan und Ungarn. Die Fullerene müssen aber im Weltall entstanden und mit einem kosmischen Geschoss auf die Erde gelangt sein. Der recht klare Beweis dafür liegt in den Gasen, die im Inneren der Fullerene, wie in einem Käfig, seit dem Einschlag gefangen geblieben sind. Diese Gaszusammensetzung kann ganz klar nicht aus der Erdatmosphäre stammen, sondern sie muss ihren Ursprung im Weltall besitzen. Dies deswegen, weil das Verhältnis der Helium- zu den Argon-Isotopen völlig von jenem der Erdatmosphäre abweicht, dafür sehr ähnlich jenem aus Meteoriten und interplanetaren Staubteilchen ist. Somit stammt auch der Käfig der Gasteilchen, die Fullerene, aus dem Weltall. In der Zwischenzeit konnten Becker und ihr Team Fullerene mit ganz ähnlicher Edelgasfracht auch in den Murchison- und Allende- (1969 in Mexiko bei Pueblito de Allende eingeschlagen) Meteoriten nachweisen.

Der zweite Beleg für Verhältnisse, die für das Überleben der organischen Moleküle günstig sind, stammt aus dem weltbekannten Marsmeteoriten ALH 84001. In diesem Meteoriten fand Imre Friedmann von der Florida State University, Jacek Wierzchos vom Ames Forschungszentrum der NASA in Moffett Field, Kalifornien, Carmen Ascaso von der Universität de Lleida in Spanien und der deutsche Michael Winklhofer von der Universität München winzig kleine Magnetitkügelchen. Diese Kügelchen aus Eisenoxid sind enorm spannend, weil sie das wichtigste Anzeichen für extraterrestrisches Leben sein könnten, das bisher entdeckt worden ist.[13] Die Magnetitkügelchen haben aber noch eine weitere große Bedeutung. Sie sind nämlich alle perfekt gleichmäßig ausgerichtet. Das heißt nicht mehr und nicht weniger, als dass sie seit ihrer Entstehung auf dem Mars nie höheren Temperaturen als maximal etwa 45 °C ausgesetzt waren. Wäre dies nicht so, dann könnten die Magnetitkristalle unmöglich alle in die gleiche Richtung zeigen, sondern müssten in verschiedene Richtungen weisen. Genau so nämlich, wie sie gerichtet waren, als sie nach der Erhitzung in einem Magnetfeld, z. B. jenem der Erde, beim Abkühlen wieder »einfroren«. Ein Meteorit bewegt sich beim Eintritt in die Erdatmosphäre natürlich völlig chaotisch und seine Magnetite werden daher beim Erstarren verschieden ausgerichtet fixiert. Tatsächlich fanden die Forscher in der äußeren, angeschmolzenen Kruste des Meteoriten auch die erwartet chaotische Ausrichtung. Offensichtlich war es aber im Inneren des Meteoriten sowohl beim Wegkatapultieren vom Mars als auch während der ganzen Reise zur Erde und dem Eintritt in die Erdatmosphäre nie wärmer als 45 °C. Derartige Temperaturen können die meisten organischen Moleküle problemlos überstehen!

Diese neuen Einsichten sind sehr aufregend. Sie zeigen einmal mehr auf, wie groß der Einfluss der kosmischen Geschehnisse auf die Entstehung von Leben vermutlich war. Nicht nur sind alle höheren Elemente in ausgebrannten Sternen entstanden und von diesen in einem letzten Akt der kosmischen Größe ins All geschleudert worden, nein, in der Asche der alten verbrannten Riesen begannen schon bald chemische Reaktionen, welche die Moleküle des Lebens entstehen ließen und in der auch schon die Auswahl der Formen begann. Letzteres vielleicht dominiert oder unterstützt durch Reaktionen mit unbelebten Stoffen, wie den Kalzitkristallen, auf der Erde.

Haben die Kometen also nicht nur einen Teil des Wassers auf unsere Erde gebracht, sondern zusammen mit den Meteoriten und den Staubteilchen aus der Frühzeit des Sonnensystems, dem »Sternenstaub«, auch gleich die Rohstoffe, das Saatgut für die Entstehung von Leben? Haben sie dabei auch einen der allerersten Selektionsprozesse, die Auswahl der einen Form von Aminosäuren in Gang gesetzt? Fast scheint es so. Ganz sicher kann die riesige Menge an organischem Material aus dem Weltall nicht einfach vernachlässigt werden und könnte dem Leben zumindest bei seinem Entstehen geholfen haben. Voraussetzung ist allerdings, dass die Lebensmoleküle den Eintritt in die Erdatmosphäre und den Einschlag auf ihrer Oberfläche überstehen können, was offensichtlich tatsächlich möglich ist. Mehr noch, es gibt neuerdings sogar Hinweise, dass auch der Einschlag eines Kometen selbst Lebensmoleküle bilden kann. Eine Gruppe von Forschern des Argonne National Laboratory an der University of California in Berkeley und des Lawrence Berkeley National Laboratory konnten im Auswurfmaterial eines simulierten Kometeneinschlags die Bildung kurzer Aminosäureketten aus einzelnen Aminosäuren beobachten. Jennifer Blank und ihre Kollegen schossen dazu eine »Kugel« von der Größe einer Konservendose auf eine Metallwand. Die »Kugel« enthielt eine winzige Menge Wasser, gemischt mit einigen Aminosäuren. Die Aminosäuren überstanden den Aufprall nicht nur, sondern formten beim Aufprall Ketten bis zu einer Länge von vier Einheiten. Ein erster Schritt zur Bildung von Eiweißen? Das zumindest lokal apokalyptische Ereignis als Quelle für die Rohmaterialien des Lebens?

Es könnte sogar gut sein, dass das Eis der Kometen selbst eine ganz wesentliche Rolle bei den chemischen Reaktionen, die zu den Vorläufermolekülen des Lebens führten, gespielt hat. Eis ist nämlich bei weitem nicht einfach gleich Eis. Je nach Temperatur kann es unerwartete und faszinierende Eigenschaften annehmen. Eis, das wir alle aus dem Alltag kennen, existiert in der harten, starren Form, die wir von Eiswürfeln in einem Cocktail oder der alle Hindernisse wegschiebenden Macht eines Gletschers her bestens kennen, nur bis –73 °C. Unterhalb dieser Temperatur wechselt es seine kristalline Struktur. Jetzt wird Eis für die Astrobiologen so richtig spannend. Sinkt nämlich die Temperatur weiter, kann es in immer neuen Varianten auftreten. Die Forscher kennen bis heute zwölf verschiedene Formen von Eis. Je extremer die Bedingungen werden, desto schwieriger wird es natürlich, das Verhalten der scheinbar so einfachen gefrorenen Form des alltäglichen Stoffs Wasser zu beobachten. Genau hier setzen die Forschungsarbeiten von David F. Blacke und Peter Jenniskens am Ames Forschungszentrum der NASA ein.[14] Ihnen gelang es, Eis in einem speziell unterkühlten Elektronenmikroskop zu beobachten. Und sie entdeckten Verblüffendes: Unterhalb der ungemütlich kalten Grenze von 125 K verliert Eis seine kristalline Struktur völlig und wird »formlos«, in der Sprache der Wissenschaftler amorph. Es beginnt unterhalb von 65 K sogar wieder wie Wasser zu fließen!

Und dies ist genau jene Beobachtung, die den Astrobiologen noch fehlte. Denn es ist natürlich spannend und von allergrößter Bedeutung zu wissen, dass es im Eis der Kometen massenhaft organische Moleküle gibt. Aber mindestens ebenso wichtig wäre zu wissen, wie und wo denn diese Moleküle entstehen können. Einen ersten möglichen Weg haben Lou Allamandola und seine Mitarbeiter mit ihrer Entdeckung der Entstehung von gelber und brauner Substanz auf der Oberfläche von winzigen Körnchen des interstellaren Staubs zwar schon aufgezeigt.[5] Wie aber sind chemische Reaktionen auf den hart gefrorenen Körnchen überhaupt möglich? Damit Moleküle miteinander reagieren können, müssen sie sich bewegen. Muss das Eis auf den Staubkörnchen also immer wieder aufgeschmolzen werden, damit die organischen Teilchen sich finden und verbinden können? Nein! Der flüssige Zustand von Eis bei extrem tiefen Temperaturen und unter Bestrahlung mit ultraviolettem Licht schafft die nötigen Voraussetzungen für die Reaktionsfähigkeit der Teilchen. Die organischen Grundstoffe können also auch in wässrigen Lösungen bei extrem tiefen Temperaturen unterhalb etwa 125 K ihre Reaktionsfähigkeit voll ausspielen und die Stoffe des Lebens aufbauen.

Die faszinierenden Entdeckungen komplizierter organischer Moleküle im Weltall und der Nachweis, dass solche Moleküle vor allem in der Frühzeit unseres Planeten in riesigen Mengen auf die Erde gelangten und dies, wenn auch in weit geringerem Ausmaß, auch heute noch tun, sind neu. Sie haben uns geholfen, den Blick für die Entstehung zumindest der Rohmaterialien des Lebens weg von unserer Erde in die Unendlichkeit des Kosmos zu lenken und sie bilden daher eine Art kopernikanische Revolution in der Biologie der Entstehung des Lebens. Auch wenn es schon zu Beginn des 20. Jahrhunderts erste Stimmen gab, welche die Entstehung des irdischen Lebens außerhalb unseres Heimatplaneten vermuteten (allen voran der Schwede Svante Arrhenius, der englische Astronom Fred Hoyle und sein aus Sri Lanka stammender Kollege Chandra Wickramasinghe), so haben doch die allermeisten Forscher und auch Philosophen den Ursprung hier auf der Erde vermutet. Vielleicht war diese Haltung ähnlich wie in der Astronomie durch das alte geozentrische Weltbild geprägt, mit letztlich dem Menschen im Mittelpunkt des ganzen Universums, sicher konnte man sich aber einfach nicht vorstellen, wie in der von harter Strahlung durchdrungenen kalten Öde des unendlich dünnen Vakuums so etwas Zartes wie die Vorstufen des Lebens hätten entstehen können. Natürlich war die Vermutung, für die Entstehung der Vorstufen des Lebens bräuchte es geschützte, warme Biotope, mit möglichst ähnlichen Bedingungen wie auf der heutigen Erde, keineswegs abwegig. Erstmals schriftlich geäußert wurde sie wohl durch Charles Darwin, dem Begründer der modernen Evolutionstheorie. Darwin hat die Frage nach den ersten Schritten des Lebens lange aus seinem Schreiben ausgeklammert. Erst 1871, über zehn Jahre nach der Veröffentlichung seiner Evolutionstheorie, schrieb er in einem Brief an seinen Freund, den Botaniker Joseph Dalton Hooker: »Aber wenn (oh welch ein großes Wenn) wir es zu Stande brächten, dass in einem kleinen, warmen Teich, in welchem alle Sorten von Ammonium- und Phosphorsalzen, Licht, Wärme, Elektrizität, etc. vorhanden sind, auf chemischem Wege eine Proteinverbindung entsteht, die dann noch kompliziertere Veränderungen durchlaufen könnte, dann würde eine solche Substanz heute sofort gefressen oder absorbiert werden, das wäre aber vor der Entstehung der Lebewesen nicht geschehen.« Ein kleiner, warmer Teich, in welchem die ersten wichtigen Moleküle ungestört entstehen und sich ansammeln konnten und in dem sie beliebig viel Zeit hatten, sich weiterzuentwickeln? Ungestört von Bakterien, welche heute die organischen Verbindungen sofort als Stoff- und Energiequelle nutzen und sie damit gleich nach ihrer Entstehung wieder abbauen. Dieses fast etwas romantische Bild der ersten Entwicklungsschritte, obwohl beinahe nur nebenbei in einem Brief beschrieben, saß sofort tief in den Köpfen der Biologen und Biochemiker und prägte für über 100 Jahre die Vorstellungen der Wissenschaftler. Ganz gewiss trug auch der Unterton in Darwins Text »oh welch ein großes Wenn« zur Vorstellung bei, die Entstehung der ersten Moleküle müsste ein extrem seltener, ja vielleicht unwahrscheinlicher, geheimnisvoller und enorm komplizierter Vorgang gewesen sein.

Vor diesem Hintergrund mutet es schon fast etwas blasphemisch an, wenn in den frühen 1950er Jahren ein junger Chemiker an der Universität von Chicago sich daran machte, in einem absolut simplen Experiment genau diese Bedingungen auf der Urerde nachzuahmen und ganz einfach zu schauen, was denn an chemischen Reaktionen unter solchen Verhältnissen möglich sein könnte. Stanley L. Miller und sein Doktorvater, der Nobelpreisträger für Chemie Harold Urey, waren wohl die ersten, die Darwins Idee des kleinen, warmen Tümpels quasi als Kochbuchanweisung ernst nahmen und sie in bester naturwissenschaftlicher Manier als testbare Hypothese auffassten. Miller und Urey mussten sich allerdings nicht nur auf die äußerst vagen Vorstellungen Darwins beziehen. Obwohl das Thema »Entstehung des Lebens« damals fast anrüchig war, konnten sie sich auf die umfangreichen Vorarbeiten einer ganzen Reihe von Wissenschaftlern abstützen, welche die Idee Darwins ganz gewaltig weiterentwickelt hatten. Hierzu gehörten vor allem zwei herausragende Persönlichkeiten, nämlich der Britische Genetiker John Burdon Sanderson Haldane und der in Moskau arbeitende Russe Aleksander Ivanovich Oparin.

Die beiden hatten, zum größten Teil unabhängig voneinander, zahlreiche mögliche Reaktionswege erarbeitet und gezeigt, wie eine ganze Menge organischer Substanzen aus einfachen anorganischen Grundstoffen entstehen können. Für Oparin und für Haldane stand Ammoniak im Zentrum des Interesses. Beide Wissenschaftler wussten genau, dass sich aus dem aggressiven, lebensfeindlichen Ammoniak relativ einfach Aminosäuren herstellen ließen, und beide spekulierten sie, wie sich in einer »verdünnten Suppe« aus derartigen Bausteinen komplexere Moleküle aufbauen könnten. Haldane war auch schon die entscheidende Rolle des ultravioletten Lichts der Sonne bekannt und er vermutete darin eine äußerst wichtige Energiequelle, die bei der Bildung der Eiweißbestandteile und verschiedener Zuckersorten mitgeholfen hätte. Dabei ging es aber immer um theoretisch mögliche Reaktionen, die nie unter den chaotischen Verhältnissen auf der Urerde getestet, sondern höchstens in Einzelschritten unter streng kontrollierten Laborbedingungen nachgestellt wurden.

Miller baute seine in der Zwischenzeit berühmte und in fast jedem Biologie-Lehrbuch abgebildete Apparatur im Wesentlichen aus zwei miteinander verbundenen Glaskolben auf. Einer der beiden Kolben sollte ein urzeitliches Gewässer nachahmen und enthielt warmes Wasser. Im zweiten Kolben befand sich ein Gasgemisch aus Methan, Ammoniak, Wasserdampf und Wasserstoffgas. Von dieser Rezeptur nahm man damals an, sie entspräche der Zusammensetzung der Atmosphäre in der kritischen Phase auf der jungen Erde. Der für die heutigen Lebewesen so wichtige Sauerstoff fehlte im Gemisch, weil es, wie schon im vorhergehenden Kapitel erwähnt, schon in den 1950er Jahren sehr gute Gründe für die Vermutung gab, der Uratmosphäre hätte dieses Gas gefehlt. Eine sauerstofffreie, reduzierende Uratmosphäre ist für die mögliche Entstehung lebenswichtiger Moleküle enorm wichtig, ja sogar entscheidend. Dies deshalb, weil Sauerstoff als chemisch sehr aggressives Element nicht nur mit den Metallen reagiert, sondern auch organische Stoffe bis in die einfachsten Grundstoffe abbaut. Bei einem Grillfeuer etwa werden die großen organischen Moleküle im Holz, z. B. die Cellulose der Zellwände, bis auf Kohlendioxid und Wasser verbrannt, also oxidiert. Zum Start der Reaktion braucht es nur etwas Hitze, danach wird beim Abbau sogar Energie frei. In einer oxidierenden Atmosphäre könnten kompliziertere Stoffe daher kaum überdauern oder gar in weiterführenden, aufbauenden Reaktionsschritten zu noch größeren Molekülen verbunden werden.

Miller setzte sein Gasgemisch im »Atmosphäre-Kolben« über zwei Elektroden elektrischen Entladungen aus, die wie urweltliche Gewitter Energie in das System einbringen sollten. Das Reaktionsgemisch wurde über eine Röhre zum zweiten, dem »Gewässer-Kolben«, gekühlt und in diesen eingeleitet. Der Kolben mit dem erhitzten Wasser stand über eine zweite Verbindung wieder mit dem »Gewitter-Kolben« in Kontakt, so dass die Gase und Dämpfe in einer Schleife geführt wurden. Schon nach wenigen Tagen Laufzeit konnten die beiden Forscher mit Faszination erkennen, wie das Reaktionsgemisch sich zunächst gelblich und danach bräunlich verfärbte (erinnern wir uns an das »gelbe« und »braune Zeugs« aus Greenbergs Labor). Ganz klar, in der Apparatur veränderten sich die Stoffe!

Die Sensation war aber erst perfekt, als Miller die Zusammensetzung seiner bräunlichen Soße untersuchte. Sie enthielt eine ganze Anzahl verschiedener Hydroxylsäuren, Harnstoff, mehrere Carbonsäuren – und Aminosäuren. Auch wenn man zunächst nicht verstand, wie denn all diese Moleküle aus den einfachen Ausgangsstoffen entstanden waren, spielte dies vorerst auch keine allzu große Rolle. Wichtig war die unbestreitbare Tatsache, dass sie im Reaktionsgemisch schon nach kurzer Zeit vorlagen. Und dabei blieb es, auch wenn die Ausgangsbedingungen der Versuche, also z.B. die prozentuale Zusammensetzung des Gasgemischs, abgeändert wurde. Immer fanden die Forscher im Reaktionsgefäß nicht einfach eine beliebige Zufallsmischung an verschiedenen Stoffen, sondern lauter biologisch höchst relevante Moleküle.

Die Begeisterung war riesig. Wenn es schon so einfach war, biologisch wichtige Moleküle rasch unter Urweltbedingungen im Labor entstehen zu lassen, so konnte dies doch eigentlich nur bedeuten, dass durch etwas Spielerei mit den Reaktionsbedingungen sämtliche der für Leben benötigten Moleküle gebildet werden konnten. Ein neues Forschungsgebiet war geboren und die Wissenschaftler machten sich mit Elan an ganze Versuchsserien. Vielleicht war ja sogar die Erschaffung künstlichen Lebens möglich und bald erreichbar? Eine fantastische Hoffnung, die aber im Laufe der Jahre immer mehr enttäuscht wurde.

Die Enttäuschung kam gleich von mehreren Seiten. Zum einen wurde sehr schnell klar, dass es zwar sehr einfach war, die Bausteine aller biologisch wichtigen Moleküle durch Experimente à la Miller-Urey zu produzieren, dass es aber einfach nicht gelingen wollte, die großen, in den Lebewesen aktiven Stoffe aufzubauen. Es ist zum Beispiel relativ einfach, Aminosäuren herzustellen. Ein Gemisch von Aminosäuren ist aber noch längst kein Eiweiß. In einem Eiweiß sind häufig Hunderte, wenn nicht gar Tausende von Aminosäuren in einer ganz bestimmten Reihenfolge zusammengehängt. Selbstverständlich müssen wir heute nicht annehmen, die Eiweiße seien von Anbeginn schon derart kompliziert aufgebaut gewesen wie heute.

Trotzdem, Ketten, die länger als etwa ein bis zwei Dutzend Aminosäuren waren, ließen sich fast nicht aus den »Ursuppen-Experimenten« gewinnen und wenn, dann immer nur mit einigen Tricks und Kniffen, von denen man kaum annehmen konnte, sie hätten auch auf der Urerde Anwendung gefunden. Ein Hauptgrund dafür mag für einen Laien überraschend sein: Wasser. Das Problem liegt in der speziellen Art und Weise, wie die Aminosäuren zu Eiweißen zusammengesetzt sind. Charakteristisch für jede Aminosäure sind neben dem Kohlenstoffgerüst zwei »Anhängsel«: Eine Amin- (NH_2) und eine Carbonsäuregruppe (COOH). Bei der Bindung zwischen zwei Aminosäuren wird die Amingruppe der einen Aminosäure mit der Carbonsäuregruppe der anderen Aminosäure verbunden. Dabei wird bei der Amingruppe ein H-Atom und bei der Carbonsäuregruppe ein OH-Teilchen abgespalten. Ein bisschen Kochbuchchemie zeigt, wie aus H plus OH ein ganz bekanntes Molekül entsteht, nämlich H_2O. Dies wäre an sich harmlos, könnte die genau gleiche Reaktion nicht auch umgekehrt verlaufen, und zwar sehr viel einfacher, d. h. mit geringerem Energieaufwand oder sogar unter Energieabgabe. Konkret heißt dies, wenn zwei Aminosäuren miteinander verbunden sind, so braucht es nur die Anwesenheit von Wasser, und die Verbindung zwischen den beiden Aminosäuren wird sofort gespalten. Weil es aber energetisch günstiger ist, die Verbindungen zu spalten als sie zu knüpfen, ist die Abbaurate stets deutlich größer als die Aufbaurate. Wasser verhindert also die Bildung längerer Ketten von Aminosäuren. Ein auf den ersten Blick seltsames Argument. Die Anwesenheit des Lebensstoffs par excellence, dem Wasser, als perfekter Verhinderer des Aufbaus der wichtigsten Moleküle von Lebewesen?

Ganz ähnliche Probleme mit dem Wasser ergaben sich auch bei den Simulationsexperimenten zur Erzeugung der Erbinformationsmoleküle, den Nukleinsäuren. Sehr schnell wurde zunächst einmal klar, dass die Bausteine dieser Moleküle, die Nukleotiden, nur in sehr geringer Ausbeute zu gewinnen waren. Und dann konnten auch sie nur unter »trockenen« Bedingungen und unter Anwendung von recht spezialisiertem Know-how zu Ketten zusammengefügt werden.[15] Also auch hier nichts mit einem schnellen Erfolg, kein Lebewesen entstieg den Reaktionskolben, nicht einmal ein einigermaßen langes Molekül. Die zweite Enttäuschung kam aus einem ganz anderen, aber genauso fundamentalen Grund. Miller und Urey hatten, entsprechend dem Erkenntnisstand um 1950, ganz korrekt eine reduzierende Uratmosphäre angenommen.

Eine solche Atmosphäre, in der viel Wasserstoff zur Verfügung steht, ist für die Synthese einer ganzen Reihe entscheidender Vorläuferstoffe für Biomoleküle, z. B. Zyanwasserstoff und Formaldehyd, absolut notwendig. Zyanwasserstoff (HCN) ist ein Startmolekül für die Bildung von Aminosäuren und auch von Adenin, einer der vier Basen in den Erbinformationsmolekülen und Bestandteil des Energieüberträgers ATP. Das Molekül entsteht sehr leicht, wenn elektrische Funken durch eine Atmosphäre aus Methan und etwas Ammoniak geleitet werden. Formaldehyd (HCOH) bildet sich ebenso leicht, wenn z. B. gewisse Mineralien in Anwesenheit von Wasser und Kohlendioxid mit ultraviolettem Licht bestrahlt werden. Wenn Formaldehyd-Moleküle weiter reagieren, was sie recht leicht tun, und sich miteinander verbinden, entstehen ohne große Schwierigkeiten zahlreiche verschiedene Zuckerformen. Erinnern wir uns, die »Gerüststränge« der DNS und der RNS bestehen zu wesentlichen Teilen aus Desoxyribose, respektive Ribose, beides sind Zuckervarianten. Zucker und ihre Abkömmlinge sind auch die zentralen Speicherstoffe für Energie (vgl. Kapitel 2.2).

Es hängt also sehr viel von der Annahme einer reduzierenden Atmosphäre ab. Doch genau diese entscheidende Voraussetzung scheint nicht erfüllt gewesen zu sein, denn die Geologen mussten in den vergangenen Jahren ihre Ansichten über die Uratmosphäre unter dem Druck neuer Daten ganz entscheidend überarbeiten. Zunächst einmal wurde klar, eine Uratmosphäre an sich gab es nie. Die Gashülle unseres Planeten hatte sich in den ersten etwa eine Milliarde Jahren mehrfach deutlich geändert, sie war genau wie auch die Erdoberfläche einer Entwicklung unterworfen, die erst nach weit über zwei Milliarden Jahren zur heutigen oxidierenden Atmosphäre mit etwa 78 % Stickstoff, 21 % Sauerstoff und Spuren von Kohlendioxid sowie anderen Gasen führte. Wie genau die erste Atmosphäre zusammengesetzt war, ließ sich bis heute noch nicht rekonstruieren. Nur eines scheint sicher zu sein: Eine reduzierende Lufthülle mit größeren Anteilen Wasserstoffgas, Ammoniak und Methan besaß unsere Erde wohl nie. Und damit war auch keine einfache Synthese der biologisch wichtigen Moleküle möglich.

Halt! Wie war das gleich wieder mit den Lebensräumen der »extremistischen Bakterien«? Gibt es nicht welche, die tief im Erdboden mit Hilfe der Elektronen aus dem Eisen der Gesteine und den sauren Lösungen Wasserstoff fabrizieren? Könnte es nicht sein, dass es zwar tatsächlich am Anfang des Lebens **auf** der Erdoberfläche kaum die so wichtigen reduzierenden Bedingungen gab, dafür aber an »exotischen« Orten, weit weg von der Oberfläche? Diese abgeschiedenen Lebensräume hätten auch noch den Vorteil, nicht ständig dem Bombardement aus dem Weltall mit seinen sterilisierenden Folgen ausgesetzt gewesen zu sein. Hat sich also die Suche nach dem Ursprung des Lebens, beeinflusst von der Vorstellung Darwins, auf die falsche Fährte konzentriert? Es ist beim heutigen Stand der Forschung keine einfache Antwort möglich. Wir wissen es nicht. Aber wir dürfen oder müssen erkennen, es gab und gibt viel mehr Möglichkeiten für die »Biotope« der ersten Schritte des Lebens als vor kurzem noch vorstellbar war.

Trotz der sich abzeichnenden Vielfalt an möglichen Entstehungsorten für Leben bleiben eine ganze Menge Probleme bestehen. Es wurden nämlich noch keineswegs alle Schwierigkeiten aufgezählt. Bisher haben wir uns immer um die Entstehung der Bausteine der Biomoleküle und um die Synthese einfacher Eiweiße und Nukleinsäuren gekümmert. Ein Lebewesen besteht aber nicht nur aus diesen Chemikalien, sondern natürlich aus einer ganzen Menge weiterer Stoffe. Einige von ihnen, wie die Fette, sind selbst wiederum langkettig und wie die Eiweiße oder Nukleinsäuren energetisch ungünstig zu produzieren (es muss zum Aufbau Energie eingesetzt werden, während bei ihrem Abbau Energie frei wird). Um einen auch noch so einfachen Organismus zusammensetzen zu können, braucht es all diese Stoffe auf kleinem Raum und in hochpräzise aufeinander abgestimmten Mengen sowie in streng geordneter Weise. Die Moleküle müssen sich zu Membranen formen, auf denen wiederum andere, aber ganz bestimmte Moleküle miteinander reagieren, um neue Moleküle zu bilden, die an anderen Stellen wiederum neue Reaktionen auslösen, welche die Vorstufe für die Synthese von ...

Um es klar zu sagen, eine solche »Ursuppe«, mit den richtigen Zutaten in einem winzigen Tropfen zufällig zu erhalten, ist eine absolute Unwahrscheinlichkeit erster Güte. Da helfen nicht einmal die langen Zeiträume, die Millionen von Jahren, in denen immer wieder neue Kombinationen von Molekülen auf der Urerde entstehen und durch eine Art »chemische Selektion« auf ihre Stabilität geprüft werden konnten. Es ist eben etwas fundamental Verschiedenes, einfache Moleküle spontan entstehen zu lassen oder aber die komplexe Maschinerie eines auch noch so einfachen ersten Organismus zusammenzufügen.

Diese Einsicht war nach all den positiven Meldungen über die »spontane« Entstehung biologisch verdächtiger Moleküle ganz sicher eine gewaltige Ernüchterung. Und sie saß viele Jahre tief. Sofort waren da auch wieder die alten Fragen der Skeptiker, allerdings vor neuem Hintergrund. Müssen wir aus all den beschriebenen Schwierigkeiten schließen, die natürliche, spontane Entstehung von Leben sei trotz der äußerst leicht aufbaubaren Grundbestandteile der biologischen Moleküle ein Ding der Unmöglichkeit? Müssen wir wieder neue Zuflucht zu einer vitalistischen Weltsicht suchen, einen übernatürlichen Eingriff postulieren, der dem Leben zu seinem Start verholfen hat? Oder müssen wir eine außerirdische Entstehung des Lebens vermuten, weit weg von unserem Sonnensystem, so wie dies Svante Arrhenius, Fred Hoyle und Chandra Wickramasinghe und einige andere Wissenschaftler mit Vehemenz fordern? Ist dieses Verschieben anderswohin, in die Tiefen des Weltalls, die Lösung der Probleme? Wohl kaum, aber wir müssen aus den Erkenntnissen der letzten 50 Jahre »Ursuppenforschung« schließen, dass es ganz so einfach wohl nicht ging und wir weiter nach dem oder den günstigsten Orten für den Start des Lebens fahnden müssen.

Der an der Universität in Glasgow forschende britische Biochemiker Graham Cairns-Smith hat die gegenwärtige Situation bildlich so dargestellt[16]: Moleküle, die so einfach und sogar im Kosmos unter den unwirtlichsten Verhältnissen entstehen, zeigen den Weg zum Ziel am fernen Horizont. Die Wissenschaftler sind diesen Weg mit Begeisterung gegangen, in der Erwartung, das Ziel bald zu erreichen. Aber wie bei einer Bergwanderung, wo vor dem Gipfel immer neue Höhenzüge und Täler auftauchen, öffnet sich urplötzlich mitten in der scheinbar so leicht begehbaren Ebene ein tiefer Graben, der zumindest vorläufig unüberbrückbar scheint.

Es braucht neben den Molekülen, die auf alles andere als geheimnisvolle Art entstehen, eine ordnende und Struktur gebende Kraft oder eine natürliche Einrichtung, welche die chemischen Grundstoffe vor ihrem Abbau schützt und ihnen weiterführende Reaktionen ermöglicht. Und es braucht einen Informationsspeicher, der einmal erworbene Fähigkeiten aufbewahrt und für weiterführende, aufbauende Reaktionen zugänglich macht. Ohne diese beiden Voraussetzungen kann Leben nicht entstehen. Da nützt es auch nichts, wenn immer neue Wege zur Synthese von biologisch spannenden Stoffen aufgedeckt werden. Damit wird nur demonstriert, was ohnehin schon längst klar ist: Wo Energie, Wasser und einfache Grundstoffe vorhanden sind, entstehen auch die Bausteine der Biomoleküle. Die beteiligten Wissenschaftler sollten sich deshalb hüten, bei jedem neu entdeckten Reaktionsweg so zu tun, als ob mit ihm die Entstehung von Leben schon fast erklärt wäre. Leider können auch große und seriöse Institutionen der Versuchung häufig nicht widerstehen und deuten in ihren Pressemitteilungen die Lösung des Problems nur allzu gerne an. Die Öffentlichkeit nimmt solche Meldungen natürlich sofort auf, wird aber immer wieder enttäuscht, was dem Ansehen der Naturwissenschaften selbstverständlich nur schaden und den Kreationisten nützen kann.

Dabei können solche Meldungen oft äußerst wichtig sein und die enorme Vielfalt der Möglichkeiten zur Entstehung der Basismoleküle des Lebens aufzeigen. So konnten die Geologen Everett L. Shock und Mikhail Y. Zolotov von der Washington University in St. Louis vor kurzem aufzeigen, wie beim Abkühlen von vulkanischen Gasen organische Verbindungen entstehen. In einer per E-Mail über das Netz der NASA verbreiteten Presseerklärung vom 29. März 2000 wird der Bogen aber prompt gewaltig überspannt. Der Titel der Verlautbarung lautet nämlich übersetzt:»Vulkanische Gase könnten die Quelle für den Ursprung des Lebens auf der Erde und dem Mars sein!« Also nicht nur der Sprung von den Molekülen zum Lebewesen, nein, es wird auch gleich die Entstehung von Leben auf dem Mars mit eingeschlossen.

Die Entdeckung der beiden Geologen ist tatsächlich sehr wichtig, weil sie, wie erwähnt, das Spektrum der Möglichkeiten erweitert und einmal mehr zeigt, wie die lebenswichtigen Grundstoffe auch an ganz anderen Orten entstehen können, als dem schon fast romantisch anmutenden Teich des Charles Darwin. Heiße, stinkende und ätzende vulkanische Gase sind wohl nicht gerade die Umgebung, in der man noch vor wenigen Jahren nach den Frühformen von Leben gesucht hätte. Obwohl auch diese Spur schon seit langem und im Nachhinein klar genug zu erkennen war. Vielen Wissenschaftlern war immer wieder ein feiner organischer Film auf vulkanischen Gesteinen in der Nähe der Schlote aufgefallen. Einige Experten hatten vermutet, die Stoffe stammten aus dem Erdmantel und seien durch die vulkanische Aktivität an die Oberfläche gelangt. Andere Forscher nahmen an, die organische Mischung habe sich während der vulkanischen Ausbrüche auskondensiert und auf den Felsen niedergeschlagen. Shock und Zolotov rechneten nun nach, was beim Abkühlen der vielfältigen Gasmischung aus den Vulkanschloten alles an chemischen Reaktionen erfolgen kann. Die Berechnungen der beiden Geologen machen den zweiten Weg sehr wahrscheinlich. Wenn die Gase mit Temperaturen um 1200 °C austreten und danach auf 150–300 °C abkühlen, können offensichtlich Hydrokarbonate und auch Aminosäuren aufgebaut werden, also wiederum die beiden so wichtigen Stoffkategorien. Der Prozess dürfte in unserer Zeit allerdings nicht mehr sehr effizient ablaufen, weil der Anteil von Kohlenmonoxid- und Wasserstoffgas im vulkanischen Auswurf unter 2 % liegt. Er könnte in der Frühzeit der Erde aber durchaus nennenswerte Mengen organischen Materials geliefert haben.[17]

Moleküle des Lebens entstehen also in großer Menge und an den »unmöglichsten« Orten. Die Leichtigkeit, mit der sie gebildet werden, schafft aber einen seltsamen Widerspruch mit den Schwierigkeiten, ein auch nur einfachstes Lebewesen entstehen zu lassen. Vieles ist nach wie vor rätselhaft, obwohl es auch auf dem Weg zum Verständnis der Entstehung der ersten Zellen wenigstens Fortschritte gegeben hat.

Erinnern wir uns: Es braucht offensichtlich neben den Biomolekülen noch mindestens zwei entscheidende Teile für ein ganz simples Lebewesen, nämlich

► eine Hülle, in welcher die chemischen Reaktionen geschützt vor äußeren Umständen ablaufen können und in der das Wasser längerkettige Moleküle nicht gleich wieder abbaut, und

► eine Möglichkeit, einmal erworbene »Fähigkeiten« zu speichern, um sie wieder und wieder zu nutzen, weiterzugeben und auch verändern zu können.

Kurz, es braucht den abgeschlossenen Reaktionsraum, der zwar mit dem so entscheidend wichtigen Wasser in Kontakt stehen muss, ihm aber den Zutritt nur in eingeschränktem Ausmaß ermöglicht, und es braucht einen Vererbungsapparat, mit dessen Hilfe Informationen gespeichert, vervielfältigt und verwaltet werden können. Auch wenn heute der Weg noch nicht klar vor Augen liegt, geschweige denn schon beschritten worden ist, sind erste Wegmarken im Nebel des noch Rätselhaften auszumachen, und es sind immer wieder unerwartete Wendungen, die zu neuen Einsichten führen.

3.6
Der Funke zündet

Victor Frankenstein hat's geschafft. Ziemlich steif zwar und vom Design her durchaus noch verbesserungsfähig, erhebt sich nach geheimnisvoller Bastelarbeit sein Geschöpf vom Arbeitstisch und beweist sogleich seine Individualität und mangelnde Folgsamkeit. Zumindest in dem 1818 von Mary Shelley geschriebenen Roman hat ein Biotechnologie-Freak, ein Außenseiter, das unmöglich erscheinende Ziel erreicht, einen uralten Menschheitstraum wahr gemacht und selbst ein Lebewesen erschaffen. Und gleich auch eins, das seiner eigenen Komplexität und, zumindest einigermaßen, seiner Gestalt nahe kam. Sozusagen Lebensschöpfung auf Spitzenniveau.

Auch bei sehr wohlwollender Betrachtung konnte Frankenstein natürlich nicht behaupten, Leben »erschaffen« zu haben. Mary Shelley ging es in ihrem Buch auch nicht primär um dieses Thema. Ihr Interesse lag viel stärker im egozentrischen und letztlich selbstzerstörerischen Charakter Frankensteins. Damit das Geschöpf als echte »Lebensschöpfung« hätte gelten können, hätte Frankenstein von den allereinfachsten Grundstoffen wie CO_2 und H_2O ausgehen müssen. Sein »Monster« (das Wesen hat keinen eigenen Namen erhalten) fügte er aber aus Bestandteilen toter Tiere und Menschen zusammen. Die »Schöpfung« erfolgte also aus vorgefertigten Bausteinen und die Leistung Frankensteins beschränkte sich auf deren kunstvollen Zusammenbau. Die Bausteine selbst aber waren in anderen Lebewesen gewachsen und von diesen in funktionsfähigem Zustand übernommen worden. Frankenstein hat im Wesentlichen nichts anderes getan, als das, was jeder Transplantationschirurg heute täglich bewerkstelligt, nur in viel radikalerer Form.

Dem Ziel, künstlich Leben zu erschaffen, kamen die Naturwissenschaftler in den 1960er und 1970er Jahren erstmals wirklich näher. Alles begann damit, als zunächst der inzwischen verstorbene Sol Spiegelman von der Columbia University so etwas Ähnliches wie die Evolution von Molekülen im Reagenzglas starten konnte. Spiegelman entnahm einem kleinen Virus mit der Bezeichnung Q_β die Erbsubstanz (eine RNS) und das Enzym, welches für die Vermehrung der RNS sorgte (die RNS-Replikase). Diese beiden Moleküle mischte er in einer salzigen Nährlösung, welche auch die Bausteine der RNS, die RNS-Nukleotiden, enthielt (vgl. Kapitel 2.2). Prompt konnte Spiegelman beobachten, wie in seinem »Reagenzglas« neue RNS aufgebaut wurde, und zwar recht genau gemäß der als Vorlage dienenden Virus-RNS. Für Spiegelman war das Experiment aber nur der Start für eine ganze Versuchsserie, die schließlich von einem spektakulären Erfolg gekrönt wurde. Der eigentlich aufregende Teil begann nämlich, als er dem Reaktionsgemisch ein wenig der neu aufgebauten RNS entnahm und diese Moleküle in ein neues Reaktionsgemisch überführte. Wie von Spiegelman erhofft, begannen die RNS-Moleküle sofort wieder, Kopien ihrer selbst aufzubauen. Dabei machten sie aber hin und wieder auch Fehler. Im neuen Reagenzglas entstand daher eine Mischung verschiedener RNS-Moleküle, von denen viele nicht mehr der ursprünglichen Virus-RNS entsprachen. Nach mehrmaligem Wiederholen der Übertragung in immer neue Nährlösungen besaßen einige der RNS-Varianten nur noch wenige der ursprünglichen Molekülteile. Offensichtlich handelte es sich dabei um Abschnitte, die für den Zusammenhalt des RNS-Moleküls wichtig oder die für die Zusammenarbeit mit der Replikase entscheidend waren.[1]

Die neu entstandenen RNS-Moleküle unterschieden sich untereinander aber auch in einer ganz wichtigen Eigenschaft. Sie vermehrten sich nämlich ganz verschieden schnell. Dies hatte zur Folge, dass sich nun in der Nährlösung jene RNS-Moleküle anzusammeln begannen, die sich besonders effizient selbst kopieren konnten. Natürlich übertrug Spiegelman die Moleküle dieses Typs auch öfters in die neue Nährlösung als die sich langsamer vermehrenden RNS-Stücke, schließlich gab es einfach mehr von ihnen. Dies war der entscheidende Punkt: Aus dem simplen Übertragen einiger Moleküle war ein Selektionsprozess für die sich besonders gut selbst aufbauenden Moleküle geworden. Spiegelmans Moleküle durchliefen einen künstlich aufgebauten, aber echten Evolutionsprozess!

Ein sensationelles Resultat. Es bewies nicht nur, dass es möglich ist, im Labor erste Stufen der Selektion zu simulieren. Nein, offensichtlich konnten auch Moleküle so etwas wie einen Evolutionsprozess mitmachen – nicht nur vollständige Organismen. Eine enorm wichtige Erkenntnis, die einen neuen Weg aufzeigte, wie sich auf der Früherde Moleküle auch außerhalb von Lebewesen wandeln und für eine bestimmte Aufgabe perfektionieren konnten.

Sehr schnell wurden die Arbeiten Spiegelmans von anderen Teams weitergeführt. Und es kam zu neuen Überraschungen. Es war der Deutsche Manfred Eigen und seine Arbeitsgruppe am Max-

Planck-Institut für Physikalische Chemie in Göttingen, die auf diesem Gebiet der Forschung rasch führend wurden. Die deutsche Gruppe startete mit dem gleichen Virus wie Spiegelman, dem Qβ. Eigen wollte untersuchen, wie groß die Menge der RNS beim Start des Vervielfältigungsexperiments à la Spiegelman sein musste, um den Vermehrungsprozess in Gang zu setzen.[2] Um diese Frage zu beantworten, stellten Eigen und seine Leute eine ähnliche chemische Lösung wie Spiegelman her. Zunächst ganz vorsichtig, begannen die Wissenschaftler die Menge der RNS in der Startlösung immer weiter zu reduzieren. Zu ihrer Überraschung stellten sie alsbald fest, dass auch homöopathische Mengen RNS ausreichten, um die Entstehung von RNS-Kopien auszulösen. Im Extremfall genügte sogar ein einziges RNS-Molekül als Startsubstanz!

Als Eigen und seine Mitarbeiter noch einen Schritt weitergingen, nämlich auch dieses eine RNS-Startmolekül wegließen, geschah das zunächst Unfassbare. In der Molekülmischung entwickelten sich spontan RNS-Stränge, die sogleich begannen, sich zu kopieren und zu vermehren. Es war, um ein Bild von Paul Davies[3] zu gebrauchen, als ob ein ganzer Haufen Backsteine in einen Mixer geworfen worden wäre und sich daraus spontan ein ganzes Gebäude aufgebaute hätte. Selbstverständlich durchsuchten Eigen und seine Mitarbeiter ihren Forschungsansatz sofort nach möglichen Fehlerquellen. Konnte da nicht irgendwoher ein winzig kleines Stück RNS in die so peinlich gereinigten Gerätschaften gelangt sein und ihnen den spontanen Zusammenbau aus den Bausteinen der RNS vorgetäuscht haben? Erst nach langer, sorgfältiger Kontrolle stand fest: RNS-Moleküle können sich unter den richtigen Bedingungen spontan aus ihren Einzelteilen bilden.

Die Begeisterung war riesig und trug viel zum enormen Ansehen Manfred Eigens speziell in Deutschland bei. Immerhin war es zum ersten Mal einem Wissenschaftler gelungen, eines der zentralen Lebensmoleküle aus relativ einfachen Bausteinen und außerhalb eines Lebewesens spontan aufzubauen. Dies war ein Quantensprung auch gegenüber den an sich schon verblüffenden Resultaten Spiegelmans. Während der Amerikaner, etwas salopp betrachtet, in der Art Frankensteins aus Bestandteilen einstmals lebender Organismen neue RNS-Moleküle synthetisieren konnte, gelang es dem Deutschen, sie aus ihren Grundbausteinen und ohne Vorlage entstehen zu lassen. Das Experiment war auch deswegen von enormer Bedeutung, weil eine RNS nicht irgendein Molekül ist, sondern im Zentrum des Vererbungsapparats steht und bei vielen Viren sogar die Erbinformation selbst bildet. War damit die erste Stufe zur Entstehung von Leben im Labor nachgestellt worden? Einige Kommentatoren gingen in ihren Berichten tatsächlich so weit, dies zu behaupten. Für sie stellten die Versuche der Gruppe in Göttingen einen epochalen Durchbruch dar. Ganz ähnlich wie rund 150 Jahre vorher, als Friedrich Wöhler erstmals ein organisches Molekül ohne Hilfe eines Lebewesens aufbaute (vgl. Kapitel 2.1), damit dem Glauben an eine geheimnisvolle Lebenskraft (dem »Vitalismus«) den Todesstoß versetzte und die organische Chemie startete. Bei der ganzen Begeisterung, so gerechtfertigt sie auch war, wurde allerdings ein kleines, nicht ganz unwichtiges Detail übersehen. Auch Eigen war nämlich auf die Mithilfe der Lebewesen angewiesen. Er benötigte zwar keine fertige RNS als Matrize für eine neue RNS, aber auch er musste ein Enzym zur Vervielfältigung seiner RNS einsetzen, und dieses Enzym, die Replikase, war nicht spontan aus einer »Ursuppe« entstanden, sondern aus einem Lebewesen entnommen worden. Zudem gelang das Experiment nur unter hoch entwickelten und ausgeklügelten Versuchsbedingungen, die wenig bis gar nichts mit den Verhältnissen auf der Urerde gemeinsam hatten. Eigen hat also einen sehr wichtigen Vorgang beobachtet und einen Weg aufgezeigt, wie ein so komplexes Molekül wie die RNS unter künstlichen Verhältnissen geschaffen werden kann, die Entstehung von Leben wie auf der Urerde war damit aber noch längst nicht nachgestellt worden.

Bei allem Optimismus, den Versuchsresultate wie jene von Manfred Eigen oder Stanley Miller und Harold Urey ausgelöst haben, sind die mahnenden Stimmen einiger Pessimisten und Skeptiker in Sachen einfacher Entstehung von Leben auf der Erde oder anderswo im Kosmos nie ganz verstummt. Prominente Wissenschaftler, z. B. Fred Hoyle, haben immer wieder auf die so offensichtliche Komplexität auch der allereinfachsten Lebewesen hingewiesen. Für sie ist es zwar unbestritten, dass viele Bausteine des Lebens auf einfache Art und Weise entstehen und sich an geeigneten Orten ansammeln können. Aus dieser Soße aber durch ungesteuerte Zufallsprozesse ein funktionsfähiges Lebewesen entstehen zu lassen, und sei es ein auch noch so einfaches Geschöpf, ist für sie ein Ding der Unmöglichkeit. Fred Hoyle und seine Anhänger suchen deshalb den Ursprung des irdischen Lebens im Weltall. Sie sind überzeugt, das Leben sei von außen her auf die Erde gelangt, habe hier in Form einfachster Bakterien Fuß gefasst und eine Evolution im Sinne Darwins gestartet. Die Vorteile ihres Ansatzes, einer der vielen Panspermie-Theorien, sehen sie darin, dass mit dem außerirdischen Ursprung mehr Zeit und eine fast unbegrenzte Zahl möglicher Entstehungsorte zur Verfügung stünden. Dadurch stiege die Chance, das Unwahrscheinliche doch geschehen zu lassen, weil irgendwo draußen im Weltall der Zufall gerade die richtige Mischung an Stoffen, die notwendig fein abgestimmten Umstände und die korrekte Energie zusammengeführt haben könnte. Konsequent zu Ende gedacht, müsste der Ansatz von Fred Hoyle eigentlich bedeuten, dass zumindest in unserer Galaxis das Leben nur einmal entstand und sich von dort aus verbreitete. Für die meisten Forscherkollegen brachten die Ideen von Fred Hoyle und seinen Vorgängern aber nicht viel. Im Gegenteil: Das Problem der Lebensentstehung wurde nur an unbekannte und unerreichbare Orte verschoben und entzog sich so fast vollständig unseren Analysemethoden. Für die überwiegende Mehrheit der Wissenschaftler schien es viel fruchtbarer, hier auf der Erde nach möglichen Prozessen und Orten des Ursprungs zu suchen und damit herauszufinden, ob es denn wirklich so unwahrscheinlich sei, dass Leben spontan entstehen könne.

Die Panspermisten versuchen uns oft das Problem der Entstehung des Lebens mit einem, inzwischen berühmt-berüchtigten, Bild vor Augen zu führen. Sie argumentieren, auch wenn die Bausteine des Lebens offenbar recht einfach entstehen könnten, sei es immer noch extrem unwahrscheinlich, dass sich diese auch spontan in der richtigen Art zusammensetzten. Die Chance, Einzelteile zufällig, spontan und fein aufeinander abgestimmt zu einem auch noch so einfachen Lebewesen zusammenzufügen, sei sogar noch viel kleiner als jene, wenn in einem riesigen Hangar, der mit Millionen von Schrauben, Nieten, Metallstücken, Drähten, elektronischen Bauteilen, Kunststoffteilen und anderen Gegenständen gefüllt ist, ein zufälliger Windstoß genau so bläst, dass sich all dies exakt richtig zusammenfügte und, oh Wunder, plötzlich ein modernes Verkehrsflugzeug à la Jumbo-Jet dastünde! Man muss Hoyle und seinen Leuten Recht geben, ihre Abschätzungen könnten stimmen. Es ist nicht verwunderlich, dass die Kreationisten dieses Argument übernommen haben und Fred Hoyle ihnen so unbeabsichtigte Schützenhilfe geleistet hat.

Die entscheidende Frage aber ist, ob dieses Bild des zufälligen Zusammenwürfelns auch den Vorgängen in der Natur entspricht. Nehmen wir zunächst den pessimistischen Standpunkt ein und setzen damit Grenzen für den unwahrscheinlichsten Fall. Schauen wir danach, welche Erkenntnisse, Vorgänge oder Reaktionswege die aufgebauten Hindernisse umgehen könnten. Das zentrale Problem der gegenwärtigen Suche nach den Anfängen des Lebens auf der Erde liegt eindeutig in der komplexen Form der Stoffwechselvorgänge, die heutige Lebewesen zeigen. Die vielfach ineinander verschachtelten und voneinander abhängigen Prozesse erschweren uns die Fahndung nach den Spuren der längst vergangenen Ereignisse. Welcher Vorgang stand am Anfang der ganzen Entwicklung? Womit begann alles? Das heutige Leben auf der Erde funktioniert nur und ausschließlich dank der Fähigkeit einiger Moleküle, wie der DNS und der RNS, Informationen speichern zu können. Das Verrückte und Vertrackte, aber auch Geniale an der Situation ist nun, dass diese beiden Molekülsorten nicht »nur« die Bauanweisungen für die Herstellung aller Stoffe, welche die Zelle für ihre Funktionen benötigt, in sich tragen. Die DNS- oder die Virus-RNS-Moleküle müssen auch sämtliche Instruktionen für die eigene Synthese, die eigene Vervielfältigung enthalten! Es ist, wie wenn ein Fotokopiergerät seinen eigenen Bauplan immer wieder kopierte und sich nach diesem Bauplan auch ständig und aus sich selbst heraus wieder neu aufbaute. Die Zelle bringt dieses Kunststück fertig. Aber dazu braucht sie ganze Heerscharen von speziellen Enzymen, welche die einzelnen Schritte im komplizierten Aufbauprozess auslösen und in der richtigen Reihenfolge ablaufen lassen. Die DNS enthält also die Instruktionen für den Aufbau der Eiweiße, die wiederum nötig sind, um die DNS neu aufzubauen. Und damit stehen wir vor einer schier unlösbaren Frage: Was war zuerst? Die Erbinformation oder die Eiweiße? Das klassische Henne-Ei-Dilemma!

Wenn zuerst die Erbinformation in Form einer DNS entstanden wäre, so müsste sie zufälligerweise und spontan auch gleich eine Basenfolge enthalten haben, welche den ganzen Eiweiß-Synthese-Apparat hätte entstehen lassen. Damit sind alle Enzyme gemeint, die m- und tRNS-Moleküle, die Ribosomen und alle Hilfsstoffe, die es für den komplexen Vorgang braucht. Ein Strang DNS allein genügt nicht, um irgendetwas zu bewirken. Ein DNS-Molekül kann, auf sich allein gestellt, kein einziges Eiweiß produzieren, es braucht Hilfsmoleküle und die Ribosomen, um letztlich genau definierte Eiweiße herstellen zu können, die ganz bestimmte und aufeinander abgestimmte Funktionen besitzen. Das alles sollte spontan und ohne steuernde Eingriffe von außen nur durch Zufall entstehen können.

Dies ist schlicht unmöglich. Dabei nützt es uns wenig bis nichts, wenn wir uns in die Ausrede flüchten, in der präbiotischen Welt könnte der ganze Vorgang auch um Größenordnungen einfacher abgelaufen sein als dies heute, nach vier Milliarden Jahren Evolution, in den lebenden Zellen geschieht. Auch mit anspruchsloserer Biochemie reicht die Zeit nicht aus. Es genügt nicht, einfach eine beliebige Kette von Aminosäuren zu produzieren. Zwar wäre definitionsgemäß damit ein Eiweiß hergestellt. Damit dieses Eiweiß aber eine ganz bestimmte Funktion erfüllen kann, müssen die Aminosäuren in ihm auch in einer ganz bestimmten Reihenfolge aneinander gefügt sein. Die Natur erlaubt durchaus einige Variationen in der Abfolge der Aminosäuren. Viele Eiweiße können ihre spezielle Aufgabe durchaus auch erledigen, wenn in ihnen einige Aminosäuren ausgetauscht werden.

Diese Erkenntnis war eine große Überraschung für die Genetiker in den 1960er und 1970er Jahren. Damals begannen sie, zunächst mit Hilfe von nur einfachen und indirekten Methoden (z.B. der Enzymelektrophorese), die genetische Vielfalt innerhalb und zwischen den Arten zu untersuchen. Bei diesen Arbeiten zeigte sich schnell, dass ein bestimmtes Enzym sehr oft von Art zu Art verschieden aufgebaut ist und häufig auch Unterschiede zwischen den einzelnen Individuen innerhalb einer Population bestehen. Es gibt einzelne Enzyme, von denen innerhalb einer Population deutlich mehr als ein halbes Dutzend Varianten vorkommen. Alle diese verschiedenen Formen erfüllen aber offensichtlich ihre Funktion bestens, sonst könnten sie wichtige Reaktionen im Stoffwechsel nicht erledigen und ihre Besitzer wären längst tot. Rasch wurde auch klar, dass innerhalb eines Eiweißmoleküls nicht alle Teile gleich wichtig sind. Es gibt in den Eiweißen oft längere Abschnitte, in denen die Reihenfolgen der Aminosäuren innerhalb und zwischen den Arten sehr wenig Variation zeigen, während in anderen Abschnitten eine Unmenge von abweichenden Sequenzen der Aminosäuren auftreten. Vermutlich sind die konservativen Abschnitte, die Teile mit ganz oder fast fehlender Variation, für die Funktion des Eiweißes von zentraler Bedeutung und können nur in einer ganz bestimmten Zusammensetzung die Aufgaben des Eiweißes gewährleisten. Interessanterweise gehören zu den ganz besonders konservativen Eiweißen jene, die das Kopieren der DNS steuern. Diese Eiweiße zeigen kaum Variation, selbst wenn so verschiedene Organismen wie Hefepilze und Menschen miteinander verglichen werden.[4] Abweichungen in ihnen führen in der überwiegenden Mehrzahl der Fälle zum Funktionsverlust und damit zum Tod des Trägers. Erbänderungen in diesen Abschnitten werden also sofort aussortiert und bleiben in der Population nicht erhalten. In anderen Abschnitten vieler Eiweiße ist die Reihenfolge der Aminosäuren offenbar von weit geringerer Bedeutung, wenn nicht sogar belanglos. Erbänderungen in diesen Teilen bleiben ohne Folgen für das Individuum, werden nicht durch Selektion aus der Population entfernt und bleiben so erhalten.

Der Aufbau eines Eiweißes ist daher nicht beliebig. Damit ergibt sich, neben der Schwierigkeit, ein Eiweiß überhaupt aufzubauen, auch sehr schnell ein gewaltiges Zahlenproblem. Eine einfache Abschätzung zeigt dies sofort. Nehmen wir an, es sollte ein extrem kurzes Eiweiß mit einer Länge von nur 30 Aminosäuren hergestellt werden. Weil an jeder der 30 Positionen in der Aminosäurekette eine beliebige der 20 verschiedenen Aminosäuren stehen kann, gibt es 20^{30} mögliche verschiedene Aminosäurefolgen oder über 10^{39} Möglichkeiten! Im Klartext bedeutet dies Folgendes: Sollte allein durch Zufall aus einer mit Aminosäuren angereicherten »Ursuppe« ein einziges Eiweiß oder ein Abschnitt innerhalb eines Eiweißes mit einer ganz bestimmten Aminosäurenfolge zusammengebaut werden, bräuchte es dazu, selbst bei einer so kurzen Kette von nur 30 Aminosäuren, die Entstehung von einer ganz bestimmten Reihenfolge aus über 10^{39} Möglichkeiten.

Da ein solches Eiweiß längst nicht genügt, um ein auch noch so kurzes DNS-Molekül zu kopieren, reicht die Zahl der Atome der Erde schnell nicht mehr aus, um all die notwendigen Versuche zu ermöglichen. Auch die Zuflucht zu langen Zeiträumen hilft hier nicht viel weiter, die Zahlen werden viel zu groß. Zudem wissen wir von den Fossilien, wie schnell sich das Leben auf der Erde nach dem Ende des großen Bombardements offenbar ausbreitete. Auf der Urerde konnten die gleichen Ausgangsstoffe nicht unendlich oft neu kombiniert werden, um den Versuch, ein »korrektes« Eiweiß herzustellen, beliebig oft wiederholen zu können.

Die Situation wird noch viel dramatischer, wenn wir nicht die Zahl der möglichen Eiweiße anschauen, sondern die Anzahl verschiedener Codes auf der DNS für eine bestimmte Aminosäurefolge berechnen. Für jede Aminosäure in einem Eiweiß stehen drei Nukleotiden in der DNS. Es braucht daher eine Folge von 90 Nukleotiden, um die Information für ein Eiweiß von 30 Aminosäuren Länge zu speichern. Da in der DNS der genetische Code mit Hilfe von vier verschiedenen Nukleotiden funktioniert, gibt es 4^{90} oder über 10^{54} verschiedene DNS-Abschnitte, wovon, wegen der Mehrdeutigkeit des genetischen Codes, nur wenige die gewünschte Abfolge der Nukleotiden besitzen.

Bei alledem haben wir immer noch nicht berücksichtigt, dass die Bildung der Bausteine der DNS, der Nukleotiden, und ihr Zusammenfügen zu einem längeren Molekül alles andere als ein einfacher Vorgang ist. Der Start des Lebens in Form einer funktionsfähigen DNS ist somit kaum vorstellbar. Das Leben muss auf eine einfachere Art und Weise entstanden sein.

Was aber lässt sich vereinfachen? Eine ganze Menge! Ich möchte zuerst ein Argument aufnehmen, mit dem Biologen den Abschätzungen über die extreme Unwahrscheinlichkeit der spontanen Entstehung funktionsfähiger Moleküle begegnen und ihm seine vernichtende Spitze nehmen. Natürlich ist es richtig, dass für die Entstehung eines einzigen, ganz bestimmten Moleküls eine wahrlich schon »überkosmische« Anzahl Versuche nötig wären. Die Frage ist aber, ob die Überlegungen, die hinter solchen Wahrscheinlichkeitsabschätzungen stecken, die Vorgänge bei der Entstehung von Leben auch wirklich beschreiben. Spielte die Natur damals wirklich mit den Bauklötzen und probierte, durch immer neue Kombinationen der gleichen Klötzchen in endlos langen Versuchsserien, das eine funktionsfähige Molekül zu finden? Wohl kaum.

Um diese Behauptung zu stützen, brauchen wir uns nicht in Spekulationen zu flüchten. Ganz im Gegenteil: Die Natur führt einem aufmerksamen Beobachter täglich vor Augen, wie völlig anders sie funktioniert. Es ist eben nicht ein Hangar, vollgestopft mit einer unüberschaubaren Anzahl Teile, in dem ein Wirbelwind all diese Teile zufällig richtig zu einem Jumbo-Jet zusammenfügen muss. Die Lebewesen haben sich niemals so entwickelt und sie tun dies in einer vergleichbaren Form auch heute nicht. Die einzelnen Teile eines Lebewesens, seien dies Moleküle oder ganze Organsysteme, entstanden nicht durch zufälliges Zusammenwürfeln aus ihren kleinsten Bestandteilen. Hinter jedem unserer Körperteile steckt ein Evolutionsprozess, in dessen Verlauf alte, einfache Strukturen übernommen, abgewandelt und oft auch neu kombiniert wurden. Die Vorläuferorgane unserer Hände waren z. B. einst Teile der Flossen urtümlicher Fische. Die Fossilien der Wirbeltiere zeigen den Ablauf dieses Prozesses sehr schön. Die Strahlen der alten Fischflossen wurden im Lauf von etwa 500 Millionen Jahren Evolution immer wieder abgewandelt, zu neuen Formen umgebaut und für neue Aufgaben eingesetzt. Unsere Hände entstanden also nicht durch einen einmaligen und unwahrscheinlich glücklichen Wurf, sondern durch Abwandeln bestehender Strukturen. Evolution beginnt also nicht immer wieder bei Null, indem immer neue Kombinationen der Bauelemente ausprobiert werden, sondern baut auf Bewährtem auf und entwickelt es weiter. Im Gegensatz zu einem Würfelspiel, bei dem die Kombinationen immer wieder neu gewürfelt werden, ist die Evolution also ein kumulativer Prozess. Man kann diesen Entwicklungsweg problemlos und ohne weiteres auch auf die modernen Verkehrsflugzeuge übertragen. Auch sie entstehen selbstverständlich nicht durch den Windstoß im Hangar. Der Zusammenbau der Millionen von Einzelteilen zu einem komfortablen Großraumflugzeug folgt einem Grundkonzept, das Ende des 19. und zu Beginn des 20. Jahrhunderts erste mehr oder weniger kontrollierte Gleitflüge erlaubte und auf denen die Techniker der damaligen Epoche aufbauten. Als einmal das Prinzip der Tragflächen klar war, mussten die Flügel nicht immer wieder neu erfunden werden. Jetzt ging es darum, ihr Design zu verbessern und zu perfektionieren. Dazu kam der Motor, der auch nicht aus einzelnen Schrauben und Metallstücken neu erfunden werden musste. Die Gebrüder Wright konnten ihn aus anderen technischen Anwendungen übernehmen und mit ihrem Fluggerät verbinden. Die Kombination aus Gleitflieger und Motor ermöglichte den Durchbruch zum Motorflugzeug. Selbstverständlich führte dieser kumulative Prozess ganz enorm viel schneller zum fertigen Jumbo-Jet, wie wenn immer wieder aufs Neue ein Wirbelwind durch einen reich bestückten Hangar hätte fegen müssen.

Richard Dawkins hat die Kraft kumulativer Prozesse im Vergleich zur, wie er es nennt, Einzelschritt-Selektion in einem wunderbaren kleinen Computerversuch demonstriert.[5] Er ging dabei von einem Argument aus, das besonders Kreationisten immer wieder als Beweis gegen die Evolution und die sie erklärende Theorie einwerfen. Um zu zeigen, wie unwahrscheinlich es ist, dass durch Einzelschritt-Selektion, also durch blindes Probieren, etwas Sinnvolles entstehen könne, rechnen uns die Zweifler in einem anderen Beispiel als jenem mit dem Jumbo-Jet vor, wie viele Versuche es bräuchte, um auch nur einen einzigen Satz aus einem Werk von William Shakespeare durch Zufall entstehen zu lassen, geschweige denn ein ganzes Werk. Da aber, so die Kreationisten, ein ganzes Werk Shakespeares immer noch weniger Zeichen enthalte als das genetische Material eines einfachen Bakteriums, könne daran die Unmöglichkeit der spontanen Entstehung auch der simpelsten Mikrobe erkannt werden. Man könnte sich genauso gut vorstellen, einen Affen vor eine Schreibmaschine zu setzen und ihn einfach tippen zu lassen. Also braucht es den steuernden Einfluss eines übernatürlichen Wesens, es braucht Gott, der die Bakterien (und alle anderen Lebewesen) fertig erschaffen hat.

Um sein Argument zu verdeutlichen, wählte Dawkins einen Satz aus *Hamlet*, der 28 Zeichen umfasste. Setzte er nun den Affen vor eine vereinfachte Schreibmaschine, welche nur die 26 Buchstaben des Alphabets und eine Leertaste umfasste, und ließe ihn auf der

Tastatur herumhämmern, so produzierte das Tier beliebige Zufallsfolgen von Buchstaben. Der Experimentator trennte daraus jeweils Blocks von 28 Zeichen und prüfte, ob der gesuchte Satz zufällig dabei wäre. In Ermangelung eines Affen setzte Dawkins seine damals elf Monate alte Tochter vor einen Computer und ließ sie Buchstabenfolgen von jeweils 28 Zeichen Länge tippen. Das Resultat erstaunt kaum: Der gesuchte Satz war selbstverständlich nicht unter den Zeichenfolgen, und irgendwann schwand auch das Interesse der jungen Dame am Tastendrücken. Auch hier lässt sich leicht ausrechnen, wie groß denn die Chance ist, in einem bestimmten Versuch die gesuchte Buchstabenfolge zufällig zu tippen. Nehmen wir an, jeder Buchstabe hätte die gleiche Wahrscheinlichkeit, von den Fingern des kleinen Mädchens getroffen zu werden. In diesem Fall beträgt die Wahrscheinlichkeit, das erste Zeichen richtig zu erwischen, 1/27 (26 Buchstaben und die Leertaste). Die gleiche Wahrscheinlichkeit gilt auch für jedes andere Zeichen des Satzes. Die Chance, die beiden ersten Buchstaben in der richtigen Reihenfolge zu treffen, beträgt für das Experiment 1/27 × 1/27 oder 1/729. Sollen alle 28 Zeichen gemäß dem Vorbild durch Zufall gesetzt werden, so muss die Wahrscheinlichkeit für ein Zeichen (1/27) insgesamt 28-mal mit sich selbst multipliziert werden. Mein alter Taschenrechner erledigt diese Fleißarbeit immer noch in Sekundenbruchteilen und gibt als Resultat die Zahl $8{,}4 \times 10^{-41}$ an! Etwas weniger mathematisch, aber deswegen noch längst nicht besser vorstellbar, heißt dies, die Wahrscheinlichkeit, auch nur einen solch kurzen Satz durch Zufall zu tippen, beträgt weniger als 1 zu 100 000 Millionen Millionen Millionen Millionen Millionen Millionen. Neben einer solchen Zahl ist der Versuch, den Jackpot im Lotto zu knacken, ein absolut sicheres Unterfangen.

Was bringt es nun, wenn wir den gleichen Versuch in einem kumulativen Prozess durchführen? Wie viel effektiver könnte dies sein? Der Unterschied ist ganz enorm, und sowohl für die Evolution der Organismen als auch für die Entstehung des Lebens entscheidend. Dawkins wählte eine beliebige Zufallsfolge von Zeichen aus dem »Einzelschritt-Versuch« und programmierte einen Computer so, dass er diese Zufallsfolge mehrfach kopierte und dabei auch kleine Fehler machte. Der Computer produzierte also aus der Ursprungsfolge eine ganze Nachkommensgeneration, die teilweise leicht von der Elterngeneration abwich. Danach überprüfte der Computer alle neu entstandenen Zeichenfolgen und wählte jene aus, die dem Ziel, dem Satz aus *Hamlet*, am nächsten kam, und sei es auch noch so geringfügig. In einer ersten Runde mochte dies zum Beispiel ein einzelner Buchstabe sein, der bei irgendeiner der Zufallsfolgen zufällig in der richtigen Position stand. In der Natur übernimmt die Selektion diese Aufgabe, indem sie ständig prüft, ob eine Folge von Aminosäuren eine bestimmte Funktion erfüllt. Die neue Reihe von Zeichen diente nun dem Computer als Startfolge für eine weitere Generation. Wiederum produzierte der Rechner zahlreiche Abkömmlinge der neuen Startfolge, die weitere, neue, zufällige Abweichungen aufwiesen. Und wieder suchte der Computer nach jener Reihe, die dem Ziel am nächsten kam. Dieses Vorgehen wiederholte die Maschine immer wieder, bis der Satz vollständig und richtig rekonstruiert da stand.

Jetzt wurde offensichtlich, welche Kraft in einem kumulativen Prozess steckt. Statt all die über 10^{41} möglichen Varianten zu notieren und daraus die Richtige herauszusuchen, benötigte der Computer in einem ersten Lauf nur 43 Generationen! Ein zweiter und dritter Lauf ergaben 64 bzw. 41 Generationen bis zum fertigen Endprodukt, dem Zielsatz aus Shakespeares *Hamlet*. Statt etwa eine Million Millionen Millionen Millionen Millionen Jahre, wie für das Experiment im Einzelschritt-Selektions-Modus nötig wären, benötigte die seelenlose Maschine ganze 11 Sekunden (und die Rechenleistung des Computers war viel geringer als die heutiger Kaufhaus-PCs).

Zwischen der Art und Weise, wie sich biologische Systeme entwickeln und den Wahrscheinlichkeitsüberlegungen für reine Zufallsprozesse, klafft also eine ganz gewaltige und entscheidende Lücke. Es waren vor allem Mathematiker, Physiker und Astronomen, die auch unter den Naturwissenschaftlern immer wieder die Unwahrscheinlichkeit der Entstehung komplexer Strukturen durch reine Zufallsprozesse betonten. Natürlich hatten sie Recht. Die Evolution funktioniert eben nicht nach diesem reinen Zufallsprinzip. Das vorhandene genetische Material wird nicht immer wieder neu zusammengestellt; die vorhandenen DNS-Stücke bilden die Basis für eine schier unglaubliche Fülle von Variationsmöglichkeiten und Neukombinationen.

Dies ist auch heute noch in jeder Zelle zu beobachten. Zur Überraschung der Molekularbiologen ist die DNS nämlich nicht nur mit den Genen für das Funktionieren der Zelle bestückt. Ganz im Gegenteil: Ein großer Teil der DNS auch in unseren Zellen hat offensichtlich keine derartige Aufgabe. Man schätzt den Anteil der codierenden DNS im menschlichen Erbgut auf weniger als 2 %.[6] Der ganze Rest, die anderen 98 % unserer DNS, hat keine direkte Funktion in der Zelle. Die Wissenschaftler haben lange Zeit von »junk DNA« (weniger elegant: Ballast- oder Plunder-DNS) gesprochen, beginnen jetzt aber zu realisieren, welch wichtige Rolle der Hauptteil unseres Erbmaterials für die Evolution haben könnte. Da gibt es Abschnitte, die mehrere 10 000- bis 100 000-mal wiederholt sind, und Stücke von DNS, die offensichtlich von anderen Organismen, z. B. Bakterien und Viren, stammen. Einige Teile vagabundieren wild durch unser Erbgut, fügen sich mal da, mal dort in ein Gen ein, hängen sich an andere springende Elemente an und lassen sich von ihnen als blinde Passagiere an neue Stellen in der DNS transportieren. Fügt sich ein solches »Transposon« in ein codierendes Gen ein, so wird das Gen stillgelegt und erlangt seine Funktionsfähigkeit erst nach dem Austritt des mobilen Genstücks wieder. Aber all dieser Ballast bietet auch riesige Chancen. Wenn ganze Genelemente zwischen den Lebewesen ausgetauscht werden können, so kann die Empfängerart von den Errungenschaften der Spenderart profitieren und sich so neue Eigenschaften erwerben. Krankheitserreger unter den Bakterien nutzen genau diesen Weg, um die Resistenz gegen ein Antibiotikum schnell unter ihren Artgenossen zu verbreiten.

Das Ein- und Ausschalten von Genen kann rasch zu größeren Veränderungen an einem Organismus führen und auch seine Gestalt nachhaltig beeinflussen. Eine besondere Rolle spielen dabei die homöotischen Gene, die an bestimmten Stellen im Erbgut sitzen und bei allen Lebewesen sehr ähnlich gebaut sind. Veränderungen an ihnen führen zur Ausbildung ganzer Organe an der falschen Körperstelle, etwa eines Beins an Stelle der Fühler bei der Fruchtfliege *Drosophila*. Ja, es wird sogar immer wahrscheinlicher, dass Mutationen an homöotischen Genen eine ganz entscheidende Rolle bei den Übergängen zwischen ganzen Großgruppen im Tierreich gespielt haben. William McGinnis und zwei Kollegen von der University of California in San Diego gelang vor kurzem der Nachweis, dass der Austausch von nur sechs Aminosäuren in einem Steuereiweiß, dem Ubx-Protein, genügt, um bei *Drosophila* die Anzahl der Hinterleibsegmente zu verkleinern. Die Entdeckung von McGinnis und seinen Kollegen könnte erklären, wie aus den ursprünglich vielsegmentigen und vielbeinigen krebsartigen Vorfahren vor etwa 400 Millionen Jahren die heutigen sechsbeinigen Insekten entstanden. Der Übergang ließe sich so ohne einschneidende Veränderungen, durch schrittweise hintereinander erfolgende Mutationen an einem einzigen Gen erklären. Auch die homöotischen Gene wurden offenbar nur einmal erfunden und sind heute Allgemeingut aller Lebewesen.

Die verschwenderische Masse an wiederholten Genabschnitten bietet gewaltige Vorteile und ist nicht einfach nur eine Bürde für die Zelle. Erstens kann die Zelle dank den wiederholten Genabschnitten bei Bedarf rasch sehr viel mRNS herstellen und so fast schlagartig große Mengen Eiweiße produzieren, andererseits sind diese Tausende von Kopien auch eine wunderbare Spielwiese, um neue Varianten auszuprobieren. Solange fast alle Kopien ihre Basenfolge beibehalten, stört es in der Zelle nicht, wenn einige unter den vielleicht 10 000 mutieren. Möglicherweise ist darunter eine neue Variante, die der Zelle sogar Vorteile bietet, und die neue Aufgaben übernehmen kann. Auf diesem Weg scheinen sich die Gene der Globin-Familie entwickelt zu haben, zu der auch die Gene für den roten Blutfarbstoff Hämoglobin gehören.

Damit hat die Natur noch längst nicht alle Spieltricks zur Vergrößerung der genetischen Vielfalt ausgeschöpft. Fast jedes Lebewesen produziert für seine Vermehrung eine sehr große Menge von Geschlechtszellen. Bei gesunden Männern werden z. B. pro Samenausstoß 80–150 Millionen Spermien abgegeben. Jedes Spermium enthält eine einmalige Kombination von Erbmerkmalen, die durch Zufallsprozesse bei der Entstehung des Spermiums aus dem Erbmaterial der Eltern des Mannes neu zusammengestellt werden. Zudem können bei der Herstellung jedes dieser Spermien neue Erbänderungen eintreten, die oft nachteilig sind, aber manchmal auch neue Eigenschaften zur Folge haben. Die Natur kann damit unter der riesigen Zahl von Genkombinationen, die sie ständig erzeugt, auch die kleinste Veränderung einer beliebigen Struktur nutzen, sie testen, jene auswählen, die irgendeinen Vorteil bringen und diese als Basis für künftige Generationen nutzen. Die Natur geht von einem erfolgreichen Modell aus, variiert es und verwendet in der nächsten Generation bevorzugt die vorteilhaften Nachkommen. Nach exakt dem gleichen Muster kann auch die Evolution beim Start des Lebens auf der Erde rasch die ersten funktionsfähigen Biomoleküle produziert haben.

Aber welcher Art könnten die ersten Biomoleküle gewesen sein? Wenn wir uns nochmals die Notwendigkeiten des Lebens vor Augen führen, so bleibt eine Tatsache unverrückbar bestehen: Es musste einerseits zur Bildung eines Informationen speichernden Apparats und andererseits zur Formung einer Hülle gekommen sein, welche diesen Apparat von der Umgebung abgrenzte, ihn schützte und ihm den nötigen Reaktionsraum zur Verfügung stellte. Auch wenn, wie schon mehrfach betont, der Ursprung des genetischen Codes nach wie vor unklar ist, gibt es doch deutliche Anzeichen, nicht die DNS, sondern eine RNS könnte am Anfang gestanden haben. Viele Wissenschaftler sprechen deshalb von einer RNS-Welt, mit der alles begann, und in der sich erste lebensähnliche Systeme entwickelten. Ganz analog der

Informationstechnologie Ende des 20. Jahrhunderts, die auch nicht gleich die DVD zur Speicherung der digitalen Daten erfand, sondern zuerst einfachere Systeme. Wer erinnert sich heute noch an die gute alte Floppy Disk? Für eine ursprüngliche RNS-Welt spricht schon die Tatsache, dass die RNS einen oder gar mehrere Schritte näher an der Bindestelle zwischen dem Erbmaterial und den die Arbeit in der Zelle erledigenden Eiweißen steht. Die Speicherung der Information in einer RNS benötigt also einen viel kleineren Übertragungsapparat, als dies für die DNS der Fall ist. Zudem ist RNS nicht gleich RNS. RNS-Moleküle übernehmen in den Zellen der heute lebenden Organismen eine ganze Menge von verschiedenen Aufgaben. Einige RNS-Moleküle funktionieren als Kopien von DNS-Abschnitten, andere transportieren bestimmte Aminosäuren, die Eiweißbausteine, an die Ribosomen und, besonders wichtig, die Ribosomen selbst bestehen aus besonderen RNS-Molekülen, die beim Zusammenbau der Aminosäuren zu einem Eiweiß entscheidend mithelfen. Es gibt sogar RNS-Moleküle, die, zumindest bei einigen Viren, ganz allein die Aufgaben des Erbmaterials übernehmen. RNS-Moleküle können also durchaus Informationen speichern.

Zudem scheinen extrem kurze, nur etwa 22 Nukleotiden lange RNS-Stücke bei der Kontrolle der Entwicklung vieler Lebewesen eine ganz wichtige Rolle zu spielen. Einige dieser erst vor kurzem[7] entdeckten Mikro-RNS-Moleküle (oder miRNS) zeigen kaum Unterschiede, auch wenn man ihre entsprechenden Formen zwischen entfernt verwandten Tiergruppen wie Fadenwürmern, Fliegen und Säugetieren vergleicht! Dies eröffnet die faszinierende Möglichkeit, dass jene kurzen RNS-Stücke sehr alt sein könnten und schon seit langer Zeit eine zentrale Rolle bei der Kontrolle der Gene in den Zellen spielen. Noch ist viel zu wenig über die Aufgaben der schon über 100 entdeckten miRNS bekannt. Die Anordnung ihrer Gene im Erbmaterial und ihre biochemischen Aktivitäten legen aber eine Steuerungsfunktion sehr nahe. Haben also schon früh in der Evolution der Lebewesen kurze, und dadurch relativ einfach entstehende Stücke von RNS-Molekülen Aufgaben in der Steuerung der basalen Entwicklungsprozesse übernommen? Eröffnet sich mit der Entdeckung der Mikro-RNS-Moleküle ein neues Fenster auf die ältesten Reaktionsschritte in den Lebewesen? Wir dürfen gespannt sein, was die Erforschung der chemischen Reaktionen in der Zelle noch alles zu Tage fördert. Ganz offensichtlich, und wichtig für dieses Thema hier ist, dass entscheidende Steuerfunktionen nicht nur von riesigen und komplizierten Genkomplexen ausgeführt werden, sondern auch durch das Zusammenwirken kleinster Erbeinheiten. Ein perfekter kumulativer Vorgang.

Die miRNS-Moleküle haben allerdings in Bezug auf die Entstehung von Leben einen klaren Mangel: Sie funktionieren nicht als selbstständige Einheiten, weil, wie für eine RNS üblich, ihr Aufbau durch kurze Abschnitte auf der DNS geregelt wird. MiRNS-Moleküle sind von der DNS abhängig und können so kaum als Vorläufer der Zellsteuerung gedient haben. Dafür müssten die RNS-Moleküle, ähnlich wie Enzyme, selbst Reaktionen auslösen und sie müssten sich zudem auch noch selbst vervielfältigen können. Genau dies ist nach bahnbrechenden Forschungen aus den frühen 1980er Jahren und nach allerneuesten Untersuchungen aber durchaus möglich.

Zunächst gelang, völlig unabhängig voneinander, Thomas Cech von der University of Colorado und Sidney Altman von der Yale University der Nachweis, dass einige RNS-Stränge chemische Reaktionen auslösen können. Mit einem Schlag konnten sich die Wissenschaftler nun vorstellen, wie RNS-Enzyme, Cech bezeichnete sie als Ribozyme, in einer frühen Phase der Lebensentwicklung die Aufgabe der Eiweiße erfüllten und die Steuerung der ersten chemischen Reaktionen übernahmen. Beide, Cech und Altman, erhielten 1991 für ihre Entdeckung den Nobelpreis. Seither wurden weitere Ribozyme gefunden. Es konnte sogar gezeigt werden, wie auch das Zentrum der Ribosomen, der winzigen Zelleinschlüsse, an denen die Bildung der Eiweiße geschieht, chemische Reaktionen auslösen kann.

Trotz dieser faszinierenden Forschungsresultate blieb immer ein kritischer Punkt übrig. Damit RNS-Moleküle alle anfallenden Aufgaben in einer Urzelle erfüllen können, müssen sie nicht nur chemische Reaktionen steuern, sondern auch sich selbst vervielfältigen. Nur so gelänge es ihnen, die Information zur Steuerung einer chemischen Reaktion auf eine nächste Generation von Molekülen weiterzugeben und gleichzeitig Kopien von sich selbst herzustellen. Als sicher galt seit den Versuchen von Cech und Altman nur, dass die RNS-Moleküle für die Kombination dieser Aufgaben die beste Kandidatengruppe darstellt. Eiweiße haben zwar die Fähigkeit zur Reaktionsauslösung, sie sind aber in keiner Art und Weise in der Lage, die notwendige Information für diese Aufgabe auf neue Moleküle zu übertragen. Die DNS kommt wegen des komplizierten Hilfsapparats auch nicht in Frage, bleiben also nur die RNS-Moleküle. Dazu müssten sie allerdings fähig sein, gleichzeitig sowohl die Aufgaben der DNS als auch der Proteine zu erfüllen.

Diese Lücke zu schließen, setzte sich eine Arbeitsgruppe unter David Bartel vom Whitehead Institute for Biomedical Research am Massachusetts Institute of Technology (MIT) in Cambridge zum Ziel. Bartel und seine Mitarbeiter begannen ihre Arbeit, indem sie RNS-Moleküle produzierten, die alle verschiedene Zufallsfolgen von Nukleotiden besaßen. Das Team stellte solche RNS-Stücke nicht nur im Dutzend oder zu Tausenden her, sondern gleich in astronomischen Mengen. Anschließend testeten die Wissenschaftler all diese RNS-Moleküle auf ihre Eigenschaft, andere derartige Moleküle miteinander zu verbinden. Sie suchten also nach einem RNS-Molekül, welches exakt das Gleiche tun konnte, wie ein Enzym in einer lebenden Zelle. Dort wirken Enzyme in vielen chemischen Reaktionen wie Vermittler, die unabhängige Eiweiß-Stücke miteinander koppeln.

Bartel und seine Leute hatten Erfolg. Sie fanden eine RNS, die tatsächlich die Enden zweier anderer RNS-Stücke verbinden konnte! Dies klappte zwar nicht ganz perfekt, aber immerhin einigermaßen. Die Forscher am Whitehead Institute wollten aber mehr. Im nächsten Schritt ging es an das Perfektionieren des RNS-»Enzyms«. Sie starteten mit dem von Bartel entdeckten RNS-Molekül und veränderten dieses. Zunächst hängten sie ihm eine Zufallsfolge von RNS-Nukleotiden an und fügten ihm danach noch eine Ansatzstelle für weitere Nukleotiden bei. Solche »Primer« (Zünder) sind auch bei der DNS nötig, wenn es um das Verlängern eines Moleküls geht. Jetzt testete die Gruppe 10^{15} (jawohl!) dieser Moleküle auf ihre Fähigkeit, Nukleotide an den Primer anzufügen. Es sollten allerdings nicht irgendwelche beliebigen Nukleotide angehängt werden. Bartel und seine Leute fügten dem Reaktionsgemisch einen RNS-Strang bei, der als »Vorlage« diente. Funktionierende Moleküle wurden vom Team sofort vervielfältigt und, leicht verändert, neu auf ihre Fähigkeiten geprüft. Nach einer ganzen Reihe solcher Testrunden konnte Wendy Johnston und ihre Arbeitsgruppe ein Ribozym isolieren, das von einer beliebigen Vorlage Kopien mit einer Länge von bis zu 14 Nukleotiden fabrizierte.[8] Dies ist immer noch ein kurzes Stück, auch verglichen mit der Länge des 189 Nukleotide langen Ribozyms selbst, aber es ist ein Anfang, und sehr viel mehr als sich die Wissenschaftler noch vor wenigen Jahren hätten träumen lassen.

Die Versuchsresultate der Gruppe am Whitehead Institute sind enorm wichtig, um zu zeigen, welche Fähigkeiten in den RNS-Molekülen stecken. Selbstverständlich kann mit diesen Experimenten der Weg zum Leben auf der Urerde nicht rekonstruiert werden. Die Bedeutung der Forschungen aus der Gruppe Bartels liegt vielmehr darin, einen möglichen Weg aufzuzeigen. Die Hypothese einer RNA-Welt beim Start des Lebens auf der Erde wurde dank der Versuche am MIT deutlich gestärkt.

Auch in anderer Hinsicht sind die Versuche am Whitehead Institute äußerst wertvoll: um einmal mehr die Kraft der kumulativen Vorgänge zu demonstrieren. Hätte Wendy Johnston in Einzelschritt-Evolution versucht, ihr Ribozym zu finden, so hätte sie die Auswahl zwischen 4^{189} möglichen Kombinationen der Nukleotide gehabt. Ein handelsüblicher Taschenrechner weigert sich bereits, diese Zahl in Zehnerpotenzen umzurechnen. Mit altväterlichem Logarithmenrechnen kann man ihm dann aber immerhin ein Resultat abringen: mehr als 10^{113}. Eine solche Zahl übersteigt die Menge aller Atome im Universum um ein Vielfaches. Der kumulative Ansatz, gepaart mit raffinierten molekularen Selektionstechniken, bringt dagegen innerhalb recht kurzer Zeit ein verblüffendes Resultat.

Die Zahl der Argumente für eine ursprüngliche RNS-Welt steigt daher ständig an und macht die Forschung auf diesem Gebiet immer lohnender. Wissenschaftler möchten aber die Geschichte des Lebens noch viel weiter zurückverfolgen und noch tiefer in die Urzeit vordringen. Und sie haben allen Grund dazu, denn auch wenn ein RNS-Molekül viel einfacher gebaut ist als etwa eine DNS und für seinen Aufbau kein so komplizierter Syntheseapparat aus zahllosen komplexen Eiweißen benötigt wird, so ist eine RNS immer noch ein recht kompliziertes Molekül und es brauchte eine ganze Menge Tricks und Kniffe, um die soeben beschriebenen Reaktionen durchführen zu können. Könnte, ja müsste es also nicht sein, dass zu Beginn des Lebens eine noch einfachere Form der Erbinformation stand, ein einfacherer Code etwa oder ein Molekül, das noch weit einfacher zu synthetisieren war und das stabilere, also weniger anfällige chemische Bindungen enthielt? Gab es eine solch simple Welt der allerersten »Lebensformen« mit der einfachsten Urform einer Erbsubstanz, an die sich später eine RNS-Welt mit den heutigen Molekültypen anschloss?

Die Idee eines einfacheren, genetischen Codes lässt sich bis ins Extreme treiben. Walter Fitch, heute an der University of California in Irvine, ging schon 1966 so weit. Er stellte sich einen Code vor, der überhaupt nicht zwischen den Aminosäuren unterscheiden konnte. Erst langsam wäre daraus ein immer spezifischerer Code entstanden, in dem die Basenfolge ihren heutigen Informationsgehalt annahm. Erstaunlicherweise gibt es tatsächlich Hinweise auf einen solchen alten genetischen Code. Auffällig ist z. B., welche besondere Rolle der zweiten der drei Basen im Code zukommt. Steht in der mittleren Position des Basentripletts auf der messenger-RNS (mRNS) nämlich die Base Uracil (U), so bewirkt das Kodon meist die Aufnahme einer wasserabstoßenden Aminosäure in die Eiweißkette (vgl. Abb. 5), völlig unabhängig von der Art der Basen in Position eins und drei. Wird die mittlere Position aber durch die Base Adenin (A) besetzt, so bedeutet dies in der Regel den Einbau einer wasseranziehenden Aminosäure! Ein solch einfacher Code, der nur zwischen der simplen physikalisch-chemischen Eigenschaft wasseranziehend und wasserabstoßend unterscheidet, erinnert verblüffend an den binären Code der Computer, der nur aus einer Folge der Ziffern 0 und 1 besteht.

Und noch eine Auffälligkeit: Ist es ein Zufall, dass die beiden Basen Adenin und Uracil einander komplementär sind, sich also aneinander anlagern können? Nichts als geschickte Fragerei der Forscher und einleuchtende Spekulationen? Vielleicht! Man mag auch einwenden, mit genügend Fantasie lasse sich fast hinter jeder Struktur ein Muster entdecken. Immerhin, ein derart einfacher Code zu Beginn des Lebens hätte zumindest einen weiteren Vorteil und könnte ein Problem beseitigen, über das sich Manfred Eigen immer wieder Gedanken gemacht hat. Eigen nannte das Problem die »Fehler-Katastrophe«. Wenn der genetische Code einigermaßen von Nutzen sein soll, so muss er hochpräzise arbeiten, weil sich sonst bei jedem Kopiervorgang zu viele Lesefehler ansammeln und der Organismus damit nicht mehr funktionieren kann. Mit anderen Worten: Der genetische Code müsste schon von Anfang an die heutige Präzision besessen haben, um überhaupt arbeiten zu können. Eine fast unmögliche Forderung. Das Problem könnte umgangen werden, wenn die ersten »lebenden Systeme« mit einem absolut einfachen und sehr kurzen Code funktioniert hätten. Es ist kaum vorstellbar, wie ein Code, basierend auf dem DNS/RNS-System, oder auch auf einem einfacheren RNS-System, diese Forderung erfüllen könnte. Ganz anders sieht es für den simplen Code aus, den Walter Fitch vorschlägt. Sein Code könnte nicht nur auf ganz einfacher Basis funktionieren, er reagiert auch nur schwach auf Fehler.

Selbstverständlich ließen sich mit einem so einfachen Code keine hocheffizienten Eiweiße aufbauen. Viel entscheidender scheint aber, dass sich auf diesem Weg überhaupt eine Eiweißsynthese in Gang setzen lässt. Mehr noch, der Code des Walter Fitch ließe auch die Möglichkeit offen, dass die Bildung der ersten Eiweiße ein zufälliges »Abfallprodukt« einer Entwicklung war, die ursprünglich in eine ganz andere Richtung lief als jene, die wir heute sehen können. Dies hätte wiederum den Vorteil, dass bei seiner Entstehung kein Selektionsdruck in Richtung perfektes Kopieren bestanden hätte. Vielleicht ging es damals darum, irgendeine beliebige Aminosäurekette zu fabrizieren, vielleicht ohne irgendeinen Zweck, ohne irgendeine Funktion zu erfüllen. Oder aber zu einem Zweck, der heute unbekannt ist, und über den wir höchstens spekulieren können. Auf diesem Weg sind auch viele andere evolutionäre Erfindungen entstanden, die später in den Organismen völlig neue Funktionen übernommen haben. Die Evolution der Vogelfedern etwa geschah mit Sicherheit nicht, um den Tieren das Fliegen zu ermöglichen. Federn entstanden bei gehenden Dinosauriern lange bevor sie als Tragflächen eingesetzt wurden. Erst später, bei einem Seitenzweig der Dinosaurierevolution, wurden die fertigen Federn in einem ganz neuen Zusammenhang erfolgreich eingesetzt. Wir sollten uns also bei der Suche nach den Ursprüngen nicht immer so stark von den heutigen Zusammenhängen leiten lassen.

Es kann gut sein, dass erste, ganz einfache Systeme (das Wort Lebewesen wäre hier noch fehl am Platz) entstanden, die nichts anderes taten, als Aminosäuren anzulagern und diese zu verbinden, und zwar in einer völlig zufälligen Reihenfolge. Sie führten solche chemischen Reaktionen nur deswegen durch, weil kurze RNS-Moleküle dazu in der Lage waren und das Rohmaterial auf der Urerde zumindest an gewissen Orten in ausreichenden Mengen bereit stand. Genau so, wie sich Ionen bei der Bildung von Salzen zusammenlagern, weil sie zueinander passen. Erst viel später, als die ersten RNS-ähnlichen Moleküle bereits unter einem Selektionsdruck ihre katalytischen Eigenschaften verbessert hatten, vielleicht in einem Selektionsprozess, wie er im Labor durch Wendy Johnston und ihre Gruppe nachgeahmt wurde, vielleicht durch Hyperzyklen à la Manfred Eigen, vielleicht auch in einem anderen der zahllosen vorgeschlagenen Wege oder auch in einem heute noch völlig unbekannten Prozess, begann die Evolution hin zu einem modernen genetischen Code. Ein nicht greifbarer, zufälliger Start also, ohne irgendeinen Zweck und ganz sicher ohne Ziel! Nichts als Reaktionen unter Molekülen, die zufällig die richtigen Bedingungen fanden, um miteinander reagieren zu können. Purer Zufall!

Ein solches Szenario mag auf den ersten Blick ziemlich enttäuschend wirken. In seiner ganzen Konsequenz bedeutet es nämlich, dass wir nie in der Lage sein werden, die Entstehung des Lebens auf unserem Planeten genau, also Schritt für Schritt, zu rekonstruieren. Es fällt sehr schwer, ja es widerspricht der menschlichen Natur zutiefst, sich damit zufrieden zu geben. Nur zu gerne möchten wir den genauen Hergang eines jeden Vorgangs, die einzelnen Ursachen, ihre Wirkungen und Wechselwirkungen, detailliert nachvollziehen. Dieser schon fast zwanghafte Wille zur rigorosen Analyse ist auch ein entscheidender Faktor für den bisherigen Erfolg der menschlichen Art auf dem Planeten Erde. Denn der Wille zu verstehen, weshalb etwas so ist wie es ist, hat unsere Wissenschaft und Technik bis zu ihrem heutigen Stand vorangetrieben. Ich lasse mich gerne überraschen, ahne aber, dass wir nie in der Lage sein werden, den Ablauf der ersten Schritte des Lebens auf der Erde schlüssig zu rekonstruieren.

Und dies ist gut so! Nicht etwa, weil ich mich irgendeiner Mystik verschreiben möchte, ganz im Gegenteil. Eine solche Erkenntnis würde zeigen, wie enorm vielgestaltig die Möglichkeiten zur Entstehung von Leben sind. Damit steigen die Chancen, Leben in irgendeiner Form im Weltall finden zu können und den Menschen aus seiner kosmischen Einsamkeit zu befreien.

Meine persönliche Überzeugung ist es, dass es in nicht allzu ferner Zukunft einer Forschergruppe gelingen wird, im Labor eine kleine zellähnliche Struktur zusammenzubasteln. Die erfolgreichen Wissenschaftler werden mit diesem Ereignis aber nie den Anspruch erheben dürfen, sie hätten die Entstehung von Leben auf der Erde nachgeahmt. Sie werden, und das ist großartig genug, einen der vielen Wege zum »Leben« erfolgreich genutzt haben. Leben kann sich sehr wahrscheinlich nicht nur in einer einzigen, engen und keine Abweichungen duldenden Bahn entwickeln. Die überwiegende Mehrzahl der Entdeckungen der letzten 50 Jahre spricht ganz deutlich gegen eine solche Vermutung. Dem Leben steht offensichtlich eine Vielzahl von Möglichkeiten offen, um aus unbelebter Materie einfache »lebende« Systeme zu schaffen. So betrachtet wird Leben überall dort fast zwangsweise auftreten, wo »richtige« Bedingungen herrschen. Leben wird zu einem kosmischen Alltagsphänomen.

Die Vielzahl der Möglichkeiten für die Entstehung von Leben hat sich durch einige spektakuläre und unerwartete Forschungsresultate der letzten Zeit weiter vergrößert. In diesem Buch wurde bisher, abgesehen von einigen vagen Andeutungen, immer von der stillschweigenden Annahme ausgegangen, die in den heutigen Lebewesen vorhandenen Moleküle müssten auch bereits in den ersten lebenden Systemen in irgendeiner Form ihre Rolle gespielt haben. Aber dies muss keineswegs so gewesen zu sein. Wie bereits gezeigt wurde, könnte es ohne weiteres der Fall gewesen sein, dass vor der RNS/DNS-Welt eine Vorläuferwelt existierte, die auf einfacheren Strukturen basierte. Die »Lebensformen« dieser früheren Welt wären später abgelöst worden von Lebewesen, in denen die heutigen Informationsträger RNS, und später die DNS, ihre Arbeit aufgenommen hätten.

Tatsächlich gibt es Moleküle, die chemisch weit einfacher aufzubauen sind als die DNS oder eine der vielen Formen der RNS, die aber trotzdem Informationen in ganz ähnlicher Art und Weise speichern können und die zudem noch eine ganz ähnliche Oberflächenstruktur aufweisen.

Eine Gruppe dieser Sorte Moleküle sind Peptidnukleinsäuren (PNS), die Peter Nielsen mit seinen Leuten 1991 am Pantum Institut in Kopenhagen entdeckte. Der Unterschied zwischen einer Peptidnukleinsäure und einer DNS oder einer RNS besteht in der Art, wie das Gerüst des Moleküls aufgebaut ist. In einer PNS werden die Basen durch ein Rückgrat aus einem Essigsäurerest und einer einfachen Aminosäure, dem 2-Aminoethyl-Glycin (AEG), miteinander verbunden[9], während diese Aufgabe bei der DNS und der RNS durch eine Kette aus einem Zucker und einer Phosphatgruppe übernommen wird (vgl. Kapitel 2.2). Beide Molekülteile, sowohl die Essigsäure als auch das AEG, sind aber viel einfacher abiotisch herzustellen als die Zuckersorten in den beiden Nukleinsäuregruppen der heute lebenden Organismen. Die PNS-Moleküle scheinen zudem auch sehr stabil zu sein, sie könnten also Informationen recht zuverlässig speichern. Interessant ist auch, dass sich sowohl DNS- als auch RNS-Nukleotiden an PNS-Moleküle anlagern lassen. Damit wäre im Prinzip der Weg offen, um den Übergang von einer PNS- zu einer RNS/DNS-Welt verstehen zu können, indem die PNS als Matrize für die späteren Informationsmoleküle gedient haben könnte.

Über die Entdeckung einer Gruppe von Molekülen, die den Nukleinsäuren der heutigen Lebewesen gleichen, aber viel einfacher gebaut sind, konnte im Jahr 2000 ein schweizerisch-amerikanisches Team um Albert Eschenmoser von der Eidgenössisch Technischen Hochschule in Zürich und dem Scripps Forschungsinstitut in La Jolla, Kalifornien, berichten.[10] Ihre TNS (Threo-furanosyl-oligonukleotidsäure) ist ebenso wie die PNS zur Informationsspeicherung geeignet. Zudem kann sich ein TNS-Molekül an einen RNS- oder einen DNS-Strang anlagern und bildet dabei sogar eine Doppelhelix-Struktur. Auch für die TNS ist damit der Übergang zu einer RNS-oder DNS-Welt vorstellbar.

Nach den langen Jahren der Frustration über die komplizierten Synthesewege, die schon zum Aufbau kurzer DNS-Stränge nötig sind, kommt offensichtlich auch auf dem Gebiet der Informationsträger Bewegung in die blockierten Erkenntniswege. Es braucht nicht eine komplizierte DNS zu sein, die am Anfang stand, es sind einfachere Moleküle denkbar, die zum Teil sogar Funktionen der Proteine übernehmen und ihren eigenen Aufbau beschleunigen können. Mit diesen neuen Entdeckungen verliert die Entstehung der ersten Informationsträger viel von ihrer extremen Unwahrscheinlichkeit, gegen die noch bis vor kurzem auch von optimistischen Astrobiologen kaum mehr als das Prinzip Hoffnung vorgebracht werden konnte. Der genaue Ablauf der ersten Evolutionsschritte hier auf der Erde bleibt zwar im Dunkeln und wird fast mit Sicherheit nie genau rekonstruierbar sein. Die seit kurzem platzierten Mosaiksteinchen lassen uns aber ein variantenreiches Bild verschlungener Pfade erahnen, die vielleicht sogar alle zur selben Zeit beschritten worden sind, von denen aber nur das Resultat eines einzigen Prozesses erhalten geblieben ist.

Die Entstehung der ersten komplexeren chemischen Stoffe, wie Eiweiße, Kohlenhydrate und Vorläufer der Nukleinsäuren, hätte mit ziemlicher Sicherheit nur zu einem ständigen Auf- und Abbauprozess geführt, wenn die einmal entstandenen Chemikalien nicht irgendwie geschützt worden wären. Die ersten für das spätere Leben wichtigen chemischen Stoffe benötigten eine solche Abschirmung genauso dringend, wie der Chemiker im Labor sein Reagenzglas, um in ihm die Reaktionsabläufe zu konzentrieren und dem Reaktionsgemisch die nötigen Rahmenbedingungen zu geben. Es muss also schon sehr früh zur Entstehung abgeschlossener Reaktionsräume gekommen sein.

Dabei muss es sich nicht gleich um erste Zellen gehandelt haben, in denen die allerersten lebensähnlichen chemischen Reaktionen abliefen. Graham Cairns-Smith[11] könnte sich auch gut vorstellen, wie auf der Oberfläche von Tonmineralien Stoffe angelagert und miteinander verbunden worden sind. Er hat sogar vorgeschlagen, solche Tonoberflächen hätten als Vorlagen für die ersten längeren Nukleinsäurestränge gedient und stellten daher das ursprünglichste »genetische Material« dar. Tonmineralien als Lebensspender? Auf den ersten Blick sicher etwas überraschend. Bei genauerem Hinsehen hat die Idee durchaus einige attraktive Seiten. Tonmineralien können, wie alle anderen kristallähnlichen Strukturen, durch Stoffanlagerung wachsen und wiederholen dabei, Schicht für Schicht, ihren Aufbau. Mit etwas gutem Willen ließe sich dieser Vorgang durchaus als eine Art Vermehrungsprozess mit sehr hoher Präzision beim Kopiervorgang interpretieren. Die Abfolge der Bestandteile auf seiner Oberfläche kann zudem als Informationsgehalt des Minerals aufgefasst werden, der sogar recht einfach verändert werden kann, indem Metallionen eingebaut werden. Damit besitzt ein solches Tonmineral schon viele Eigenschaften eines Lebewesens, nämlich Vermehrungsfähigkeit,»genetische« Information und die Fähigkeit, die »Erbinformation« zu verändern, also zu mutieren! Auf dieser Basis lässt sich wunderbar weiterspekulieren: Vielleicht konnten einige der Tonmineralien durch die Anlagerung organischer Moleküle auf ihrer Oberfläche irgendeinen Vorteil gewinnen, z. B. die Oberfläche stabilisieren oder diese rascher kopieren, also schneller wachsen und sich so einen klassischen Selektionsvorteil erringen. Damit besäße der Ton sogar noch eine weitere, entscheidende Eigenschaft von Lebewesen und genügte bereits der Definition für Leben, so wie sie von der NASA in das Exobiologieprogramm geschrieben worden ist (vgl. Kapitel 2.1). Gelänge es einem dieser »lebenden« Tone sogar, einfache Nukleinsäuren mit der Fähigkeit zur Selbstvermehrung auf ihrer Oberfläche anzusiedeln, wie dies ja einige RNS-Moleküle können, so eröffneten sich völlig neue Möglichkeiten. Die organischen Moleküle auf der Tonoberfläche könnten eine eigene Evolution starten, ihre kristallinen Eltern in der Fähigkeit zur identischen Vermehrung rasch überflügeln und so schnell zur vorherrschenden »Lebensform« werden.

Leider werden die einleuchtenden Ideen von Graham Cairns-Smith kaum durch Experimente gestützt und besitzen daher wenig Erklärungskraft. Immerhin weist seine Theorie, wonach die ersten komplizierteren Moleküle auf stabilen kristallinen Oberflächen entstanden, auf einen ganz wesentlichen Punkt hin. Cairns-Smith selbst hat oft das Sinnbild eines Brückenbogens aus Quadersteinen gebraucht. Ein fertiger Bogen ist von außerordentlicher Stabilität. Ein begonnener Bogen aber, bei dem auch nur ein einziger Stein fehlt, fällt sofort zusammen. Wie also kann die elegante und stabile Struktur erbaut werden? Ganz einfach, indem ein Gerüst während der Konstruktionsphase Halt bietet. In ähnlicher Weise könnten die empfindlichen Nukleinsäurestränge die Tonmineralien als eine Art stützendes Gerüst verwendet haben, das half, die ersten kritischen Syntheseschritte der RNS-Stränge in relativer Sicherheit durchzuführen.

Auch wenn es heute keine konkreten Hinweise auf eine derartige Rolle von Tonmineralien in der Evolution der Lebewesen gibt, so könnte das von Cairns-Smith entwickelte, theoretische Prinzip eben doch einen Schritt auf dem Weg hin zu Leben beleuchten. Vielleicht gab es in der Frühzeit des Lebens andere »Gerüste« oder »Krücken«, an die bisher noch niemand gedacht hat, die als Stützen bei der Entwicklung der Lebensmoleküle entscheidend mithalfen. Und genauso wie bei einer fertigen Brücke über einen Fluss nichts mehr vom einst so wichtigen Gerüst zu erkennen ist, können wir heute keine Spuren der alten Hilfskonstruktionen mehr finden.

Auch die Idee der genetischen Verselbständigung ist bestechend. Sie könnte recht elegant einen weiteren Ausweg aus dem Erklärungsnotstand weisen, der sich aus der komplizierten Struktur auch der einfachsten RNS-Moleküle ergibt. Wenn sich RNS-Nukleotide auf der Oberfläche eines Tonminerals oder eines anderen »Gerüsts« anlagern, so ist ohne weiteres vorstellbar, wie lange Kettenmoleküle entstehen können. Die gleiche »Vorlage« ließe sich auch fast beliebig oft wiederverwenden. Das Gerüst erhielte damit eine Doppelfunktion als Stütze und Kopiervorlage.

Unbekannte Prozesse im Stile der Tonmineralien, wie von Graham Cairns-Smith vorgeschlagen, könnten ihre Rollen allenfalls in der allerersten Phase des Lebens auf der Erde gespielt haben. Über die Orte ihres Wirkens lässt sich heute nur spekulieren. Immerhin zeigt die Entdeckung der Archaea und ihrer Lebensweise, dass die ersten zaghaften Lebensschritte nicht unbedingt an ruhigen, geschützten Stellen auf der Oberfläche des Planeten erfolgt sein müssen. Im Gegenteil: Extremere Lebensräume, etwa heiße Quellen, haben den Vorteil hoher Energiedichte, was die Reaktionen beschleunigt (allerdings nicht nur die aufbauenden, sondern auch die abbauenden Prozesse, doch davon später). Zudem konzentrieren sich die Stoffe bei der Abkühlung nach dem Ausstoß aus der Quelle, wodurch die Teilchen sich häufiger »begegnen« und reagieren können. Verhältnisse also wie im Reagenzglas des Chemikers, wenn er sein Stoffgemisch auf der Flamme des Bunsenbrenners erhitzt! Solche »extremen« Lebensräume könnten auf der ganz frühen Erde sehr viel häufiger zu finden gewesen sein als heute, und wir brauchen sie nicht unbedingt auch an »exotischen« Orten der Erde zu suchen, wie z. B. um die heißen Quellen der Tiefsee oder in Tiefen von mehreren Kilometern in den Gesteinen. Bedingungen, die uns heute als lebensfremd und abstoßend erscheinen, sind für die damalige Zeit ohne weiteres auch in der Nähe vulkanisch oder geothermisch aktiver Stellen auf der Oberfläche vorstellbar. Solche »Biotope«, wie die Geysire auf Island oder die heißen Quellen im Yellowstone-Nationalpark der Gegenwart, waren damals auf der jungen Erde mit großer Wahrscheinlichkeit viel häufiger als heute.

Die heißen Quellen der Tiefsee stehen im Zentrum der Ideen, mit denen der Deutsche Günter Wächtershäuser, ein Patentanwalt mit

Ausbildung in organischer Chemie, die Welt der Wissenschaft immer wieder gehörig aufgerüttelt hat. Pyrit, ein Mineral, das in der Umgebung von heißen Quellen massenhaft vorkommt, hat es Wächtershäuser ganz besonders angetan. Viele Leserinnen und Leser werden Pyrit als die leuchtend gelben und würfelförmigen Kristalle des »Katzengoldes« kennen. Pyrit ist eine einfache Verbindung aus Eisen und Schwefel. Jene Form von Pyrit allerdings, die um die heißen Quellen vorkommt, bildet nicht die schönen Kristalle des Katzengoldes, sondern dunkle, krustige und stark gekammerte Ablagerungen an den langen Kaminen der »schwarzen Raucher«. Es sind aber gerade diese stark zerklüfteten mineralischen Oberflächen, die ideale Reaktionsbedingungen für eine Vielzahl von chemischen Prozessen liefern. In Zusammenarbeit mit Claudia Huber von der Technischen Universität in München gelangen Wächtershäuser einige spektakuläre Erfolge. Die beiden Deutschen konnten z. B. zeigen, wie sich an der Oberfläche des Pyrit Aminosäuren zu kurzen Peptidketten verbanden oder wie aus Kohlenmonoxid eine wichtige organische Verbindung, die Essigsäure, entstand. Wächtershäuser ist überzeugt davon, dass die Lückensysteme im Pyrit der heißen Tiefseequellen wie eine organisch-chemische Fabrik funktionieren und dabei die für Leben notwendigen Moleküle gleich in großen Mengen produzieren. Nach ihm müssten sich an der Oberfläche des Pyrit Reaktionssysteme aufbauen, die ähnlich den Ideen Cairns-Smiths schon erste Kennzeichen von Leben besitzen. Leider ließen sich die Versuche von Wächtershäuser und Huber in anderen Laboren nur schlecht wiederholen und ergaben, wenn überhaupt, kaum nachweisbare Mengen organischer Stoffe. Damit leiden die mit viel Engagement vertretenen Ideen der Gruppe aus München an den gleichen Problemen wie viele andere einleuchtende Spekulationen über die Entstehung organischer Moleküle: Die Ausbeute ist zu gering, um weiterführende Reaktionen in nennenswertem Umfang zu ermöglichen. Auch wenn einige Millionen Moleküle auf diesem Weg entstehen, so fallen immer noch mehrere Trillionen bis Trilliarden Wassermoleküle auf eine einzige Aminosäure. Die »Ursuppe« ist dann ganz einfach zu dünn, als dass sich darin spontan größere Moleküle aufbauen könnten.

Aber gerade die Ideen von Wächtershäuser und Huber zeigen einmal mehr, wie wichtig der Schutz einmal entstandener Moleküle vor der Verdünnung gewesen sein muss. Schon bald nach den ersten organischen Molekülen müssen selbstständige, auf organischem Material basierende, abgeschlossene Einheiten entstanden sein, in denen sich die für Leben notwendigen Stoffe in den benötigten Mengen ansammeln konnten. Und wieder einmal stehen wir vor zunächst fast unüberwindbar erscheinenden Problemen. Wie soll so etwas Komplexes wie eine Zellmembran, und sei sie noch so einfach, spontan aus unbelebter Materie hervorgegangen sein? Ganz einfach, meinte schon in der ersten Hälfte des 20. Jahrhunderts der am Moskauer Institut für Biochemie arbeitende Aleksander Oparin. Oparin veröffentlichte 1936 (noch vor der Entdeckung der Struktur der DNS) und 1957 zwei damals sehr einflussreiche Bücher, in denen er seine Ideen über den Ursprung des Lebens auf der Erde zusammenfasste und die später, wie im vorhergehenden Kapitel beschrieben, mitverantwortlich für die Versuche von Miller und Urey waren. In diesen beiden Werken setzte Oparin sich aber nicht nur mit möglichen chemischen Reaktionswegen zur Herstellung von Bausteinen der Lebensmoleküle auseinander, sondern zeigte auch seine Faszination für das chemische Verhalten von Fetten. Wieso ausgerechnet Fette?

Fette besitzen einige ganz spannende Eigenschaften, und Oparin war einer der Ersten, der erkannte, wie enorm wichtig diese für die Entstehung von Leben gewesen sein könnten. Die Bausteine der Fette, die Fettsäuren, sind lange, fadenartige Moleküle aus Kohlenstoff- und Wasserstoff-Atomen. An dem einen Ende des Kohlenwasserstoffgerüsts besitzt jede Fettsäure eine organische Säuregruppe, eine COOH-Gruppe, die auch für die saure Reaktion des Moleküls verantwortlich ist. Innerhalb der organischen Säuregruppe sind die Sauerstoff-Atome wahre Kraftpakete und ziehen die Elektronen in den Atombindungen, mit denen die Sauerstoff-Atome mit dem Rest des Moleküls verbunden sind, stark an sich. Dadurch halten sich im Durchschnitt immer etwas zu viele Elektronen in der Nähe der Sauerstoff-Atome auf und mit den Elektronen natürlich auch deren negative Ladungen. Dies alles geschieht auf Kosten des Wasserstoff- und des Kohlenstoff-Atoms der COOH-Gruppe, um die sich im Durchschnitt stets zu wenige Elektronen und daher auch zu wenige negative Ladungen versammeln. Die COOH-Gruppe trägt damit sowohl negative als auch positive Überschussladungen und wirkt als kleiner Dipol. Da im Wassermolekül das Sauerstoff-Atom genauso funktioniert wie in der Fettsäure, ist auch das Wassermolekül ein Dipol, mit einem negativen Ladungsüberschuss beim Sauerstoff und einem positiven Pol bei den Wasserstoff-Atomen. Werden nun Fettsäuren mit Wasser in Kontakt gebracht, so ziehen sich die positiven und negativen Pole der Wasser- und Fettsäuremoleküle an. Der Chemiker bezeichnet diese Erscheinung als Wasserstoffbrücken, die wir schon von der DNS her kennen (vgl. Kapitel 2.2). Dies funktioniert aber nur an jenem Teil des Fettsäuremoleküls, an dem die COOH-Gruppe sitzt. Der lange Rest aus Kohlenstoff- und Wasserstoff-Atomen ist unpolar und kann keine Wassermoleküle anziehen. Dies führt in der Regel sofort dazu, dass sich die polaren Enden der Fettsäuremoleküle gegen das umgebende Wasser hin ausrichten und die unpolaren Enden sich vom Wasser abwenden. In einer öligen Schicht auf der Wasseroberfläche schauen deshalb die unpolaren Enden der Moleküle nach oben, quasi aus dem Wasser, während die polaren Enden zum Wasser, also nach unten, gerichtet sind. Wird nun die Oberfläche der Mischung bewegt, so können sich kleine Kügelchen bilden, bei denen die wasseranziehende Seite der Moleküle nach außen weisen und die wasserabstoßende Seite innen liegen. Es gelang Oparin sogar recht problemlos, so große Kügelchen zu bilden, dass sie bei ihrer Entstehung auch im Inneren etwas Wasser einschließen. Damit beginnt das Spielchen des Ausrichtens der Moleküle sofort auch im Inneren der Kügelchen. Die wasseranziehenden Molekülenden schauen dort nach innen, gegen das Wasser, und die wasserabstoßenden Enden gegen die gleichartigen Enden der äußeren Fettsäureschicht. Die Struktur, die sich so gebildet hat, besitzt nun zwei Schichten, also so etwas wie eine doppelte Membran!

Eine Doppelmembran?!

Dieser Begriff muss auf einen biologisch informierten Zeitgenossen wahrlich elektrisierend wirken, besteht doch die Hülle der Zellen und der Organellen in den Zellen aller Lebewesen aus exakt solchen Doppelmembranen! Zudem spielen in diesen Membranen Abkömmlinge der Fettsäuren, die Phospholipide, mit ihren wasseranziehenden und wasserabstoßenden Enden die genau gleiche Rolle wie die Fettsäuren in den Kügelchen des Aleksander Oparin. Sollte mit diesen kleinen Kügelchen, Oparin nannte sie Koazervate, der Ursprung der Zellmembranen gefunden sein? Oparin war überzeugt davon, und nahm an, die Koazervate hätten sich spontan durch die Bewegung der Oberfläche der Ursuppe gebildet und in ihrem Inneren den ersten Lebensmolekülen einen geschützten Ort, eine Art Reagenzglas, geboten, in dem die Stoffe auch miteinander reagieren und höherwertige Moleküle bilden konnten. Schnell einmal zeigte es sich auch, dass die Koazervate sogar in der Lage sind, neues Material in ihre Membranen aufzunehmen und so zu wachsen. Aber damit nicht genug. Wenn die Koazervate eine bestimmte Größe erreichen, geht ihr Wachstum nicht mehr dadurch weiter, dass ihr Kugelradius einfach größer wird. Jetzt geschieht etwas völlig Verblüffendes, bei dessen Anblick einen Beobachter das metaphysische Gruseln packen kann, wenn man es zum

ersten Male sieht. Auf der Oberfläche der Kügelchen bilden sich urplötzlich kleine Ausstülpungen, winzige Bläschen, die wachsen und
sich bei Erreichen einer bestimmten Größe von der »Mutterkugel«
lösen. Vermehrung bei Koazervaten!

Um es noch einmal klar und deutlich zu machen: Dies alles geschieht nur dadurch, dass Fettsäuren oder ihre Abkömmlinge in Wasser gegeben werden und die Mischung bewegt wird. Oparin konnte
sich problemlos vorstellen, wie seine Koazervate am Anfang einer biologischen Evolution im Sinne Darwins standen. Je nachdem, wie ihre
Membranen aufgebaut waren oder je nach den Stoffen, die sie ein-
schlossen und ihnen einen geschützten Reaktionsraum boten, besaßen einige der Koazervate eine stabilere Hülle oder waren zu schnel-
lerem Wachstum und rascherer Vermehrung fähig. Sobald nun die
Stoffvorräte in der Ursuppe knapper wurden, mussten auch kleinere
Unterschiede Folgen zeigen. Jetzt setzte der Wettbewerb um die rarer
werdenden Ressourcen ein. Unter seinem Druck konnten nur noch
die am effizientesten wachsenden Koazervate zur Vermehrung gelangen. Ein klassischer Selektionsprozess à la Darwin!

Die ganze schöne Geschichte hatte nur einen kleinen Haken: Die
großen Fettsäuren und ihre Abkömmlinge ließen sich in Experimenten vom Typ Miller-Urey, wenn überhaupt, nur sehr schwer aus einfachen Grundstoffen bilden. Woher sollte also auf der Urerde das Rohmaterial für die Koazervate kommen? Natürlich experimentierten die
Biochemiker mit allen möglichen Mischungen und versuchten die
kleinen Kügelchen auch auf anderen Wegen als mit Hilfe der Fette zu
produzieren. Im Labor gelang dies eigentlich immer recht gut. Alles,
was es brauchte, war eine gut gerührte Mischung von größeren Molekülen in Wasser. Aber was auch immer die Forscher ausprobierten,
das Basisproblem ließ sich einfach nicht lösen. In den experimentell
fabrizierten Ursuppen schwammen schlicht zu wenige große Moleküle.

An dieser vertrackten Situation änderte sich nichts, bis David
Deamer von der University of California in Santa Cruz ins Spiel kam.
Deamer war schon seit langen Jahren von der Reichhaltigkeit der chemischen Substanzen im Murchison-Meteoriten (vgl. Kapitel 3.5) fasziniert und wurde durch seine Arbeiten zu einem der Hauptverantwortlichen für unser Wissen um die zahllosen Stoffe in dem vom Himmel
gefallenen Stein. Aber da gab es etwas, das Deamer gleichermaßen
elektrisierte wie beunruhigte. Wenn er nämlich kleine Proben des
Meteoriten fein zerrieb und anschließend mit einem Lösungsmittel
versetzte, um die organischen Moleküle aus dem Meteoritenpulver zu

lösen, fand er in seiner Lösung oft Hunderte winzig kleiner Bläschen, alle etwa 10–40 Mikrometer im Durchmesser, also im Bereiche mittelgroßer Zellen. Und das Verrückte an der Sache war, die kleinen Bläschen (oder Vesikel, wie er sie nannte) aus dem Meteoriten ähnelten ganz auffällig den Koazervaten, die Oparin bereits 40 Jahre vorher beschrieben hatte. Die Überraschung war komplett, als Deamer seine winzigen Kügelchen im Elektronenmikroskop untersuchte und das Gerät auf ihre Hülle einstellte. Bei vielen von ihnen bestand die Abgrenzung aus einer Doppelmembran. Genauso wie bei Oparins Koazervaten und – ich muss fast etwas Anlauf holen, um dies zu schreiben – ganz ähnlich wie bei lebenden Zellen.

David Deamer veröffentlichte seine Beobachtungen 1985 in *Nature*[12] und löste damit einen ziemlichen Wirbel aus. Einerseits war da natürlich wieder das Problem der möglichen Verunreinigungen, andererseits hatte aber auch niemand eine Ahnung, wie denn die Bläschen hätten entstehen können und woher die Rohstoffe für ihre Bildung stammten, seien die Vesikel nun irdischen Ursprungs oder Teil des Materials aus dem Weltall. Saßen die kleinen Kügelchen schon seit ewigen Zeiten im Meteoriten oder bildeten sie sich erst beim Zermahlen und Lösen des Gesteins?

Als David Deamer von den Experimenten der Gruppe um Lou Allamandola am Ames Forschungszentrum der NASA in Mountain View in Kalifornien hörte (vgl. Kapitel 3.5), wollte er sofort das Verhalten der in den Weltraumkammern gewonnenen Stoffe untersuchen. Und siehe da: Kaum erwärmte er etwas Material aus Allamandolas Kammer in Wasser, fand er in der Lösung die ihm bestens bekannten Vesikel. Für Deamer war klar, die Bläschen im Murchison Meteoriten stammten nicht von der Erde, sie waren schon vor der Landung Bestandteil des Steins aus dem Weltall.[13] Ein einfacher Test bewies, sie mussten aus komplexen organischen Molekülen zusammengesetzt sein. Wenn Deamer seine Vesikel mit ultraviolettem Licht bestrahlte, leuchteten die Kugeln grünlich auf, sie fluoreszierten, wie es sich für organische Moleküle gehört.

Jetzt war es höchste Zeit, die chemische Zusammensetzung der Vesikel genauer zu untersuchen. Diese Aufgabe wurde Jason Dworkin übertragen, einem ehemaligen Mitarbeiter Stanley Millers. Dworkins Aufgabe war keineswegs einfach, weil ein »Weltraumkammer-Versuch« immer nur wenig Material produzierte, auch wenn das Experiment über Wochen hinweg lief. Immerhin, mit viel Geduld gelang es Dworkin, der Kammer genügend Substanz abzuringen und diese zu untersuchen. Das Resultat war eindeutig, die Vesikel enthielten Fette und polyzyklische aromatische Kohlenwasserstoffe (PAHs).

Ein fantastisches Resultat! Erinnern wir uns: Lou Allamandolas Gruppe setzte zum Start ihrer Weltraumkammer-Versuche nur einige ganz einfache Moleküle ein und bestrahlte dieses Gemisch. Offensichtlich genügt ein solch einfacher Versuchsansatz nicht nur, um einen ganzen Zoo komplexer organischer Moleküle zu züchten, nein, einige dieser Moleküle lagern sich auf Grund einfacher physikalischchemischer Vorgänge zu Gebilden zusammen, die an winzige zellähnliche Strukturen erinnern, komplett mit einer Doppelmembran aus ganz ähnlichen Stoffen, wie bei den heutigen Zellen. Auch wenn die Reaktionsschritte, die zu den organischen Molekülen führen, noch immer weitgehend ungeklärt sind, so bleibt die unbestreitbare Tatsache ihrer Entstehung unter simplen Umweltbedingungen bestehen. Dies alles ist keine Science-Fiction, es benötigt keine ausgeklügelten chemischen Labormethoden und keine speziellen Gerätschaften, es geschieht einfach so.

Doch damit nicht genug. Membranen haben in heute lebenden Zellen nicht nur die Aufgabe, organische Moleküle auf engem Raum zusammenzuhalten und sie vor dem Abbau und der Verdünnung in kaum mehr nachweisbare Dosierungen im umgebenden Gewässer zu schützen. Membranen stehen auch im Zentrum aller Reaktionsschritte bei der Gewinnung von Energie. Dies gilt für entscheidende Schritte bei der Photosynthese der modernen Pflanzen genauso, wie für zentrale Vorgänge in den Mitochondrien, bei denen der universelle Energieträger Adenosintriphosphat (ATP) produziert wird. Und genau an dieser Schlüsselstelle der Zellprozesse setzte ein weiterer Versuch Deamers mit seinen Vesikeln an – und auch dieses Experiment brachte ein völlig überraschendes Resultat.

Um zu verstehen, wieso das Resultat von Deamers nächstem Versuch so sensationell war, braucht es etwas Hintergrundinformation aus dem Bereich der Stoffwechselphysiologie. Sowohl die Photosynthese als auch die Zellatmung der Mitochondrien sind bei den höheren Lebewesen in einem ganz enormen Ausmaß optimiert und verlaufen in komplexen Reaktionsketten, die auch heute noch nicht in allen Einzelheiten verstanden sind. Einige Mikroorganismen schaffen es aber, ihre Energie wesentlich einfacher zu gewinnen als die hoch entwickelten Vielzeller. Es ist kaum anzunehmen, diese simpleren Prozesse seien aus komplizierteren Vorgängen durch Vereinfachung entstanden. Vielmehr stellen sie wahrscheinlich die Anfänge der Entwicklung dar und können uns wertvolle Hinweise auf die ersten

Schritte des Lebens auf der Erde zur Nutzung der schier unerschöpflichen Energiequelle Sonne liefern.

Ein besonders schönes Beispiel liefert das zu den Archaea gehörende *Halobakterium halobium* aus dem Toten Meer und anderen Gewässern mit sehr hohem Salzgehalt. Bei ihm sitzen in der Membran zwei für die Energiegewinnung wichtige Moleküle. Diese beiden Moleküle sind für einen zweistufigen Prozess zuständig. In einem ersten Schritt wird die Sonnenenergie zum Aufbau eines Konzentrationsunterschieds genutzt und in einem zweiten Schritt wird dieser Unterschied zur Energiegewinnung für das Bakterium eingesetzt.

Im ersten Schritt des zweistufigen Vorgangs wird das eine Molekül, das Bakterienrhodopsin, verwendet. Es enthält einen Bestandteil, der mit dem Sehpigment im Auge der Wirbeltiere übereinstimmt und Licht im gelben Teil des Spektrums aufnimmt. *Halobakterium* erscheint wegen dieser Lichtaufnahme für unser Auge rötlich und kann bei Massenauftreten die ganze Oberfläche der Salzseen rot färben. Wenn das Bakterienrhodopsin in der Membran der Mikrobe dem Licht ausgesetzt wird, so verändert sich das Bakterienrhodopsin, es »dreht« sich quasi und verschiebt dabei ein Proton aus dem Inneren des Bakteriums nach außen. Das Bakterienrhodopsin wirkt also wie eine Pumpe für Protonen. Die Energie für seine Arbeit bezieht das Molekül aus dem Sonnenlicht. Läuft diese Pumpe einige Zeit, dann verarmt das Zellinnere des Bakteriums immer mehr an Protonen, während in seiner Umgebung die Protonenkonzentration steigt, also chemisch gesehen sauer wird. Dies lässt sich am sinkenden pH-Wert erkennen. Ein klassisches Konzentrationsgefälle ist entstanden. Der Trick des Bakteriums ist es nun, dieses Konzentrationsgefälle im zweiten Schritt des Vorgangs für den eigenen Stoffwechsel zu nutzen und für die Produktion von ATP einzusetzen.

Das Gefälle in der Konzentration der Protonen, innerhalb des Bakteriums tief, außerhalb hoch, wird in diesem zweiten Schritt durch das zweite Molekül, der ATPase, einem Eiweiß, raffiniert und einfach ausgenutzt. Die ATPase profitiert dabei von der Tatsache, dass solche Gefälle in der Natur nicht geduldet werden. Ein Konzentrationsgefälle bedeutet so etwas wie Ordnung, und diese aufrechtzuerhalten verschlingt immer Energie. Unordnung dagegen stellt sich immer von selbst ein. Dies gilt für ein Glas Wasser, in welches ein Tropfen Tinte getropft wird, genauso wie für mein Arbeitszimmer. Die Tinte verteilt sich nach einiger Zeit im Wasserglas völlig gleichmäßig, weil die Wärmebewegung Tinte und Wasserteilchen miteinander vermischt, exakt wie die Gegenstände in meinem Zimmer durch meine Bewegungen verteilt werden. Sollen die Tinteteilchen und die Wasserteilchen oder die Gegenstände in meinem Zimmer aber wieder voneinander getrennt oder sortiert werden, so muss dazu Energie aufgewendet werden.

Dieses Prinzip nutzt die ATPase aus. Sie lässt die Protonen von außerhalb wieder in das Bakterium eindringen. Weil die Protonen dies zum Konzentrationsausgleich tun müssen, also den Vorgang durchführen, um die ungleiche Verteilung der Protonen aufzuheben, wird bei dem Vorgang Energie frei. Diese Energie kann nun von der ATPase genutzt werden. Sie macht dies, indem sie mit Hilfe der Energie des Protons eine Phosphatgruppe an ein Molekül Adenosindiphosphat (ADP) anhängt und so aus einem »Zweiphosphat« ein »Dreiphosphat«, ein Adenosintriphosphat (ATP)-Molekül aufbaut. Jetzt steckt die Energie des Protons im ATP. Das ATP ist somit energiereicher als das ADP und kann die in ihm gespeicherte Energie zum Antrieb fast beliebiger Zellvorgänge nutzen (vgl. auch Kapitel 2.2). Mit der Lichtenergie wird also an der Membran von *Halobakterium* zunächst ein Konzentrationsgefälle an Protonen aufgebaut, welches anschließend genutzt wird, um mit der darin enthaltenen Energie ATP zu produzieren.

Aber was hat dies alles mit den Vesikeln David Deamers zu tun? Sehr viel. Wenn Deamer die Vesikel mit Licht bestrahlte, so geschah etwas ganz Außerordentliches: Der pH-Wert innerhalb der Vesikel begann zu sinken. Dies konnte nur bedeuten: Unter dem Einfluss des Lichts begannen sich im Inneren der Vesikel Protonen anzureichern. Es musste also an der Membran der Bläschen ein Transportvorgang ablaufen. Schnell war klar, hier war nicht eine eigentliche Protonenpumpe wie in der Membran von *Halobakterium* am Werke. Die Protonen wanderten auch nicht nur in eine Richtung, wie bei dem salzliebenden Bakterium, sondern vielmehr in das Bläschen hinein und heraus. Die Veränderung im pH-Wert ergab sich, weil sich die Protonen außerhalb der Bläschen rasch verdünnten, sich aber innerhalb des abgeschlossenen Raums anreicherten.

Der entscheidende Punkt war aber ein ganz anderer. Deamer war es gelungen, einen durch Lichtenergie angetriebenen Transportvorgang auszulösen. Und dies alles nur mit ganz simplen Ausgangsstoffen, wie sie sehr wahrscheinlich auf der Urerde zu finden waren, und die ganz offensichtlich auch in Meteoritenmaterial enthalten sind.

Vesikel oder Koazervate sind für die Suche nach dem Ursprung des Lebens äußerst spannende Gebilde. Sie bilden sich offensichtlich spontan, sie bieten einen geschützten Raum, in dem die Stoffe weiter reagieren können, ohne sich sofort zu stark zu verdünnen, und in dem sie auch vor der abbauenden Wirkung des Wassers geschützt sind. Koazervate können sich durch Materialeinbau vermehren und sind sogar zu einem Energietransfer in der Lage. Es fehlt ihnen eigentlich »nur« ein ganz simpler Vererbungsapparat, um sie schon als primitivste Lebewesen bezeichnen zu können.

Selbstverständlich ist dies ein gewaltiges »nur«. Aber so ein ganz klein bisschen müssen und dürfen wir uns in unseren Anforderungen an das erste »Lebewesen« meiner Ansicht nach auch zurücknehmen. Ein einfachster Organismus braucht, wie wir gesehen haben, nicht gleich einen fertigen chemischen Mechanismus à la Eiweißsynthese der modernen Zellen, basierend auf der DNS zu besitzen. Es gibt genügend Hinweise auf mögliche, einfachere Vorläufer auf eine RNS-Welt, die vielleicht dank ganz kurzen RNS-Molekülen funktionierte oder auf gar noch einfacheren Systemen, eine Prä-RNS-Welt, ausgehend von Stoffen wie z. B. der PNS oder der TNS. Oder vielleicht ging es ganz am Anfang noch viel primitiver. Könnte es genügen, wenn Bläschen vom Typ der Koazervate nicht einfach beliebige, sondern nur ganz bestimmte Stoffe aufnehmen und diese in sich anreichern und weiter reagieren lassen? Dies geschieht fast automatisch, da in der Membran der Bläschen immer Moleküle mit ganz bestimmten Eigenschaften sitzen. Die Membranmoleküle in Oparins Experimenten besitzen z. B. ein wasseranziehendes Ende, das gegen außen schaut. Bereits an dieses simple Molekülende können also nicht einfach beliebige Stoffe angelagert werden. Neue Moleküle können nur eindringen, wenn sie chemisch zu den Stoffen in der Membran passen, sich mit ihnen »mischen« können. Allein durch die Tatsache bedingt, dass die Stoffe in der Membran immer ganz bestimmte Eigenschaften aufweisen, kommt es so zu einer Auswahl der Stoffe, die in die Membran aufgenommen werden können oder von ihr durchgelassen werden.

Dies kann unter Umständen noch viel eindrucksvoller als bei den Koazervaten geschehen. Andere Bläschentypen, die Mikrosphären, entstehen z. B. durch Abkühlen heißer Lösungen aus Aminosäuren auf Lavagestein. Dabei bilden sich eiweißartige Verbindungen, die Proteinoide, welche sofort die Membran kugelförmiger Gebilde von wenigen Tausendstel Millimeter Durchmesser bilden. Von ihrem Entstehungsprinzip her sind Koazervate und Mikrosphären sehr ähnlich, der Unterschied liegt in den Stoffen der Membran. Die eiweißähnlichen Stoffe in der Hülle der Mikrosphären lassen oft nur ganz bestimmte Stoffe passieren, sie können wie die Koazervate wachsen und sich vermehren. Darüber hinaus zeigen die Membranen einiger Mikrosphären sogar eine enzymartige Wirkung, indem sie z. B. ATP spalten können. Auch wenn diese Reaktionen wesentlich schwächer ablaufen als bei Enzymen der heutigen Lebewesen, so könnten sie am Beginn des Lebens von ganz entscheidendem Vorteil gewesen sein.

Stellen wir uns vor, es gäbe einige Bläschen, deren Membran ganz bestimmte Stoffe aus einer Ursuppe besonders leicht und schnell aufnehmen, oder an deren Membran bestimmte chemische Reaktionen ablaufen können. Solche Bläschen hätten gegenüber anderen Typen von Bläschen sofort den Vorteil, dass ihr Wachstum schneller verliefe. Und, ganz besonders wichtig, am Ende ihres Wachstums entstünde durch Knospung wiederum ein Bläschen vom selben Typ, mit den gleichen Eigenschaften wie beim ursprünglichen Bläschen. Eine Übertragung der Eigenschaften von einer Generation auf die nächste, ohne komplizierten Syntheseapparat für Eiweiße, aber trotzdem mit einer gewissen Zuverlässigkeit.

Leben?

Auf dieser Stufe könnte die Evolution sofort mit ihrer ganzen Kraft einsetzen. Jetzt spielen auch kleinste Veränderungen eine große Rolle. Jede Verbesserung führt zu einem schnelleren Wachstum und besserer Reaktionsfähigkeit, was dem betroffenen Bläschentyp hilft, sich im Wettbewerb um die Rohstoffe noch besser durchzusetzen, was wiederum zu einer neuen Generation von Bläschen führt, die bei erneuter günstiger Veränderung nochmals schneller wächst und sich vermehrt.

Der deutsche Evolutionsbiologe Manfred Eigen bezeichnete solche, sich ständig beschleunigenden Systeme als Hyperzyklen, die seiner Ansicht nach zu Beginn des Lebens auf der Basis der ersten größeren Moleküle fast zwangsläufig einsetzen mussten. Sollte es sogar so weit kommen, dass ein Bläschen kurze Stücke einer RNS (oder irgendeiner der einfacheren Varianten) in sich einschloss, so könnte ein eigener Hyperzyklus im Innern des Bläschens starten. Falls die RNS auch nur geringfügig in der Lage wäre, den eigenen Aufbau zu steuern, wäre bereits ein vollständiges, äußerst einfaches Lebewesen entstanden. Im Prinzip kann eine solche Evolution aber auch völlig ohne Informationsmoleküle ablaufen, ganz im Sinne von Adrian Woolfson, vom Laboratory of Molecular Biology in Cambridge, der überzeugt ist, Gene seien für Leben nicht unbedingt nötig.[14]

Man muss sich angesichts all dieser Resultate fragen, ob wir denn wirklich immer noch weit davon entfernt sind, zumindest einen möglichen Weg der Entstehung des Lebens aufzuzeigen. Haben wir einen solchen Weg nicht schon gefunden? Fehlt nur noch der praktische Beleg, das Züchten der Bläschen im Labor mit nachgestellter Selektion? Eine Arbeit für einen neuen Stanley Miller, mit dem Mut zum Risiko des Scheiterns?

Ich finde es wichtig, nochmals zu betonen, dass mit all diesen faszinierenden und oft überraschenden Entdeckungen der letzten Jahre zwar immer wieder neue Wege für die Entstehung der Moleküle des Lebens, für mögliche Vorläufer der Erbinformation und sogar für Membranen als erste Hüllen der Lebewesen gefunden werden. Den konkreten Weg aber, den das Leben auf unserer Erde in seiner frühesten Phase tatsächlich beschritt, werden wir trotz all dieser Erkenntnisse nie restlos aufklären können. Dafür sind vor allem zwei Faktoren verantwortlich. Erstens liegen die entscheidenden Ereignisse viel zu weit zurück, im Dunstschleier der Vergangenheit, und zweitens zeigt unser heute vermutlich noch bescheidenes Wissen eines immer deutlicher: Es gibt offensichtlich eine Vielzahl verschlungener und vernetzter Pfade hin zu ersten lebensähnlichen Formen.

Aber gerade diese Einsicht, die vordergründig so enttäuschend tönen mag, hat ganz gewaltige Konsequenzen für unser Weltbild. Der Natur stand auf der Urerde vermutlich nicht nur **ein** Weg zur Entstehung von Lebewesen offen! Und wenn dies für die Bedingungen hier auf der Erde gilt, so ist nicht einzusehen, weshalb unter ähnlichen Umwelteinflüssen oder gar unter deutlich anderen Voraussetzungen nicht anderswo auch Leben entstehen sollte. Die kopernikanische Wende für unser Verständnis der Einmaligkeit von Leben auf der Erde ist also in vollem Gang. Noch haben wir keinen eindeutigen Beweis für Leben draußen im riesigen Weltall, eine Erkenntnis reift aber immer deutlicher: Die Erde ist kaum der einzige belebte Planet.

Es ist auch ein Zeichen unserer schnelllebigen Welt, dass sich Wissenschaftler und die Öffentlichkeit nicht lange mit diesem doch so gewaltigen Befund aufhielten, der vor nicht allzu langer Zeit als Gotteslästerung empfunden worden wäre. Wenn es vermutlich Leben gibt in den unendlichen Weiten des Alls, wieso auch nicht gleich intelligentes Leben? Lebewesen, die wie wir ihre Umgebung bewusst wahrnehmen, sie erforschen und sich auch die Frage stellen: Wie einsam sind wir in dieser ganzen Gewaltigkeit des Universums?

3.7
Kosmische Infektion

William Thomson war nicht irgendein Naturwissenschaftler. Der Schotte war eine der prägenden Persönlichkeiten der Physik des 19. Jahrhunderts und gehörte bereits als junger Mann zu den ganz Großen seines Fachs. Noch bevor er 30 Jahre alt war, legte Thomson entscheidende Grundlagen der Thermodynamik, entdeckte zusammen mit James P. Joule die Abkühlung eines Gases beim Ausdehnen – die Grundlage für unsere Kühlschränke – und erkannte, dass Temperatur eine messbare Größe und nicht nur ein Vergleichswert ist. Thomson formulierte in dieser Periode auch die komplette Theorie der Schwingkreise – eine der Voraussetzungen für die Übermittlung von Radio- und Fernsehsendungen – und war nebenher auch noch im Bereich der Unterwassertelegrafie tätig. Etwas später baute er einen ersten mechanischen Rechner zur Lösung von Differenzialgleichungen. Kein Wunder wurde dieses Genie zum Ruhme Britanniens in den Adelsstand erhoben und ist heute als Lord Kelvin bekannt. Dieser Mann, Naturwissenschaftler durch und durch, hielt 1871 vor der British Association in Edinburgh einen präsidialen Vortrag über ein damals bestenfalls hochspekulatives Thema – Leben im Weltall. Kelvin nahm nicht nur an, da draußen könnte es auch anderswo Leben geben, nein, er ging viel weiter und postulierte, das Leben sei fix und fertig aus dem Weltall auf die junge Erde gefallen und habe sich dort eingenistet. Und um die Sache richtig abzurunden, schlug er auch gleich einen Mechanismus vor, wie Lebewesen auf die noch unbelebte Erde gelangt sein könnten, nämlich per Raumschiff in Form von Kometen und/oder Asteroiden.

Lord Kelvin stellte sich vor, irgendwo draußen im Weltall würde auf einem belebten Planeten ein Komet oder Asteroid einschlagen. Durch die ungeheure Wucht des Aufpralls müsste eine ganze Menge kleinerer und größerer Trümmerstücke so stark beschleunigt worden sein, dass sie die Fluchtgeschwindigkeit überschritten hätten und ins Weltall katapultiert worden wären. Wenn sich nun, folgerte Lord Kelvin weiter, auf einem solchen losgesprengten Felsen Samen oder lebende Tiere und Pflanzen befunden hätten, so müssten doch einige davon mit dem Felsklotz den Planeten verlassen haben. Träfe das

Bruchstück mit seiner Fracht Jahre später auf einen anderen, noch unbelebten Planeten, so könnten die Lebewesen dort günstige Bedingungen vorfinden, sich vermehren, neue Arten bilden und innerhalb kurzer Zeit einen ehemals toten Himmelskörper in einen Garten Eden verwandeln. Auch wenn einige Tiere und vor allem Pflanzensamen extreme Bedingungen überdauern können (z. B. die Bärtierchen aus Kapitel 2.3), so ist Kelvins Idee aus heutiger Sicht kaum als realistisch zu bezeichnen. Zu enorm wären die bei Start und Flug durch das All auftretenden Beschleunigungskräfte, die Temperatur- und Druckunterschiede sowie die Strahlung, um nur einige der Schwierigkeiten aufzuzählen. Unvorstellbar, dass komplexe, vielzellige Lebewesen so unter Umständen Tausende, wenn nicht noch sehr viel mehr Jahre überstehen könnten, die eine derartige, zufällige Weltraumreise sicher benötigte.

An dieser für Kelvins Idee ungünstigen Faktenlage änderte sich auch rund 30 Jahre später nur wenig, als der schwedische Chemiker und Nobelpreisträger Svante Arrhenius eine Variante der Kelvinschen Theorie vorschlug. Gemäß Arrhenius sollten nicht Pflanzen und Tiere die Reise unternehmen, sondern Bakterien. Da diese Mikroben unglaublich klein sind, könnten sie nach dem Verlassen ihres Heimatplaneten frei im Weltall schwebend durch das Licht der Sterne angetrieben werden und in relativ kurzer Zeit einen neuen Planeten erreichen. Dank der winzigen Masse der Bakterien bräuchte es beim Start auch nicht unbedingt die Energie eines kosmischen Treffers auf den Heimatplaneten. Bakterien können durch Windströmungen hoch in die Atmosphäre getragen werden und unter Umständen den Planeten auch ohne katastrophale Ereignisse verlassen.

Tatsächlich gelang es in der zweiten Hälfte des 20. Jahrhunderts, durch hoch fliegende Flugzeuge und Ballons die Anwesenheit von Bakterien in den höchsten Atmosphäreschichten der Erde nachzuweisen. Birgit Sattler von der Universität Innsbruck konnte sogar zeigen, dass die Bakterien dort oben nicht nur überdauern, sondern sich in den bis über zehn Kilometer hoch fliegenden Wolken offensichtlich sogar vermehren[1]. Hoch über unseren Köpfen sind die Bakterien sogar so zahlreich, dass sie möglicherweise auch unser Klima beeinflussen. Diese Vermutung mag zunächst überraschend und unwahrscheinlich klingen. Die winzigen Bakterien mögen aber durchaus als Kondensationskerne für Regentropfen in Frage kommen und so die Bildung von Wolken ermöglichen. Zudem genügen nach Ansicht von Daniel Jacob von der Harvard University schon winzige Mengen organischer Sauerstoffverbindungen, um auf dem Umweg über Sauerstoffradikale die Ozonbildung anzukurbeln. Bakterien als Global-Player hoch über uns?

Svante Arrhenius bezeichnete seine Idee, wonach Lebenskeime überall im Weltraum schweben und immer wieder neue Planeten infizieren, als die Theorie der Panspermie. Diese Theorie trug zwar ganz wesentlich zum Bekanntheitsgrad Arrhenius' bei, in der Welt der Wissenschaft fand sie aber kaum Anklang. Zu groß schienen die Schwierigkeiten, zu zahlreich die Gefahren, welche auf die empfindlichen Bakterienzellen lauerten, und zu groß die Zeitspannen für Reisen zwischen den Sternen ohne Nährstoffe und Energiequelle. Zudem war die Theorie für viele Wissenschaftler auch deswegen völlig unattraktiv, weil sie ihnen das Geheimnis der Geheimnisse, die Entstehung des Lebens, prinzipiell wegnahm und an unbekannte Orte verlagerte. Wie sollte die Entwicklung der ersten Lebewesen je erklärt werden können, wenn das Leben nicht hier auf der Erde entstanden war, sondern die entscheidenden Vorgänge irgendwo in den unendlichen Weiten des Kosmos abgelaufen sein sollten? Wenn nicht einmal zu rekonstruieren wäre, wo die Schöpfung stattfand? Vor diesem Hintergrund war es für einen jungen Forscher viel spannender und vor allem aussichtsreicher, die Ursuppentheorie weiterzuentwickeln, ganz besonders nach den ersten Erfolgen Millers und Ureys.

Die Theorie der Panspermie blieb bis in die 1970er Jahre bestenfalls eine Anmerkung der Wissenschaftsgeschichte. Da platzten der weltberühmte britische Kosmologe Fred Hoyle und sein Mitarbeiter Chandra Wickramasinghe von der Universität in Cardiff mit der Nachricht heraus, sie hätten Wärmespektren interstellarer Staubkörner aufgenommen und dabei bemerkt, dass diese Spektren fast völlig exakt jenen getrockneter Bakterien gleichen. Wenn die Spektren schon gleich aussehen, so müssen die Staubkörner doch wohl Bakterien sein!

Natürlich wussten auch Hoyle und Wickramasinghe von den Gefahren des freien Weltalls, die selbst Lebewesen der allereinfachsten Sorte bedrohen. Den beiden Kosmologen kamen nun aber die verblüffenden Entdeckungen der extremistischen Bakterien zugute, allen voran jene der Archaea. Wieso sollte es unmöglich sein, als Bakterium, geschützt in interstellaren Gas- und Staubwolken, lebensfähig zu bleiben, wenn eine Mikrobe wie *Deinococcus radiodurans* 5 Millionen Rad (ein Maß für die radioaktive Strahlung) aushalten kann? Diese Strahlungsmenge entspricht in etwa der Röntgenstrahlung, die ein Bakterium nach einem Aufenthalt von mehreren Hunderttausend bis Millionen Jahren im freien Weltall aufgenommen hätte.[2] Und waren da nicht die Proben von *Bacillus subtilis*, die sechs Jahre Aufenthalt im freien, erdnahen Weltall (an Bord der Long Duration Exposure Facility der NASA) offensichtlich bei bester Gesundheit überstanden und sich nach ihrer Rückkehr ins Labor munter vermehrten (vgl. auch Kapitel 2.3)?[2] Zudem könnte es doch sein, dass Bakterien bei der Bildung der kosmischen Eisboliden, den Kometen, tief in deren Innern verpackt worden wären und so, geschützt vor fast allen Unbilden des Weltalls, die Zeitalter überdauert hätten. Alles, was es dann noch bräuchte, ist der Absturz des Kometen auf einen jungen und noch unbelebten Planeten, um dort eine neue Evolution zu starten. Und gerade Kometeneinschläge dürfte es in der Frühzeit der Erde in großer Zahl gegeben haben.

Je mehr Rekorde aus der Welt der Extremisten-Mikroben bekannt wurden, desto wahrscheinlicher schien den Hauptexponenten der Panspermie-Theorie deren Richtigkeit. Selbst die für einen Reise zwischen den Sternen notwendigen langen Zeiträume ohne Nahrung und Energiequelle rückten als Hindernis immer mehr in den Hintergrund. Auch hier purzelten die Rekorde ständig: So gelang es z. B. 1991 den Mikrobiologen Raúl J. Cano und Monica Borucki von der California Polytechnic State University, Bakteriensporen aus dem Hinterleib einer in Bernstein eingeschlossenen Biene wieder zu beleben. Die Sporen müssen im Bernstein mindestens 25, wenn nicht gar 40 Millionen Jahre verbracht haben![2]

Bei nüchterner Betrachtung standen der einleuchtend klingenden Theorie aber noch immer eine ganze Menge harter Fakten entgegen, und es brauchte eine lange Reihe sehr optimistischer Annahmen, um die Theorie vor den kritischen Analysen der skeptischen Wissenschaftlerkollegen bestehen lassen zu können. Trotz der rhetorischen Künste Hoyles und Wickramasinghes blieb bei nüchterner Analyse der Fakten zu viel Wunschdenken übrig. Dazu ein Beispiel:

Die Übertragung lebensfähiger Bakterienkeime könnte nach Christopher McKay vom Ames Forschungszentrum der NASA beginnen, wenn ein Sonnensystem mit einem Leben tragenden Planeten, ähnlich der Erde, eine der großen molekularen Gas- und Staubwolken in einem Spiralarm der Milchstraße durchquert. Die von der Wolke verursachten Gravitationsstörungen könnten Kometen und Asteroiden aus ihren Bahnen lenken, wodurch es fast unweigerlich zu Einschlägen auf dem Planeten käme. Wenn dabei auch einige, mit Bakterien angereicherte, Gesteinstrümmer ins All geschleudert würden, begänne die unendlich lange, ziellose Reise der Bakterien, die möglicherweise Millionen von Jahre dauern könnte. Die Bakterienkeime erhielten erst wieder eine gewisse Überlebenschance, wenn ihr Stein auf seiner Bahn zufälligerweise das Gebiet eines neu entstehenden Planetensystems kreuzte und in dessen Außenbezirke gelangte. Jetzt könnte der Stein von einem der dort entstehenden Kometen aufgenommen werden. Sollte der Komet in der stürmischen Anfangszeit des jungen Sonnensystems mit einem erdähnlichen Planeten kollidieren und seine Bakterien auf dessen Oberfläche verteilen, so hätten die Bakterien die Chance, sich rasch zu vermehren. Ein neuer Planet wäre mit Leben infiziert worden.[2] McKay spekuliert, einige der Bakterien könnten sich im Innern des Kometen vermehren. Die Energie dazu ließe sich möglicherweise aus chemischen Bindungen gewinnen oder durch die Erwärmung bei Passagen nahe des Sterns im System.

Eine fürwahr abenteuerliche Reise, zu deren Happy End eine ganze Menge enorm unwahrscheinlicher Zufälle mithelfen müssten! Die Wahrscheinlichkeit für einen Stein, von seinem Planeten mit einer Fracht an lebensfähigen Bakterien zu starten, durch die Begegnung mit anderen Planeten im eigenen Sonnensystem genügend Energie zum Verlassen des Heimatsystems aufzunehmen und in das freie Weltall geschleudert zu werden, die unendlichen Leeren zwischen den Sternen zu überwinden und gerade im richtigen Moment in ein fremdes Planetensystem einzudringen, dort Bestandteil eines Kometen zu werden und ausgerechnet auf einen erdähnlichen Planeten abzustürzen, ist einfach zu gering. Und dabei haben wir nur einige wenige Hauptphasen der Reise erwähnt, die nötig sind, um überhaupt einen anderen, erdähnlichen Planeten zu finden. Dazu kommen noch die biologischen Probleme. Es ist keine Art und Weise bekannt, wie Bakterien eine derart lange dauernde Reise überleben sollten. Gewiss sind Bakterien extrem widerstandsfähig. Aber was sich da alles an Widerwärtigkeiten auf einer so langen Strecke durchs Weltall ansammelt, dürfte wohl auch von den absoluten Überlebenskünstlern unter den Mikroben zu viel abverlangen. So jedenfalls dachten bis vor kurzem die allermeisten Wissenschaftler.

Diese Ansicht hielt sich bis zur nächsten Überraschung, die ihnen Geologen und Biologen servierten, und von der bis heute nicht ganz klar ist, wie real sie ist und was sie zu bedeuten hat. Zu Beginn der 1990er Jahre entdeckten einige Mikrobiologen seltsame Strukturen in Steinen und sogar in unserem Körper, die sie als buchstäblich unglaublich kleine »Bakterien« beschrieben. So klein, dass es sie eigentlich gar nicht geben dürfte. Entdecker dieser biologischen Absonderlichkeiten ist der Geologe Robert H. Folk von der University of Texas in Austin. Folk fand diese Minis rein zufällig, als er 1989 mineralische Ablagerungen aus einer Heißwasser-Quelle bei Viterbo in Italien untersuchte. Dabei fielen ihm unter dem Elektronenmikroskop winzige kugelige Gebilde auf, die er zuerst als Verunreinigungen oder Produkte der Präparationstechnik hielt. Doch je länger Folk seine Proben durchsuchte, desto mehr von den seltsamen Kügelchen fand er, und desto schwerer konnte er sich selber die Realität der Winzlinge ausreden. Und bald gab es für ihn kaum mehr Zweifel: Die Kügelchen waren real und sie mussten die kleinsten bekannten Lebewesen sein! Eine Sensation, die aber bis heute noch immer nicht richtig anerkannt wurde und bei vielen Mikrobiologen nach wie vor auf große Skepsis stößt. Folk musste denn auch jahrelang warten, bis er in einer anerkannten wissenschaftlichen Zeitschrift über seine Nanoben oder »Nanobakterien« berichten durfte. Das Problem war und ist nach wie vor, dass es eine theoretische Minimalgröße geben muss, unterhalb derer die für ein auch noch so simples Lebewesen nötige Anzahl Atome nicht mehr in eine Hülle verpackt werden können. Und ohne eine Minimalstausrüstung an Molekülen ist Leben nicht denkbar. Es braucht zumindest ein kurzes Stück Erbsubstanz, einige Eiweiße, um chemische Reaktionen zu steuern, etwas ATP für den Energieumsatz und einige wenige Kohlenwasserstoffe. Die Mikrobiologen können rechnen wie sie wollen, aber mindestens 200–300 nm (nm = Nanometer = Millionstel Millimeter) im Durchmesser müsste das kleinste selbstständige Lebewesen wohl messen. Viren können zwar durchaus kleiner sein, sie müssen aber, im Gegensatz zu den Bakterien, nur ganz wenige Reaktionen selbst durchführen. Ihr Trick ist es, die befallene Zelle zu versklaven und sie zu zwingen, den ganzen Virusstoffwechsel zu erledigen. Tatsächlich weisen die allerkleinsten »anerkannten« Bakterien Durchmesser von etwas über 300 nm auf. Dazu gehört auch das vor kurzem von der Gruppe um Karl Stetter in Regensburg entdeckte *Nanoarchaeum equitans* mit etwa 400 nm Größe, für das sogar eine eigene neue Abteilung innerhalb der Archaea eingerichtet werden musste.[12] Folks Nanobakterien aber brachten es gerade mal auf rund 50 nm. Viel zu klein, um als echte, eigenständige Lebewesen funktionieren zu können.

Man muss die Skepsis der Mikrobiologen schon verstehen, denn wirklich berauschend waren die von Folk vorgelegten Fakten sicher nicht. Die verblüffend an Bakterien erinnernde Form der Nanobakterien war zunächst fast das einzige Argument, welches Folk zu Gunsten seiner These vorweisen konnte. An der unsicheren Lage änderte sich auch nicht viel, als wenig später der Mediziner Olavi Kajander von der Universität in Kuopio in Finnland von 200–500 nm kleinen Nanobakterien berichtete, die er in Zellkulturen von verschiedenen Säugetiergeweben gefunden haben wollte. So richtig ins Kreuzfeuer der Kritik kamen die Arbeiten von Kajander, als er und seine Kollegin Neva Çiftçioglu behaupteten, Nanobakterien aus menschlichen Nierensteinen gezüchtet zu haben. Die beiden Forscher hatten 30 Nierensteine untersucht und in praktisch allen davon Nanobakterien gefunden. Waren die Nanobakterien nicht nur biologische Absonderlichkeiten, sondern etwa gar für die Bildung von Nierensteinen verantwortlich? Kann man sich möglicherweise sogar mit Nanobakterien anstecken?[10] Wir wissen es bis heute nicht mit Sicherheit. Mit wenigen Ausnahmen lehnen alle Mikrobiologen die Resultate der Arbeiten von Kajander nach wie vor ab, und es ist nicht klar, ob er tatsächlich etwas Fundamentales entdeckt hat, experimentellen Fehlern aufgesessen ist oder ob seine Proben verunreinigt waren. Gerade für die letztgenannte Möglichkeit gibt es recht deutliche Hinweise. Kajander behauptete, in seinen Nanobakterien DNS und RNS entdeckt zu haben. Dies wäre in der Tat ein ganz entscheidender Beweis für die biologische Eigenständigkeit der Winzlinge. Aber John O. Cisar und sein Team von den National Institutes of Health in Bethesda, Maryland, fand recht bald heraus, dass die angebliche 16S rDNS der Nanobakterien von jener des häufigen Bakteriums *Phyllobacterium mysinacearum* nicht zu unterscheiden ist. *Phyllobacterium mysinacearum* tritt immer wieder als Verunreinigung bei der Analyse von Erbmaterial auf und ist deshalb ein bekanntes Problem.[11] Der Streit zwischen den Experten ging sogar so weit, dass Kajander öffentlich beschuldigt wurde, unvorsichtig gearbeitet und vielleicht sogar absichtlich Daten verfälscht zu haben.

Es fehlten daher die entscheidenden klaren Hinweise auf die Biochemie und auch die Beobachtungen über das Wachstum und die Vermehrungsfähigkeit der Nanobakterien blieben umstritten. Die Situation begann sich erst dann langsam zu ändern, als neue Meldungen über die Realität der Nanobakterien aus einer ganz anderen Weltgegend, aus Australien, die wissenschaftliche Gemeinschaft erreichten.

Es brauchte sicherlich eine gehörige Portion Mut, um kurz nach dem Aufruhr und der Pleite um Kajanders Veröffentlichungen in der angespannten, ja vergifteten Atmosphäre, an die Öffentlichkeit zu treten und wiederum über Nanobakterien als Lebewesen zu berichten. Philippa Uwins und ihre Arbeitsgruppe an der University of Queensland gingen dieses Risiko für die eigene wissenschaftliche Karriere ein. Das Team war ebenfalls auf Nanobakterien, oder Nanoben, wie sie ihre Fundobjekte nannten, gestoßen, und zwar gleich auf ganze Kolonien (Abb. 19). Die Gruppe um Uwins entdeckte die Zwerge in Bohrkernen aus Ölfeldern vor der Küste Westaustraliens. Die australischen Nanoben kamen in Sandsteinen zum Vorschein, die aus Tiefen von 3,4–5,1 km an die Oberfläche gebracht worden waren. Dort unten herrschen für normale Lebewesen absolut mörderische Bedingungen. Neben dem ungeheuren Druck steigt die Temperatur auf 117–170 °C! Also höher, als es selbst die extremsten Archaea aushalten können.

Dort unten soll es Lebewesen geben, die nicht nur extremste Bedingungen aushalten, sondern selbst für Bakterien viel zu klein sind? Der endgültige Beweis ist Philippa Uwins bis heute (Herbst 2005) noch nicht definitiv gelungen, sie ist aber nahe dran, die Sensation zu belegen.

Philippa Uwins kann sich nämlich nicht nur auf die äußerliche Ähnlichkeit ihrer Nanoben mit Bakterien stützen. Ihre weit entwickelten elektronenmikroskopischen Techniken erlauben ihr auch einen tiefen Blick in die Ultrastrukturen der Nanoben. Und dort fand sie Erstaunliches: Die größeren Exemplare ihrer »Nanoben-Zellen« (vgl. Abb. 19) besitzen eine Wand, die grampositiv reagiert. Für Fachleute ein ganz wichtiger Befund! Die Gram-Färbung, vom dänischen Bakteriologen Christian Gram 1884 entwickelt, wird in der Mikrobiologie häufig zur Unterscheidung von zwei Bakterien-Haupttypen angewandt. Die normal großen, grampositiven Bakterien, haben im Gegensatz zu den gramnegativen Bakterien eine aus mehreren Schichten aufgebaute Zellwand. Also ist die »Zellwand« der Nanoben nicht einfach nur eine simple Hülle wie bei den Koazervaten oder den Mikrosphären. Mehr noch, unterhalb der »Zellwand« liegt bei den Nanoben eine Membran, die das Zellplasma gegen außen abtrennt. Wiederum eine ganz wichtige Entdeckung. Ein so komplexer Aufbau der Hülle wäre bei einer auf abiotischer Weise entstandenen Struktur kaum zu erwarten. Wie soll eine mineralische Ablagerung ein derart differenziertes Gebilde produzieren? Richtig spannend wird es aber, wenn auch der innere Aufbau der Nanoben und der größeren, sie meist begleitenden »Zellen« untersucht wird. Zunächst fanden Philippa Uwins und ihre Mitarbeiter in den größeren Zellen und auch in den kleinen Nanoben eine kernähnliche Verdichtung, die sich klar von einem Zellplasma absetzt. Auch diese Organisation des Zellinneren ist den Mikrobiologen von den gewöhnlichen Bakterien her bestens bekannt. Bakterien enthalten zwar keinen Zellkern, ihr Erbmaterial wird also nicht wie bei den Einzellern, Pilzen, Pflanzen und Tieren durch eine Membran vom Zellplasma abgegrenzt. Trotzdem liegt das Erbmaterial der Bakterien nicht einfach irgendwie in der Zelle verteilt vor, sondern findet sich in einer klar vom restlichen Plasma unterscheidbaren Zone, dem Nucleoid. Gibt es etwas Ähnliches auch bei den Nanoben? Was befindet sich in den »Nucleoiden« der kleinen Sandsteinbewohner? Um eine solche Frage überhaupt angehen zu können, brauchte es zunächst eine deutliche Verbesserung der üblichen elektronenmikroskopischen Techniken. Auch dies gelang dem Team um Philippa Uwins nach einiger Zeit.

Zunächst markierte das australische Team die Nanoben mit extrem feinen Goldkörnchen, von denen bekannt ist, dass sie sich mit Nukleinsäuren (DNS und RNS) verbinden. Bingo: Der Blick ins Elektronenmikroskop zeigte eine deutliche »Anfärbung« im Inneren der Nanoben. Ein weiteres, ganz wichtiges Resultat, weil es zum ersten Mal belegte, dass sich Erbmaterial im Innern der Nanoben befand und die Nanoben nicht einfach begleitete, also von einer Verunreinigung durch Bakterien stammt. Was aber enthält der Nucleoid der Nanoben? Das Team benutzte in einem nächsten Schritt markierte Antikörper gegen DNS und eine hochspezifische Färbung für RNS. Das Resultat dieser Arbeiten an der Grenze des Machbaren ist sensationell: Der Nucleoid enthält DNS, und im Zellplasma findet sich RNS! Ganz so, wie es sich für eine lebende Zelle gehört.

Für einen klassischen Biologen sind die Feinheiten der Struktur und der inneren Organisation der Nanoben sehr wichtig. Wenn aber die Nanoben tatsächlich Lebewesen sein sollten, so müssten sie doch auch Lebensäußerungen wie Vermehrung und Wachstum zeigen. Auch hier gelang dem australischen Team ein entscheidender Durchbruch. Mit ihren hoch entwickelten Techniken konnten sie beobachten, wie Nanoben an Größe zulegen und eine Art Zellteilung durchführen. Ja, es gelang sogar, Kulturen mit den entsprechenden Kontrollen anzusetzen und die Nanoben im Labor wachsen zu lassen. Dabei zeigte es sich, nicht ganz überraschend, dass die Winzlinge offensichtlich bei höheren Temperaturen bestens gedeihen. Bisher konnten die Australier ihre Nanoben aus technischen Gründen nur bei Temperaturen bis ca. 85 °C testen, aber schon dies zeigt: Nanoben sind hyperthermophil.

Philippa Uwins und ihr Team planen in der kommenden Zeit, die DNS der Nanoben zu sequenzieren. Sie haben hierfür einen größeren Forschungsbeitrag erhalten. Erste, vorläufige Resultate zeigen, dass die Nanobenpopulationen offenbar aus mehreren »Arten« bestehen, die allesamt DNS-Sequenzen aufweisen, die sonst bei keinem anderen bekannten Organismus gefunden werden! Sollte die DNS-Sequenz die Eigenständigkeit der Nanoben definitiv belegen, so wäre dies der wohl endgültige Beweis dafür, dass die Nanoben eine eigene Gruppe extrem winziger Lebewesen bilden und die Mikrobiologen ihr Größenvorurteil begraben müssen. In diesem Fall dürfte auch die biologische Erforschung der Nanoben extrem spannend werden. Wie schaffen es Nanoben, so klein zu sein? Mit wem sind Nanoben verwandt? Wie ursprünglich sind sie? Was halten diese kleinen Kerlchen aus? Wie hoch darf die Temperatur gehen, ohne sie zu zerstören? Brechen sie den bisherigen Rekord bei knapp 120 °C? Wie steht es mit dem Austrocknen, der Toleranz gegenüber radioaktiver und kosmischer Strahlung? Fragen über Fragen, die aber ganz entscheidend sein können, wenn es darum geht, die Rolle der Nanoben in der Evolution des irdischen Lebens abzuklären. Wegen ihrer Winzigkeit könnten Nanoben aber auch perfekte Lebenskeime sein, die eine Reise durch das Weltall vielleicht sogar besser als gewöhnliche Bakterien aushalten. Es ist extrem spannend, was die Forschungsarbeiten der australischen Gruppe uns noch alles an faszinierenden Erkenntnissen bieten werden.

Ein kleiner Seitenblick sei an dieser Stelle gestattet: Erinnern Sie sich an den Marsmeteoriten ALH 84001 und die dort gefundenen Einschlüsse? Diese »Fossilien« haben exakt die Größe von Nanoben ...

Auch wenn ich persönlich sehr skeptisch bin, was die Idee der Panspermie zwischen *verschiedenen* Planetensystemen betrifft, so könnte eine kreuzweise Infektion *innerhalb* eines Sonnensystems durchaus möglich, ja sogar wahrscheinlich sein. Dies gilt ohne allzu abenteuerliche Annahmen auch für unser eigenes Planetensystem. Die Distanzen zwischen den inneren Planeten sind nicht so riesig, als dass Trümmerstücke eines Aufschlags sie nicht immer wieder überwinden könnten. Dafür gibt es sogar Belege, kennen wir doch heute über 20 Meteoriten, die hier auf unserem Planeten gefunden wurden und die auf Grund ihrer Isotopenzusammensetzung vom Mars stammen müssen. Das Objekt ALH 84001 ist nur ein Beispiel dafür. H. Jay Melosh von der University of Arizona hat vor kurzem berechnet, dass über die Jahrmilliarden seit der Entstehung der Erde, Milliarden von Gesteinstrümmern vom Mars unseren Heimatplaneten erreicht haben. Gerade in der Anfangszeit der Erde dürften fast täglich Marsmeteoriten eingetroffen sein. Ähnliches müsste natürlich auch für den umgekehrten Weg gelten: Gesteinsbrocken, die bei größeren Einschlägen auf der Erde genügend beschleunigt worden sind, könnten durchaus auch den Mars erreicht haben. Allerdings dürfte die Menge Material, die von der Erde auf den Mars gelangte, deutlich kleiner gewesen sein als in der umgekehrten Reiserichtung. Dies hängt unter anderem mit der größeren Masse der Erde zusammen, was unserem Planeten erlaubt, viel mehr von dem eigenen Material wieder einzufangen als der Mars dies kann. Brett J. Gladman von der Cornell University und seine Mitarbeiter haben vor kurzem in Computersimulationen ausgerechnet, dass fast 2 % der vom Mars wegkatapultierten Steine innerhalb von nur 10 Millionen Jahren auf der Erde landen.[3] Dabei handelt es sich nicht einfach nur um besonders optimistische Annahmen. Die Berechnungen werden durch Messungen der kosmischen Strahlungsmenge bestätigt, die einige der Marsmeteoriten auf ihrer Reise zur Erde aufgenommen haben. Rekordhalter ist gegenwärtig ein Marsmeteorit, der die Erde nach einem Flug von rund 600 000 Jahren erreichte. Brett Gladman hat seine Flugbahn und diejenige von anderen Marsmeteoriten analysiert und kommt zu ganz verblüffenden Folgerungen. Nach seinen neueren Berechnungen[4] kollidierten einige der Felsbrocken innerhalb ganz weniger Jahre nach ihrem Start auf dem Mars mit der Erde.

Es braucht nicht einmal derart kurze Reisezeiten, um anzunehmen, Bakterien könnten eine Reise zwischen nahen Planeten überstehen, sogar ohne massive Abschirmung gegenüber der kosmischen Strahlung. Den direkten Beweis dafür lieferten Versuche, über die vor kurzem Gerda Horneck und ihre Kollegen vom Deutschen Aerospace Center in Köln berichteten. Um zu testen, ob Bakterien im Inneren von Meteoriten die Bedingungen des freien Weltalls überstehen können, mixten die Kölner jeweils 50 Millionen Sporen von *Bacillus subtilis* mit Tonerde, rotem Sandstein, Material von Marsmeteoriten und nachgemachtem Oberflächenmaterial, wie es vermutlich auf dem Mars anzutreffen ist. Aus diesem Material formten die Wissenschaftler Klumpen mit einem Durchmesser von einem Zentimeter. Diese kleinen Proben gaben sie dem russischen *Foton*-Satelliten mit und setzten sie für zwei Wochen dem freien Weltall aus. In den meisten Materialien überlebten von den 50 Millionen immerhin etwa 10 000–100 000 Sporen; in den Proben aus rotem Sandstein aber gab es kaum Ausfälle! Es ist daher sogar winzigen Meteoriten von nur einem Zentimeter Durchmesser möglich, Lebenssporen in ihrem Inneren genügend lang so gut zu schützen, dass sie eine Reise von einem Planeten zum anderen überstehen können. Voraussetzung dafür sind das richtige Material und eine Reisezeit von wenigen Jahren.[5]

Man muss die Konsequenzen dieser Erkenntnisse schon ein wenig auf sich einwirken lassen. Offensichtlich war die Reisezeit vom Mars zur Erde oder von der Erde zum Mars zumindest für einige der losgesprengten Steine derart kurz, dass sie für Bakterien kaum ein Hindernis darstellten. Wenn dem aber so ist, so müsste es doch bedeuten, dass lebensfähige, irdische Bakterien die Reise zum Mars geschafft haben. Müssen wir also damit rechnen, Lebensspuren auf dem Mars zu finden und zu merken, dieses »Marsleben« stimmt mit dem Leben wie wir es kennen völlig überein? Hat die Erde den Mars infiziert?

Einen Moment bitte! Ist diese Fragestellung wieder einmal zu geozentrisch gestellt? Wenn schon Bakterien den Weg von der Erde zum Mars geschafft haben könnten, müssten wir dann fairerweise nicht auch den umgekehrten Weg mit in die Betrachtung einbeziehen? Schließlich dürften deutlich mehr Marsmeteoriten auf die Erde gefallen sein als Erdmeteoriten auf den Mars. Gab es, zumindest in der Frühzeit unseres Planetensystems, gar einen regelmäßigen Materialaustausch zwischen den beiden Planeten, den die ersten Lebewesen genutzt haben? Wo steht geschrieben, das Leben habe sich zuerst auf der Erde und nicht auf dem Mars entwickelt? Müssen wir nicht auch die Frage zulassen, auf welchem der beiden Planeten das Leben zuerst entstand?

Die überraschenden Entdeckungen der letzten Jahre zwingen uns regelrecht, solche Überlegungen anzustellen, obwohl den Wissenschaftlern der heutige Mars lange Zeit als ein toter, lebensfeindlicher Wüstenplanet erschien. Bis in die 1990er Jahre deuteten die meisten Beobachtungen auf sehr tiefe Temperaturen auf seiner Oberfläche hin, selten über −10 °C, häufig aber bis gegen −140 °C. Zudem wussten die Fachleute um die extrem dünne Marsatmosphäre. Der Druck auf der Marsoberfläche entspricht demjenigen in mehr als 33 km Höhe über dem irdischen Meeresspiegel. Auch die Gaszusammensetzung der Marsatmosphäre ist grundlegend anders als bei uns. Sie besteht fast ausschließlich aus Kohlendioxidgas, mit nur ganz geringen Spuren von Sauerstoff und Stickstoff. Der Mangel an Sauerstoff hat zur Folge, dass sich über dem Mars keine Ozonschicht aufbauen kann und die harte Sonnenstrahlung deshalb ungehindert auf die Planetenoberfläche brennt. Jeder Rest von Wasser ist unter diesen Bedingungen längst aus dem verrosteten rötlichen Oberflächenmaterial entwichen. Einzig an den Polen sind Kappen aus gefrorenem Kohlendioxid und etwas Wassereis zu beobachten. Über der staubigen und absolut knochentrockenen Landschaft können sich mächtige, den ganzen Planeten einhüllende Staubstürme mit Windgeschwindigkeiten bis zu 600 km/h aufbauen. Wie soll auf einer solchen Welt Leben entstanden sein?

Bis in die 1960er Jahre konnte der Mars nur durch Fernrohre von der Erdoberfläche aus untersucht werden. Auch wenn einige der Beobachter ganze Kanalsysteme und gar saisonal eine grünliche Verfärbung der Planetenoberfläche erkannt haben wollten, setzte sich in der Welt der Wissenschaft das oben skizzierte Bild eines Wüstenplaneten durch. Die »Marskanäle« und die Farbänderung der Oberfläche wurden nach einiger Zeit als Täuschungen entlarvt und die Hoffnung für »Marsleben« sank auf den absoluten Nullpunkt. Mit dem Anlauf des Raumfahrtzeitalters begann aber auch die moderne Beobachtung des Planeten. Allerdings schienen die ersten Bilder, welche die amerikanische Raumsonde *Mariner 4* im Juli 1965 zur Erde funkte, wie zur Bestätigung des lebensfeindlichen Eindrucks, einen enttäuschend toten Planeten zu zeigen. Auf den etwas unscharfen und nicht sehr detaillierten Fotos war eine mit Kratern übersäte Landschaft zu erkennen, die stark an die Oberfläche des Mondes erinnerte. Auch die Beobachtungen dreier weiterer *Mariner*-Sonden, die in den Jahren 1969–1971 den Planeten besuchten, änderten nicht viel an der Einstufung des Mars durch die meisten Wissenschaftler. Erst 1976, mit dem Start der Marserkundung durch die *Viking*-Sonden, begann sich das Bild dramatisch zu wandeln.

Und einmal mehr zeigte sich, wie sehr der erste Eindruck täuschen kann. Entscheidend war, dass nun mit den *Viking*-Raumschiffen nicht nur ein Teil des Planeten fotografisch untersucht werden konnte, sondern erstmals fast der ganze Globus. Zudem waren auch die Kameras technisch deutlich verbessert worden und enthüllten den staunenden Wissenschaftlern ein völlig neues Bild des Planeten. Da gab es tiefe Grabensysteme und eine ganze Menge von Strukturen, die verblüffend an irdische Fluss-Systeme, Deltas, umspülte Hügel und Küstenlinien erinnerten. An einigen Stellen mussten offensichtlich riesige Wasserausbrüche geschehen sein, die tiefe Täler in die Marslandschaft geschnitten hatten (Abb. 20).

Aber welche Fülle an verräterischen Feinstrukturen der Mars zu bieten hat, erfassten die Wissenschaftler erst langsam in der vollen Tragweite, als die erste moderne Fotosonde, der *Mars Global Surveyor*, am 12. September 1997 in seine Umlaufbahn einschwenkte und begann, detaillierte Aufnahmen an die Kontrollstelle in Pasadena zu senden. Was diese Raumsonde mit Hilfe der hochauflösenden Mars Orbiter Camera uns an Aufnahmen übermittelte, hat unser Bild vom Mars als trockenen Wüstenplaneten vollends zerstört. Welche Fülle an fein eingeschnittenen Abflussrinnen, mäandrierenden Tälern und stromlinienförmigen Ablagerungen zeigten die Bilder (Abb. 21 und 22)! Den an der Auswertung beteiligten Wissenschaftlern von den Malin Space Science Systems in San Diego muss bei der Bearbeitung der eintreffenden Fotografien immer wieder einmal der kalte Schweiß den Rücken hinuntergeflossen sein. Diese Strukturen mit all ihren Feinheiten konnten einfach (fast) nur von fließendem Wasser geformt worden sein. Der Mars muss also zumindest in seiner Vergangenheit Wasser in größeren Mengen besessen haben. Sehr vieles spricht dafür, dass dies vor allem für seine früheste Jugend gilt.

Sehr wahrscheinlich gab es damals, vor drei bis über vier Milliarden Jahren, sogar größere stehende Gewässer, vielleicht sogar einen Marsozean auf der Nordhalbkugel. Das Klima auf dem Mars muss damals auch völlig anders gewesen sein als heute. Flüssiges Wasser wäre sonst augenblicklich verdampft. Also muss zu jenen Zeiten der Mars eine wesentlich dichtere Atmosphäre besessen haben. Diese dichtere Lufthülle verursachte wohl auch einen deutlich größeren Treibhauseffekt und damit höhere Temperaturen als in unserer Zeit. Wo aber ist all das Wasser aus den Urzeiten des Mars geblieben?

Ganz offensichtlich konnte der Mars seine erdähnliche Atmosphäre nicht halten. Der Grund dafür dürfte in seiner geringen Größe liegen. Der Mars ist einfach zu klein und seine Schwerkraft zu gering, um Gasteilchen in ähnlichem Ausmaß zurückhalten zu können wie etwa die Erde. Die Lufthülle verflüchtigte sich daher über Äonen hinweg langsam ins Weltall und hinterließ einen stetig austrocknenden und sich abkühlenden Planeten.

Die Spuren der Vergangenheit sind aber fast sicher in den Gesteinen auf der Oberfläche des Planeten auch heute noch eingraviert. Die Zusammensetzung der Mineralien könnte uns verraten, ob die aus den Fotografien gezogenen Schlüsse korrekt sind oder ob andere Vorgänge die Landschaft auf dem roten Planeten geformt haben. Es wäre deshalb von ganz enormer Bedeutung, endlich auch einige Steine vom Mars in irdischen Laboren ganz genau analysieren zu können. Es ist zwar mittelfristig geplant, eine Sonde zum Mars zu senden, dort zu landen, Steine zu sammeln und diese zur Erde zu bringen. Bis es so weit ist, dürfte es allerdings noch einige Jahre dauern und wir werden uns in der Zwischenzeit mit den beschränkten Möglichkeiten der ferngesteuerten Roboter zufrieden geben müssen. Was diese Geräte uns aber bisher schon über die Geschichte der Oberfläche unseres Nachbarplaneten verraten haben ist faszinierend genug und zeigt, wie lohnend es sein könnte, auch kompliziertere Missionen zu planen. Die erste Sonde der Neuzeit, der *Mars Pathfinder*, landete am 4. Juli 1997 und ermöglichte nach über 20 Jahren Abwesenheit von der Planetenoberfläche erstmals wieder die direkte Untersuchung von ausgewählten Steinen in der näheren Umgebung des Landeplatzes. Im Gegensatz zu den beiden *Viking*-Landesonden aus den 1970er Jahren konnte der kleine Rover *Sojourner* interessante Stellen ansteuern und mit seinen modernen Messinstrumenten analysieren. Obwohl die Fähigkeiten des Landegeräts sehr beschränkt waren, gelangen einige hochinteressante Beobachtungen. Von ganz besonderem Interesse waren z. B. die an der Landestelle des *Pathfinder* massenhaft herumliegenden Steine. Diese Steine waren nämlich abgerundet und zwischen ihnen lag feiner Sand. Dafür gab es eigentlich fast keine andere Erklärungsmöglichkeit, als fließendes Wasser, das die Steine an ihren heutigen Standort geschwemmt und dabei abgeschliffen haben muss. Der *Pathfinder* war allem Anschein nach mitten in einem alten Delta auf dem Mars gelandet!

Leider mussten die Wissenschaftler immer wieder das Wort »fast« in ihre Argumentationen einflechten. Auch wenn die Hinweise auf fließendes Wasser zunehmend überzeugender wurden, galt es auch nach anderen Erklärungen für die Beobachtungen zu suchen und z. B. den Wind und andere Einflüsse, vielleicht sogar unbekannter Art, als gestalterische Kräfte in die Überlegungen mit einzubeziehen.

Die Landung des *Pathfinder* war zwar ein spektakulärer Erfolg und hat uns eine ganze Menge an wissenschaftlich hochinteressanten Daten geliefert. Aber diese Landung war vor allem eine wunderschöne Demonstration der neuen Landetechnik mittels Luftkissen, denn eine eindeutige Antwort auf die brennende Frage nach dem Wasser konnte die Mission gar nicht liefern, dazu war der kleine Roboter nicht gut genug ausgerüstet. Und so stammten die besten Belege für einstmals fließendes Wasser auf dem Mars bis zum Ende des Jahres 2003 nach wie vor von den Sonden, die den Mars aus einer Umlaufbahn unter die Lupe nahmen.

Zu diesem Zeitpunkt umkreisten immerhin zwei hochmoderne Raumschiffe unseren Nachbarplaneten. Neben dem *Mars Global Surveyor* war dies seit Ende Oktober 2001 *Mars Odyssey*, dem mit seinem empfindlichen Spektrometer schnell der lang ersehnte Nachweis gelang, dass es heute noch riesige Vorräte an Wassereis gibt, und dies nur wenige Zentimeter unter der Oberfläche des Planeten. Die Frage aber, ob dieses Wasser je auch in größeren Mengen auf der Oberfläche floss und all die zahllosen Landmarken schuf, blieb weiterhin nicht eindeutig beantwortet. Einen großen Schritt weiter kamen die Wissenschaftler erst im späten Dezember 2003 und im Frühjahr 2004, als mit einem gleich dreifachen Paukenschlag die neueste Runde in der Erforschung des Planeten begann.

Aber alles der Reihe nach. Da waren zunächst auf einigen der enorm detaillierten Fotos, die der *Mars Global Surveyor* mit seiner *Mars Orbiter Camera* an die Bodenstation in Pasadena funkte, Abflussrinnen auf der Südhalbkugel des Mars zu sehen, die einen so frischen Eindruck machten, als wären sie geologisch gesehen gerade erst gestern entstanden (vgl. Abb. 22). Mehr noch, im Verlaufe des Jahres 2003 entdeckten die mit der Bildauswertung beschäftigten Wissenschaftler am Malin Space Science Institute immer mehr ominöse schwarze Streifen an den Wänden von Kratern und Schluchten. Besonders häufig sind diese Geländemerkmale in der Umgebung des riesigen Vulkans Olympus Mons zu finden. Das Unglaubliche war, wie zahllose Bildvergleiche immer wieder ergaben, dass diese schwarzen Streifen innerhalb eines einzigen Jahres, ja oft weniger Monate, entstanden sein mussten (Abb. 23). Die meisten Wissenschaftler sind überzeugt, es handle sich dabei um die Spuren von Staublawinen, welche die Hänge hinunterrutschten. Dem widersprechen allerdings eine ganze Anzahl eindeutiger Beobachtungen. So sind die Streifen z. B. nicht über den ganzen Planeten verteilt, sondern nur in ganz bestimmten Gegenden zu finden, die oft mit planetarer Wärme in Verbindung gebracht werden könnten. Ferner entstehen sie immer in einer ganz bestimmten Schicht an den Abhängen. Zudem gibt es keine Gesteinsaufschüttungen entlang der Streifen und an ihren Enden. Justin Ferris von der University of Arizona vertritt auf Grund dieser Beobachtungen eine abweichende Meinung und meint, diese Streifen stammen von Wasser, das direkt unter der Oberfläche nach unten fließt, dabei Mineralien löst und so das Oberflächenmaterial auslaugt.[17] Wie aber könnte bei dem tiefen Luftdruck, der absoluten Trockenheit und bei den eisigen Temperaturen auf dem Mars Wasser genügend lange flüssig bleiben, um aus dem Boden auszubrechen und einen Abhang hinunterzufließen? Unter diesen atmosphärischen Bedingungen müsste Wasser doch eigentlich sofort verdampfen.

Lange Zeit haben Wissenschaftler über diese Frage gerätselt. Erst die Computermodelle einer Gruppe französischer Wissenschaftler um F. Costard von den Universitäten Paris-Sud und Paris 6 zeigten im November 2001 einen möglichen Weg auf. Nach den Berechnungen der Franzosen entstehen nämlich genau in jenen Gebieten, in denen die ganz jungen und sehr feinen Abflusskanäle gefunden wurden, exakt die richtigen Bedingungen, um eventuelles Wassereis direkt unter der Oberfläche zum Schmelzen zu bringen und das austretende Wasser gerade lange genug stabil zu halten, um es den Hang hinunterfließen zu lassen.

Tatsächlich gibt es solches Wasser auf dem Mars. Den Nachweis für Wassereis knapp unter dem feinen Oberflächenmaterial schaffte die Sonde *Mars Odyssey* schon kurz nach ihrem Eintreffen beim Planeten überraschend eindeutig. Wie die NASA in einer Pressemitteilung vom 28. Mai 2002 bekannt gab, liegen in der riesigen Zone südlich des 60°. Breitengrads, weniger als einen Meter tief unter feinem Geröllschutt zugedeckt, enorme Mengen des für Lebewesen so wichtigen Stoffs. In der Zwischenzeit ist Ähnliches auch für die Nordhalbkugel nachgewiesen worden. Die Frage aber, ob und wann dieses Wasser auch an die Oberfläche kam, blieb weiterhin unbeantwortet.

Immerhin mehrten sich die Anzeichen für größere Mengen des flüssigen Nass auf dem Mars ständig. In diese Beobachtungen reihte sich auch die Entdeckung von »Geisterkratern« durch Jim Garvin vom Goddard Space Flight Center in Greenbelt, Maryland. Garvin fand eine ganze Anzahl alte Krater, die viel mehr abgelagertes Material enthalten, als durch die Windverfrachtung erklärt werden kann. Es scheint, als ob diese Krater längere Zeit durch eine »Flüssigkeit« bedeckt gewesen wären, durch deren Zustrom immer wieder feines Material in die Kratertiefen geschwemmt wurde. Anders kann die in den Kratern deponierte Materialmenge kaum erklärt werden.[13]

Diese Gewissheit, dass es einst sehr viel mehr flüssiges Wasser auf Mars gegeben hat als Rinnsale und kleine Bäche, die aus anschmelzendem Bodeneis ausbrachen, verdanken wir den drei Raumsonden, die nach Weihnachten 2003 den Roten Planeten erreichten. Zunächst konnte der europäische *Mars Express* die früheren Befunde bestätigen und Wassereis im Boden in größeren Mengen nachweisen. Mit der Landung von *Spirit* im Krater Gusev und *Opportunity* in den Ebenen der Terra Meridiani setzten die Amerikaner kurz nach Ankunft des *Mars Express* gleich zwei ferngesteuerte Robotergeologen mitten in viel versprechende Gebiete.

Gusev ist ein uralter Krater, in den von Süden her ein riesiges Tal aus den Hochebenen der Südhalbkugel mündet, das verdächtig nach einem alten Fluss-System ausschaut. Die Terra Meridiani waren als Landeplatz für die zweite Sonde gewählt worden, weil die Späher aus dem Orbit in dieser Gegend größere Mengen von grobkörnigem Hämatit entdeckt hatten. Diese Art von Hämatit entsteht auf der Erde am einfachsten in flüssigem Wasser, es gibt aber auch andere Bildungsmöglichkeiten. Bei der Planung der Mission setzten sich die Wissenschaftler deshalb das Ziel herauszufinden, wie genau dieser wichtige Hämatit entstanden war. Tatsächlich fand *Opportunity* das Mineral ziemlich rasch an seinem Landeplatz. Aber leider waren die ersten Befunde nicht ganz eindeutig. Die kleinen Hämatit-Körnchen enthielten nämlich zahlreiche kleine Löcher, wie von Gasblasen, was auf einen vulkanischen Ursprung hindeutete, eine zweite Bildungsmöglichkeit für Hämatit. Trotz dieser kleinen Enttäuschung kehrte im *Opportunity*-Team schnell Jubelstimmung ein. Der kleine Rover war nämlich mitten im einzigen kleinen Krater weit und breit gelandet und direkt vor ihm lag die Stelle, für die er gebaut worden war und die zu besuchen er die ganze Reise unternommen hatte! Ein kleiner Felsaufriss mit Gestein, das ganz offensichtlich an Ort und Stelle abgelagert worden war und nicht von einem Vulkanausbruch stammte.

Schon die ersten Nahaufnahmen der Kameras zeigten, dieses Gestein war geschichtet, es war also mit größter Wahrscheinlichkeit in einem Gewässer abgelagert worden. Mehr noch, die Felsen enthalten eine ganze Menge verräterischer Salze, wie Sulfate und Bromide, die sich in den gefundenen Mengen fast nur nach dem Verdampfen einer größeren Menge Wasser angesammelt haben können. Die klare Schichtung belegt auch, dass sich dieser Vorgang sehr oft hintereinander abgespielt haben muss und Wasser daher über längere Zeit die Oberfläche des Planeten geformt hat. Den Clou auf der Suche nach Anzeichen einer wässerigen Vergangenheit an seinem Landeplatz bildeten aber die zahllosen kleinen Kügelchen, Blueberries genannt, welche die Kamera von *Opportunity* in den Gesteinen entdeckte. Die kleinen Kügelchen (Abb. 24) sind zwar alles andere als blau, nämlich grau, was sie aber so besonders interessant macht, fand das Mössbauer-Spektrometer nach einer detaillierten Analyse heraus. Dieses Instrument, entwickelt und gebaut von Göstar Klingelhöfers Team vom Institut für Anorganische und Analytische Chemie der Universität Mainz, konnte zwar die Kügelchen wegen ihrer Kleinheit nicht direkt auf ihre Zusammensetzung hin untersuchen. Die Forscher verglichen aber einen kleinen Ausschnitt der Marsoberfläche mit Kügelchen mit einem unmittelbar daneben gelegenen Gebiet ohne die Blueberries. Das Resultat war eindeutig und höchst spannend: Beide Ausschnitte zeigten die gleiche Zusammensetzung, aber im Ausschnitt mit den Kügelchen fanden die Wissenschaftler zusätzlich ganz klare Hinweise auf den gesuchten Hämatit. Form und Verteilung der kleinen Hämatit-Kügelchen erlaubte den Fachleuten auch die Entstehung der Kügelchen einzugrenzen. Zunächst sind die Blueberries zufällig im Gebiet verteilt. Wären sie vulkanischen Ursprungs, so würden die Forscher sie eher in Schichten erwarten, entsprechend der Ablagerung des Materials nach den einzelnen Vulkanausbrüchen. Zudem müssten die Kügelchen das umgebende Gestein eingedrückt haben, wären sie nach einem Vulkanausbruch in die noch weiche Asche gefallen. Dies ist nicht der Fall, die Kügelchen scheinen sich an Ort und Stelle gebildet zu haben. Auch ihre regelmäßige Form schließt einen vulkanischen Ursprung eher aus. Bei ihrem Flug vom Krater zum Fundort müssten sie ja noch glutflüssig gewesen sein und sich beim Abkühlen tropfenförmig verzogen haben, was ganz klar nicht zutrifft. Wichtig war auch die Beobachtung, dass einige der Kügelchen in Gruppen auf den Gesteinsaufbrüchen lagen. Auch dies schließt einen vulkanischen Ursprung praktisch aus. Die Wissenschaftler der Universität Mainz und der NASA sind deshalb überzeugt, die Blueberries hätten sich beim Verdunsten eines an eisenhaltigen Stoffen reichen Gewässers gebildet!

Der Landeplatz von *Spirit* erwies sich zwar zunächst als Enttäuschung, die ganze Gegend schien von einer dicken Schicht Ablagerungsmaterial zugedeckt zu sein, welche kaum Hinweise auf die Vergangenheit des Planeten freigab. Schieres Glück und die völlig unerwartete Robustheit der beiden kleinen Späher, die bis zum Redaktionsschluss dieses Buchs (Juli 2005) ihre »Lebenserwartung« um das Vierfache überschritten haben und trotz kleinerer Probleme munter weiterforschen, erlaubte es den Wissenschaftlern, die Landeplätze zu verlassen und viel versprechende ferne Ziele anzusteuern. *Spirit* erreichte sechs Monate nach seiner Landung im flachen Kratergrund die Columbia-Hügel, was nur möglich war, weil die Sonde ihren Landeplatz um einige Kilometer verfehlt hatte und damit in Fahrdistanz zu den einzigen Hügeln weit und breit gelangt war. Schon aus der Ferne konnten die Wissenschaftler hoffen, auch im Krater Gusev die ersehnten Beweise für eine nasse Vergangenheit unseres Nachbarn zu finden. Und tatsächlich, kaum angekommen, schienen alle Gesteine das Wort »Wasser« nur so zu schreien! Überall fanden die Linsen der Kameras fein geschichtete Gesteine, die zudem noch stark salzhaltig sind, und zwar in einer Zusammensetzung, die flüssiges Wasser voraussetzen. Heute ist klar: An beiden Landeplätzen auf dem Mars gab es einst große Mengen fließenden Wassers, das Salze aus den vulkanischen Gesteinen löste und sich in einem flachen See ansammelte. Die Fachleute konnten in den Gesteinen sogar die Spuren der Wellen ausmachen, die wie an einem irdischen Sandstrand als winzige Dünen auf dem Grund des Gewässers erhalten blieben! Das Wasser muss mehrfach verdunstet und wieder zurückgekehrt sein. Immer wieder legte es zentimeterdicke Schichten aus Salz und Staub ab, bis sich mächtige, mindestens 300 m dicke Ablagerungsschichten aufgebaut hatten. Anderswo scheinen die Ablagerungen noch viel eindrucksvoller zu sein. Im Juventae Chasma, einem Seitental der Valles Marineris, gibt es 50 km breite und 2,5 km hohe Tafelberge, die in feinen Lagen abwechselnd Kalzium- und Magnesiumsulfate enthalten. Diese vom Omega-Spektrometer an Bord des *Mars Express* entdeckten Schichten sind wiederum nur durch Ablagerungen in Wasser und anschließendem Eintrocknen erklärbar.

Die Frage, ob es einst auf dem Mars Wasser gab oder nicht, beschäftigt die Wissenschaftler heute nicht mehr wesentlich. Jetzt geht es darum abzuklären, wann und wie lange flüssiges Wasser die Oberfläche der heutigen Wüsten prägte. Mit einem medienwirksamen Auftritt im Frühling 2005 bestätigten die Fachleute am Deutschen Zentrum für Luft- und Raumfahrt die mittlerweile schon einige Jahre alte Vermutung, dass es flüssiges Wasser fast bis in die geologische Gegenwart hinein auf dem Mars gab. Der Beweis dazu gelang nach Ansicht der ESA-Wissenschaftler mit Aufnahmen des *Mars Express* aus der Elysium-Ebene ein wenig nördlich des Äquators. In einem etwa 800 × 900 km großen Gebiet fanden die Bildauswerter mit einiger Wahrscheinlichkeit einen riesigen zugefrorenen See von etwa 45 m Tiefe, dessen Eis die typischen Strukturen von Packeisschollen zeigt (Abb. 25)! Die Entdeckung ist allerdings international noch nicht völlig anerkannt. Insbesondere die konkurrierenden amerikanischen Kollegen sind der Ansicht, bei diesem »See« handle es sich um einen Lavaerguss, obwohl die ESA-Fachleute einige Detailstrukturen fanden, die durch Lava kaum erklärbar sind.

Falls sich die Entdeckung bestätigen sollte, was wohl frühestens mit dem im August 2005 am Start stehenden *Mars Reconnaissance Orbiter* möglich sein wird, so könnte sich das Eis dieser Gegend kaum vor langer Zeit gebildet haben, dazu ist die Zahl der Einschlagkrater viel zu gering. Die Fachleute schätzen das Alter der Ebene deshalb auf nur etwa fünf Millionen Jahre. Geologisch ist dies praktisch Gegenwart! Offensichtlich gab es also bis fast in unsere Zeit hinein auf dem Mars Umweltbedingungen, die ein größeres Gewässer (immerhin von der Größe der Nordsee) zuließen! Ganz in dieses Bild hinein passen die ebenfalls vom *Mars Express* stammenden Beobachtungen, wonach noch bis vor vier Millionen Jahren am majestätischen Olympus Mons Gletscher aktiv waren. Wie war dies möglich, bei dem geringen Luftdruck, den relativ hohen Temperaturen und dem hohen Strahlungsdruck so nahe am Äquator? Wir wissen es nicht. Es wird aber immer klarer, dass auf dem Mars noch bis vor kurzem völlig andere Bedingungen geherrscht haben als heute. Sogar die Vulkane könnten noch bis in jüngste Vergangenheit aktiv gewesen sein und mit ihrer Hitze Eis im Boden geschmolzen haben. Gab es vor kurzer Zeit sogar eine echte Warmphase auf dem Mars? Mit Gletschern, Bächen und Seen? Ausgelöst durch Vulkanismus? Die jüngsten Spuren aktiver Vulkane sind ebenfalls erst wenige Millionen Jahre alt. Ein Zufall?

Es ist aber nicht nur Wasser, das die Gesteine unseres roten Nachbarn geprägt hat. Entdeckungen, die Mario Acuna, ebenfalls vom Goddard Space Flight Center, mit Hilfe seines Magnetometers an Bord des *Mars Global Surveyor* machen konnte, bieten einen weiteren Einblick in die faszinierend dynamische Vergangenheit des Planeten und eröffnen neue Hinweise auf eine lebensfreundliche Phase. Das hoch empfindliche Messgerät fand klare Spuren eines alten Magnetfelds: Der Mars hat in seiner Jugend einen geschmolzenen Kern besessen, dessen Bewegungen wie ein Dynamo wirkten. Die Folge davon war ein Magnetfeld, wie es die Erde heute noch besitzt.[14] Doch damit nicht genug: Mario Acuna und sein Team fanden zur großen Überraschung der Fachwelt in diesen Spuren des Magnetfelds sogar die Überreste eines Bandenmusters der magnetischen Polarisation.[14] Wir kennen ein solches Muster von der Erde her bestens. Die Geologen entdeckten es z. B. in den Gesteinen entlang des Mittelatlantischen Rückens, schön parallel zum mehrere Tausend Kilometer langen Bruch in der Erdkruste. Das Bandenmuster, oder die Abfolge von positiv und negativ polarisierten Gesteinen, entstand auf der Erde, weil zwei gewaltige Prozesse zusammenwirkten und dies auch heute noch tun. Einerseits drückt an dieser Linie im Erdmantel ständig Material aus dem Erdinnern an die Oberfläche und erstarrt dort. Dabei richten sich die Mineralien in den Gesteinen nach dem Magnetfeld der Erde aus und bleiben nach dem Erstarren, wie eingefroren, für immer in der eingenommenen Position. Andererseits bleibt das Magnetfeld unserer Erde nicht konstant. In größeren zeitlichen Abständen dreht es sich und wechselt seine Polarität. Einmal liegt der magnetische Minuspol beim geografischen Nordpol, dann wird das Magnetfeld schwächer, dreht sich, bis der magnetische Nordpol für eine neue Zeitepoche in der Gegend der Antarktis zu finden ist.

Wieso sich unser Magnetfeld so verhält, ist noch umstritten, aber die Tatsache bleibt, dass sich beim Erkalten der flüssigen Lava aus dem Erdinnern die gerade aktuelle Polarisierung in die Gesteine einprägt und so ein Muster wechselnder Ausrichtung bildet, das Bandenmuster. Das Empordrängen der Lavamassen entlang der Bruchkanten in der Erdkruste hat aber noch weitere spektakuläre Folgen. Die aufquellende Lava aus dem Erdinnern presst nämlich die auf Gesteinsschollen quasi schwimmenden Kontinente auseinander. Dadurch bewegen sich die Landmassen und verändern so den Anblick der Erdoberfläche. Die Geologen haben für diese Wanderung der Kontinente den Begriff der Plattentektonik geprägt. Weil an den einen Stellen Material aus dem Erdinnern aufsteigt, muss es anderswo wieder nach unten sinken, sonst nähme die Erdoberfläche ständig zu, was natürlich unmöglich ist. Tatsächlich schieben sich die Kontinentalplatten in einigen Gegenden, wie z. B. an der Westküste Nordamerikas, auch über- und untereinander. Ein Teil der Erdkruste verschwindet also wieder im Erdinnern und wird dort durch die enorme Hitze aufgeschmolzen.

Wenn nun der Mars auch ein solches Bandenmuster besitzt, so bedeutet dies nicht mehr und nicht weniger, als dass der Rote Planet in seiner Vergangenheit auch eine Art Plattentektonik besessen haben muss; für die Suche nach Leben eine enorm wichtige Beobachtung! Denn Plattentektonik kann eigentlich nur funktionieren, wenn große Mengen Wasser im Spiel sind. Sollte sich Mario Acunas Beobachtung weiter bestätigen, so käme sie schon fast einem Beweis für einen ehemaligen Marsozean gleich. Auch für die Entstehung von Leben ist Plattentektonik eine wichtige Erscheinung, da an den Bruchkanten der Kruste heiße Quellen entstehen, wie die Geysire auf Island und die »Schwarzen Raucher« in der Tiefsee (vgl. Kapitel 2.3). Erinnern wir uns: Das sind jene Stellen, an denen die ursprünglichen Archaebakterien leben, von denen viele Wissenschaftler annehmen, sie hätten eine wichtige Rolle bei der Entstehung der ersten, einfachsten Bakterien gespielt.

Der Mars überrascht die Wissenschaftler also ständig wieder aufs Neue und zwingt uns, unsere Ideen über seine Vergangenheit und Gegenwart immer wieder neu auszurichten. Mit dem aktuellen, neuen Bild des Mars ist eine alte Vermutung zur Gewissheit geworden: Der Mars war nicht immer der lebensfeindliche Planet, der er heute ist. Er muss in seiner Vergangenheit und ganz speziell in seiner Frühzeit sogar recht angenehme Bedingungen geboten haben: Wasser, Wärme und Sonnenenergie. Ganz ähnliche Bedingungen also wie auf der Früherde.

Und damit verlangen neue, bohrende Fragen nach Antworten. Könnte, ja müsste unter solchen Bedingungen Leben nicht auch auf dem Mars entstanden sein? Und da der Mars kleiner als die Erde ist, weiter weg von der Sonne seine Bahn zieht, daher schneller erkaltete, und Wasser auf seiner Oberfläche wohl deutlich früher vorkommen konnte als auf der Erde, wäre es da nicht zu erwarten, dass Leben auf ihm sogar noch vor jenem auf der Erde entstand? Was wäre, wenn ein Einschlag auf dem jungen Planeten Mars einige Felsbrocken Richtung Erde gesandt hätte, komplett mit einer Fracht an lebensfähigen Bakterienkeimen, und wenn die Bakterien in den Felsbrocken die Reise überstanden hätten? Könnten solche Bakterien die Erde infiziert haben? Besiedelten möglicherweise Marsbakterien unseren Planeten, lange bevor die Erde selbst die Chance hatte, Leben hervorzubringen? Sind wir etwa gar alle von unserem Ursprung her Marsianer?

Noch wichtiger: Gibt es gar heute noch Lebewesen auf dem Roten Planeten? Die Entdeckung von Methan- und Formaldehydgas in der Marsatmosphäre jedenfalls war eine Meldung, die wieder einmal das berühmte Kribbeln im Bauch ausgelöst hat. Es gibt zwar, gerade im Zusammenhang mit Vulkanismus, chemische Vorgänge, welche die beiden Gase auch ohne Beihilfe von Lebewesen entstehen lassen. Auf der Erde aber entstehen beide Gase in nennenswerten Mengen praktisch nur als Beiprodukte der Tätigkeit von Mikroorganismen! Zudem können die Gase erst vor kurzem in die Atmosphäre gelangt sein, denn die von drei unabhängigen Gruppen von Wissenschaftlern mit unterschiedlichen Detektoren gemessenen Konzentrationen machen es unwahrscheinlich, dass die beiden Gase aus der Frühzeit des Planeten stammen. Sie wären sonst längst durch die massive UV-Strahlung abgebaut worden. Es muss also eine Quelle geben, die zumindest bis vor wenigen Hundert Jahren größere Mengen der Gase freisetzte. Für Vittorio Formisano, der das Planetary Fourier Spectrometer des *Mars Express* betreut, ist die Sachlage fast klar. Nach ihm gibt es praktisch keine andere Quelle als Bakterien im Marsboden. Ganz besonderes auch deshalb, weil die Gase ausgerechnet aus jenen Zonen zu stammen scheinen, in denen besonders viel Wassereis im Boden liegt. Ist dies schon der Beweis für Lebewesen auf dem Mars? Angesichts der Bedeutsamkeit der Frage sind die meisten Kollegen Formisanos zumindest in der Öffentlichkeit noch sehr zurückhaltend und weisen immer wieder auf alternative Entstehungswege hin. Trotzdem, Nervosität und Begeisterung steigen spürbar!

An dieser Stelle sei uns ein kleiner Rückblick gegönnt. Wie war das damals mit den Resultaten der biologischen Experimente der beiden *Viking*-Lander im Jahre 1976? Da war doch das von Gilbert Levin konzipierte Experiment, das Proben vom Marsboden mit einer Nährlösung versetzte, die radioaktives C^{14} enthielt – und dieses C^{14} tauchte kurz danach in Methangas (!) wieder auf. Damals schlossen die Wissenschaftler, es müsse sich um Reaktionen mit dem chemisch sehr aktiven Marsboden gehandelt haben, weil ein zweites Experiment keine Spur von biologischen Molekülen im Boden fand – das aus Budgetgründen allerdings nie auf der Erde getestet werden konnte, ob es denn in der Lage gewesen wäre, Lebensmoleküle in irdischen Böden nachzuweisen. Seltsam ist auch, dass ein drittes Experiment ein positives Resultat ergab.

Fragen, wie jene nach unserem Ursprung auf dem Mars, wären noch vor wenigen Jahren als reine Fantastereien abgetan worden. Heute aber müssen selbst vorsichtige Naturwissenschaftler beginnen, sich ernsthaft mit ihnen auseinander zu setzen. Die unglaubliche Überlebenskraft einiger Bakterien, ihre Anpassungen an extremste Lebensräume, vereint mit den neuesten Erkenntnissen über die Frühzeit des Sonnensystems, lassen derartige Überlegungen nicht nur als Spekulationen zu, nein, sie zwingen uns sogar, nach Antworten zu suchen. Die Frage aller Fragen, jene nach unserer Herkunft, könnte uns also sehr wohl ins Weltall führen und uns keine andere Wahl lassen, als in einem ersten Anlauf auf unserem Nachbarplaneten nach Antworten zu suchen. Eine Reise zum Mars, die damit verbundenen enormen menschlichen und technischen Anstrengungen und die Bereitstellung größerer finanzieller Mittel ließen sich so rechtfertigen, auch vor dem Hintergrund der Probleme auf unserem eigenen Planeten. Wir müssen ganz einfach wissen, woher wir kommen, wie groß die Wahrscheinlichkeit ist, anderswo Leben zu finden, oder ob wir damit rechnen müssen, einsam und allein in einer verlassenen Ecke unserer Milchstraße zu sitzen.

Nicht fehlende technische Möglichkeiten sind es heute, die uns vor der Erforschung des Mars abhalten; die meisten der nötigen Technologien stehen bereit. Es liegt einzig an unserem Willen, die Aufgabe anzupacken und große Summen Geld einzusetzen. Doch hier liegt wohl der Knackpunkt, es wird in der gegenwärtigen Zeit sicher schwierig werden, die breite Öffentlichkeit und die Politiker von der Faszination und der für unser Selbstverständnis so wichtigen Mission zu überzeugen. Auch wenn die riesig erscheinenden Summen bei kühler Betrachtung gar nicht so enorm sind! Die USA und Europa haben zusammen eine Bevölkerung von etwas über 600 Millionen Menschen. Wenn sich diese Länder zu einer gemeinsamen Aktion aufraffen könnten und eine Reise zum Mars die riesige Summe von 300–400 Milliarden Euro kosten sollte (wobei einige Schätzungen viel tiefer liegen), so bedeutete dies eine Ausgabe von ungefähr 500–700 Euro pro Kopf der Bevölkerung. Rechnen wir mit ca. 25 Jahren der Vorbereitung, was in etwa der vom US-Präsidenten George W. Bush am 14. Januar 2004 angekündigten Vision entsprechen dürfte, so ergibt dies nur 20–30 Euro pro Jahr für jeden Bewohner der reicheren Länder. Das ist weniger als viele von uns pro Woche für den Zigaretten- oder Alkoholkonsum ausgeben! Und es ist um Größenordnungen nicht zu vergleichen mit jenen Summen, die jedem von uns für die militärische Rüstung belastet werden!

Eine Reise zum Mars, mit dem Ziel dort nach Spuren unserer Vergangenheit, unserer Bedeutung im riesigen Kosmos und dem Sinn unseres Daseins zu suchen, wäre aber nicht nur für die Natur- und Geisteswissenschaften von enormer Bedeutung. Der Aufbruch ins Weltall mit dem Hauptziel der Suche nach Leben außerhalb unseres Planeten, wäre endlich auch wieder ein Ziel, auf das hin die Menschheit arbeiten, für welches sich die brillanten Köpfe einsetzen könnten und das unserer Jugend eine Perspektive weit über die Alltagsprobleme hinaus gäbe. Einer der Hauptgründe für unsere gegenwärtigen Probleme ist meiner Ansicht nach das Fehlen einer übergeordneten, großen Aufgabe. Wir brauchen dringend eine Herausforderung, die mit Begeisterung angepackt werden kann und die den Schauer der Faszination auslöst. Die Perspektivlosigkeit unserer Alltagspolitik, die sich weitgehend auf die Verwaltung bestehender Strukturen beschränkt, birgt in sich das gefährliche Potenzial der Rückbesinnung auf lokale Egoismen, mit dem Resultat der Wiedererstarkung politisch extremer und religiös-fundamentalistischer Strömungen. Ein übergeordnetes Ziel, das sich nicht nur auf das Kleinklein der täglichen Existenz bezieht, sondern uns zwingt, global zu denken und mit anderen Völkern zusammenzuarbeiten, und das uns auch unsere Position in einem größeren Ganzen als unserer kommunal-lokalen Existenz vor Augen führt, müsste uns auch helfen können, die belastenden Probleme unserer Zeit einer Lösung näher zu führen. Ein solches Ziel, mit einem gemeinsamen Blick nach außen, könnte uns allen auch den Wert der irdischen Biosphäre plastisch vor Augen führen, und es müsste uns Menschen auch klar machen, wie verletzlich und wie für die gesamte Menschheit überlebenswichtig dieser so selbstverständlich vorhanden scheinende Lebensraum ist. Die

Zusammenarbeit an einem überregionalen Projekt, wenn irgend möglich unter Beteiligung aller Staaten, bringt die Menschen auch automatisch in Kontakt mit Angehörigen anderer Völker und demonstriert jedem Einzelnen die Tatsache, dass wir in unserer Vielfalt doch alle recht ähnlich sind. Auch der von Extremisten aller Schattierungen verteufelte Fremde oder Andersgläubige ist letztlich ein Mensch mit den gleichen Gefühlen, der gleichen Schmerzempfindung und ähnlichen Hoffnungen für eine sichere Zukunft wie jeder von uns. Nur diese Erkenntnis kann die gegenseitige Achtung vor anderen in uns wecken, und nur sie kann uns wegführen von der fatalen und letztlich zum Untergang der Menschheit führenden Politik der militärischen »Problemlösung«. Solche Gedanken mögen hart gesottenen Politrealisten naiv erscheinen, ich befürchte aber, ohne ein radikales Umdenken und ohne die Verpflichtung zu einer allen dienenden Politik könnte das Überleben der Menschheit schwierig werden. Vielleicht ist die Tatsache, dass wir bisher trotz beachtlicher Anstrengungen keine eindeutigen Beweise für extraterrestrische, intelligente und technisch orientierte Lebensformen in unserer näheren kosmischen Umgebung fanden, ein Hinweis auf die geringe Lebenserwartung solcher Zivilisationen, die auf Grund ihrer Technik auch das Potenzial zur Selbstzerstörung besitzen. Wenn dem so sein sollte, wäre dies allein Grund genug, die tieferen Fragen unserer Existenz mit den vorhandenen Mitteln entschlossen anzupacken.

Neben den Finanzen ist natürlich auch die Sicherheit der Raumfahrer eines der ganz großen Probleme bei der bemannten Erforschung des Mars. Wie groß die Gefahren der Weltraumflüge sind, haben uns die schrecklichen Bilder des Absturzes der Raumfähre *Columbia* am 1. Februar 2003 einmal mehr in Erinnerung gerufen, und ich erinnere mich nur zu gut, wie entsetzt ich an jenem Samstagnachmittag vor dem Fernseher saß. Trotzdem finde ich das Argument, man könne Menschen solchen Gefahren nicht aussetzen, falsch und sogar scheinheilig. Falsch ist es deswegen, weil es in der Vergangenheit gerade derartige riskante Reisen waren, die der Menschheit neue Horizonte eröffneten und den Lebensraum erweiterten. Scheinheilig ist es, weil wir als Staatsbürger einigen unserer Mitbürgerinnen und Mitbürgern ganz selbstverständlich ähnliche oder noch größere Gefahren aufbürden. So hat z. B. die Schweizer Luftwaffe in den letzten 20 Jahren insgesamt 25 ihrer rund 600 Piloten verloren, ohne je in einem aktiven Einsatz gestanden zu sein. Zahlreiche Beispiele aus anderen risikobehafteten Berufsgruppen ließen sich ohne Probleme aufführen, ganz abgesehen von all den

Opfern von Risikosportarten. Diesen Preis für den Aufbruch in eine unbekannte, gefährliche Welt haben auch die alten Seefahrervölker bezahlen müssen. Auch sie hatten keine Garantie für die sichere Rückkehr ihrer Helden, als diese in noch nie befahrene Gewässer aufbrachen, ohne Funkkontakt mit der Heimat und ohne zu wissen, wie viele Jahre sie unterwegs sein würden. Was wir aber dem Mut dieser Menschen alles verdanken, ist ebenso in den Geschichtsbüchern nachzulesen wie der Untergang der Zauderer. Leider scheint sich ein Teil Europas gegenwärtig in genau diese gefährliche Richtung zu entwickeln. Anstatt die Chancen der Zukunft zu erkennen und zu nutzen, sehen viele von uns nur noch die Probleme der Zeit und verharren in verzweifelter Starrheit, ohne die ungelösten Aufgaben wirklich anzupacken. Andere Völker, z. B. in Südostasien, unternehmen hier viel intensivere Anstrengungen und könnten uns auch in der Bewältigung der Umweltprobleme in nicht allzu ferner Zukunft den Rang ablaufen. Wir sollten die Auswirkungen der Investitionen Chinas, mit dem Westen technologisch gleichzuziehen und in diesem Rahmen eigene Mondmissionen zu unternehmen, genauso ernst nehmen, wie wir heute die Bedrohung durch den fundamentalistischen Terror ernst nehmen müssen.

Für die Naturwissenschaften ist der Aufbruch zum Mars längst zu einem der ganz großen Ziele geworden. Wie erfolgversprechend und wichtig die Erforschung des Nachbarplaneten geworden ist, demonstriert der nicht abreißende Strom ständig neuer, verblüffender Entdeckungen fast täglich. Dazu gehören auch fantastisch anmutende Funde hier auf der Erde, die lebende Bakterienkolonien auf dem Mars etwas aus dem Bereich des Unmöglichen rücken. Die notwendigen Chemikalien, Wasser und freie Energie sind auf dem Roten Planeten ganz offensichtlich im Überfluss vorhanden und könnten durchaus auch gegenwärtig noch immer von Kleinstlebewesen genutzt werden. Wie wenig fantastisch und wie realistisch solche Gedankengänge sind, hat unter vielen anderen wieder einmal der Fund einer ganzen Lebensgemeinschaft von Archaeen und wenigen Bakterien tief unter den Beaverhead Mountains im amerikanischen Bundesstaat Idaho klar gemacht. Francis Chapelle vom US Geological Survey und sein Team von Wissenschaftlern fand in einer 60 °C warmen Quelle in 200 m Tiefe Mikroorganismen, die dort völlig isoliert von allen Energiequellen und den organischen Verbindungen der Erdoberfläche existieren und alles, was sie zum Leben brauchen, aus dem Inneren der Erde beziehen.[7] Der Fund bedeutet nicht mehr und nicht weniger, als dass Archaeen (oder andere »Extremisten«) überall dort erwartet werden können, wo Wasser und genügend chemische Energieträger (hier in Form von Wasserstoff) zur Verfügung stehen. Die Frage nach Leben auf dem Mars wird mit solchen Entdeckungen immer aktueller, da solche Bedingungen auf ihm ohne weiteres bis in die heutige Zeit erhalten geblieben sein könnten, vielleicht sogar nahe der Oberfläche. Sollte es eines Tages tatsächlich gelingen, Spuren einstiger Bakterien auf dem Mars zu finden, sie einzusammeln und zu untersuchen, so ließe sich möglicherweise auch die Frage nach dem gemeinsamen Ursprung des Lebens auf der Erde und dem Mars beantworten. Sollte es sogar noch lebende Mikroben auf dem Roten Planeten geben, dann ließen sich die fundamentalen Lebensvorgänge direkt vergleichen. Wenn die Biochemie der Marsianer anders sein sollte als jene der Erdlinge, so wären die beiden Gruppen von Mikroben mit großer Wahrscheinlichkeit unabhängig voneinander entstanden, und wir wüssten, dass Leben wohl fast überall dort entstehen kann, wo einigermaßen günstige Bedingungen herrschen. Sollte die Biochemie aber ähnlich sein, dann müsste wohl ein gemeinsamer Ursprung angenommen werden. Offensichtlich hätten in diesem Falle die Mikroorganismen die Lücke zwischen den beiden Planeten überwinden können und den bewohnbaren Lebensraum im inneren Sonnensystem infiziert.

Es ist aber längst nicht mehr nur Mars, der im Zentrum der Suche nach Leben in unserem Sonnensystem steht. In den letzten Jahren haben sich die Hinweise für zumindest einigermaßen lebensfreundliche Bedingungen auch auf einem der vier großen Jupitermonde stark verdichtet: für den Mond Europa. Diese Welt, die von der geheimnisvollen fremden Intelligenz in Arthur C. Clarks Science-Fiction-Roman *2010: Odyssey Two* für die Menschheit zum verbotenen Himmelskörper erklärt wurde, besitzt mit großer Wahrscheinlichkeit einen riesigen Ozean aus flüssigem Wasser unter ihrer vereisten Oberfläche. Die nötige Energie, um das Wasser unter der Eisdecke flüssig zu halten, liefert vermutlich die Gezeitenwirkung des nahen Riesenplaneten. Jupiter ist derart groß und massereich, dass Europa bei jedem Umlauf ganz gewaltig durchgeknetet wird und sich seine Oberfläche um bis zu 500 m anheben kann! Dabei bricht die Eisdecke immer wieder auf und ermöglicht es warmem Eis oder vielleicht sogar flüssigem Wasser aus den unten liegenden Schichten bis an die Oberfläche zu steigen. Bei Temperaturen um −170 °C gefriert das wärmere Material natürlich fast augenblicklich und bildet dabei die aus den *Galileo*-Aufnahmen bekannten Liniensysteme der Bruchrillen (Abb. 26). Die Gezeitenwirkung verformt aber auch den festen Kern Europas. Dadurch frei werdende Energie heizt erstens das Wasser auf und

könnte zweitens sehr wohl zu vulkanischen Erscheinungen und heißen Quellen am Grunde des Ozeans führen. Dafür sprechen z. B. die
vielen runden Erhebungen im Oberflächeneis, die auf den *Galileo*-
Aufnahmen klar hervortreten. Dieser Typ Hügel könnte durch auf-
steigendes warmes Wasser aufgeworfen worden sein, das Blasen aus
wärmerem Eis oder gar flüssigem Wasser von unten her gegen die
Oberfläche drücken ließ, die eisige Kruste anhob und möglicherweise
sogar durchdrang. Die Dicke des Eispanzers ist heute noch nicht mit
Sicherheit bestimmt. Es gibt widersprüchliche Indizien. Die Frische
vieler Oberflächenstrukturen und die mehrfach verdrehten Eisschollen
sprechen für eine relativ dünne Decke, während die Zentralberge in
einigen Einschlagkratern wohl doch nur bei einer Eisdicke von knapp
20 km entstehen konnten. Trotz dem sicher massiven Eispanzer dürfte
der Europa-Ozean immer noch etwa 100 km tief sein, und damit mehr
Wasser enthalten als sämtliche Meere unserer Erde!

Ganz bestimmt kann nur sehr wenig Energie von außen durch die
dicke Eisschicht die Tiefen des Europa-Ozeans erreichen. Die Entdeckung ganzer Lebensgemeinschaften um die heißen Tiefseequellen
auf der Erde und die Arbeiten von Francis Chapelle und anderen Forschern haben aber deutlich gezeigt, dass zumindest Mikroben auch
abgeschnitten von der Sonnenenergie existieren und dort zum Zentrum ganzer Lebensgemeinschaften werden können. Der Mond Europa zählt deswegen heute zu den Topkandidaten für die Suche nach
außerirdischen Lebewesen. Leider wird es alles andere als einfach
werden, eine Sonde zu bauen, die auf der Oberfläche des eisigen
Mondes landen, den dort herrschenden Strahlungsstürmen des Jupiters widerstehen und das kilometerdicke Eis durchbohren kann. Es
gibt zwar einige Vorprojekte der NASA, aber bis wir Genaueres über
diese Welt erfahren werden, dürfte es wohl noch viele Jahre dauern.
Bis dahin müssen wir uns mit indirekt gewonnenen Messresultaten
zufrieden geben.

Aber diese sind vielversprechend: Schon seit der Entdeckung der
rötlich-braunen Farbe vieler Bruchrillen hatten sich die Wissenschaftler über die Zusammensetzung des für die Verfärbung verantwort-
lichen Materials gewundert. Die vernünftigste Annahme schien eine
Salzmischung zu sein. Allerdings gelang es bisher keinem Forscher,
einen Salzcocktail zu mixen, der das Spektrum der bräunlichen Farbe
genügend präzise hätte nachahmen können. Bewegung in die Geschichte kam, als der Astrophysiker Brad Dalton das Infrarotspek-
trum der Verfärbungen auf Europa mit dem unter gleichen Bedingungen aufgenommenen Spektrum einiger Bakterien verglich. Tat-

sächlich fand Dalton praktisch völlige Übereinstimmung![8] Sollten also Bakterien die Oberfläche Europas besiedeln? Sicher ist es noch viel zu früh für solch sensationelle Schlüsse. Noch gibt es eine ganze Menge anderer Möglichkeiten. Nicht zuletzt könnte die vermutete vulkanische Tätigkeit am Grund des Ozeans Unmengen von schwefelhaltigen Verbindungen freisetzen und so das Wasser in eine Schwefelsäurelösung verwandeln. Darauf deuten die letzten Daten der *Galileo*-Raumsonde hin. Die Übereinstimmung im Spektrum dürfte mit großer Wahrscheinlichkeit nur Zufall gewesen sein.

Auch für die Suche nach Leben schon abgeschriebene Himmelskörper könnten durchaus einen zweiten Anlauf wert sein. Ein solches Comeback feierte vor kurzem unser zweiter Nachbar, die Venus. Ähnlich wie beim Mars zeichneten die ersten Daten russischer und amerikanischer Raumsonden aus den 1980er Jahren das Bild einer lebensfeindlichen Welt, diesmal allerdings nicht kalt und knochentrocken, sondern auf der Oberfläche feurig heiß und unter alles zerquetschendem Druck. Hoch oben in der Atmosphäre wüten über der Venus heftige Stürme und auch die Wolken, die den ganzen Planeten ständig verhüllen, haben es buchstäblich in sich. Sie enthalten nämlich hoch konzentrierte Schwefelsäure, die in großen Tropfen ausregnet, die Oberfläche aber nie erreicht, sondern in einem ewigen Kreislauf unter der höllischen Hitze schon hoch oben in der Atmosphäre wieder verdampft. Nach der Entdeckung dieser abstoßenden Umweltbedingungen herrschte unter den Wissenschaftlern sehr schnell Einigkeit: Die Venus ist zu lebensfeindlich und sie wurde deshalb offiziell für tot erklärt. Schnell schwand damit auch das Interesse an diesem Nachbarplaneten.

Völlig falsch und total verfrüht, wovon der deutsche Astrobiologe Dirk Schulze-Makuch und sein Kollege Louis Irwin von der texanischen Universität in El Paso überzeugt sind.[15] Schulze-Makuch machte sich fast 20 Jahre nach den Raumflügen als einer der wenigen Wissenschaftler die Mühe, alte *Venera*- und *Pioneer*-Daten gründlich zu untersuchen und entdeckte Erstaunliches. Offenbar war in der allgemeinen Enttäuschung über die mehr als 450 °C heiße Oberfläche bisher niemandem aufgefallen, dass die Sonden in der Atmosphäre Gase nachgewiesen hatten, die dort eigentlich gar nicht vorhanden sein dürften, während die Messfühler andere flüchtige chemische Stoffe, die zu erwarten gewesen wären, nur in viel zu geringen Konzentrationen erfassten. Da gibt es zum einen nennenswerte Mengen an Schwefelwasserstoff (H_2S), der unter den Bedingungen in der Venusatmosphäre längst mit dem ebenfalls vorhandenen Schwefeldioxid (SO_2) hätte reagieren müssen, außer, es gäbe einen Prozess, der die beiden Schwefelverbindungen ständig neu entstehen ließe. Beide Gase entstehen auf der Erde durch die Tätigkeit von Mikroorganismen, allerdings nicht ausschließlich. Ebenso eigenartig ist der Fund von Carbonylsulfid (COS). Dieses Gas kann ohne Mithilfe von Mikroben auf der Erde kaum hergestellt werden. Entsprechend rätselhaft ist seine Synthese in der Atmosphäre unseres Schwesterplaneten. Schwierig zu erklären ist aber auch das Fehlen eines Gases. In der Lufthülle der Venus müsste durch die zahlreichen Blitzschläge Kohlenmonoxidgas (CO) entstehen. Das lässt sich aber kaum nachweisen. Wohin verschwindet dieses Gas? Was verändert die Lufthülle der Venus?

Die »einfachste« Erklärung wären für Dirk Schulze-Makuch Mikroben, die durch ihren Stoffwechsel die Zusammensetzung der Gase in der Atmosphäre unseres Schwesterplaneten verändern. Wenn schon die Chemie der Venusatmosphäre seltsam genug ist, dann setzt die Beobachtung von dunklen Zonen in der Venusatmosphäre dem Ganzen noch die Krone auf. Fast scheint es, als entnähme irgendetwas dem auf die Venus einfallenden Sonnenlicht seinen UV-Anteil. Bakterien, die von dieser Energiequelle leben?

Für Schulze-Makuch könnten all diese Befunde bedeuten, dass seine Kolleginnen und Kollegen bisher schlicht am falschen Ort gesucht haben. Sicher ist es auf der Oberfläche der Venus zu heiß für Lebewesen. Aber hoch oben in den Wolken könnten durchaus Mikroben leben, ganz ähnlich wie die von Birgit Sattler in den Wolken der Erde gefundenen Bakterien. Unterstützung erhält Schulze-Makuch auch von David Greenspoon vom Southwest Research Institute in Boulder, Colorado, der überzeugt ist, dass die Venus ein mindestens ebenso guter Ort ist, um nach Leben zu suchen wie etwa Mars und Europa.[16] Gab es etwa auch auf der Venus in ihrer Jugendzeit Leben? Mussten diese Organismen nach Einsetzen des überschießenden Treibhauseffekts in die höchsten Schichten der Atmosphäre ausweichen? Wiederum Fragen, die nur neue Raummissionen beantworten können. Leider wird auch dies noch längere Zeit dauern, weil kaum entsprechende Projekte in Planung sind.

Heute ist immerhin klar, die Grundvoraussetzungen für Leben, nämlich Wasser, chemische Stoffe und freie Energie, sind in unserem Sonnensystem in der Frühzeit auf mehreren Himmelskörpern vorhanden gewesen und bis in die Gegenwart hinein mit großer Wahrscheinlichkeit auch an anderen Orten als auf der Erde noch immer anzutreffen. Leben könnte, nach allem was wir heute wissen, auch auf der jungen Venus, dem Mars und eventuell dem Jupitermond Europa entstanden sein oder diese Himmelskörper besiedelt haben. Wir haben also durchaus eine Chance, in unserer unmittelbaren kosmischen Nachbarschaft, also quasi vor der Haustür, außerirdisches Leben zu finden. Man kann sich kaum ausmalen, was eine solche Entdeckung für unser Weltbild bedeutete. Wir hätten entweder den direkten Beweis, dass Leben sich in einem Planetensystem relativ einfach ausbreiten kann oder, falls die entdeckten Lebensformen eigenständig wären, dass Leben fast überall dort entsteht, wo ganz einfache Grundvoraussetzungen gegeben sind. Im zweiten Fall wäre die einzig logische Konsequenz: Im Kosmos muss es von Leben wimmeln.

Für einen Biologen wie mich wäre die erste Variante natürlich weniger spannend. Sollte sich Leben tatsächlich von einem Ursprungsort in größere Teile des Planetensystems ausgebreitet haben, so verunmöglichte uns dies zumindest in absehbarer Zeit den Einblick in andere Grundformen des Lebens. Für das Verständnis unseres Daseins aber wäre auch dieser Nachweis von allergrößter Tragweite. Ja, er könnte uns zwingen, uns als kosmische Kolonisten zu verstehen, die in der Frühzeit des Sonnensystems die Erde in Form von einfachsten Bakterien, vielleicht vom Typ der Nanoben, an Bord von Kometen oder Meteoriten erreicht haben. Die Erde würde so zu einem von Lebewesen infizierten Planeten.

Wir müssen aber auch mit der Möglichkeit rechnen, in unserem Sonnensystem keine anderen belebten Welten zu finden. Ein solch negatives Resultat wäre zumindest ein Hinweis, dass Leben möglicherweise doch etwas spezifischere Startvoraussetzungen braucht, als viele Optimisten gegenwärtig annehmen. In diesem Falle müssten wir die Suche weiter in die Tiefen des Weltalls ausdehnen. Es gäbe zwar durchaus immer noch Mittel und Wege, Leben in fernen Planetensystemen nachzuweisen, z. B. mit Hilfe der geplanten neuen Teleskope, die dank den hoch empfindlichen und raffinierten Methoden der Spektralanalyse wohl bald in der Lage sein werden, die verräterischen Spuren einiger kritischer chemischer Stoffe zu entdecken. Wegen den immensen Distanzen wäre aber ein direkter Kontakt mit solchen Lebewesen und deren detaillierte Untersuchung zumindest noch für sehr lange Zeit unmöglich. Der Mensch müsste in diesem Falle seine kosmische Einsamkeit und Isolation erkennen und zumindest vorläufig akzeptieren.

3.8
Der Tatort wird eingekreist

Vorgefasste Meinungen können manchmal ganz schön hartnäckig sein und über lange Zeiten hinweg den Blick auf die Lösung eines Problems verschleiern. Dazu eine kleine Demonstration: Die meisten Leserinnen und Leser kennen wohl die bekannten Streichholz-Aufgaben. Meistens geht es dabei darum, auf dem Tisch eine Figur zu legen und durch Verschieben einiger weniger Hölzchen eine vorgegebene neue Figur zu bilden. Eine Aufgabe könnte z. B. lauten, von folgender Anordnung zu starten: Man lege zunächst mit vier Hölzchen ein Quadrat und ergänze dieses, indem an jeder Ecke des Quadrates ein weiteres, gleich großes Quadrat angehängt wird. Jetzt liegen fünf an den Ecken miteinander verbundene Quadrate vor dem Spieler. Das Ziel ist es nun, durch Umlegen von drei Hölzchen aus den bisher fünf neu sieben Quadrate zu konstruieren. Die meisten Spieler werden die Lösung nach kurzer Zeit durch etwas Probieren finden. Eine einfache Sache also.

Nehmen wir ein zweites »Streichholzproblem«: Dieses Mal sollen aus sechs Hölzchen vier gleichseitige Dreiecke gebildet werden. Wie üblich dürfen keine Hölzchen gekreuzt oder gebrochen werden. Möchten Sie es versuchen? Wenn Sie diese Variante nicht schon kennen, dauert es vermutlich eine ganze Weile, bis Sie die Lösung der Aufgabe gefunden haben. Jedenfalls kann ich meine Schülerinnen und Schüler mit dieser Knacknuss immer wieder ganz schön beschäftigen; der Rekord bis zur Lösung liegt allerdings bei stolzen 48 Sekunden.

Wieso ist diese Aufgabe so viel schwieriger zu lösen als die erste? Vermutlich deswegen, weil ich Sie mit der ersten Aufgabe auf eine falsche Fährte gesetzt und/oder in Ihnen eine Grundannahme zum Lösen solcher Aufgaben verstärkt habe. Ich habe also gemeinerweise ein Vorurteil aufgebaut, wie dieses Problem zu lösen sei. Fällt es Ihnen jetzt leichter, die zweite Aufgabe zu lösen? Das erste Problem konnte wie üblich durch Verschieben von Hölzchen in den zwei Dimensionen der Tischfläche gelöst werden. Wer nun die zweite Aufgabe mit der unbewussten Annahme angeht, die Lösung müsse ebenfalls zweidimensional sein, der wird immer wieder scheitern, bis der

Groschen fällt und die Spielerin oder der Spieler sich von diesem Vorurteil lösen kann. Jetzt, sobald drei Dimensionen offen stehen, ist das Finden der Lösung kein Problem mehr, oder?

Einem oder gleich mehreren Vorurteilen mit großen Konsequenzen könnte auch fast die gesamte Gilde jener Wissenschaftler aufgesessen sein, die die Bedingungen beim Start des Lebens auf der jungen Erde untersuchen. Der Blick in ein Lehrbuch der Biologie vermittelt dem Leser rasch den Eindruck, die Lebewesen hätten sich in den Urozeanen der Erde entwickelt und seien von da aus recht spät in andere Lebensräume vorgedrungen. Bilder von Quallen, Schwämmen, Seeanemonen, einfach gebauten Krebstieren und sehr ursprünglichen Fischen in seichtem Meerwasser untermauern diesen Eindruck. Und tatsächlich belegen Fossilien eindeutig die Entwicklung der ersten Lebensgemeinschaften von Vielzellern in den Meeren.

Irgendwie hat sich aus diesen Befunden und Bildern das Vorurteil gefestigt, das Leben an sich sei im salzigen Wasser der Urmeere entstanden. Gestärkt wurde diese Meinung in den letzten Jahrzehnten auch durch die Entdeckung der ursprünglichen Bakterien und Archaeen in extremen Lebensräumen, z. B. um die heißen Quellen auf dem Meeresgrund. Ganz sicher dürften solche Lebensräume schon sehr früh auf der Erde eine wichtige Rolle gespielt haben. Aber bedeutet dies auch, dass schon die Synthese der ersten Lebensmoleküle und daraus die Entwicklung der allerersten lebenden Systeme im Salzwasser der Ozeane verlief? Offenbar ging bis vor kurzem die überwiegende Mehrheit der Wissenschaftler von dieser Annahme aus, obwohl, wie sich David Deamer in einem Interview mit dem *New Scientist*[1] ausdrückte, »niemand mit Vernunft heißes Meerwasser für Laborexperimente über die frühe Zellevolution verwenden würde«. Und trotzdem, so Deamer, »haben wir ohne zu fragen über Jahre angenommen, das Leben sei in einer marinen Umgebung entstanden«.

Fälschlicherweise, wie Deamers Student Charles Apel mit seinen Experimenten an der University of California in Santa Cruz zeigen konnte. Apel berichtete Anfang April 2002 am Astrobiology Science Congress im Ames Research Center der NASA über seine Untersuchungen an den Vesikel, die David Deamer schon früher unter Bedingungen wie auf der Früherde bilden konnte (vgl. Kapitel 3.6). Schnell wurde ihm und seinen Kollegen klar, dass sich in Süßwasser, dem sie etwas Alkohol beifügten, recht problemlos stabile »Bläschen« produzieren ließen, diese aber sofort zerfielen sobald sie ihren Testlösungen entweder Kochsalz, Magnesium- oder Kalzium-Ionen zugaben.[2]

Interessanterweise geschah dies schon bei Salzkonzentrationen weit unterhalb jener, die in den heutigen Ozeanen vorherrschen. Und dabei dürfte in der Frühzeit unseres Planeten die Salzkonzentration deutlich über den heutigen Werten gelegen haben, weil die Bildung der riesigen Salzlager auf den Kontinenten über die Äonen hinweg den Meeren ständig Salz entzogen hat. Paul Knauth von der Arizona State University in Tempe kam in seinem Vortrag am gleichen Astrobiologie-Kongress zum Schluss, die Urmeere müssten im Vergleich mit den heutigen Werten die anderthalbfache bis doppelte Salzkonzentration besessen haben. Für Deamer und Apel ein weiterer Hinweis, dass das Leben im Süßwasser und nicht in den Meeren entstanden sein muss.

Das Problem des Salzgehalts, der Salinität des Wassers, könnte allerdings nur für die Bildung der ersten, im chemischen Sinne noch sehr zerbrechlichen Zellen eine Schwierigkeit gewesen sein, nicht aber für die frühesten RNA-Moleküle. Diese, oder möglicherweise auch andere, zur Selbstvermehrung fähige, einfache chemische Stoffe, sind offenbar gut vor dem Salz und den abbauenden Eigenschaften des Wassers geschützt, wenn sie sich auf der Oberfläche von Tonmineralien bilden und dort konzentriert werden. Jedenfalls gelang es dem Chemiker James Ferris vom Rensselaer Polytechnic Institute in Troy, New York, unabhängig vom Salzgehalt des Wassers einfache RNA-Moleküle zu bilden, indem er die Ausgangsstoffe auf den Oberflächen von Tonmineralien anreicherte.[2] Aber trotz dieses Erfolgs: Irgendwann müssen sich auch die einfachsten Moleküle von den Tonmineralien gelöst haben. Und dort, im freien Wasser, begegnen sie gleich mehreren Problemen. Erstens werden sie sofort fast unendlich verdünnt und haben kaum die Möglichkeit weitere chemische Reaktionen auszulösen. Zweitens sind sie dort dem Wasser ausgesetzt und damit dem Abbau preisgegeben (vgl. Kapitel 3.5), und drittens können sie nur dann vor der Verdünnung und vor dem Wasser geschützt werden, wenn sie von Membranen umschlossen werden. Exakt diese Membranen reagieren aber ganz offensichtlich empfindlich auf den Salzgehalt der Lösung.

Bilden diese Erkenntnisse bloß eine Reihe weiterer Schwierigkeiten auf der hindernisreichen Suche nach den Startbedingungen des Lebens auf der Erde? Oder sind sie Indizien dafür, dass wir uns auf die falsche Fährte eingeschworen haben? Stehen uns bei der Lösung des Problems Vorurteile und/oder unbewusste Annahmen im Wege? Paul Davies schreibt in seinem Buch *Das fünfte Wunder*[3] mehrfach, es scheine ihm, als hätten wir bisher etwas ganz Entscheidendes verpasst, ein wichtiges Detail übersehen. Was könnte dieses Detail sein? Ist etwa gar die erste der obigen Fragen falsch gestellt und haben wir uns zu sehr in Annahmen über die Startbedingungen für das Leben hier auf der Erde verrannt? Oder noch radikaler, steht uns ein Dogma im Weg, das uns den Ursprung der heutigen Lebewesen auf unserem Planeten selbst suchen lässt anstatt unvoreingenommen auch andere Varianten in die Überlegungen einzubeziehen? Blockiert uns in der Biologie noch immer das alte geozentrische Weltbild? Braucht auch die Biologie der Entstehung des Lebens eine Art kopernikanische Wende, ein Öffnen des Blickes nach außen? Gab es in der Frühzeit des Sonnensystems vielleicht anderswo sogar die günstigeren Bedingungen für die Entstehung von Leben als auf der jungen Erde?

Einen ersten Schritt in die Richtung einer »kopernikanischen Wende« vollzogen die Wissenschaftler in den letzten Jahren bereits, indem sie erkannten, dass auch auf dem Mars die Bedingungen für die Entstehung von Leben gegeben waren, dort womöglich sogar noch früher als auf der Erde (vgl. Kapitel 3.7). Ist also der Mars unser Ursprung? Kommen wir weiter, wenn wir einfach einen anderen Planeten als Entstehungsort annehmen? Oder erliegen wir damit der Versuchung, das Problem einfach abzuschieben, ganz nach dem Prinzip Hoffnung? Waren damals auf dem Mars die Bedingungen nicht jenen auf der jungen Erde zu ähnlich, als dass sich neue Aspekte ergäben? Bietet der Mars wirklich neue experimentelle Ansätze oder landen wir bei den gleichen Ausgangsbedingungen, die den bisherigen Experimenten der Wissenschaftler zu Grunde liegen? Schließlich kamen die Fachleute gerade wegen der vermutlich ähnlichen Jugendphase des Mars auf die Idee, dort könnten sich Lebewesen entwickelt haben! Verkomplizieren wir die Erklärung des Starts des Lebens auf der Erde durch die notwendige interplanetare Infektion vom Mars her nicht unnötigerweise? Hilft uns also die Verlagerung der Suche auf einen anderen Planeten bei der Erklärung für die ersten Schritte des Lebens oder müssen wir die Fahndung noch radikaler ausdehnen? Gibt es eventuell schon Indizien, die wir mit unserem eingeengten Blick bloß nicht richtig wahrgenommen haben?

Persönlich bin ich überzeugt, es sei richtig und es lohne sich, auf dem bisherigen Pfad weiterzugehen und die Forschung nach den Ursprüngen des Lebens auf der Erde sogar noch zu intensivieren. Dafür spricht eine ganze Reihe von Gründen. Schon fast trivial, aber von größter Bedeutung ist die Einsicht, dass unser Planet immer noch der einzige Himmelskörper ist, von dem wir mit Sicherheit wissen, dass sich Leben entwickelt hat. Die Erde wird leider auch für die nähere

Zukunft der einzige Ort bleiben, an dem die Menschheit uneingeschränkt forschen kann und an dem wir unsere ausgeklügelten Methoden und Instrumente nach Bedarf einsetzen können. Zudem
waren die Fortschritte der letzten Jahre wirklich beeindruckend. Sie
haben unser Wissen gewaltig vergrößert und sie bilden für die Fachleute auch die Basis für eine enorme Motivation zur Weiterarbeit. Wir
dürfen auch nie vergessen, wie jung dieser ganze Forschungszweig
ist und mit welchen riesigen experimentellen Schwierigkeiten an den
Nachweisgrenzen der Stoffe die beteiligten Wissenschaftlerinnen und
Wissenschaftler zu kämpfen haben.

Aber, mir scheint auch, wir sollten offen sein für neue Spuren und
diesen mit der nötigen kritischen Vorsicht nachgehen, ohne dabei
gleich in übertriebene Euphorie zu verfallen und ohne den Fehler zu
machen, aus den Hinweisen gleich die definitive Lösung des Problems ablesen zu wollen. Unser gegenwärtig noch sehr eingeschränk-
tes Wissen erlaubt uns keinesfalls, fertige Lösungen anzubieten; es erlaubt uns aber ebenso wenig, Indizien unbeachtet zu lassen oder sie
auf Grund alter Vorurteile nicht genügend zu gewichten.

Die letzten Jahre haben nicht nur unser Wissen um die Detailvor-
gänge, die beim Start des Lebens hier auf der Erde eine Rolle gespielt
haben könnten, in einem noch bis vor kurzem kaum zu erträumen-
den Ausmaß vermehrt. Nein, die letzten Jahre haben uns mit aller
nur wünschenswerten Deutlichkeit sogar klar gemacht, wie leicht die
für das Leben notwendigen chemischen Stoffe auch außerhalb der
Erde entstehen. Dementsprechend nehmen die Nachweise organischer Stoffe außerhalb der Erde in diesem Buch einen großen Stellenwert ein (vgl. Kapitel 3.5). Die daraus folgende Spekulation, Meteoriten, Asteroiden und Kometen könnten mit ihrer reichen Fracht an
Kohlenstoffverbindungen dem Leben hier auf unserem Heimatplaneten so richtig zum Start verholfen haben, ist anfänglich mit einiger
Skepsis aufgenommen worden. Heute aber sind viele, wenn nicht die
meisten Fachleute überzeugt, zumindest ein Teil der Rohstoffe des
Lebens sei von außen her auf unseren Planeten gelangt.

Werden wir mit dieser Folgerung den Beobachtungen gerecht?
Sind wir angesichts der verblüffenden Funde nicht fast gezwungen,
noch einen Schritt weiter zu gehen und uns zu fragen, ob Kometen,
Asteroiden und Meteoriten beim Start des Lebens eventuell eine noch
viel entscheidendere Rolle als diejenige der Rohstofflieferanten gespielt haben? Wäre es nicht konsequent, ernsthaft die Frage zu stellen, ob nicht nur die Chemikalien auf oder in diesen kleineren Himmelskörpern entstanden, sondern auch gleich noch der letzte Schritt

geschah, dass Leben auf Kometen oder Asteroiden seinen Anfang nahm? Um einem Missverständnis gleich vorzubeugen: Selbstverständlich kann es nicht darum gehen, dass dort komplexe Bakterien der heute lebenden Typen entstanden. Diese benötigten eine lange Evolution. Es geht hier um die Idee, erste, allereinfachste, an Leben erinnernde Systeme von Protozellen vom Typ »abgeschlossene, vermehrungsfähige Reaktionsräume« könnten sich aus den Materialien in den Kometen oder Asteroiden gebildet haben. Ganz ursprüngliche, zellartige Bläschen also, die lange vor der Welt der heutigen Mikroben existierten, dem Leben auf der Erde aber so richtig zum Start verholfen haben könnten.

Im ersten Moment mag dieser Gedanke weit hergeholt erscheinen. Zu sehr haben wir uns an das Bild der Erde als einer Insel des Lebens in den unfassbaren Weiten des abstoßend lebensfeindlichen, völlig toten Weltalls gewöhnt. Zu sehr ist damit die Erde für uns zum einzig möglichen Ort für die Entstehung des Lebens geworden, und ohne Zweifel haben die Wissenschaftler gleich mehrere Modelle entwickelt, wie die ersten lebenden »Protozellen« hier auf unserem Planeten entstanden sein könnten. Aber noch haben all diese Modelle ernsthafte Lücken, noch ist es schwierig sich vorzustellen, wie sich die ersten Biomoleküle an irgendeinem Ort hier auf der Erde aufgebaut und genügend konzentriert haben könnten, um zu ersten Vorläufern der ursprünglichsten lebenden Protozellen zu werden. Auch wenn heute viele Wissenschaftler diese Schwierigkeiten der Synthese, Konzentration und Organisation in irdischen Lebensräumen durch die Annahme zu mildern meinen, viele der notwendigen Stoffe seien aus dem Weltall auf die Erde gelangt, so könnte sich diese Erleichterung bald als ungenügend, gar als Trugschluss erweisen. Christopher Wills von der University of California in San Diego und Jeffrey Bada von der Scripps Institution of Ozeanography in La Jolla[9] und Direktor des NASA Zentrums für Exobiologie am gleichen Institut rechnen uns nämlich vor, wie unglaublich stark verdünnt die Stoffe aus den aufschlagenden Kometen, Asteroiden und Meteoriten aller Größenordnungen nach ihrer Ankunft auf der Erde werden, wenn sie sich unter das Material der Erdkruste und der Ozeane mischen. Wills und Bada schätzen, auch unter relativ großzügigen Annahmen, die Aminosäurekonzentration durch den Eintrag aus dem Kosmos könne kaum höher als etwa ein Millionstel Gramm pro Liter Wasser der frühen Ozeane erreicht haben. Viel zu gering, um irgendetwas zu bewirken! Was also, wenn die frühe Atmosphäre nicht reduzierend war und deshalb die Bildung nennenswerte Mengen an Biomolekülen kaum zuließ (vgl. Kapitel 3.5) und der Eintrag von außen nur eine sehr, sehr dünne »Ursuppe« zuließ?

Gewiss, es gibt einige faszinierende Möglichkeiten für lokale Gegebenheiten, welche für die ersten Schritte des Lebens entscheidende Voraussetzungen geboten haben könnten. Dazu gehören ganz sicher die Umgebung heißer Quellen in der Tiefsee oder die Gesteinslückensysteme tief unten in den Gesteinen der Erde. Aber all diese Variationen haben ihre eigenen, ungelösten Probleme.

Es gibt heute wenige Wissenschaftler, die öffentlich über die Idee der Entstehung des Lebens auf Kometen oder anderen Kleinkörpern des Sonnensystems nachdenken. Allen voran waren natürlich der Brite Fred Hoyle und sein Kollege Chandra Wickramasinghe von dieser Möglichkeit überzeugt. Christopher P. McKay diskutierte mit wohlwollendem Unterton die noch spärliche Literatur zu diesem Thema[10] und offenbar haben in neuerer Zeit auch seine Kollegen Max Bernstein, Scott Sandford und Louis Allamandola vom Ames Forschungsinstitut der NASA in Moffett Field in Kalifornien wenigstens andeutungsweise solche Gedanken geäußert.[4] Andere mögen dies auch schon getan haben, aber nur hinter vorgehaltener Hand und nach dem Konsum auflockernder Alkoholika.

Objektiv betrachtet ist diese zunächst abstrus erscheinende Variante der Entstehung der ersten Lebensformen allerdings gar nicht so abwegig. Insbesondere Kometen enthalten oder bieten nämlich alles, was wir auch auf der Erdoberfläche an Grundvoraussetzungen für den ersten Schritt des Lebens annehmen: Rohstoffe in Form von komplexen organischen Molekülen, Energiequellen und in ihrem Inneren möglicherweise zumindest sporadisch auch flüssiges Wasser (vgl. Kapitel 3.5).

Neben der Form des »flüssigen Eises« bei sehr tiefen Temperaturen kann Wasser in den Kometen nicht nur bei der Passage des inneren Planetensystems durch die Wärme der Sonne, sondern auch durch den Zerfall radioaktiver Elemente in den Kometen selbst in der uns geläufigeren Art und Weise flüssig auftreten. Wie leicht auf Körnchen aus Eis und Silikaten durch Bestrahlung mit ultraviolettem Licht sogar im freien Weltall zahllose, entscheidende organische Moleküle entstehen, haben Mayo Greenberg, Louis Allamandola, Max Bernstein, Scott Sandford, Giovanni Strazzulla von der Universität in Catania (Italien), Jochen Kissel, Franz R. Krueger und andere Wissenschaftler in den letzten Jahren der staunenden Welt immer wieder aufs Neue demonstriert (vgl. Kapitel 3.5).

Und Kometen bieten gegenüber den ersten »Lebensräumen« auf der Erde einige gewaltige Vorteile: Erstens entgingen viele Kometen dem heftigen Bombardement, das bis vor etwa 3,8 Milliarden Jahren die Erde mit hoher Wahrscheinlichkeit mehrfach aufgeschmolzen hat und während dem unser Planet wohl mehrfach sterilisiert worden ist. Bei der Hitze der Einschläge verglühten auf der Erde nicht nur mögliche erste Lebewesen, sondern auch die in den oberen Schichten des Planeten vermutlich aufgebauten organischen Moleküle (vgl. Kapitel 3.4).

Zweitens entstanden und wuchsen die Kometen mit hoher Wahrscheinlichkeit, indem sie kleine Eis- und Staubteilchen aus der protoplanetaren Scheibe einsammelten (vgl. Kapitel 3.3). Diese kleinen Teilchen sind aber wahre kosmische Reaktionskammern. Sie bilden auch die Kondensationskerne in den so erfolgreichen Versuchen der Wissenschaftler vom Ames Forschungszentrum der NASA.[5,6] Offenbar ermöglicht erst die eingeschränkte Beweglichkeit der Moleküle auf der Oberfläche und im Innern der Eiskörnchen, sowie in den Kometen selbst, die Bildung von immer komplexeren Molekülen. Diese Beobachtung stellt eines der faszinierendsten Resultate der modernen astrobiologischen Forschung dar und belegt die formende Kraft der sonst so tödlichen ultravioletten Strahlung der Sonne. Ihr gelingt es, überraschend komplexe Kohlenstoffverbindungen aufzubauen, indem unter ihrem Einfluss zunächst kleinere Moleküle gespalten und so stets neue Molekülbruchstücke produziert werden. Diese Bruchstücke bleiben in den Eiskörnchen eingeschlossen und können dort neue Reaktionen eingehen. Durch wiederholtes Aufbrechen und Verbinden wachsen sie im Laufe der Zeit zu einer immensen Vielfalt an größeren Einheiten. Auf diesem Wege entstanden in den Weltraumkammern der Ames-Forscher sogar Chinone, mit ihren dem pflanzlichen Chlorophyll so ähnlichen chemischen Strukturen. Auf der Erde könnten solche Moleküle kaum aufgebaut werden, weil die Molekülbruchstücke unter dem Einfluss der relativ hohen Temperaturen (und der relativ dichten Atmosphäre) wegen ihrer hohen Beweglichkeit selten miteinander in Kontakt träten. Sie verteilten sich einfach im Raum.

Diese Erkenntnis führt uns sofort zum dritten Vorteil, den Kometen zu bieten haben. Damit sich nämlich Reaktionsketten aufbauen können, wie sie auch für allereinfachste Lebensformen nötig sind, müssen die beteiligten Moleküle in genügend hoher Konzentration vorliegen. Unter irdischen Bedingungen ist dies eine ganz entscheidende Erschwernis (vgl. Kapitel 3.5), da in flüssigen Systemen das allgegenwärtige und sich schnell bewegende Wasser jede lokale Ansammlung sofort auflöst. Der »warme Tümpel« des Charles Darwin ist deshalb eine denkbar schlechte Umgebung für die Entstehung der ersten lebenden Systeme. In den Eiskörnchen, aus denen sich die Kometen bilden, bleiben die Stoffe aber konzentriert. Gleiches dürfte auch für die Kometen selbst gelten. Auf ihren Oberflächen könnte es sogar zu einer zusätzlichen Verdichtung der Stoffe kommen, weil das Eis der äußersten Kometenschichten bei der Erwärmung während einer Passage durch das innere Sonnensystem schneller verdampft als die organischen Moleküle. Erinnern wir uns, wie überraschend dunkel die Oberfläche des Halleyschen Kometen ist (vgl. Kapitel 3.4, Abb. 17). Zudem darf man sich einen Kometen keinesfalls als einen einheitlichen Eisklumpen vorstellen. Nach allem was wir heute wissen, bestehen Kometen aus zahlreichen einzelnen größeren und kleineren Brocken. Dieser lockere Aufbau ist auch der Grund weswegen Kometen häufig recht leicht auseinander brechen, so wie vor kurzem die berühmten Shoemaker-Levy 9 und C/1999 Linear S4. In und auf einem Kometen ergeben sich dadurch zahllose »Reaktionsflächen« und »Reaktionskammern«, in denen Stoffe aufgebaut und konzentriert werden können.

Wasser in seiner flüssigen Form war für die Entstehung des Lebens mit großer Wahrscheinlichkeit entscheidend wichtig. Seine Eigenschaft, sich in die Bindungen zwischen den Bauteilen der großen organischen Moleküle einzuschieben und die Bindung zu lösen, wobei sogar Energie frei wird, verleihen ihm aber auch negative Eigenschaften (vgl. Kapitel 3.5). Bei tiefen Temperaturen wird das Lösen der chemischen Bindungen durch Wasser immer unwahrscheinlicher, ein wichtiger Schutz für die ersten Makromoleküle. Kometen könnten in ihrem Inneren gerade die richtigen Minimengen flüssigen Wassers besitzen, um die Balance zwischen seinen auf- und abbauenden Effekten zu gewährleisten. Es ist gut möglich, dass vor rund vier Milliarden Jahren im Inneren der Kometen deutlich mehr Wasser vorhanden war als heute, weil damals die radioaktiven Stoffe noch nicht in dem Ausmaß wie heute zerfallen waren, und so die aufheizende Radioaktivität wesentlich größer war als in unserer Zeit. Von besonderer Bedeutung könnte die feine Grenzschicht zwischen gefrorenem und anschmelzendem Eis, nahe der Oberfläche von Gesteinsbrocken in einem Kometen sein, in der Reaktionen zwar möglich sind, die größeren Moleküle bei den tiefen Temperaturen aber nicht gleich zerbrechen. Zudem ist noch viel zu wenig erforscht, welche Vielfalt an chemischen Reaktionen im »flüssigen Eis« bei extrem tiefen Temperaturen abläuft.

Ganz allgemein helfen tiefe Temperaturen bei der Konservierung einmal aufgebauter komplexer biologischer Moleküle. Im Grunde genommen ist diese Erkenntnis uralt und wird von den meisten von uns täglich ausgenutzt, indem wir Lebensmittel im Gefrierschrank lagern. In der Begeisterung um die Entdeckungen der enorm ursprünglichen Lebensgemeinschaften um heiße Quellen ging sie allerdings etwas vergessen. In den warmen bis heißen Biotopen um die Hydrothermalquellen könnten die ersten Bio-Moleküle zwar durchaus entstehen, müssten aber gleich wieder zerfallen. In kühlen bis kalten Umgebungen können die allermeisten Reaktionen auch ablaufen, vor allem unter dem Einfluss von UV-Licht, die Moleküle haben aber eine viel höhere Chance zu überdauern und weitere aufbauende Reaktionen zu durchlaufen. Dies betrifft sogar die in den Miller-Urey-Experimenten so schlecht zu verkettenden Bausteine der RNS. Unter kalten Bedingungen, in den Hohlräumen von Meereseis aber können diese so empfindlichen Moleküle ganz beachtliche Längen erreichen, bis zu 400 Nukleotiden lang, wie die Versuche von Christoph Biebricher vom Göttinger Max-Planck-Institut für biophysikalische Chemie, Wolfgang Schröder und Hauke Trinks von der TU Hamburg-Harburg klar belegen. Eine Ausnahme betrifft die Bildung von Aminosäureketten, die bei höheren Temperaturen deutlich bessere Ausbeuten ergibt. Aber auch hier gilt, dass bei der größeren Wärme, z. B. um die heißen Quellen, der Abbau der gleichen Moleküle sehr viel schneller vonstatten geht als in kühlerer Umgebung.[7] Das Reaktionsgleichgewicht liegt bei höheren Temperaturwerten also auf der Seite der abbauenden Reaktion und vermindert die Konzentration an Aminosäureketten.

Sechstens: Kometen bestehen nicht nur aus Eis, sondern auch aus Felsbrocken. Ein Teil der Asteroiden und der Meteoriten dürfte denn auch nichts anderes sein als Teilstücke ehemaliger Kometen, die bei Sonnenpassagen bis auf ihre mineralischen Bestandteile verdampften und/oder auseinander brachen. Es gibt also auch in Kometen genügend mineralische Oberflächen, an denen sich kleinere Moleküle anlagern und danach zu längerkettigen organischen Stoffen verbinden können. Für die Entstehung der Makromoleküle des Lebens könnten die Oberflächen von Mineralien mit ihrer Struktur nach den Ideen von Graham Cairns-Smith so etwas wie die Vorlage für informationstragende Moleküle gewesen sein (vgl. Kapitel 3.6). Und auch bei diesen möglichen Prozessen bieten die Kometenumgebung oder die Ritzen und Löcher in den Meteoriten beachtliche Vorteile. Dazu gehören die vielfältig strukturierten Oberflächen in den bröckligen Gesteinen, auf denen sich unter dem Einfluss der Schwerelosigkeit ein Film von

Makromolekülen gleichmäßig verteilen kann und dazu zählen auch, schon wieder, die tiefen Temperaturen. Hier sind sie ganz besonders wichtig, denn beim Anlagern der organischen Stoffe an die mineralischen Oberflächen wirken nur sehr schwache anziehende Kräfte vom Typ der Wasserstoffbrücken-Bindungen oder der noch schwächeren Van-der-Waals-Kräfte. Beide bilden bei tiefen Temperaturen besonders stabile Bindungen, weil ihr Gegenspieler, die Wärmebewegung der Teilchen, bei sinkenden Temperaturen immer schwächer wird. Die sich bei steigenden Temperaturen verstärkende Bewegungsenergie der Moleküle lässt die Teilchen an ihrem Ort immer stärker »zittern«. Sobald die Energie aus der Wärmebewegung größer wird als jene der anziehenden Kräfte, welche die Teilchen auf ihrem Untergrund festhalten, lösen sich die Moleküle von ihrer Unterlage. Jetzt aber, im freien Wasser, sind sie nicht mehr geschützt, sie können leicht zerfallen und sind für weitere aufbauende Reaktionen nicht mehr zugänglich. Wiederum ein klarer Nachteil für die Bildung größerer Moleküle bei höheren Temperaturen.

Der siebte Punkt zu Gunsten der Idee, das Leben könnte in oder auf Kometen entstanden sein, betrifft die Vesikel, die David Deamer im Murchison-Meteoriten fand (vgl. Kapitel 3.6). Dieser Fund belegt ganz klar, wie hoch die Stoffe unter den Bedingungen des freien Weltalls konzentriert werden.

Organische Moleküle, aus denen die Hüllen der Kügelchen bestehen, scheinen sich unter Weltallbedingungen und unter dem Einfluss von ultravioletter Strahlung sogar ganz besonders leicht zu bilden. Vesikel, Mikrosphären oder wie auch immer die kleinen Kügelchen entsprechend ihres Ursprungs und ihrer Zusammensetzung genannt werden, könnten sonst nicht entstehen und die nötigen Stoffe wären auch in den Versuchen, die Lou Allamandola und Jason Dworkin mit ihren Weltraumkammern durchführten, kaum in genügenden Mengen aufgetreten (vgl. Kapitel 3.6).

Solch kleine Kügelchen mit Membranen aus biologisch bedeutsamen Materialien können allerdings unter einer Vielzahl von Bedingungen entstehen, auch auf der Erde. Dies belegen die Untersuchungen von Martin Kerner und seinen Kollegen von der Universität Hamburg. Sie fanden solche Kügelchen im Wasser der Elbe und konnten nachweisen, dass diese aus gelösten organischen Stoffen entstanden, und zwar völlig ohne die Mithilfe von Mikroorganismen![11]

Eine Besiedelung der Erde von außen könnte, achtens, auch erklären, wieso der Start des Lebens nach dem Ende des großen »Bombardements« vor knapp vier Milliarden Jahren so rasch erfolgte.

Und zumindest noch einen neunten Vorteil besitzen Kometen. Es geht um die in diesem Abschnitt weiter vorn schon erwähnte chemische Grundvoraussetzung für die »Ursuppenversuche« à la Miller und Urey. Erinnern Sie sich? Miller und Urey starteten in ihren Experimenten mit der Annahme, unsere Erde hätte damals eine reduzierende Atmosphäre besessen. Ohne eine solche Atmosphäre mit viel Wasserstoff könnten die meisten der Reaktionen, die Miller und Urey beobachteten, gar nicht stattfinden. Wir wissen in der Zwischenzeit aber, dass die Erde vermutlich nie eine solche reduzierende Atmosphäre hatte (vgl. Kapitel 3.5). Mit den Kometen als Ursprungsort ließe sich auch diese Schwierigkeit elegant umgehen.

Ich bin der Meinung, wir sollten, ja wir müssen die faszinierenden Entdeckungen der letzten Jahre zu ihrem vollen Wert nehmen und allen Spuren nachgehen. Auch wenn uns diese Spuren an Orte führen, über die noch vor ganz kurzer Zeit kaum ein »ernsthafter« Wissenschaftler auch nur einen kurzen Gedanken verschwendet hätte. Der wissenschaftliche Prozess verlangt von uns diese Offenheit und die unvoreingenommene Prüfung der Fakten. Ich möchte mich aber ganz sicher nicht heute schon, auf Grund einiger Indizien, auf eine Theorie der Entstehung des irdischen Lebens auf Kometen versteifen. Ein solches Handeln verdunkelte nur den Blick auf die bunte Palette von Möglichkeiten das große Rätsel zu lösen und wäre an sich schon ein zutiefst unwissenschaftliches Vorgehen. Beim gegenwärtigen Stand der Ermittlungen ist jede der möglichen Theorien ja auch nur eine von zahllosen anderen Ideen, den Vorgängen im frühen Sonnensystem auf die Schliche zu kommen. Wir sind immer noch am Anfang der Forschung und noch längst nicht in der Lage, uns auf einen oder wenige Tatverdächtige einzuschränken.

Und es gibt auch Gegenargumente. Dazu gehört nicht zuletzt die Tatsache, dass die chemischen Reaktionen bei tiefen Temperaturen sehr langsam ablaufen. Auch konnten die Wissenschaftler auf und in den allermeisten Meteoriten nicht die geringste Spur von »Lebensmolekülen« finden. Es sind heute über 30 000 Meteoriten bekannt, die vermutlich aus Asteroiden stammen. Diese Klasse der Meteoriten besteht ausschließlich aus Gesteinen, ohne irgendwelche komplexere Kohlenstoffverbindungen. Tatsache ist aber auch, dass es in anderen Typen von Meteoriten genügend Kohlenstoffverbindungen gibt und in einigen von ihnen sogar die kleinen Vesikel, welche die erste Stufe hin zu abgeschlossenen Reaktionssystemen darstellen könnten.

Die Indizien sind sicher stark genug, so dass es zumindest lohnend erscheint, die kleinen Himmelskörper unseres Sonnensystems genauer zu untersuchen und zu erforschen, was alles auf ihnen möglich ist, was geschehen ist und vielleicht auch heute noch geschieht. Denn wenn man sich angesichts der harten Fakten unvoreingenommen überlegt, wie, wo und ob auf der frühen Erde die für das Leben notwendigen Stoffe entstanden sein konnten; wenn man sich ferner vergegenwärtigt, wie und wo sich dieser Mix an Chemikalien in genügend hoher Konzentration anreichern konnte; wie und wo sich diese Stoffe zu ersten, einfachsten lebenden Systemen zusammengeschlossen haben könnten und dies mit dem neuesten Wissen über die kleinen Staubpartikelchen im freien Weltall, über Kometen und Meteoriten vergleicht, so drängt sich ein Schluss förmlich auf. Falls, gerade angesichts der noch ungelösten Probleme, die ganze Ursuppenchemie auf der frühen Erde möglich gewesen sein sollte, dann ist momentan kein Grund zu erkennen, weshalb die gleiche Chemie nicht auch dort stattgefunden haben sollte, wo wir die Moleküle und sogar die membranumschlossenen Vesikel direkt nachweisen können. Ganz im Gegenteil, die vorurteilslose Analyse der harten Fakten könnte sehr wohl ergeben, dass der Unterschied zwischen den beiden Schauplätzen darin liegt, dass auf den kleineren Himmelskörpern des Sonnensystems die organisch-chemischen Reaktionen mit höherer Wahrscheinlichkeit und größerer Ausbeute abliefen, als dies auf der Urerde möglich war. Haben also Kometen und Meteoriten tatsächlich nicht nur Rohmaterialien für die Entstehung des Lebens auf die Erde gebracht, sondern gleich auch die ersten, äußerst einfachen »lebenden« Reaktionssysteme?

Es gibt keine andere Möglichkeit, eine solch drängende, aber auch faszinierende Frage zu beantworten, als die direkte Beobachtung. Wir müssen den dünn verteilten Staub, der in den riesigen und scheinbar leeren Weiten zwischen den Planeten unseres Sonnensystems fließt, einfangen und ihn gründlich unter die Lupe nehmen, wir müssen auf Kometen und Asteroiden landen, Proben entnehmen und diese nicht nur automatisch und ferngesteuert vor Ort untersuchen, wir müssen das Material bald auch einsammeln, in unsere Labors bringen und dort mit allen uns zur Verfügung stehenden technischen Raffinessen analysieren. Denn wenn sich die Indizien für die Möglichkeit der Entstehung erster, auch noch so primitiver lebender Systeme auf den kleinen und kleinsten Mitgliedern unseres Sonnensystems weiter verdichten sollten, so hätte dies wahrlich gewaltige Auswirkungen für unser Weltbild und die Suche nach unseren Wurzeln. Es wäre nämlich kein Grund zu erkennen, weshalb nur in unserem Sonnensystem die ersten Schritte hin zum Leben auf diesem Typ Himmelskörper hätten stattfinden sollen. Wir müssten oder dürften erkennen, es braucht keinen besonderen blauen Planeten mit lauschigen Lagunen oder der richtigen Kombination von heißen Quellen, Gesteinen und chemischen Grundstoffen, es braucht nicht einmal ein spezielles Sonnensystem mit der genau richtigen Verteilung von Planeten, damit einfachste Lebensformen entstehen können. Alles, was Leben zu seinem Start benötigt, wäre der normale »Abfall« der Entstehung eines Planetensystems.

Welch gewaltiges »Wäre«! Es bedeutete nicht mehr und nicht weniger als die Einsicht der absoluten Gewöhnlichkeit des Lebens im Weltall! Leben müsste demnach fast zwangsläufig überall dort entstehen, wo sich ein Planetensystem aus einer Staub- und Gaswolke entwickelt. Leben müsste sich in fast allen jungen Sternsystemen entwickeln. Also: nichts wie hin und nachschauen!

Genau dies soll eine kleine Flotte von Raumschiffen tun, die entweder bereits unterwegs ist oder in den nächsten Jahren zu ihrer langen Reise starten wird. Sicher geht es bei diesen Missionen nicht darum, Lebewesen auf den Kometen zu finden und sie mit auf die Erde zu bringen. Solche Raumexpeditionen setzten einen riesigen technischen Aufwand voraus, der nur verantwortet werden kann, wenn die Chance groß genug ist, tatsächlich etwas Bedeutendes zu finden. Zudem müsste auch der Schutz der irdischen Ökosphäre vor möglichen, neuen Krankheitskeimen gewährleistet sein, was keineswegs einfach ist. Zuerst müssen daher Kometen (und Asteroiden) genauer beobachtet und mit vergleichsweise simplen Mitteln untersucht werden. Dies geht zum Glück relativ einfach, was besonders wichtig ist, weil vermutlich mehrere derartige Missionen nötig sind, um den einen kosmischen Vagabunden mit seiner besonderen Fracht zu finden.

Bereits unterwegs zum Kometen Wild 2 ist die schon besprochene Sonde *Stardust* (vgl. Kapitel 3.5) der NASA. Sie ist am 2. Januar 2004 direkt durch den Schweif des vom Schweizer Astronomen Paul Wild entdeckten Kometen geflogen und hat dort Staubkörner und einzelne Moleküle eingesammelt. Das ganze Material soll in zwei Jahren mit einer Landekapsel zur Erde gebracht werden. Eine zweite Sonde der NASA, *Deep Impact*, hatte am 4. Juli 2005 ihren großen Auftritt: sie nahm den Kometen Tempel 1 unter Beschuss. Das hollywoodreif auf den amerikanischen Unabhängigkeitstag festgelegte Spektakel wurde durch ein 370 kg schweres Geschoss ausgelöst, das mit über 10 km/s den Kern des Kometen traf und dort ein großes Loch schlug. Der Komet steigerte durch den Beschuss kurzfristig seine Leuchtkraft, was auf den parallel erfolgten Aufnahmen erdgebundener Teleskope deutlich zu sehen war. Die Wissenschaftler erhoffen sich von diesem Einschlag Einblick in die unter der Oberfläche gelegenen und vom Einfluss der Sonne weitgehend unbeeinflussten Teile des Kometen. Das Auswurfmaterial wird von Detektoren an Bord von *Deep Impact* unter die Lupe genommen und auch von Teleskopen auf der Erde analysiert.

Die spannendste Mission, die mit fast 700 Millionen Dollar aber auch weitaus mehr kostet als *Stardust* und *Deep Impact* zusammen, ist der Flug der europäischen Sonde *Rosetta*. Dieses Raumfahrzeug soll nicht nur einen Kometen besuchen und ihn wie seine Vorgänger beim Vorbeiflug kurz unter die Lupe nehmen. Nein, *Rosetta* soll, am Ziel angekommen, zunächst in eine Umlaufbahn einschwenken und den Kometen von dort aus während etwa 18 Monaten intensiv unter die Lupe nehmen. Damit allein gaben sich die ehrgeizigen Planer aber nicht zufrieden: *Rosetta* wird auch ein Landegerät aussetzen, das auf dem Kometen selbst niedergehen soll!

Ursprünglich war geplant, *Rosetta* zum Kometen 46P/Wirtanen zu senden. Leider musste der Start aber wegen technischer Probleme mit der europäischen Trägerrakete *Ariane V* verschoben werden, was Wirtanen außer Reichweite von *Rosetta* rücken ließ. Nach einigem Suchen fanden Wissenschaftler und Ingenieure der European Space Agency (ESA) aber im Kometen 67P/Churyumov-Gerasimenko ein passendes Ersatzziel. Dieser 1969 entdeckte Komet besitzt einen Kern, der etwa 3 × 5 km groß ist und die Sonne auf einer stark exzentrischen Bahn einmal alle 6,57 Jahre umläuft. Er gilt als ein »staubiger« Vertreter seiner Klasse, auch wenn er niemals so viel Material von sich gibt wie z. B. der berühmte Komet Halley. Die Verschiebung des Starts von *Rosetta* scheint sich gelohnt zu haben. Seit dem Bilderbuchstart am 2. März 2004 mit Flug 158 befindet sich die Sonde auf fast perfektem Kurs.

Spannend wäre es, wenn *Rosetta* den Kometen bis mindestens zu seinem sonnennächsten Punkt begleiten könnte. Dies ermöglichte es den Forschern mitzuerleben, wie der Komet durch die Sonneneinstrahlung erwärmt wird und aus seinem »Tiefkühlschlaf« erwacht. Auf seiner Oberfläche müsste, Vulkanen ähnlich und direkt vor den Sensoren der Sonde, Gas- und anderes Material in gewaltigen Ausbrüchen in das Weltall geschleudert werden. Ganz sicher ein fantastischer Anblick und vor eine ideale Gelegenheit zur Beobachtung.

Kometenmaterial kann *Rosetta* keines auf die Erde zurück transportieren. Dafür wird das Landegerät *Philae* aber direkt auf der Kometenoberfläche seine Analysen vornehmen. Der nur etwa einen Meter messende Lander muss sich sofort nach dem Aufsetzen mit einer Harpune in der Oberfläche verankern, um nicht gleich wieder ins All geschleudert zu werden; zu gering ist die Gravitationskraft des Kometen. Ein kleiner Bohrer wird danach Material aus der Kruste gewinnen, dieses in mehrere kleine Öfen bringen, wo es verdampft wird und so von verschiedenen Messgeräten gründlich studiert werden kann. Im Prinzip sollte sich *Philae* auch wieder von der Oberfläche lösen und wie ein Floh zu einer anderen Stelle auf der Oberfläche des Kometen hüpfen können.

Wir dürfen gespannt auf den Weiterflug von *Rosetta* warten und hoffen, dass nicht wieder ein Strukturproblem, wie bei der missglückten *Contour*-Mission im Sommer 2002, die Sonde auseinander brechen lässt oder ein anderes Missgeschick die kühnen Pläne zunichte macht. Zumindest die Startphase ist zur vollen Zufriedenheit der Kontrolleure des European Space Operations Centre der ESA in Darmstadt geglückt. Wir werden uns allerdings in Geduld üben müssen, der Flug zum Kometen dauert nämlich ganze zehn Jahre.

Und noch einen weiteren Zeugen sollten wir befragen. Einen Zeitgenossen der ersten irdischen Lebewesen nämlich, der vielleicht sogar Spuren des frühen Lebens auf seiner staubigen Oberfläche gesammelt und konserviert hat und den die Menschheit bereits mehrfach erreicht und für absolut tot erklärt hat: den Mond. Es ist nicht ausgeschlossen, dass auf seiner zerkraterten Oberfläche Felstrümmer von alten Meteoriten gefunden werden, die uns wertvolle Hinweise auf die Frühzeit des Lebens im Sonnensystem liefern könnten. John Armstrong von der University of Washington in Seattle und seine Kollegen jedenfalls sind überzeugt davon und möchten die bemannten Flüge zu unserem Trabanten allein schon aus diesem Grund wieder aufnehmen.[8]

Liegt der Schlüssel zum Rätsel der Entstehung des Lebens also außerhalb der Erde, auf Kometen und Asteroiden? Haben sie nicht nur einen Teil der für den Start des Lebens auf der Erde notwendigen Moleküle auf unseren Planeten transportiert? Sind möglicherweise sogar die ersten Schritte der Entstehung allererster und ursprünglichster, lebensähnlicher Systeme auf einigen von ihnen abgelaufen? Haben die himmlischen Boliden ihre Lebenskeime auf die Planeten des Sonnensystems verteilt?

Alles drängende Fragen, ausgelöst durch die neuesten Forschungsresultate, und nur durch zukünftige Raummissionen zu beantworten.

Die faszinierenden Entdeckungen der letzten Jahre haben unseren Blick nach außen geöffnet. Sie zwingen uns geradezu auf der Suche nach unserem Ursprung dem Weltall einen ganz neuen, ja vielleicht entscheidenden Stellenwert zuzuschreiben. Der nach seiner Herkunft suchende, menschliche Forschungsdrang wird in den nächsten Jahren neue Forschungsprojekte starten, um die offenen Fragen zu beantworten, sofern er sich nicht durch archaisch anmutende, politische und/oder religiös-fundamentalistische Machtspielchen selbst um seine Zukunft bringt. Der Preis aller Anstrengungen könnte sehr wohl in der atemberaubenden Erkenntnis liegen, dass die Entstehung von Leben zur normalen Entwicklung eines jungen Planetensystems gehört.

IV

Wo sind sie?

4.1
Seltene Erden?

Ist die Entstehung von Leben also eine normale Entwicklungsphase in der Evolution eines Planetensystems? Heute ist diese Ansicht noch nicht viel mehr als eine wohlbegründete Vermutung. Und trotzdem ist sie für viele Laien und Wissenschaftler von einer wagen Möglichkeit schon fast zur Gewissheit geworden. Sollte die Idee bestätigt werden, so stellte sie eine der radikalsten Veränderungen unseres Weltbilds dar. In der Begeisterung über die packenden Entdeckungen des letzten Jahrzehnts, von der, ich gestehe, auch ich mich anstecken ließ, ging allerdings bei einigen Beteiligten und Beobachtern ein zur Vorsicht mahnendes Quäntchen kritischen Zweifels vielleicht etwas verloren. Es gibt sie aber auch, die skeptischen Stimmen, die versuchen die allgemeine Euphorie zu bremsen. Und dies ist gut so. Denn noch immer fehlt uns der Beweis, noch immer haben wir nicht einmal eine einzige, absolut unzweifelhafte, außerirdische Mikrobe gefunden, geschweige denn einen Hinweis auf »höheres« Leben. Auch wenn die Wahrscheinlichkeit dafür in den letzten Jahren mit jeder neuen Entdeckung gesunken ist, bleibt es nach wie vor möglich, dass wir uns täuschen ließen und eines Tages erkennen müssen, allein im erschreckend riesigen Weltall zu sitzen.

Die Hinweise für eine weit verbreitete Entstehung von Leben sind tatsächlich so zahlreich und schlüssig geworden, dass sogar die allermeisten der skeptischen Wissenschaftler sich nicht mehr mit dem Problem beschäftigen, ob es auf fremden Himmelskörpern überhaupt Leben gibt. Die Frage ist vielmehr, welche Form von Leben wir dort zu finden hoffen. Erwarten wir einen von Mikroben besiedelten Planeten zu entdecken oder eine Welt mit pflanzen- und tierähnlichen Geschöpfen aufzuspüren, von denen einige vielleicht sogar Intelligenz zeigen? Oder geht es gar darum, uns in einem galaktischen Imperium raumfahrender Zivilisationen anzumelden?

Die heutige Stimmung in der Astrobiologie und die Art und Weise, wie in den Medien mit der Möglichkeit ET zu finden umgegangen wird, erinnert an die 1950er und 1960er Jahre. Damals herrschte Aufbruchstimmung wie schon lange nicht mehr. Alles schien möglich. Die Technik begeisterte und der Mensch schien am Anfang eines goldenen Zeitalters der Eroberung des Weltalls. Miller und Urey hatten in ihren berühmten Versuchen gezeigt, wie einfach die Moleküle des Lebens im Labor entstehen können, und einige durchaus seriöse Astronomen vermuteten allen Ernstes, auf unserem Nachbarplaneten Mars gäbe es sogar höheres Leben. Dies gilt auch für den deutschsprachigen Raum, in welchem der so ernsthafte und hierarchische Universitätsbetrieb die Fantasie der Forscher, unter Strafe der Ächtung, wohl eher verhindert denn fördert. Noch 1967 schrieb z. B. Felix Schmeidler, damals an der Universitätssternwarte in München, über die dunklen Zonen auf der Marsoberfläche[1]:»Denkbar ist, dass es sich um Gebiete mit niedriger Vegetation handelt, weil jahreszeitliche Veränderungen des Aussehens der dunklen Gebiete konstatiert werden können.« Sogar die berühmt-berüchtigten Marskanäle, die Giovanni Schiaparelli im 19. Jahrhundert entdeckt zu haben glaubte, waren noch nicht endgültig als optische Täuschungen enttarnt, weil, so Schmeidler, das ganze Kanalphänomen »sich sicher nicht durch diese simple, oft geäußerte Auffassung einfach aus der Welt schaffen lasse«.[1] Für viele Wissenschaftler schien es, als wäre der Nachweis für Leben auf dem Mars schon fast gelungen, und es sei nur eine Frage der Zeit, wann erste Raumschiffe auf dem Mars landeten und mit einer Ladung Blumen vom Mars zur Erde zurückkehrten.

Das erste Ziel war klar, John F. Kennedy hatte es gesetzt, der Mond sollte erreicht und erobert werden. Sowjets und Amerikaner begannen einen fantastischen Wettlauf um Ruhm und Ehre. Wir Jugendliche saßen stundenlang vor dem Kurzwellenempfänger und lauschten der »Voice of America« bei der Übertragung der Raketenstarts, den Weltraumspaziergängen und den ersten Koppelungsmanövern. Wie immens war doch jeweils die Spannung, wie feucht unsere Hände, während des Countdowns zum Start oder des »Radio Black-out's« beim Wiedereintritt der Kapseln in die Erdatmosphäre! Zwar verstanden wir kaum ein Wort, aber wir waren dabei. Ich besitze heute noch eine ganze Sammlung alter Magnettonbänder mit den Stimmen der Astronauten. Und dann, »Houston, the Eagle has landed«, kurz danach die ersten Fernsehbilder vom Mond, verschwommen zwar, aber der klare Beleg, Menschen hatten die staubige Oberfläche des Erdtrabanten erreicht!

Das nächste Ziel musste der Mars sein und es schien absolut selbstverständlich, dass die großen Raumfahrtnationen nach dem epochalen Triumph gleich durchstarten und die neue Herausforderung annehmen würden. Aber alles kam anders. Amerika versank im Morast des Dschungelkriegs in Vietnam, der Sowjetunion gingen im

Rüstungswettlauf die ohnehin knappen finanziellen Mittel immer mehr aus, die Welt erlebte die erste Energiekrise und in Europa begann die erste große Welle des internationalen Terrorismus. Plötzlich waren da nur noch Skepsis und Angst.

Dazu kamen, nach einer anfänglichen Euphorie, die Enttäuschungen über den Mars selbst. Die ersten Bilder der amerikanischen Raumsonde *Mariner 4* beendeten alle Spekulationen um die Realität der Kanäle und zeigten nicht die geringste Spur einer auch noch so bescheidenen Pflanzenwelt auf dem Roten Planeten. Daran änderte sich wenig, als 1971/72 *Mariner 9* das geologisch junge und aktivere nördliche Drittel des Mars enthüllte. Und als die automatischen Labors der beiden *Viking*-Sonden nach ihrer Landung im Juli und August 1976 keine klaren Hinweise auf Leben im Marsboden fanden, galt der Wüstenplanet offiziell als tot. Nichts war es also mit der Entdeckung von anderen Lebensformen quasi vor unserer Haustür. Die Suche war offenbar nicht so einfach zum Ziel zu führen und es schien, als ob sie viel weiter in die Tiefen des Alls ausgedehnt werden müsste. Lähmende Entmutigung machte sich breit.

Auch wenn wir heute die Chance für ehemaliges oder gar aktuelles Leben auf dem Mars wieder ganz anders einschätzen als vor 30 oder 40 Jahren, und wenn wir heute wissen, dass die Labors an Bord der *Viking*-Lander kaum in der Lage gewesen wären, Leben in einer etwas mageren, mitteleuropäischen Gartenerde nachzuweisen, so muss uns die damalige Entwicklung eine Warnung sein. Wir müssen auch auf der Suche nach Leben realistisch bleiben, wir müssen mit Enttäuschungen rechnen und wir dürfen uns von solchen negativen Entwicklungen nicht wieder für lange Jahrzehnte entmutigen lassen.

Die Gilde der Skeptiker für höheres Leben auf fremden Planeten wird gegenwärtig von Donald Brownlee, Guillermo Gonzalez und Peter D. Ward und in Deutschland Ulrich Walter angeführt. Die drei amerikanischen Wissenschaftler arbeiten alle am astrobiologischen Programm der University of Washington in Seattle, Gonzalez von der State University of Iowa aus. Peter Ward und Donald Brownlee erregten mit ihrem im Jahr 2000 erschienen Buch »Rare Earth« weltweit beträchtliches Aufsehen.[2] Dies insbesondere, weil sie mit ihrer sehr methodischen Begründung zu völlig anderen Einschätzungen für die Wahrscheinlichkeit höheren Lebens kommen als viele andere Wissenschaftler. Ulrich Walter, Astronaut und Wissenschaftspublizist, argumentiert hauptsächlich mit dem Fermi-Paradox[3] (»wenn es sie gäbe, müssten sie längst hier sein«), auf das ich im nächsten Kapitel eingehen werde. Gemäß all diesen Autoren ist es zwar durchaus möglich, ja sogar sehr wahrscheinlich, mikrobielles Leben im Weltall aufzuspüren. Sie erachten die Bedingungen für die Entstehung einfachster Lebewesen als nicht besonders speziell und vermuten deshalb, Planeten mit Bakterien oder ähnlichen Organismen seien recht häufig.

Brownlee, Ward und Gonzalez sind aber überzeugt, es gäbe eine ganze Menge von Gründen, weswegen es sehr unwahrscheinlich sei, dass auf belebten Planeten auch höhere Lebensformen entstehen könnten. Für die Evolution von komplexeren Organismen, wie den Vielzellern auf unserer Erde, bräuchte es sehr spezielle Bedingungen, die nur auf ganz wenigen Himmelskörpern in unserer Milchstraße gegeben seien. Mit anderen Worten: Von Bakterien besiedelte Planeten müssten häufig sein, Welten aber, die auch Würmer, Insekten oder gar Geschöpfe hervorgebracht hätten, die den Wirbeltieren ähnlich sind, seien dagegen äußerst selten, wenn es solche überhaupt gäbe. Warum?

Zunächst einmal schränkt, gemäß den drei Wissenschaftlern, die galaktische Umgebung eines Planeten die Entfaltungsmöglichkeiten seiner Bewohner ganz enorm ein. Tatsächlich spielt es eine entscheidende Rolle, wo in einer Milchstraße ein Planet seine Runden dreht. Befindet sich die Sonne eines Planetensystems weit innen in der Milchstraße, in der Nähe des zentralen Wulstes, wo die Sterne sehr viel dichter als weiter außen verteilt sind, so ist die Wahrscheinlichkeit für lebensbedrohende Katastrophen einfach zu groß, als dass sich Leben über Milliarden von Jahren hinweg einigermaßen ruhig entwickeln könnte. Zumindest auf unserer Erde waren derart riesige Zeiträume für die Evolution aber offensichtlich nötig. Erinnern wir uns, bis zur Entstehung der ersten Einzeller, also Lebewesen, deren Erbgut durch einen Zellkern vom Zellplasma abgegrenzt ist, dauerte es bei uns etwa zwei Milliarden Jahre. Bis die ersten Vielzeller in größerer Anzahl auftraten, verging nochmals rund eine Milliarde Jahre. Also gab es nach der Entstehung der ersten Bakterien auf der Erde während rund drei Milliarden Jahren nichts als Mikroben und Einzeller und keine Spur von Tieren und Pflanzen.

Sicherlich blieb die Erde in dieser unvorstellbar langen Zeit auch nicht ganz von fürchterlichen Katastrophen verschont. Wir wissen heute von zumindest zwei gewaltigen Einschlägen größerer Himmelskörper. Beim einen Treffer, an der Zeitengrenze zwischen dem Perm und der Trias vor knapp 250 Millionen Jahren, starben vermutlich über 80 % aller Tier- und Pflanzenarten aus. Der zweite große Killer, ein Asteroid, dessen Flugbahn Ende der Kreidezeit vor 65 Millionen Jahren vor der Halbinsel Yucatan endete, dürfte sicher auch über zwei Drittel aller höheren Lebewesen ausgelöscht haben. Genaue Zahlen sind schwierig zu erfassen und variieren je nach Organismengruppen stark. Sicher scheint, dass kaum ein größeres Lebewesen mit einem Gewicht von mehr als etwa 20 kg das Kreide-/Tertiär-Ereignis überlebt hat. Zudem war die Erde gegen Ende des Präkambriums, vor ca. 800 bis vor knapp 600 Millionen Jahren, nahezu vollständig im Würgegriff einer gewaltigen Eiszeit gefangen, während der sogar die Meere, wenn nicht vollständig so doch weitgehend, zufroren. Bei all diesen Ereignissen entkam das höhere Leben auf der Erde jeweils nur äußert knapp der vollständigen Zerstörung. Und dies, obwohl wir uns in einer sehr ruhigen Ecke der Milchstraße aufhalten.

Im zentralen Bereich unserer Milchstraße dürfte es bei weitem stürmischer zugehen als bei uns. Die höhere Dichte an Sternen führt relativ häufig zu nahen Passagen der Sonnen, was wiederum die Bahnen möglicher Planeten massiv stört. Die Folgen für die Planeten dürften apokalyptischen Ausmaßes sein. Entweder werden die Planeten nach innen in ihre Sonne stürzen oder aus dem Planetensystem herausgeschleudert oder gar durch Zusammenstöße mit anderen Planeten des eigenen Systems pulverisiert. Aber damit nicht genug. Die Astronomen sind sich heute sicher, dass sich im Zentrum fast jeder Milchstraße ein schwarzes Loch befindet. Auch unsere Galaxis besitzt ein solches Monster mit über 2,2 Millionen Sonnenmassen in seinem Zentrum.[4] Unser schwarzes Loch ist im Moment ganz brav und ruhig. Dies kann sich aber sehr schnell ändern, sobald ihm ein Stern oder eine größere Masseansammlung zu nahe kommt. Der Stern und die ihn begleitenden Planeten werden beim Absturz in das Schwarze Loch bis in ihre atomaren Grundbausteine zerrissen, was zu einem unvorstellbar gewaltigen Ausbruch an hochenergetischer Strahlung führt, die alles in ihrem Einflussbereich sterilisiert.

Aber auch ohne das alles verschlingende Ungetüm in seiner Mitte wird das galaktische Zentrum sehr viel häufiger durch riesige Strahlenausbrüche betroffen als unsere ruhige Ecke weit außen in einem der Spiralarme der Milchstraße. In den inneren Bereichen lauern nämlich auch wesentlich häufiger Gefahren durch Supernova- und Gammastrahlenausbrüche als weiter außen. Auch wenn die Ursache der unerhört energiereichen Gammastrahlenausbrüche nach wie vor nicht restlos geklärt ist (vermutlich lassen sie sich auf kollidierende Neutronensterne zurückführen), so bleibt die für unser Thema entscheidende Tatsache, dass Lebewesen in ihrem riesigen Einflussbereich absolut keine Überlebenschance haben oder höchstens vielleicht tief im Innern eines Planeten. Träfe die Stoßfront eines solchen Ausbruchs unsere Erde, so könnten vielleicht jene Archaeen die Katastrophe überstehen, die weit unter der Erdoberfläche existieren und dort durch mächtige Schichten von vielen hundert Metern Granit geschützt sind, sicher aber nicht die Tiere und Pflanzen auf der Oberfläche und in den Ozeanen.

Weiter außen in unserer Milchstraße ist die Umgebung zwar entscheidend ruhiger als im Zentralgebiet. Dafür schränken andere Faktoren die Entstehung von Lebewesen ein. Hauptproblem ist der geringe Gehalt an schwereren chemischen Elementen, den »Metallen«, wie sie von den Astronomen genannt werden. Die Sterne dort außen besitzen deswegen einen so geringen Anteil an den schwereren Elementen, weil sie so uralt sind. Zu ihnen gehören nämlich die ältesten Sonnen des ganzen Weltalls; Sonnen der ersten Generation, die sich schon in der frühesten Jugendzeit der Galaxis entwickelten. Bei ihrer Entstehung stand nur jenes Material zur Verfügung, das sich unmittelbar nach dem Urknall formte und das sich deshalb fast nur aus den leichtesten Elementen zusammensetzte, vor allem Wasserstoff und Helium. Die schwereren Elemente, jene Grundstoffe, aus denen Planeten vom Typ der Erde bestehen, formten sich erst in den Höllenöfen der größten Sterne und/oder den ersten Supernova-Explosionen des jungen Weltalls (vgl. Kapitel 3.1). In den Entstehungsgebieten der ersten Sterne können also die für Leben so notwendigen höheren chemischen Elemente wie z. B. Kohlenstoff, Stickstoff oder Sauerstoff überhaupt nicht vorkommen. Die Sterne dieser Zone unserer Milchstraße sind deshalb schlechte Kandidaten bei der Suche nach außerirdischen Lebensformen. Es ist äußerst unwahrscheinlich, dort außen Steinplaneten finden zu können, ja, es ist sogar möglich, dass sich auch keine Gasplaneten entwickeln konnten. Diese Vermutung könnte erklären, weshalb bei einer groß angelegten Untersuchung des Kugelsternhaufens 47 Tucanae mit dem *Hubble*-Weltraumteleskop kein einziger Planet gefunden wurde.

Damit ergibt sich in unserer Milchstraße zwischen der stürmischen inneren und der metallarmen äußeren Zone ein Gürtel, in dem Sonnensysteme mit erdähnlichen Planeten entstehen können und in dem diese Planeten auch einigermaßen ruhige Bedingungen vorfinden. Gonzalez, Brownlee und Ward schätzen, diese Zone müsste ungefähr in einem Abstand von 15 000 Lichtjahren vom galaktischen Zentrum beginnen und bei etwa 38 000 Lichtjahren Distanz enden.[5] In diesem Gebiet befinden sich aber nur ca. 20 % der Sterne unserer

Milchstraße, eine Tatsache, die gemäß den drei Autoren die Zahl der lebenstragenden Planeten gewaltig einschränkt. Unsere Sonne umkreist das Zentrum der Milchstraße in etwa 30 000 Lichtjahren Entfernung, also mitten im lebensfreundlichen Gürtel.

Es ist aber nicht nur der »galaktische Lebensgürtel«, der die Chancen für lebenstragende Planeten drastisch einschränkt. Gonzalez, Brownlee und Ward stellen auch sehr strenge Rahmenbedingungen an die Umlaufbahn eines Planeten um seine Sonne und an den Planeten selbst. Der Planet muss auf einer fast kreisförmigen Bahn um seinen Stern kreisen, und seine Achse muss den richtigen Neigungswinkel zur Bahnebene besitzen, weil sonst die Unterschiede zwischen den Jahreszeiten zu extrem werden. Er darf auch nicht zu nahe an seiner Sonne kreisen, weil sonst flüssiges Wasser auf seiner Oberfläche verdampft und die Gefahr besteht, durch die Gezeitenwirkung so an seinen Stern gebunden zu werden, dass er ihm ständig die gleiche Seite zuwendet. Exakt so, wie sich der Mond gegenüber der Erde verhält. Auch Merkur in unserem Sonnensystem erlitt dieses Schicksal, obwohl seine Rotationsdauer um die eigene Achse nicht in einem 1:1-, sondern in einem 2:3-Verhältnis an die Umlaufzeit gebunden ist (ein Merkurtag dauert rund 58,6 Erdtage, ein Merkurjahr 88 Erdtage). Trotzdem sind die Folgen des langen Merkurtages und seiner Nähe zur Sonne beeindruckend. Am Tag steigt dort die Temperatur auf 430 °C an, um danach während der Nacht auf −180 °C zu fallen. Ziemlich schlechte Bedingungen für die Entstehung von Lebewesen!

Der Planet muss auch die richtige Masse besitzen. Ist er zu klein, so hat er einfach zu wenig Masse, um die leicht flüchtigen Gase seiner Atmosphäre an sich zu binden, und er wird deshalb seine Lufthülle langsam an das Weltall verlieren. Dieses Schicksal erleidet auch das Wasser auf seiner Oberfläche. Bei niedrigem Atmosphärendruck verdunstet es sehr schnell und kann von der geringen Anziehungskraft des Planeten nicht zurückbehalten werden, und so mit dem Rest der Atmosphäre ins Weltall entweichen. Vermutlich verflüchtigte sich ein Großteil des einst auf dem Mars vorhandenen Wassers auf diese Art und Weise.

Ein zu kleiner Planet weist aber noch andere Nachteile auf. So kann er sehr wahrscheinlich keine Plattentektonik entwickeln oder über längere Zeit aufrechterhalten. Dank diesem Prozess werden auf der Erde die Stoffe in der Erdkruste ununterbrochen in einem Kreislauf gehalten. Die Hitze des Erdinneren drängt heißes Material an einigen Stellen gegen die Oberfläche. Dadurch bildet sich z. B. im mittelatlantischen Rücken ständig neues Oberflächengestein, das die

Kontinente auseinander drängt. An anderen Stellen, z. B. an der amerikanischen Westküste, sinkt altes Oberflächenmaterial nach unten und wird in den Tiefen des Erdmantels aufgeschmolzen. Die dabei entstehenden heißen Gase drängen aber wieder nach oben und gelangen durch Vulkane wieder zurück in die Atmosphäre.

Die Atmosphäre unserer Erde verdankt einem solchen Kreislaufprozess unter anderem ihren mehr oder weniger konstanten CO_2-Gehalt. Auch wenn dieses Gleichgewicht keineswegs perfekt gleichmäßige Bedingungen garantiert, so verdankt ihm die Erde trotzdem ihr über lange Zeiträume hinweg ein für Lebewesen angenehmes Klima. Das CO_2 der Atmosphäre gelangt im Regen auf den Erdboden und verbindet sich dort z. B. mit Kalzium-Ionen zu Kalziumkarbonat oder Kalk. Die Kalzium-Ionen stammen aus dem Kalziumsilikat der Gesteine, z. B. aus Granit. Übrig bleiben also der Kalk und aus den Silikaten das Siliziumdioxid, die Substanz, aus der Sand besteht und aus welcher Glas fabriziert werden kann. Damit bliebe das CO_2 unwiderruflich im Boden fixiert, presste die Plattentektonik die Oberflächenschichten nicht immer wieder unter die anderen Kontinentalplatten der Erdoberfläche. Tief unten, unter hohem Druck und großer Hitze können die Karbonate mit dem Siliziumdioxid reagieren und es bildet sich in einem perfekten Umkehrvorgang wieder CO_2-Gas und Kalziumsilikate. Beide Stoffe drängen unter dem Druck der hohen Temperaturen erneut nach oben und über vulkanische Prozesse an die Oberfläche. Im Laufe der Erdgeschichte hat sich über diesen Prozess ein nicht ganz konstantes Gleichgewicht zwischen der Bindung des CO_2 auf der Oberfläche und der Freisetzung des Gases in den tieferen Schichten eingespielt. Bliebe das CO_2 im Material der Oberfläche chemisch gebunden, so schwächte sich der Treibhauseffekt immer stärker ab und würde eines Tages völlig ausfallen. Modellrechnungen zeigen, dass die Erde ohne CO_2 in der Atmosphäre etwa 35 °C kühler wäre als heute. Die Lufttemperatur betrüge also weltweit im Jahresdurchschnitt nicht ungefähr 15 °C, sondern nahezu −20 °C! Noch gravierender wären aber die Folgen, wenn zwar durch vulkanische Prozesse CO_2 in die Atmosphäre geriete, dort aber nicht mehr chemisch gebunden werden könnte. Der Treibhauseffekt müsste sich, ähnlich wie auf der Venus, immer mehr verstärken und zu Glutofenhitze führen.

Auch die »Verwandtschaft« eines Planeten bestimmt die Wahrscheinlichkeit für Leben auf ihm. Vieles deutet darauf hin, dass zumindest ein großer Geschwisterplanet vom Typ Jupiter für die Entwicklung von Lebewesen entscheidend sein kann. Ein Jupiter, also ein

Gasriese auf stabiler Umlaufbahn in etwa dem Abstand unseres Jupiters zur Sonne, fängt nämlich einen großen Teil der Asteroiden und Kometen ein, die mit ihren exzentrischen Umlaufbahnen die kleineren Planeten bedrohen. Damit kommt es auf den inneren kleineren Planeten sehr viel seltener zu Katastrophen, die einen ganzen Planeten zumindest teilweise aufschmelzen und Leben auf ihm auslöschen könnten.

Wehe aber, die Bahn des Jupiters wird instabil! Sollte sich der Riese nach innen in das Planetensystem bewegen, so störte er mit seiner gewaltigen Masse die Bahnen der kleineren Planeten derart, dass sie entweder in die Sonne stürzen und ein feuriges Ende nehmen oder in das kalte Weltall abgetrieben würden.

Ein Jupiter als Bruderplanet kann also für lange Zeiträume der Ruhe sorgen, die das Leben für seine Entwicklung wahrscheinlich braucht. Trotzdem dürfte es immer wieder zu gewaltigen Einschlägen kommen, mit katastrophalen Folgen für die ganze Ökosphäre. Für viele der betroffenen Tier- und Pflanzenarten sind derartige Ereignisse natürlich alles andere als günstig, sie überleben die Folgen des kosmischen Treffers nicht und sterben schlicht und ergreifend aus. Für die Entwicklung der Lebewesen auf einem Planeten können gelegentliche apokalyptische Ereignisse aber auch neue Evolutionswege öffnen. Denn der massenhafte Tod, der unter Umständen ganze Tier- und Pflanzengruppen auslöscht, fegt die Lebensräume leer. Verschwinden bei einem solchen Massenaussterben die bisher dominierenden Gruppen von Arten, so können bis dorthin zurückgedrängte Formen von Lebewesen ihre Chance nutzen, sich ausbreiten und zu neuen Formen entwickeln. Ohne die »Mithilfe« eines kosmischen Treffers hätten sie sich vermutlich nie durchsetzen können und wären möglicherweise eine Randerscheinung der Evolution geblieben.

Unsere engste Verwandtschaft ist ein beeindruckendes Beispiel für eine ganze Ordnung des Tierreichs, die während langer Zeiten unterdrückt blieb und die erst dank einer gewaltigen Katastrophe ihre Chance erhielt. Sie, die Säugetiere, bildeten im Erdmittelalter eine relativ unbedeutende Gruppe kleiner Arten, die meist im Versteckten, viele sogar im Erdboden lebten, während die oft riesigen Dinosaurier die Landlebensräume unter sich aufteilten. Die kleinen haarigen Säuger verdankten es dem Einschlag des Asteroiden, der vor 65 Millionen Jahren den Riesen des Erdmittelalters und ihrer ganzen Sippschaft den Rest gab, so dass sie aus ihrer verborgenen Lebensweise ausbrechen und sich in den unbesetzten Ökosystemen zu den heutigen Formen entwickeln konnten. Wir haben einfach keine Ahnung, ob die Dinosaurier oder irgendeine andere dominierende Tiergruppe des Erdmittelalters die Voraussetzungen besessen hätte, um sich zu einer technologischen Intelligenz zu entwickeln. Derartige Zufälle könnten also sehr wohl für die Evolution eine ganz enorme Rolle gespielt haben. Brownlee, Ward und Gonzalez sind jedenfalls überzeugt davon und argumentieren, ohne die exakt richtigen Bedingungen für die Erde und ohne genau diese eine Abfolge von Ereignissen, welche die Erde in ihrer Geschichte durchgemacht hat, wäre niemals die moderne Tier- und Pflanzenwelt entstanden. Ohne Katastrophen also, die immer wieder »im richtigen Moment« Einfluss auf den Verlauf der Evolution genommen haben, müsste ihrer Ansicht nach die Erde von völlig anderen Lebewesen bewohnt sein, wenn unser Planet denn überhaupt durch etwas anderes als durch Bakterien belebt wäre. Brauchte es also, neben der richtigen kosmischen Nachbarschaft, auch eine ganz spezifische Folge von Ereignissen auf der Erde, die exakt in dieser Reihenfolge nötig waren, um zu einer Art zu führen, die – wie wir heutigen Menschen – Radioteleskope und Raumschiffe bauen, um nach außen zu schauen und nach fremden Lebensformen zu suchen?

Und wieder einmal wissen wir es nicht. Solange wir nur unseren eigenen Planeten als Lebensträger kennen, bleiben im Grunde genommen alle noch so vernünftigen Überlegungen sowohl der Optimisten als auch der Pessimisten reines Ratewerk. Man kann den Optimisten vorwerfen, die Faktenlage zu naiv auszulegen, und man kann die Pessimisten beschuldigen, im alten anthropozentrischen Weltbild zu denken, also einer Idee verhaftet zu bleiben, die uns und unseren Planeten als etwas Besonderes, im ganzen Universum Einmaliges auffasst – aber auch einer Idee nachzuhängen, die in den letzten etwa 500 Jahren mehrfach dramatisch demontiert wurde. Die Geschichte zeigt uns doch, wie die Menschheit immer deutlicher erkennen musste, wie unspektakulär und wie wenig besonders die Erde und ihre Stellung im Kosmos ist. Kopernikus hat unseren Heimatplaneten aus der Mitte der Welt verbannt, Edwin Hubble erkannte die Milchstraße als eine von vielen Welteninseln in einem unbegreiflich großen Kosmos und Michael Mayor und Didier Queloz bewiesen als Erste, dass unser Sonnensystem nicht das einzige Planetensystem in unserer Ecke der Milchstraße ist. Auch in der Biologie gab es solche »kopernikanischen« Wendemarken. Die bedeutendste dieser Revolutionen war wohl jene, als Charles Darwin den Menschen als Produkt einer langen, ziellosen Evolution erklärte und unsere Art in die Verwandtschaft mit anderen Tierarten setzte. Stehen wir unmittelbar vor der nächsten Umwälzung? Der Erkenntnis, dass »draußen« noch andere sind?

Das völlige Fehlen von Daten über fremde Lebensformen könnte unseren Blick zu sehr einengen oder Vorurteile entstehen lassen. Es ist fast unmöglich, den Einfluss einzelner Ereignisse auf den Verlauf der Evolution einzuschätzen, solange wir nur einen Planeten untersuchen können, der Leben hervorgebracht hat. Wenn wir z. B. mit Brownlee, Ward und Gonzalez annehmen, auf einem Leben tragenden Planeten dürfe es nicht allzu stürmisch zugehen, damit komplexere Lebensformen entstehen können, gewichten wir möglicherweise die Vorgänge auf der Erde viel zu stark. Vielleicht war es ja gerade umgekehrt, vielleicht hat die Seltenheit planetarer Einschläge auf der Erde die Evolution sogar gebremst. Vielleicht hätten häufigere große Massenaussterben mehr Möglichkeiten eröffnet, weil die ökologischen Nischen in schnellerer Folge frei geworden wären.

Brownlee, Ward und Gonzalez haben immer wieder betont, für die Entwicklung der heutigen Lebewelt unseres Planeten sei eine ganz spezielle Abfolge von Ereignissen entscheidend gewesen. Die Kette dieser kleinen und großen Geschehnisse beginnt für sie bereits bei den Zufällen während der Entstehung des Weltalls, geht über die Frühzeit unserer Galaxis und die Entwicklung unseres Planetensystems. Details der Ausgestaltung der Erde schließen sich daran an. Die Kette verläuft weiter über die Urgeschichte unseres Planeten und seiner kosmischen Umgebung, sie schließt auch die ersten lebensähnlichen chemischen Reaktionssysteme mit ein und verlängert sich über die Evolution der Lebewesen bis hin zum heutigen Menschen. Weil jedes dieser Ereignisse für sich selbst genommen sehr unwahrscheinlich ist, wäre das Resultat der Evolution auf der Erde ohne genau diese Kette von Vorgängen ein völlig anderes. Mehr noch, die Chance für die Entwicklung von tierähnlichen Geschöpfen, mit einem zur Informationsverarbeitung fähigen Nervensystem, der entscheidenden Voraussetzung für die Entstehung einer technologischen Intelligenz, sei wegen der extremen Unwahrscheinlichkeit, dass anderswo die gleiche Sequenz der Vorgänge ablief, äußerst gering. Ergo sind wir Menschen ziemlich alleine in der Unendlichkeit des gesamten Kosmos.

Brownlee, Ward und Gonzalez können sich mit ihrer für die Existenz außerirdischer Intelligenzen vernichtenden Beweisführung auch auf einen prominenten Biologen stützen, nämlich auf Stephen Jay Gould, der leider viel zu jung an Krebs verstarb. Gould, der an der renommierten Harvard University arbeitete und der durch zahllose Publikationen und Medienauftritte auch einer breiten Öffentlichkeit bekannt wurde, war immer überzeugt davon, dass wir Menschen das Ergebnis eines ungeheuren Zufalls seien.[6] Könnte man, so ein häufig von ihm gebrauchtes Sinnbild, das Band der Evolution zurückspulen und neu starten, so käme es mit Sicherheit zu einem völlig anderen Ergebnis, d. h. einer ganz anderes besiedelten Erde. Zu groß sei die Anzahl der Zufälle, als dass eine zweite Erde entstehen könnte! Eine auf den ersten Blick logisch klingende und niederschmetternd wirkende Argumentationskette. Sie kann aber nicht ganz überzeugen und sie ist von zahlreichen anderen Wissenschaftlern heftig attackiert und demontiert worden. Und zwar gleich aus mehreren Gründen. Ich möchte mich in diesem Kapitel zunächst auf die logischen und mathematischen Argumente beziehen und die eher biologischen Aspekte im abschließenden nächsten Kapitel behandeln.

Die Argumentationskette kann zunächst einmal nicht überzeugen, weil sie nur dann zuträfe, wenn wir nach exakt der gleichen Erde, mit just den gleichen Tieren und Pflanzen wie auf unserem Planeten suchten. Eine solche Kopie unserer Erde werden wir tatsächlich mit extrem großer Wahrscheinlichkeit nirgendwo im All entdecken können. Aber dies ist nicht das Ziel der Astrobiologen. Sie forschen nicht nach einem perfekten Duplikat der Erde. Es ist nicht ihre Hoffnung, einen Planeten zu finden mit den gleichen Lebewesen wie auf der Erde. Was sie suchen und zu entdecken hoffen, sind zunächst einmal Himmelskörper, die Leben in irgendeiner Form hervorgebracht haben. Dieses Leben kann anders aussehen als das irdische, es kann sogar auf uns unbekannter Basis funktionieren, und es kann in unerwarteten Formen auftreten. Ob es tatsächlich völlig anders aussehen muss als auf der Erde, möchte ich im nächsten Kapitel noch näher behandeln. Ganz sicher hat Leben auf einem fremden Planeten eine völlig andere Vergangenheit mit einer gänzlich anderen Kette von Zufallsereignissen. Aber diese andere Abfolge von Zufallsereignissen schließt die Entstehung von Leben bis hin zu höheren Organismen keinesfalls aus. Auch wenn die einzelnen Schritte jeweils extrem unwahrscheinlich sind, kann es trotzdem immer wieder zu einem ganz bestimmten Resultat kommen. Wir erleben solche Zufallsketten doch selbst immer wieder auch im Alltag.

Auf meinem Schreibtisch liegt eine kleine Dose mit einem Stück Bernstein aus dem Baltikum. Darin eingeschlossen ist eine etwa 5 mm große Fliege. Irgendwann im Eozän, vor über 30 Millionen Jahren, hat diese kleine Fliege in der Region der heutigen Stadt Kaliningrad (dem ehemaligen ostpreußischen Königsberg) Pech gehabt und ist auf klebrigem Harz hängen geblieben und konnte nicht mehr starten. Der Tod kam nicht sofort. Je mehr die Fliege strampelte und sich gegen ihr Schicksal wehrte, desto tiefer versank sie in der zähflüssigen Masse. Immer mehr wurde ihr kleiner Körper vom Harz umschlossen. Vermutlich ist sie dabei langsam erstickt. Das Harz des Baumes ist in den Jahren nach dem jämmerlichen Ende der kleinen Fliege eingetrocknet. Irgendwann kam auch das Ende des Baumes, er fiel zu Boden und der Harzklumpen mit ihm. Der Baum selbst ist in der Zwischenzeit längst verrottet. Das eingetrocknete, harte Material seines Harzes aber hat überdauert. Der Klumpen wurde zugeschüttet und ist zu dem geworden, was wir heute als Bernstein bezeichnen. Viele Millionen Jahre später hat ihn das Wasser eines Flusses wieder freigeschwemmt. Ein zufällig gerade an der richtigen Stelle suchender Bernsteinsammler entdeckte den unscheinbaren, schmutzigen Klumpen, nahm ihn mit in seine Werkstatt, polierte ihn und fand zu seiner Freude die kleine Fliege. Der Stein wurde verkauft, von einem Händler zum anderen, gelangte schließlich in eine Apotheke nach Solothurn in der Schweiz, wo ich ihn sah und meine Frau mir die Freude machte, ihn für mich zu kaufen.

Welch unglaubliche Menge von unwahrscheinlichen Zufallsereignissen haben dazu geführt, dass diese kleine Fliege heute im Jahr 2005 bei mir auf dem Schreibtisch sitzt, perfekt erhalten mit allen Härchen? Alle diese Zufallsereignisse mussten in exakt der einen Reihenfolge geschehen sein, damit ausgerechnet diese eine Fliege nach über 30 Millionen Jahren mich immer wieder erfreuen und faszinieren kann! Wäre es da nicht viel wahrscheinlicher, dass die Fliege gar nicht zu mir gelangte? Wie unendlich klein muss, damals im alten Baltikum, die Wahrscheinlichkeit für eine beliebige Fliege gewesen sein, in Harz eingeschlossen zu werden und schließlich bei einem ganz bestimmten Individuum einer Tierart zu landen, die damals noch gar nicht existierte und von der erst gerade einige mehr oder weniger affenähnliche Vorfahren auf den Bäumen in Ostafrika herumturnten? Müssen wir aus der absoluten Unwahrscheinlichkeit für ein solches Ereignis schließen, dass es für mich gar nicht möglich ist, diese eine Fliege vor mir zu haben? Oder müssen wir folgern, es könne keine andere Fliege dieser Art gefunden werden, denn bei der unvorstellbar geringen Wahrscheinlichkeit für die einzelnen Ereignisse, die letztlich die Fliege zu mir nach Hause brachten, sei ein zweites solches Resultat schlicht unmöglich? Sicher nicht, denn die Fliege ist ja da und meine Frau hätte sie wohl kaum relativ problemlos kaufen können, wäre diese Fliege die einzige ihrer Art, die je gefunden wurde. Den einzigen, trivialen Schluss, den wir ziehen können, ist der, dass ich exakt diese Fliege natürlich nur einmal besitzen kann. Ähnliche Beispiele können fast beliebig viele produziert werden. Wie groß etwa ist die Wahrscheinlichkeit für einen bestimmten Mikrochip ausgerechnet in meinem G4-PowerBook zu landen, auf dem im Moment diese Zeilen geschrieben werden? Müssen wir daraus schließen, es sei zu unwahrscheinlich, dass es einen Chip dieser Bauweise gäbe? Wie groß ist die Wahrscheinlichkeit für einen bestimmten Wassertropfen, ausgerechnet in der Mineralwasserflasche neben mir auf dem Tisch eingeschlossen zu werden? Heißt dies, es könne gar keine anderen Mineralwasserflaschen geben? Sicher nicht.

Man kann das Argument auch etwas mathematischer formulieren. Wenn Sie, liebe Leserin, lieber Leser, mehrfach eine Münze hochwerfen, so kann diese nach jedem Wurf die Kopf- oder die Zahlenseite zeigen. Angenommen, Sie werfen die Münze 100-mal hoch, so werden Sie sicher erwarten, dass die Münze etwa gleich oft die eine oder die andere Seite zeigt, auch wenn wir nicht davon ausgehen können, in jeder Serie à 100 Würfen exakt 50-mal Kopf und 50-mal Zahl zu erhalten. Vielleicht liegt bei einer ersten Versuchsserie 48-mal die Zahlenseite und 52-mal die Kopfseite oben, bei der nächsten Serie kann gerade das umgekehrte Resultat eintreffen. Interessant wird es, wenn wir uns die Versuchsresultate genau protokollieren. Die Münze kann z. B. wie folgt fallen: KKZKZZKZKZKKZZKKZ ... oder auch ZKZKKZZZKKZKZKZKKKZ ... Beide Serien können trotz der unterschiedlichen Folge der Ereignisse gleich oft die Kopf- oder Zahlenseite zeigen. Mehr noch, die Wahrscheinlichkeit für beide dieser Folgen von Würfen ist exakt genau gleich groß. Denn bei jedem Wurf beträgt die Wahrscheinlichkeit für Kopf oder Zahl immer 1/2 oder 0,5 (außer, Sie benutzen eine »gezinkte« Münze ...). Bei 100 Würfen ergibt sich so eine Wahrscheinlichkeit für eine beliebige Folge von $0,5^{100}$. Diese Wahrscheinlichkeit ist genauso groß für eine Folge, bei der 49-mal die Zahl und 51-mal der Kopf oben zu liegen kommt, wie z. B. für eine Folge mit 100-mal Zahl! Wieso also werden wir nun aber kaum an den Versuch herangehen und damit rechnen, 100-mal Zahl zu werfen? Ganz einfach, weil es sehr viele verschiedene Folgen gibt, bei denen ungefähr 50-mal Kopf bzw. Zahl erreicht wird, aber nur gerade exakt eine einzige, bei der lauter Zahlenwürfe auftreten.

Mit der Natur verhält es sich ähnlich. Wenn wir hoffen, draußen im Weltall einen Planeten zu finden, auf dem eine ganz bestimmte Folge von Ereignissen ein Resultat, nämlich eine ganz bestimmte

Ökosphäre mit einer exakt vorgegebenen Zusammensetzung an Lebewesen, hervorgebracht hat, so werden wir kaum fündig werden. Ganz einfach deswegen nicht, weil die Wahrscheinlichkeit für eine ganz bestimmte Reihe von einzelnen Entwicklungsschritten zu extrem unwahrscheinlich ist. Wenn wir aber eines in den letzten etwa 30 Jahren gelernt haben, so ist es die Tatsache, dass das Leben die unterschiedlichsten Möglichkeiten nutzen und unter den unwirtlichsten Bedingungen gedeihen kann. Es gibt also schon für das Leben, welches wir auf unserem Planeten beobachten können, nicht nur eine Folge von Ereignissen, die zu neuen Arten, neuen Bauplänen und ganzen Lebensgemeinschaften führen kann, nein, es gibt deren fast unendlich viele!

Das Leben auf der Erde hat die Möglichkeiten genutzt, die der Planet mit seiner Geschichte bot, mit all den zahllosen einzelnen Ereignissen, die alle zu kleineren und größeren Veränderungen der Lebensräume führten, an die sich die Arten anpassen konnten. Mehr noch, auch das Leben selbst hat den Planeten geformt, ihn verwandelt und zu der heutigen Oase des Lebens in den Weiten des Kosmos gemacht. Wenn sich also Leben auf einem anderen, fernen Planeten entwickelt haben sollte – und daran zweifeln angesichts der aktuellen Forschungsergebnisse auch Brownlee, Ward und Gonzalez nicht –, so hat es sicher auf dieser fremden Welt, genauso wie auf der Erde, jede sich bietende Entwicklungschance genutzt, sich ausgebreitet und sich im Wechselspiel mit seiner von der Erde sicherlich andersartigen Ökosphäre verändert.

Wie leicht könnte ein intelligentes Wesen auf diesem Planeten zum Schluss kommen, angesichts der so wunderbar auf seine Umgebung abgestimmten Lebewesen sei es ganz und gar unmöglich, einen zweiten, mit komplexen Lebewesen bevölkerten Planeten im Weltall zu finden!

Die Krux mit einer solchen Argumentation liegt im Wort »ähnlich«. Das Argument der »seltenen Erden« verfängt nämlich nur dann, wenn wir praktisch eine exakte Kopie unseres Planeten zu finden hoffen. Suchen wir also einen Planeten mit einem Ökosystem wie dem unseren, mit Mechanismen, die wie hier auf der Erde durch Plattentektonik und Recycling von CO_2 die Lebensbedingungen stabil halten? Fahnden wir nach Lebensgemeinschaften, die sich aus Blütenpflanzen wie unseren Rosen, Tulpen und Eichen, aus Insekten wie dem Schwalbenschwanz-Schmetterling oder dem Maikäfer, aus Würmern, Seeigeln, Schwämmen, Korallen, Mäusen, Kühen, Schimpansen und – na eben – Menschen zusammensetzen?

Oder dürfen wir offener sein? Gibt es Hinweise, dass sich Leben auch anders entwickeln, anderen Wegen folgen kann und so zu anderen Formen kommt, die ebenfalls zu hohen Leistungen fähig sind? Ist es nicht vermessen, vom einzigen uns bekannten Beispiel eines belebten Planeten auszugehen und anzunehmen, die Geschichte des Lebens auf ihm sei die einzig mögliche, die zur Ausbildung einer intelligenten Art führt?

4.2
Das Fermi-Paradoxon oder die Wahrscheinlichkeit für Intelligenz

Es muss ein ziemlich aufregender Lunch gewesen sein, damals im Sommer 1950 in der Fuller Lodge des Los Alamos National Laboratory in New Mexico. Zu den Teilnehmern gehörte eine ganze Anzahl der internationalen Größen des Manhattan-Projekts, jener schrecklich gigantischen Anstrengung der USA, die während des Zweiten Weltkriegs zum Bau der ersten Atombomben führte. Anwesend waren unter anderem der erst 2005 verstorbene Deutsche Hans Bethe, der Entdecker jener Kernreaktionen, die den Sternen ihre Energie liefern, der Russe George Gamow, einer der Wissenschaftler, welche die Vorgänge bei der Entstehung der chemischen Elemente aufklärten, der gebürtige Ungar Edward Teller, der spätere Direktor des Instituts – und da war auch der weltbekannte Physiker und Nobelpreisträger Enrico Fermi.[1] Es ist wenig Genaues bekannt über den Verlauf des Gesprächs. Nur eines scheint ziemlich sicher zu sein. Offenbar ohne jede Vorwarnung oder Einleitung brachte Enrico Fermi seine Kollegen mit einer seiner scheinbar ganz simplen Fragen ziemlich durcheinander. Fermi wollte nämlich ganz einfach wissen, wo denn all die Außerirdischen seien.

Enrico Fermi liebte es immer wieder, derartige Fragen zu stellen, die er jeweils auch gleich selbst beantwortete (z. B.: Was würden sie mit 100 Millionen Dollar tun, die sie ohne jegliche moralische Bedenken für wissenschaftliche Forschung ausgeben könnten? Antwort: Ein möglichst tiefes Loch graben, weil wir kaum wissen, was sich unter unseren Füßen verbirgt).[1] Auch die Frage nach den Außerirdischen beantwortete Fermi gleich selbst. Es gibt sie nicht, denn wenn es sie gäbe, müssten wir von ihnen wissen.

Seine Argumentation baute Fermi ganz einfach und einleuchtend auf. Dementsprechend schlug sie ein wie eine Bombe, deren Nachwirkungen auch heute noch nicht verklungen sind. Wenn es Außerirdische gäbe, so Fermi, wären sie uns wohl in vielerlei Hinsicht deutlich überlegen. Als technisch weit fortgeschrittene Zivilisation aber müssten die Fremden über Mittel und Wege verfügen, das Weltall zu bereisen. Da ihnen dazu enorme Zeiträume zur Verfügung stünden, müssten sie uns entweder längst entdeckt und besucht haben oder wir müssten zumindest unzweifelhafte Anzeichen ihrer Anwesenheit zu früheren Zeiten in unserem Sonnensystem entdeckt haben. Da beides nicht zutreffe, existierten sie nicht.

Fermi war sich sicher, dass die Frühphase einer technologischen Zivilisation nur kurz sei. Ein gutes Beispiel dafür war für ihn unsere eigene Art. Wir Menschen benötigten knappe 70 Jahre von den einfachen Motorflugzeugen der Gebrüder Wright bis zur ersten Landung auf dem Mond. Wenn die Menschheit den politischen Willen aufgebracht hätte und in der Lage gewesen wäre, auch nur einen kleinen Bruchteil der finanziellen Mittel, die sie für Suchtverhalten, Korruption und »Verteidigung« verschleuderte, auf die Weltraumfahrt zu konzentrieren, so hätte sie damit nicht nur einige ihrer bedrückendsten Probleme gelöst. Nein, mit relativ bescheidenen Mitteln lägen bereits heute permanente Basen auf dem Mond und dem Mars durchaus im Bereich des Möglichen. Wenn wir also die Frühphase der technischen Entwicklung großzügig auf etwa 200–300 Jahre ansetzen, so ist dies für einen einzelnen Menschen zwar eine sehr lange Zeit, stellt aber trotzdem nur einen winzigen Ausschnitt der Geschichte unserer Zivilisation dar. Sobald wir diese Zeitspanne gar mit der Dauer der Existenz eines Planeten vergleichen, wird sie vollends unbedeutend. Für die Erde beträgt sie gerade wenige hundert Millionstel ihrer bisherigen Lebensspanne.

Wenn nun also, so Fermi, eine Zivilisation sich über diese technologische Startphase hinaus entwickelt hätte, so müsste sie in der Lage sein, nicht nur ihr eigenes Planetensystem zu besiedeln, sondern auch weiter ins All vorzudringen. Auf ihren Streifzügen durch die interstellare Nachbarschaft ihres Heimatplaneten müssten diese Raumfahrer auch immer wieder auf Planeten treffen, die bewohnbar sind, die sie als Basen nutzen und von denen aus sie ihre Erkundungen fortsetzen können.

Ian Crawford vom University College in London hat in einem Beispiel vorgerechnet[2], wie schnell dies geschehen könnte. Angenommen, die fremden Raumfahrer hätten die Technologie entwickelt, um sich mit 10 % der Lichtgeschwindigkeit fortzubewegen (heute technisch nicht mehr ganz unmöglich!), und der durchschnittliche Abstand zwischen bewohnbaren Planeten betrage zehn Lichtjahre (wohl etwas optimistisch), so dauerte die durchschnittliche Reise von einem zum anderen Planeten jeweils etwa 100 Jahre. Dies mag erschreckend tönen. Wir brauchen uns aber eine solche Reise nicht in der Enge einer *Apollo*-Kapsel oder eines *Space Shuttles* vorzustellen. Schon in den 6oer und 7oer Jahren des 20. Jahrhunderts gab es Pläne für den Bau ganzer Ökosphären-Raumschiffe mit Ackerflächen, Seen und einem angenehmen Klima, in denen Tausende von Reisenden während mehrerer Generationen recht komfortabel reisen könnten. Nimmt man mit Crawford weiter an, die Weltraumpioniere müssten nach der Entdeckung eines günstigen Planeten ihre Basis in der neuen Heimat während rund etwa 400 Jahren festigen, ausbauen und so weit »profitabel« gestalten, dass sie eine neue Expedition ins All starten könnten, wiederum mit dem Ziel, einen weiteren bewohnbaren Planeten zu erreichen, so wäre die ganze Milchstraße in knapp fünf Millionen Jahren besiedelt. Mit anderen Worten, wenn es vor uns, in unserer Ecke der Milchstraße, eine weiter entwickelte technologische Intelligenz gegeben hätte oder aktuell gäbe, so müssten die Aliens unsere Erde gefunden haben und wir wüssten davon. Da dies aber nicht der Fall ist, so Fermi, bedeute dies, es gebe die Anderen nicht und wir seien allein in unserer ganzen Galaxis.

Natürlich stecken in dieser Rechnung eine ganze Menge Annahmen, die zutreffen können oder auch nicht. Z.B. wird sicher nicht jede Expedition ins All auch wieder einen neuen bewohnbaren Planeten erschließen. Auch ist es unwahrscheinlich, die Galaxis in einer mehr oder weniger koordinierten Besiedelungswelle kolonisieren zu können. Aber Fermis Argument ist trotzdem stichhaltig. Denn auch wenn nur eine einzige Zivilisation sich zu diesem Typ der Eroberung des Weltalls entschlösse, so müsste sie in kosmologisch kurzer Zeit alle bewohnbaren Planeten ihrer Heimatmilchstraße gefunden und besiedelt haben.

Die Fremden müssten nicht einmal selbst aufbrechen, um die neuen Planeten durch gefährliche und lange Raumreisen ins Ungewisse zu erschließen. Sie könnten dies tun, indem sie Maschinen mit der Fähigkeit zur Selbstvermehrung entwickelten, die auf einem neuen Planeten, aus den dort vorhandenen Rohstoffen wiederum neue Maschinen bildeten, welche wiederum aufbrächen, neue Planeten suchten und so die Besiedlungswelle ins All vorantrieben. Solche Maschinen sind im Prinzip konstruierbar, wie der ungarisch stämmige Mathematiker János von Neumann (besser bekannt als John von Neumann) schon vor der Konstruktion des ersten brauchbaren Computers zeigte. »Von-Neumann-Maschinen« wären theoretisch in der Lage, alles zu tun, wozu auch ein Organismus fähig ist. Sie könnten aus dem Rohmaterial des neu gefundenen Planeten sogar neue »Lebewesen« konstruieren, vorausgesetzt, sie tragen die dazu nötigen

Informationen mit sich. Natürlich müssten die »von-Neumann-Maschinen« dazu eine riesige Informationsmenge transportieren. Aber auch dies scheint im Bereich des Möglichen zu liegen, angesichts der nicht übertrieben erscheinenden Prognose, dass bis in etwa zehn Jahren eine normale Computerfestplatte ein Speichervermögen von bis zu 100 Terabyte haben könnte. Eine Verbreitungsstrategie auf der Basis von Maschinen als Vorhut verringerte natürlich auch die Kosten der Besiedlung der Milchstraße enorm. Eine fremde Intelligenz könnte auf diesem Weg die neu gefundenen Planeten mit Robotern erkunden, und wenn nötig so weit umformen, dass sie bewohnbar werden. Erst wenn das »Nest« schön hergerichtet wäre, müssten sie selbst aufbrechen. Mit dieser viel zielbewussteren Verbreitungsstrategie könnte unsere Milchstraße sogar noch schneller von einer technischen Intelligenz überflutet werden, als wenn die Aliens in kleinen Gruppen auf mehr oder weniger gut Glück die Reise anträten.

Für Skeptiker à la Fermi, Brownlee, Ward, Gonzalez, Ulrich, Crawford und anderen, ist das Fehlen zweifelsfreier Beweise für die Existenz sowohl von Aliens als auch von Maschinen nach der Neumannschen Art ein klares Indiz für die Einmaligkeit der menschlichen Rasse, zumindest in unserer Galaxis. In der Tat ist es schwer vorstellbar, wieso die Fremden zwar eine fortschrittliche Technologie entwickelt, diese aber nicht zur eigenen Verbreitung benutzt haben sollten. Mehr noch: Es gibt eine ganze Anzahl schwerwiegender Gründe, weshalb eine Art sogar zur Auswanderung gezwungen sein kann. Zwei Faktoren möchte ich hier ausführen:

Erstens wird jede intelligente, naturwissenschaftlich-technisch versierte Lebensform früher oder später merken, wie der Stern im Zentrum des eigenen Sonnensystems an das Ende seiner Lebensspanne kommt. Spätestens wenn die Begleiterscheinungen des sich ankündigenden Sterntodes fühlbar werden, müssen die Fremden ihren Planeten verlassen, wollen sie überleben. Auch unsere Sonne wird langsam ihren Brennstoff verbrauchen (vgl. Kapitel 3.2) und sich gegen ihr Ende bis über die Erdbahn hinaus aufblähen. Dies dauert zwar noch einige Jährchen, aber schon längst vorher wird die Hitze der Sonne die Meere verdampfen lassen und die Erde in einen glühenden Backofen verwandeln; in einen Planeten, auf dem es selbst für die Extremisten unter den Bakterien viel zu heiß wird. Auch dieser Zeitpunkt liegt für die Erde in weiter Ferne, fast eine Milliarde Jahre bleiben uns noch. Die Menschheit und ihre Nachfahren werden bis dahin noch ganz andere Gefahren zu überstehen haben, soll diese unvorstellbar ferne Zeit erreicht werden. Aber wenn es einmal so weit ist, bleibt nur noch ein Ausweg, nämlich die Auswanderung.

Zweitens könnte die Auswanderung auch die letzte Lösung für eine Art sein, die auf ihrem Planeten zu erfolgreich wird und ihre eigene Vermehrung nicht unter Kontrolle bringt. Dieses Problem ist keineswegs einfach zu lösen und dürfte auch für die Menschheit in den kommenden Jahrzehnten zu einer ganz zentralen Knacknuss werden. Ich habe den Eindruck, in den westlichen Medien sei dieses Problem in den letzten Jahren viel zu wenig beachtet worden, wohl vor allem deshalb, weil sich seine Auswirkungen heute primär in den Ländern der Dritten Welt zeigen. Dies darf uns aber nicht über den globalen Charakter des Problems hinwegtäuschen. Wenn die Wachstumskurve der menschlichen Population (vgl. Abb. 24) weiterhin derart rasch ansteigt wie in den letzten 100–150 Jahren, so werden die Folgen der explodierenden menschlichen Bevölkerung auch die westlichen Länder viel schneller erreichen, als uns lieb sein kann. Wie dringend eine Lösung und wie ungerecht, ja auch gefährlich, das Abschieben des Problems auf die betroffenen Länder ist, zeigt eine einzige Zahl. Die Verdopplungszeit unserer Art beträgt heute etwas über 40 Jahre! Im Klartext, wenn nicht intensive Maßnahmen getroffen werden, so könnten in 40–50 Jahren auf der Erde nicht wie heute etwas über sechs Milliarden Menschen leben, sondern fast zwölf Milliarden! Es ist kaum vorstellbar, wie, angesichts der heutigen Schwierigkeiten bei der Nahrungsmittelproduktion und Verteilung, diese Anzahl Menschen ernährt werden soll. Zudem bedeuten mehr Menschen auch eine massivere Belastung der Umwelt, sowohl durch Abfälle als auch durch den steigenden Bedarf an Ressourcen. Selbst wenn es gelänge, den kritischen Zeitpunkt für die Menschheit noch eine oder zwei Generationen hinauszuschieben, so wäre dies nur eine Verzögerung des Unvermeidlichen. Ob in 50 oder 100 Jahren, irgendwann in der nahen Zukunft ist die Grenze überschritten.

Sicher, es gab in den letzten Jahren einige ermutigende Erfolge bei der Kontrolle der Vermehrung unserer Art. So ist z. B. die Verdopplungszeit wieder langsam gestiegen und wir dürfen hoffen, dass wir wenigstens etwas mehr Zeit zur Bewältigung des Problems erhalten könnten.

Aus welchen Gründen auch immer, gemäß Fermi genügt eine einzige Zivilisation, die beschließt auszuwandern und neue Planeten zu besiedeln. Die Ursachen für den Aufbruch ins All können vielfältig und für uns heutige Menschen noch völlig verschlossen sein, es gibt deren auch schon mit unserem gegenwärtigen Verständnis der

Welt, z. B. die Suche nach dem Sinn der eigenen Existenz, oder aus dem Bedürfnis nach Kontakt mit anderen Zivilisationen, oder aus schlichtem Entdeckerdrang, oder aus Zwang zum Erschließen neuer Ressourcen oder wegen wachsender Probleme auf dem Heimplaneten. Ein ähnliches Verhalten kennen wir ja zur Genüge aus unserer eigenen Geschichte. Denken wir nur an das Vorgehen der europäischen Völker zur Zeit der Kolonisation Nord- und Südamerikas oder Australiens.

Gibt es also tatsächlich nur uns als intelligente Art in dieser ganzen riesigen Milchstraße mit wohl mehr als 200 Milliarden Sternen und möglicherweise Zigmilliarden von Planeten? Trotz der sich in den letzten Jahren so eindeutig mehrenden Anzeichen für die Entstehung von Leben überall dort, wo einige ziemlich gewöhnliche Bedingungen erfüllt sind? War es tatsächlich eine einzige, einmalige Sequenz von Ereignissen, die uns Menschen hervorgebracht hat? Gibt es fundamentale Unterschiede in der Evolution von Intelligenz verglichen mit den Möglichkeiten der Entstehung von einfachen Lebensformen?

Es kann im Moment nicht darum gehen, auf Grund von Spekulationen über die Zustände auf fernen Planeten oder der Beobachtungen auf der Erde, die Fragen nach der Wahrscheinlichkeit fremder Lebensformen endgültig zu beantworten. Wir müssen aber ernsthaft die Frage stellen, ob sich der finanzielle Aufwand für die Suche nach den Aliens, seien es Mikroben oder Intelligenzen, nach wie vor rechtfertigen lässt. Wenn es um die Suche nach außerirdischen Mikroben geht, so antworteten heute wohl die allermeisten Wissenschaftler mit »Ja«. Sollen wir aber auch nach anderen Intelligenzen suchen? Folgten wir Fermi und Stephen Jay Gould, so müssten wir konsequenterweise jede weitere Forschung abbrechen, weil wir sie als reine Zeit- und Geldverschwendung betrachten müssten. Also das Geld für bessere Zwecke einsetzen?

Eine solche Konsequenz zu ziehen wäre nicht nur verfrüht, sondern sogar völlig falsch. Es gibt nämlich auch überzeugende biologische Gründe, weshalb die Entwicklung von intelligenten Lebewesen keine absolute Seltenheit zu sein braucht. Wenn wir jene Vorgänge, die hier auf der Erde zu uns Menschen geführt haben, etwas genauer anschauen, so können wir durchaus auch zum Schluss kommen, dass dem Leben eigentlich gar nicht mal so viele verschiedene Möglichkeiten offen standen. Dies gilt auch für die Evolution hin zu intelligenten Lebensformen. Allein schon die Tatsache, dass Intelligenz auf der Erde in verschiedenen Tiergruppen mehrfach und unabhängig voneinander entstanden ist, könnte ein Hinweis auf tiefer liegende Entwicklungszwänge sein. Wenn aber die biologischen Grundvoraussetzungen für die Evolution zu intelligenten Lebewesen günstig sein sollten, so wird aus Fermis Mittagsauftritt mehr als nur eine provokative Frage, sie wird zu einem Paradoxon. Wieso haben wir bisher keinen Kontakt mit den Anderen, wenn es sie eigentlich geben müsste?

Ich möchte im Folgenden zeigen, wieso die Natur möglicherweise überraschend wenige Wahlmöglichkeiten bei der Evolution der Lebewesen auf unserer Erde hatte und wieso ich der Meinung bin, die Suche nach außerirdischen Intelligenzen bleibe eine dringende Aufgabe der wissenschaftlichen Forschung, weil sie trotz des Fermi-Paradoxons nach wie vor Chancen auf Erfolg hat und weil wir ganz einfach mehr über unsere Stellung und unsere Bedeutung im Kosmos wissen müssen.

Beginnen möchte ich allerdings mit einem der bekanntesten Skeptiker unter den Biologen, mit Stephen Jay Gould. Er war überzeugt, und er hat dies mit der ihm eigenen Vehemenz auch Zeit seines Lebens immer wieder betont, wir Menschen seien als intelligente Art die ganz große Ausnahmeerscheinung im Kosmos. Gould war sich sicher, es gäbe keine irgendwie vorhersehbare Entwicklung für das Leben und die Evolution verliefe in eine völlig andere und rein zufällige Richtung und es entstünde eine komplett andere Lebewelt, wenn das »Experiment« nochmals gestartet werden könnte. Diese Behauptung gälte selbst für die Evolution auf exakt der gleichen Erde und unter den genau gleichen Bedingungen wie vor vier Milliarden Jahren. Zu viele Zufallsereignisse hätten immer wieder eine entscheidende Rolle gespielt. Hätte z. B. an irgendeiner der großen und der zahllosen, winzig kleinen, erdgeschichtlichen Wendemarken zufällig eine andere Art überlebt, so wäre diese Art zur Stammform einer neuen Entwicklungslinie geworden. Wäre diese eine Art aber ausgestorben und hätte eine andere der zahllosen Arten überlebt, die in den verflossenen Zeitepochen unseren Planeten besiedelt haben, so wäre eben eine andere Stammlinie entstanden, mit völlig anderen Nachkommensarten. Der Effekt der kleinen Zufallsentscheidungen, verbunden mit der Unmöglichkeit vorauszusehen, welche Art die jeweils glücklichere sei, müsste sich über die schier unendlich langen Zeiten hinweg so stark aufschaukeln, dass nach jedem hypothetischen Start ein anderes Resultat entstände.

Gould ging aber noch einen Schritt weiter. Für ihn war nicht nur das Resultat der Entwicklung der Arten nicht voraussehbar, er bestritt auch, dass es in der Evolution irgendwelche Trends gäbe, die über lange Zeit hinweg in eine bestimmte Richtung führten. Deshalb erliege jeder Beobachter, der z. B. aus der Geschichte der Evolution eine Tendenz zur Höherentwicklung glaube ableiten zu können, einem fatalen Trugschluss. Eine solche Tendenz sei rein statistische Täuschung und entbehre jeglicher biologischer Grundlage. Ganz im Gegenteil, in den meisten Lebensräumen herrschten auch heute noch die einfachsten Formen, genauso wie vor undenklichen Zeiten. Gould warf den Kollegen, »die auf Fortschritt aus waren«[3], in scharfen Worten vor, eine kurzsichtige Betrachtung der Extremwerte zu betreiben und sich ausschließlich mit der Entwicklung der komplexen Lebewesen befasst zu haben. Diese Kollegen hätten »die zunehmende Komplexität dieser Arten ... dann als falschen Ersatz für den Fortschritt des Ganzen« verwendet. Und weil es eben keine allgemeine Tendenz zur Höherentwicklung gäbe, sei auch der Mensch und die Entstehung von Intelligenz in unserer Art ein reines Zufallsergebnis der Evolution und dementsprechend jegliche Hoffnung, andere Intelligenzen zu finden, absurd.

Stephen Jay Goulds Ansichten hatten und haben in der Biologie einen hohen Stellenwert. Der enorme Einfluss Goulds hängt nicht nur mit seiner Medienpräsenz und auch nicht nur mit der Art und Weise zusammen, wie er manchmal mit Andersdenkenden umging. Gould war ganz sicher einer der führenden Biologen des 20. Jahrhunderts und seine Folgerungen sind zu Recht auch mit entsprechendem Gewicht in die Debatte um außerirdisches Leben eingeflossen.

Vielen Biologen scheinen die Ansichten Goulds aber zu einseitig und bei näherer Prüfung nicht haltbar. Einer, der sich immer sehr kritisch mit den Ideen von Stephen Jay Gould auseinander setzte, war und ist der Paläontologe Simon Conway Morris von der University of Cambridge. Auch für Conway Morris ist die Geschichte des Lebens auf der Erde unglaublich kompliziert und nicht vorhersehbar. Und trotzdem gab es nach ihm nicht beliebig viele Möglichkeiten, wie sich Lebewesen entwickeln konnten. Da sind zunächst zahlreiche Einschränkungen, welche die Physik und Chemie setzen, und zum anderen finden die Biologen in der Natur immer wieder sehr ähnliche Lösungen für ganz bestimmte Anpassungsprobleme der Tiere und Pflanzen.[4] Tatsächlich kennt jeder, der mit Biologie zu tun hatte, das Phänomen der Konvergenz bestens. Mit diesem Begriff bezeichnen die Biologen all jene Erscheinungsformen in der Natur, bei denen Lebewesen unter gleichen Umweltbedingungen unabhängig voneinander sehr ähnliche Körpermerkmale entwickelt haben. Fast jedes

Kind weiß, dass ein Wal kein Fisch ist, obwohl sein Körper demjenigen eines Fisches gleicht. Die Vorfahren der Wale und Delfine waren Landbewohner, mit Beinen und allem was dazu gehört. Die heutigen Meeressäuger mussten in einem langen Prozess ihren Körperbau dem Lebensraum Wasser anpassen, um im Element der Fische überleben zu können. Der stromlinienförmige Körper der Fische, Wale, Delfine, Pinguine, Kalmare, Robben und zahlloser anderer schneller Schwimmer ist einfach das energiesparendste Design für die Fortbewegung im Wasser. Andere Beispiele gibt es genügend. Sie sind für Simon Conway Morris klare Indizien dafür, dass sich in der Natur unter ähnlichen Umweltbedingungen immer wieder ähnliche Problemlösungen entwickeln und damit nicht einfach beliebig viele Formen rein nach dem Zufallsprinzip entstehen können. Konvergenz ist für ihn eine ganz entscheidende, gestaltende Kraft, die das Leben in seiner Entwicklung nicht nur vorhersehbar macht, sondern ihm auch eine Richtung gibt.

Und dies gilt auch für die Entstehung von Intelligenz. Intelligenz sei nichts anderes als eine von vielen möglichen Antworten auf den Zwang, dem alle Arten gleichsam unterliegen, nämlich sich möglichst optimal an ihre Umwelt anzupassen. Tatsächlich ist auch auf der Erde Intelligenz nicht nur einmal, sondern mehrfach und unabhängig voneinander entstanden. Wir finden das Phänomen nicht nur bei Säugetieren wie Delfinen, Katzen, Hunden, Schimpansen und Menschen, sondern auch bei Vögeln und Tintenfischen und in anderer Form auch bei Insekten. Das Gedankenexperiment von Stephen Jay Gould (das »Band des Lebens« nochmals starten zu lassen und es werde eine völlig andere Lebewelt entstehen) sei eben nicht hypothetisch. Es könne, so Conway Morris, auf unserer Erde in den verschiedensten Entwicklungslinien beobachtet werden und führe eben nicht, wie von Gould behauptet, immer wieder zu anderen Formen, sondern zu durchaus ähnlichen Problemlösungen. Dem Leben stehen nach Conway Morris keineswegs unendlich viele Möglichkeiten offen.

Der Kontrast in den Ansichten könnte nicht größer sein. Auf der einen Seite Stephen Jay Gould, für den die Evolution absolut zufällig verläuft, und auf der anderen Seite Simon Conway Morris, der aus der Untersuchung der Lebewesen auf unserer Erde schließt, die Evolution habe durchaus eine Richtung und müsste auch anderenorts immer wieder zu ähnlichen Resultaten führen! Die Breite des Spektrums in den Ansichten von zwei so bedeutenden Biologen der Gegenwart zeigt einmal mehr auf, wie offen alle Möglichkeiten sind, solange wir keinen zweiten belebten Planeten kennen und unsere

Welt mit den dortigen Organismen vergleichen können. Ich persönlich habe die starke Vermutung, wir werden, wenn wir denn je Einblick in eine fremde Ökosphäre erhalten sollten, wie so oft merken, dass die Wirklichkeit zwischen den beiden Extremmeinungen zu finden ist. Sollte ein Planet der Erde gleichen, so dürften die ähnlichen Umweltbedingungen tatsächlich zu Anpassungen wie bei irdischen Lebewesen führen. Was natürlich nicht heißt, dass wir erwarten könnten, dort menschenähnliche Wesen zu finden, die mit uns praktisch identisch sind. Aber Wasserbewohner dürften auch in einem fremden Ozean einen stromlinienförmigen Körper besitzen, fliegende Lebewesen werden bewegliche Flügel entwickelt haben, die mit den Flugorganen unserer Insekten, Vögel, Flugsaurier oder Fledermäusen im Prinzip vergleichbar sind, und Bodenbewohner werden, wie unsere Würmer, fähig sein, Gänge zu bohren, wenn das Substrat dies zulässt, oder »die Erde« mit schaufelähnlichen Gliedmaßen zur Seite drücken wie unsere Maulwürfe, Maulwurfgrillen oder Maulwurfkrebse.

Es gibt eine ganze Reihe von Bauplaneigenschaften, die sich auf unserer Erde derart durchgesetzt haben, dass wir annehmen können, sie hätten auch über unseren Planeten hinausgehende Bedeutung. Dies mögen »simple« Dinge sein, die durch die physikalisch-chemischen Notwendigkeiten bedingt sind. So kann in einem lang gestreckten Darm die Nahrung effizienter verdaut werden als in einem sackförmigen Innenraum. Zudem ist es eine recht komplexe Angelegenheit, einen Darm so aufzuwickeln, dass keine Knoten entstehen können. Diese simplen Grundsätze könnten auch anderswo zu lang gestreckten, wurmähnlichen Geschöpfen geführt haben. Oder: Größere, tierähnliche Lebewesen müssen die Nährstoffe und die Atemgase effizient zu den einzelnen Zellen im Körper transportieren können, dazu braucht es ein Transportsystem mit einer Antriebspumpe. Die Tiere auf unserer Erde haben dazu Adersysteme entwickelt, die zwar offen oder geschlossen sein können, die aber alle, zumindest an einer Stelle, eine sackförmige Ausweitung besitzen, die mit mehr Muskelzellen als die eigentlichen Adern ausgerüstet ist und welche die »Blutflüssigkeit« unter Druck setzen kann und damit durch den Körper pumpt. Oder: Bei sämtlichen Tieren gibt es eine Anhäufung von Nervenknoten im Bereich des Mundes. Kein Tier hat sein Hirn bei der Afteröffnung oder in seinem Schwanz! Die simple Notwendigkeit bei der Nahrungsaufnahme oder beim Beutefang rasch entscheiden und reagieren zu können, macht kurze Verbindungen zwischen den wichtigsten Sinnesorganen, dem Fressapparat und dem Hirn nötig. Deshalb finden wir auch Augen und Hörorgane immer in der Nähe der Mundöffnung.

Es könnte also gut sein, dass wir auf einem fremden Planeten, mit ähnlichen Umgebungsbedingungen wie hier auf der Erde, uns mehr oder weniger vertraute Gestalten antreffen könnten. Das ist kein Mangel an Fantasie! Der Grund liegt einfach in den Notwendigkeiten und in den Zwängen, welche die Umwelt an die Organismen stellt und denen diese unterworfen sind.

Simon Conway Morris' Argument ist sogar so stark, dass wir es auch umgekehrt nutzen können. Wenn nämlich eine »Tierart« auf einem fernen, erdähnlichen Planeten zu bestimmten Leistungen fähig ist, so muss sie auch entsprechende Körperorgane besitzen, um Gegenstände fein manipulieren zu können. Sollten wir Kenntnis von einer anderen technischen Zivilisation erhalten, z. B. indem wir ihre Funksignale einfangen können, so sind über ihren Körperbau einige grobe Voraussagen möglich. Wir könnten mit großer Sicherheit annehmen, dass sie ein verhältnismäßig großes Organ zur Informationsauswertung besitzen und dieses »Hirn« sich sehr wahrscheinlich nahe der Mundöffnung befindet. Weil sie ja offensichtlich zum Bau eines Radiosenders fähig sind, müssen die Aliens auch über Gliedmaßen verfügen, mit denen sie die Bauteile dieses technischen Gerätes fassen und präzise zu einem funktionierenden Ganzen zusammenbauen können. Unsere Hände sind zur Erledigung einer solchen Aufgabe weitgehend ideal. Der opponierbare Daumen ermöglicht uns äußerst präzise Handarbeiten und damit auch den Bau von Werkzeugen, die unsere natürlichen Möglichkeiten noch zusätzlich enorm erweitern. Es ist ganz klar, dass eine auch noch so intelligente Art, die keine entsprechenden Gliedmaßen besitzt, keine technischen Geräte bauen kann. Ein Delfin mag noch so intelligent sein, es wird ihm aber nie gelingen, mit seinen Flossen einigermaßen feine Werkzeuge herzustellen und einzusetzen. Vielleicht kann er mit Hilfe seiner sensiblen Lippen einige einfache Verrichtungen durchführen, aber die Chance, damit einen Radiosender zu basteln (ganz abgesehen von all den dazu nötigen Vorversuchen) sind doch eher minimal.

Daraus nun zu schließen, die funkenden Fremden hätten Hände wie wir, vielleicht mit drei oder sechs Fingern, aber immerhin Fingern, wäre aber völlig falsch. Hier bin ich mit Stephen Jay Gould einig. Die Natur hatte durchaus andere Möglichkeiten, hochsensible und präzise Greifwerkzeuge zu entwickeln als nur in der Form unserer Hände. So haben z. B. die Krebse mit ihren Zangen zwar auf den ersten Blick plump erscheinende Gliedmaßen. Wer aber diese Tiere bei ihrer Nahrungsaufnahme je genauer beobachtet hat, wird mit Staunen festgestellt haben, wie fein sie ihre Nahrung mit den so klobig aussehenden Greifzangen zergliedern können. Unterstützt durch vielteilige Mundwerkzeuge gelingt es einem Krebs, auch die winzigsten Reste verdaubaren Materials aus den kleinsten Spalten im Panzer eines Beutetieres herauszuholen.

Welche Form der Gliedmassen sich in den einzelnen Tiergruppen im Verlauf ihrer Evolution auf der Erde durchgesetzt hat, dürfte tatsächlich stark durch Zufall gesteuert gewesen sein, bei dem die weitgehend unbekannten Anfangsbedingungen eine entscheidende Rolle gespielt haben. Sicher ist nur, dass zu Beginn des Kambriums, jener Erdzeit, die vor etwa 530 Millionen Jahren begann, die Stämme des Tierreichs geologisch gesehen fast mit einem Schlag die Meere bevölkerten. Mit diesem Innovationsschub der Natur entstanden sämtliche heute noch bei den Tieren zu findenden Baupläne. Seither ist kein einziger neuer »Bauplan«, kein einziger neuer Tierstamm mehr entstanden. Genau hier setzt denn auch einer der Hauptunterschiede zwischen Stephen Jay Gould und Simon Conway Morris an. Während Gould der Überzeugung ist, damals wäre reiner Zufall im Spiel gewesen, glaubt Morris an die gestaltende Kraft der Konvergenz gleich zu Beginn.

Es mag durchaus sein, dass bei der Entstehung der Baupläne viel Zufall mit im Spiel war, auch wenn die neuesten Forschungen auf dem Gebiet der Aktivierung der Gene diesen Zufall einzuengen scheinen (vgl. Kapitel 3.6). Danach aber, als die Baupläne der Tiere einmal entstanden waren, vielleicht als reines Würfelspiel der Natur, bei welchem die bestehenden Gestaltungsgene wild miteinander kombiniert wurden, kam sofort die Eingrenzung auf das, was sich in der Umgebung bewährte, mit einer ganzen Anzahl von Evolutionslinien, die im Prinzip alle zu feinen Präzisionswerkzeugen führten. Dies trifft ganz speziell auf die unglaubliche Fülle an unterschiedlich gestalteten Mundgliedmaßen und Beinen bei den Gliederfüßlern zu, die ein ganzes Arsenal an Körperanhängen zeigen, die im Prinzip zur Feinmanipulation fähig sind. Was den Gliederfüßlern fehlt, um ihre Möglichkeiten über die Alltagsanwendungen hinaus auszuschöpfen, ist ein Nervensystem, das dazu komplex genug ist. Hier steht den Gliederfüßlern ihr Bauplan im Wege. Ein größeres, komplexeres Hirn benötigt wie das unsere viel Energie und auch Sauerstoff. Die Landbewohner unter den Gliederfüßlern, allen voran die Insekten, können aber unter den aktuellen Umweltbedingungen z. B. wegen ihres Atmungssystems kaum größer werden als die heutigen Arten. Sie atmen durch kleine Körperöffnungen, an welche Röhren gegen innen anschließen. Der Sauerstoff muss durch diese Röhren, die Tracheen, bis zu jedem einzelnen Körperorgan gelangen und das Kohlendioxid den umgekehrten Weg nach außen finden. Die Insekten schaffen dies problemlos, indem sie ihren Körper zusammendrücken, damit die verbrauchten Atemgase auspressen, den Körper wieder ausdehnen und so frische Luft einsaugen. Wenn nun die Tiere größer werden, so verlängern sich automatisch auch die Transportwege. Dies funktioniert perfekt, bis die Tracheen so lang werden, dass die Luft nur noch in der Röhre hin und her gepumpt wird ohne nach außen zu gelangen. Der gleiche Effekt macht es uns unmöglich, mit einem langen Schlauch im Mund, der an die Wasseroberfläche führt, in einigen Metern Wassertiefe gemütlich dem Treiben der Tiere in einem Korallenriff zuzuschauen. Sobald das Volumen im Schlauch größer wird als unser Atemvolumen, wird die Luft im Schlauch nicht mehr nach oben gelangen und wir atmen ständig die gleiche Luft ein und aus.

Entscheidend für diese Argumentation ist aber der Hinweis auf die aktuellen Umweltbedingungen. Läge nämlich der Sauerstoffgehalt der Atmosphäre höher, so wäre auch der Gasdruck des Sauerstoffs größer und die Tiere könnten stärker wachsen. Genau dies geschah auf unserer Erde bereits einmal.

Der Sauerstoffgehalt der Atmosphäre erreichte vor etwas über 300 Millionen Jahren, im Karbon, vermutlich bis zu 35 %, fast doppelt so viel wie heute. Prompt finden wir in der damaligen Zeit auch Rieseninsekten, wie die Libelle *Meganeura*, mit Flügelspannweiten bis zu fast 70 cm. Der hohe Sauerstoffgehalt und die damit verbundene dichtere Luft erlaubte es den relativ schweren Tieren auch aktiv zu fliegen. Auch in anderen Tier- und Pflanzengruppen kam es damals zu Riesenwuchs. Wer weiß also, um mit Stephen Jay Gould zu argumentieren, zu was die Evolution geführt hätte, wären die Umweltbedingungen anders gewesen oder hätten andere Zufallsereignisse in die Evolution eingegriffen?

Meiner Einschätzung nach handelt es sich hier aber um einen Streit um Details des Designs der Lebewesen. Viel wichtiger, und hier kommen die Argumente von Simon Conway Morris wieder ins Spiel, ist der Trend hin zu komplexeren Formen, wie er während der ganzen Evolutionsgeschichte zu beobachten ist. Für die Beantwortung der Frage, ob andere technische Zivilisationen möglich seien oder nicht, ist doch nicht wichtig, wie die Greifwerkzeuge möglicher Aliens ausgebildet sind. Sie können, wenn es sie denn gibt, mit einer Vielzahl von Formen Gegenstände fassen, manipulieren und zu Geräten zusammensetzen. Voraussetzung ist einzig, dass die Natur den Weg zur Entwicklung und Steuerung solcher Werkzeuge nicht durch irgendwelche Einschränkungen unmöglich macht! Ich gebe hier Simon Conway Morris Recht, solche Einschränkungen sind keine zu erkennen. Im Gegenteil: Die Lebewelt der Erde zeigt uns mit aller Deutlichkeit auf, wie groß schon hier bei uns auf der Erde die Zahl der verschiedenen gangbaren Wege ist! Die Entwicklung von Intelligenz ist in diesem Zusammenhang nur eine von vielen Möglichkeiten, sich optimal an die Natur anzupassen und dürfte tatsächlich überall dort auftreten, wo ein geeignetes Design für ein Nervensystem mit einem großen Hirn möglich ist.

Stephen Jay Gould griffe an dieser Stelle sicher mit der ganzen Vehemenz seiner beachtlichen Persönlichkeit ein, wenn er dies noch könnte. Für ihn enthielte der letzte Abschnitt einen ganz grundlegenden Fehler in den Ausgangsbedingungen. Gould war ja überzeugt, dass es keinen allgemeinen Trend hin zu komplexeren Formen gab. Für ihn war die Entstehung der höheren Lebewesen nichts als eine Folge der statistischen Variation, die neben einer absolut dominierenden Welt der Mikroben eben auch Säugetiere erlaubt. In dieser Welt gibt es keine kontinuierliche Tendenz in irgendeine Richtung. Neben der Entstehung komplexerer Organismen gab es ja auch den umgekehrten Weg, hin zu Vereinfachungen, wie z. B. bei vielen Parasiten[3].

Es scheint als ginge es hier sehr um ein fast juristisches Abstecken einzelner Begriffe und zu wenig um die Natur selbst. Auch wenn Stephen Jay Gould wahrscheinlich Recht hat, auch wenn es während der ganzen Evolution des Lebens auf der Erde keinen allgemeinen und schon gar keinen kontinuierlichen Trend hin zu komplexeren Formen gab, so ist doch die Tatsache allein entscheidend, dass sich höhere Lebewesen entwickelten. Ob der Grund dafür eine statistische Variation ist, die solche Organismen erlaubt, oder ob der Grund alleine in einem durch das Phänomen der Konvergenz erzwungenen Entwicklungsweg liegt, ist zwar hoch interessant, aber letztlich für unser Thema völlig egal. Entscheidend ist das Resultat!

Ich bin überzeugt, es war eine Kombination beider Prozesse, die unsere Erde bis heute mit der ungeheuren Vielfalt von Lebewesen bevölkert hat. Es mag im Einzelfall spannend und wichtig sein, abzuklären, welcher der Prozesse in einer bestimmten Evolutionslinie die entscheidende Rolle gespielt hat. Für unser Thema hier ist dies aber nicht relevant. Wir müssen uns daher definitiv auf die dritte kopernikanische Wende vorbereiten, auf die Erkenntnis, dass es draußen im Weltall noch andere Intelligenzen gibt!

Die Einsicht, dass keine echten Schranken intelligentes Leben im Kosmos unmöglich machen, lässt das Fermi-Paradoxon allerdings nur noch bedrückender erscheinen. Was ist los? Wo sind sie? In den letzten Jahren sind zahlreiche mögliche Antworten auf diese Fragen vorgeschlagen worden. Der Astronom Steven J. Dick vom United States Naval Observatory in Wahington D.C. hat in einem seiner Bücher[5] einige der wichtigsten in der Literatur bisher besprochenen Vermutungen über die Gründe für den bisher ausgebliebenen Kontakt systematisiert und zusammengefasst. Sie reichen von Problemen im Zusammenhang mit interstellaren Reisen (zu teuer, physikalisch unmöglich, zu gefährlich, zu langsam) über Schwierigkeiten bei der Kolonisierung, bisher unerkannte Wachstumsgrenzen bis hin zur Vermutung, eine Zivilisation könnte im Verlaufe ihrer Entwicklung das Interesse an der Forschung verlieren und sich nur noch mit sich selbst beschäftigen.

Sicher sind auch noch viele weitere mögliche Gründe denkbar. So könnte z. B. das Phänomen Leben selbst einer Kolonisierung des Weltalls im Wege stehen. Wenn nämlich Leben tatsächlich relativ regelmäßig überall dort entsteht, wo einige recht einfache Grundvoraussetzungen erfüllt sind, dürfte es für eine raumfahrende, intelligente Art schwierig werden, einen unbelebten aber günstigen Planeten zu finden. Es könnte nämlich sehr gut sein, dass sich nur tote Planeten für die eigenen Bedürfnisse herrichten lassen. Die Kolonisation eines bereits von Leben »infizierten« Himmelskörpers könnte sich außerordentlich schwierig gestalten, zu aufwendig sein und damit eine Kolonisierung verhindern. Dies ganz einfach deswegen, weil vermutlich auch auf fremden Planeten die dort lebenden »Mikroben« alles, was irgendwie abbaubar ist, als Energie- und Nährstoffquelle nutzen. Die Siedler müssten sich also rigoros vor den lokalen Mikroben schützen. Und dazu gibt es nur zwei Möglichkeiten. Entweder leben die Eindringlinge ständig in einem luftdichten Sicherheitsanzug und entsprechenden Gebäuden, oder aber sie entschließen sich, den Planeten von den »einheimischen« Lebensformen zu »säubern«. Die Option »Sicherheitsanzug« ist auf die Dauer wohl kaum praktikabel. Ständig in einer hermetisch abgeriegelten Umwelt leben zu müssen, ist zunächst einmal einfach lästig und bedrückend. Dazu kommt noch die Gefahr von Unfällen. Es genügt im Prinzip ein einziges Leck, eine einzige Person, die sich draußen durch einen dummen Zufall infiziert und die ganze Kolonie könnte gefährdet sein. Wir Menschen haben Ähnliches während den vielen Eroberungsfeldzügen immer wieder erlebt, obwohl damals Lebensformen aufeinander stießen, die sich in ihren Grundzügen ähnlich und die erst seit erdgeschichtlich kurzen Zeiten voneinander isoliert waren.

Es bliebe also wohl kaum etwas anderes übrig, als den Planeten gründlich zu sterilisieren. Dieses Unterfangen gestaltete sich, angesichts der neuen Entdeckungen von ganzen Ökosystemen tief unten im Gestein unserer Erdkruste oder unter dem Meeresboden, sicher keineswegs als einfache Übung. Kommt noch hinzu, dass die Sterilisation und die anschließende Besiedelung eines ganzen Planeten nicht nur das Problem eines geeigneten »Desinfektionsmittels« ist. Ganz abgesehen von der »Abfallentsorgung« wissen wir heute um die zahlreichen Rückkoppelungsprozesse, welche das Klima und die Lebensbedingungen unserer Erde mehr oder weniger konstant halten. In den fein aufeinander abgestimmten Vorgängen spielen die Lebewesen eine ganz entscheidende Rolle. Dies müssen auch all jene zugestehen, die James Lovelock nicht hundertprozentig folgen mögen.

Für Lovelock ist die ganze Erde eine Art Superorganismus[6], in dem alle Teile zusammenwirken müssen, um als Ganzes überleben zu können. Wenn aber die Organismen aus dem hochkomplexen System entfernt werden, läuft die gesamte Ökosphäre Gefahr, sich unkontrollierbar und radikal zu verändern und unbewohnbar zu werden. Die Annahme Crawfords, eine in den Kosmos expandierende intelligente Art könnte jeweils innerhalb von 100 Jahren einen neuen, bewohnbaren Planeten erreichen und diesen in nur etwa 400 Jahren so weit herrichten und kontrollieren, dass sie sich nach so kurzer Zeit bereits den Luxus erlauben könnte, einen großen Teil ihrer Energien auf den Weiterflug zu neuen, noch unentdeckten Planeten zu konzentrieren, ist nach meiner Überzeugung abstrus unrealistisch. Selbst wenn ein günstiger Planet noch unbelebt sein sollte, so könnte man wohl kaum einfach landen, Häuser hinstellen, seine Sachen auspacken und gemütlich ein Bierchen trinken. Ohne Lebewesen besäße der Planet kaum eine atembare, sauerstoffreiche Atmosphäre! Selbst Robert Zubrin, der energiegeladene Präsident der »Mars Society«, Gründer der »Pioneer Astronautics« und nicht gerade als Pessimist bekannt, schätzt als Ingenieur die Zeit, um einen so günstigen Planeten wie den Mars für menschliche Siedler uneingeschränkt bewohnbar zu machen, auf etwa 1000 Jahre[7]. Dabei geht er mehr oder weniger stillschweigend von einem unbelebten Mars aus. Nein, so einfach wie in der Science-Fiction ist die Sache ganz sicher nicht.

Als Biologen beschäftigt mich auch noch ein anderes Problem. In all den Fermi-Szenarien wird immer wieder mit Zeiträumen jongliert, die als natürliche Lebensdauer für eine Art kaum realistisch sind.

Crawford rechnet z. B. mit etwa fünf Millionen Jahren, die eine aggressiv kolonisierende Art benötigte, um die ganze Galaxis zu besiedeln. Abgesehen davon, dass ich seine Grundannahmen als völlig überoptimistisch einstufe, kennen wir in unserer Verwandtschaft keine Art, die derart lange Bestand gehabt hätte. Den modernen Menschen gibt es erst seit etwa 200 000 Jahren, und der Steinzeit einigermaßen entwachsen sind wir bestenfalls seit vielleicht 5000 Jahren. Auch die Art Mensch wird sich, wie alle anderen Arten, weiter wandeln. Dafür sorgen unsere Gene, die ständig mutieren, neue Varianten bilden und uns damit neu formen. Vielleicht entsteht aus uns eine Nachfolgeart, vielleicht auch nicht. In welche Richtung wir uns entwickeln werden, ist aber völlig unklar. Ganz abgesehen von der offenen Frage, ob es uns derart lange gelingt, unser gesamtes Zerstörungspotenzial nicht gegen uns selbst zu richten. Mit anderen Worten, es ist höchst fraglich, ob eine Art ein derart hohes Alter, wie es zur Besiedlung einer Galaxis auch bei optimistischsten Annahmen nötig ist, überhaupt erreichen kann.

Es kann durchaus möglich sein, dass Zivilisationen, die uns weit voraus sind, die vielleicht die Weltraumfahrt zwischen Sonnensystemen so benutzen wie wir das Flugzeug zwischen Zürich und New York, im Weltall tatsächlich selten sind. Daraus allerdings zu folgern, technologische Zivilisationen unseres Typs seien im Weltall kaum vorhanden, wäre grundfalsch. Es bräuchte eben schon sehr viel mehr an Wissen und auch an Ressourcen, als uns heute zur Verfügung stehen, um eine echte Eroberung der Galaxis, im Stile polynesischer Inselhüpfer oder in der Star-Treck-Manier, anpacken zu können. Bevor sich auch nur eine einzige derartige Hyperzivilisation entwickeln kann, müssten schon sehr viele Kulturen unseres Typs entstehen und sich eine gewisse Zeit lang entfalten können. Von solchen Kulturen wüssten wir aber beim heutigen Stand der Technik und unseres Wissens nur durch Zufall. Trotzdem mag es sie geben, und trotzdem könnte ein Kontakt möglich werden.

Das Fermi-Paradoxon gilt für mich in seiner ganzen Schärfe also nur für galaktische Hyperzivilisationen. Und ich gestehe, darüber nicht unglücklich zu sein. Wenn solche Zivilisationen nämlich wirklich selten sind, so gibt uns dies die Chance zu einer eigenständigen und unabhängigen Entwicklung. Andernfalls wären wir möglicherweise längst entweder unterjocht oder, für mich wahrscheinlicher, wegsterilisiert worden.

Alle Erklärungsvarianten, so einleuchtend sie auch klingen mögen, kranken aber selbstverständlich ständig am gleichen Grundproblem.

Sie sind in Ermangelung von Daten alle spekulativ. Dies gilt auch für das Fermi-Paradoxon. Wir wissen einfach zu wenig über ganz grundlegende Annahmen, um die Frage nach Intelligenzen im All heute verbindlich beantworten zu können. Aber das ist auch nicht verwunderlich, wenn wir die bisher kurze Zeit unserer aktiven Suche in Betracht ziehen. Wir müssen uns aber ganz entschieden davor hüten, einen fatalen Fehler zu begehen. Solange wir nicht mit Sicherheit wissen, dass wir zumindest in unserer Ecke des Kosmos alleine sind, solange dürfen wir uns nicht auf Grund von Spekulationen von der Suche nach Spuren der Anderen abbringen lassen. Wir verhielten uns sonst ganz ähnlich wie die europäischen Kulturen im Mittelalter und lange darüber hinaus, als das Weltbild nicht vom Wissen geprägt, sondern vom Glauben diktiert worden ist. Ganz abgesehen davon, dass damals auch so eine Art »Fermi-Paradoxon« galt. Die Völker Europas kannten kein Anzeichen für die vielen anderen Kulturen auf den noch unentdeckten Kontinenten unserer Erde. Sie hätten damals mit genauso guten Gründen annehmen können, alleine zu sein. Erst der Entdeckerdrang, die Suche nach riesigen Schätzen und persönlichem Ruhm ließen sie aufbrechen und nachsehen. Das Resultat ist bekannt.

Die Frage, ob wir mit unserem Typ Zivilisation in diesem Teil der Milchstraße alleine sind oder nicht, ist nicht nur für die Entwicklung eines realistischen Weltbilds von Bedeutung. Sie müsste auch aus Gründen der Sicherheitspolitik möglichst rasch beantwortet werden. Wir haben uns mit dem ganzen Funkverkehr in den letzten knapp 100 Jahren auf unserem Planeten nämlich nicht gerade versteckt. All die ausgestrahlten Radio- und Fernsehprogramme breiten sich mit Lichtgeschwindigkeit um unseren Planeten aus und bestreichen damit schon heute ein kugelförmiges Raumgebiet mit einem Durchmesser von rund 100 Lichtjahren. Auch wenn es außerordentlich schwierig wäre, diese relativ schwachen Funksignale über große Strecken überhaupt nachzuweisen, geschweige denn zu entschlüsseln, so könnte eine Scoutmission einer anderen Kultur durchaus zufällig auf den piependen Planeten aufmerksam werden und die Anderen so zu uns führen. Ob die Aliens in diesem Falle nur kurz Guten Tag sagen möchten oder ob sie die ganz außergewöhnliche Anstrengung einer Reise zur Erde nicht mit völlig anderen Absichten auf sich genommen hätten, müsste sich im konkreten Fall erst zeigen. Auch wenn die Besiedelung eines fremden Planeten vermutlich sehr schwierig ist, könnte es eine Gesellschaft, deren Heimatplanet z.B. vor dem Untergang steht, in ihrer Verzweiflung durchaus versuchen. Heute stünden wir ihnen absolut unvorbereitet und praktisch wehrlos gegenüber.

Es gibt aber noch einen anderen Aspekt in der ganzen Diskussion um das Fermi-Paradoxon und ich glaube (dieses Verb ist hier mit Bedacht gewählt!), die Wissenschaftler, auch die Naturwissenschaftler, müssten ihm mehr Aufmerksamkeit schenken als in der Vergangenheit. Das Fermi-Paradoxon geht von der für einen Naturwissenschaftler schon fast selbstverständlichen Voraussetzung aus, dass bisher kein Kontakt mit Außerirdischen stattfand. Aber, und die Frage muss erlaubt sein, ist diese Voraussetzung auch wirklich korrekt?

Ich betrete hier ein Gebiet, das durch eine Unmenge an Scharlatanerie, Lügen, Fehlbeobachtungen und Wahnvorstellungen geprägt ist. Entsprechend heikel ist die Behandlung der ganzen Thematik, und die meisten Naturwissenschaftler sehen schon »Rot« vor ihrem geistigen Auge, wenn das Thema überhaupt erwähnt wird. Mit gutem Grund, denn wann immer sich Naturwissenschaftler mit ihren rigorosen Methoden einem der zahllosen Berichte über UFO-Sichtungen und/oder Begegnungen mit Außerirdischen annehmen, bleibt in der Regel nichts Unerklärbares übrig. Und wenn doch, so liegt der Grund dafür wohl eher im Mangel an Daten über ein Einzelereignis, das aus begreiflichen Gründen schlecht dokumentiert worden ist und das wegen seiner Einmaligkeit einer Analyse verschlossen bleibt.

Es gibt aber andere Hinweise, die meines Erachtens bisher zu einseitig ablehnend betrachtet worden sind und die gründlicher untersucht werden müssten. Ich schreibe hier von all den zahllosen Berichten in den Schriften der alten Völker unserer Erde und auch von dem was aus der Urzeit an harten Gegenständen bis in die Gegenwart hinein erhalten geblieben ist. Diese Berichte sind teilweise seit vielen Hunderten von Jahren bekannt und sie sind immer durch die Brille des damals aktuellen Weltbilds gelesen worden. Ein Weltbild, in welchem der Weltraum und mögliche Besucher aus ihm bis vor kurzem kaum Platz hatten. Ich denke, es ist an der Zeit, sie jetzt aus der Sicht unseres Jahrhunderts neu zu lesen und sich ernsthaft zu fragen, ob ihr Inhalt weiterhin als »Sagen«, »Mythen« oder andere ähnliche Fantasieprodukte interpretiert werden kann. Erst wenn wir dies ernsthaft getan haben und wiederum zum Schluss kommen, hinter den alten Berichten verberge sich nichts Substanzielles, kein echtes Erleben der Altvordern, sondern nur ihre Art, die Unerklärlichkeiten der täglichen Umwelt zu beschreiben, erst dann können wir uns zurücklehnen und die Akte »Urgeschichte« mit dem Vermerk »Keine besonderen Vorkommnisse« schließen.

Wenn Wissenschaftler dies nicht tun sollten, werden sie weiterhin im Visier unbequemer Autoren, wie z. B. meines Landsmanns Erich von Däniken, stehen und werden sich den Vorwurf gefallen lassen müssen, mit ihrer gegenüber einer modernen Analyse ablehnenden Haltung genauso unwissenschaftlich zu handeln, wie all jene, die unkritisch alle Berichte sofort als Tatsachenreportagen auffassen. Der Einsatz ist enorm hoch, besteht doch die Gefahr, an den historischen Grundlagen ganzer Glaubensgemeinschaften zu rütteln, so wie dies gegenwärtig einige mutige Archäologen, z. B. der Berliner Ägyptologe Rolf Krauss oder sein Kollege Israel Finkelstein von der Universität Tel Aviv tun.[8,9] Die beiden Autoren sind zufällig gewählte Repräsentanten einer neuen Generation von Archäologen, die beginnen, den historischen Gehalt der Berichte in der Bibel kritisch und vor Ort zu untersuchen. Sie haben bisher Überraschendes zu Tage gefördert: Die Berichte der Bibel enthalten gemäß ihren Ausgrabungen zwar ein Korn wahre Geschichte, aber noch viel mehr Übertreibungen und sogar echte Geschichtsverfälschungen. Es scheint, als ob große Teile der Bibel erst im 2. Jahrhundert vor Christus geschrieben worden wären, um »den Hohepriestern die richtige Politik gegenüber den heidnischen Nachbarn in dichterischem Gewande« zu empfehlen ([8], S. 147). Ich erwähne dies hier allerdings nicht, um zu einer Kritik der Bibel anzusetzen, sondern um zu zeigen, dass ich mir durchaus bewusst bin, wie schwierig und auf welch wackligen, historischen Füßen alte Berichte stehen. Trotzdem bleibt es eine Tatsache, dass in den ganz alten Quellen, die viel weiter zurückgehen als z. B. die Bibel und welche vermutlich die Basis für viele Berichte auch im »Buch der Bücher« sind, zu viele übereinstimmende Ungereimtheiten auftauchen. Diese Dokumente sind auch meiner Ansicht nach noch zu wenig ernsthaft auf ihre historischen Wurzeln hin untersucht und verglichen worden.

Es würde weit über das Ziel dieses Buchs hinausgehen, an dieser Stelle eine eigentliche Diskussion der alten Berichte zu beginnen. Ich möchte nur einige Fakten nennen, die Anlass für gründliche Studien sein könnten. Herausragend ist z. B. die Tatsache, dass fast in allen vorgeschichtlichen Erzählungen von Wesen die vom »Himmel« kamen die Rede ist. Wir finden solche Storys nicht nur in der Bibel, deren Autoren sie mit großer Wahrscheinlichkeit von viel älteren Schriften übernommen haben, sondern gleich massenhaft in den alten Schriften und Sagen der Urvölker Nordafrikas, Europas, Asiens, Ozeaniens sowie Nord- und Südamerikas. Ganz besonders spannend sind die Überlieferungen Indiens, weil sie nicht nur mündlich, sondern auch schriftlich in den Veden und im Mahabharata sowie dem Ramayana erhalten geblieben sind. Alles in allem dürften diese teilweise uralten Texte, die etwa 300–500 Jahre vor Christus schriftlich festgehalten worden sind, über eine halbe Million Verse in Altindisch und in Sanskrit umfassen. Und die haben es knüppeldick in sich! Was die Vorfahren der alten Inder alles an ihrem Himmel gesehen und was sie mit ihren Besuchern aus dem Weltall erlebt haben wollen, könnte Gene Roddenberry und alle anderen Star-Treck-Autoren vor Neid erblassen lassen. In den Berichten strotzt es nur so von Himmelsfahrzeugen, die mit gewaltigem Getöse und Feuereffekten starteten und landeten, so dass die Berge erzitterten. Die fliegenden Geräte der Besucher erlaubten Reisen um die Erde und in das Weltall. Zu solchen Ausflügen wurden manchmal auch die verständnislos staunenden Menschen mitgenommen. Berichtet wird auch von schrecklichen Waffen, welche wie ein strahlender Blitz ganze Städte zerstörten und die Winde wehen ließen. Unter ihrer Wirkung zerfielen alle Menschen zu Asche und die Körper wurden völlig unkenntlich. Den Überlebenden fielen Haare und Nägel aus und die noch ungeborenen Kinder starben im Mutterleib. Nach dem Blitz senkte sich feiner Staub über die Gegend, der die Nahrung vergiftete.

Ich gebe Erich von Däniken Recht, wenn er eine genauere Überprüfung solcher Berichte mit dem Wissen und dem Können unserer Zeit fordert.[10] Es ist schwierig (aber eben nicht ganz unmöglich), sich vorzustellen, wie unsere Ahnen ohne je von den Folgen eines Atombombenschlags gehört zu haben, sich eine derart akkurate Beschreibung rein durch Fantasie ausdenken konnten. Auffällig ist auch die weite Verbreitung solcher Berichte, die aus Urquellen von sämtlichen Kontinenten stammen. Dazu kommen zahllose, in Stein gehauene Darstellungen fremdartiger Wesen mit helmartigen Kopfbedeckungen und andere, schwierig erklärbare Seltsamkeiten.

Ganz sicher müssen wir uns davor hüten, hinter jedem Detail aus der Urzeit gleich den Beweis für einen Besuch aus dem Weltall zu sehen. Die zeitliche Distanz zu den Quellen der alten Überlieferungen ist zu groß und die künstlerische oder auch politisch/religiöse Idee hinter den Schriften und Darstellungen völlig unbekannt. Zudem gibt es durchaus andere Erklärungen, wie z. B. Einschläge von Meteoriten, die zur Machterhaltung der herrschenden Klasse religiös verpackt worden sein könnten!

Trotzdem, wir müssen schlicht realisieren, dass wir heute lebenden Menschen die ersten in der Weltgeschichte sind, die auch mit naturwissenschaftlichen Argumenten nach einer zur Raumfahrt fähigen fremden Art suchen können. Und wir dürfen heute nicht mehr völlig ausschließen, dass ein solcher Besuch in historisch gerade noch zugänglicher Zeit schon erfolgt ist. Wie anders als durch mündliche Überlieferungen und Abbildungen in Stein oder anderen Materialien hätten unsere Urvorfahren der Steinzeit ihren Enkeln über das Erlebte berichten können?

Seltsamerweise haben wir Menschen keine Mühe, spirituelle und religiöse Überlieferungen zu akzeptieren, zu glauben. Sobald es aber darum geht, in den alten Erzählungen mehr zu erkennen als Sinnbilder für das Göttliche, sobald versucht werden soll, hinter den uralten, aus der Steinzeit stammenden Berichten nach realen Vorkommnissen zu fahnden, blockieren wir zumindest in der westlichen Kultur diese Versuche sofort. Es ist, als ob es für uns einfacher wäre, übernatürliche Eingriffe durch eine Gottheit anzuerkennen, als natürlich erklärbare Ereignisse zu akzeptieren.

Diese Berührungsangst ist mehr als verständlich. Müssten wir nämlich von realen Ereignissen ausgehen, so könnten die Grundlagen der institutionalisierten Religionen gefährdet werden, mit allen fast undenkbaren Folgen für unser Zusammenleben. Und trotzdem können wir nicht einfach den Kopf in den Sand stecken und so tun, als sei alles, was uns überliefert worden ist, nur in der Fantasie unserer Ahnen entstanden. Persönlich bin ich keineswegs überzeugt davon, dass wir zu unseren Urzeiten Besuch aus dem All hatten, dazu ist die Datenlage, zumindest heute noch, viel zu dünn und unklar und die Interpretationen der »Paläo-Seti-Gemeinde« sind bei weitem zu spekulativ. Aber ich finde, wir machen einen großen Fehler, wenn wir uns nicht ernsthaft um den historischen, den realen Gehalt der alten Quellen kümmern. Technisch ließen sich solche Untersuchungen in unserer Zeit ohne weiteres durchführen. Dies auch wirklich zu tun, bräuchte aber Anstrengungen, die finanziell weit über das hinausgehen, was den Archäologen heute zur Verfügung steht und setzte eine geistige Öffnung voraus, zu der offenbar viele Wissenschaftler (noch) nicht bereit sind.

Carl Sagan hat immer wieder betont, es brauche außerordentliche Beweise, um außergewöhnliche Behauptungen zu belegen. Die Annahme, wir seien in Urzeiten von Raumfahrern besucht worden, ist eine solche außergewöhnliche Behauptung. Der für ihre Akzeptanz nötige außerordentliche Beweis fehlt noch immer. Wir werden ihn aber nicht finden, wenn wir nicht ernsthaft und mit allen uns zur Verfügung stehenden Mitteln versuchen, einen solchen Beweis zu entdecken. Und wir werden ohne diese Anstrengung auch nicht in der Lage sein, die unerklärten Seltsamkeiten in der Vorzeit der menschlichen Zivilisationen aufzuklären und einen Eingriff von außen auszuschließen. Solange wir dies nicht tun, bleiben unbequeme Fragen, und es bleibt die Ungewissheit, woher wir kommen und welche Erlebnisse uns geformt haben. Und noch einen ketzerischen Gedanken möchte ich hier anbringen. Er betrifft die Maschinen des John von Neumann. Vielleicht sollten wir auch bei der Suche nach ihnen etwas mehr Offenheit beweisen und weniger den alten Vorstellungen nachleben. »Maschine« tönt nach etwas technischem, nach einem Gerät mit Drähten, Schaltern, Relais und elektronischen Bauteilen und einem riesigen Speicher für die Anleitung, solche Geräte auf einem fremden Planeten aus den dortigen Ressourcen aufzubauen, die dazu nötigen Hilfswerkzeuge herzustellen und auch eine Startmöglichkeit sicherzustellen, um den Planeten wieder zu verlassen. Müssten wir uns nicht fragen, ob derartige technische Geräte für den Zweck der Ausbreitung unter Sternen wirklich das geeignete Mittel wären? Gibt es nicht viel bessere »Maschinen«, die sich mit den Rohstoffen der Umgebung problemlos und rasch vervielfältigen könnten, die ihr eigenes Vermehrungsprogramm in äußerst raffiniert miniaturisierter Weise in sich tragen, außerordentlich klein sind und die geeignet verpackt auch sehr lange Reisen überstehen können? Wären nicht bakterienähnliche Lebewesen die perfekten John-von-Neumann-Maschinen? Stammen unsere Bakterien und damit auch die ganze irdische Lebewelt gar aus dem Weltall?

Mit sehr viel Glück könnten wir auch auf einem anderen Weg als durch die schwierige Erforschung unserer Vergangenheit, die Existenz anderer Intelligenzen in Erfahrung bringen. Die Idee ist sehr einfach. Wir müssen nur nach dem suchen, was auch uns selbst an Fremde verraten könnte: elektromagnetische Strahlung im Bereich der Radio- und Fernsehsignale. Radiowellen schienen schon früh im letzten Jahrhundert und auch heute noch der beste Ausschnitt aus dem elektromagnetischen Spektrum zu sein, um Signale außerirdischer Zivilisationen einfangen zu können. Ihre physikalischen Eigenschaften ermöglichen es diesen Wellen, das interstellare Medium ziemlich problemlos zu durchdringen. Sie sind auch relativ leicht von den Störgeräuschen der Sterne und der zahllosen anderen Quellen am Himmel unterscheidbar. Könnte es nicht sein, dass auch andere Zivilisationen Radiowellen abstrahlen und vielleicht sogar versuchen, auf diesem Wege Kontakt mit ihnen fremden Intelligenzen aufzunehmen? Ist es möglich, solche Signale aufzufangen?

Die Wissenschaftler am SETI-Institut sind davon überzeugt und glauben, zumindest eine Chance zu haben, ein solches Signal empfangen zu können. Sie setzen deshalb ihre ganze Arbeitskraft und ihre Karriere voll in den Dienst der Suche nach dem einen, dem so bedeutungsvollen Signal. Bisher allerdings ohne den ganz großen Erfolg.

Ernsthaft begann die Suche nach Radiosignalen von ET im Jahre 1960. Es war Frank Drake, der damals als Erster mit einigermaßen Aussicht auf Erfolg eine systematische Suche am Himmel begann. Ihm stand das für damalige Verhältnisse riesige 26-m-Radioteleskop von Green Bank, West Virginia, zur Verfügung. Aber wo sollte er suchen?

Die Frage ist mehrteilig. Erstens muss ein Forscher sich überlegen, wohin er sein Gerät richten will, um ein Signal zu empfangen. Drake entschloss sich, die zwei Sterne Tau Ceti und Epsilon Eridani anzupeilen. Mit guten Gründen, denn beide Sterne sind sonnenähnlich und uns relativ nah, was die Chance für Bewohner auf einem möglichen Planeten erhöht, respektive die Unterscheidung eines schwachen Signals vom Hintergrundrauschen vereinfachen müsste. Viel schwieriger aber war die Frage zu beantworten, auf welche Wellenlänge in dem riesigen Bereich der Radiowellen der Empfänger denn eingestellt werden soll. Wer je mit einem Kurzwellenempfänger nach interessanten Radiostationen lauschte, hat zumindest eine gewisse Ahnung über die unglaubliche Vielzahl möglicher Frequenzen, auf denen eine Sendung ausgestrahlt werden kann. Die menschlichen Radiostationen nutzen allerdings nur recht kleine Teile des Radiospektrums, z. B. das 80- oder das 49-m-Band, um ihre Zuhörer zu unterhalten oder sie von den eigenen Ansichten zu überzeugen. In welchem »Band«, auf welcher Wellenlänge, könnten die Außerirdischen funken?

Im Grunde genommen ist es eine reine Lotterie, auf welcher Frequenz man nach außen horcht. Es gibt zwar einige vernünftige Überlegungen, aber natürlich weiß niemand, ob die Fremden ähnliche Überlegungen wie unsere Experten anstellen und zu den gleichen Schlüssen kommen oder kamen. Frank Drake und fast gleichzeitig, aber unabhängig, Guiseppe Cocconi und Philip Morrison von der Cornell University fanden, die Frequenz von 1,420 Gigahertz sei besonders Erfolg versprechend. Wieso? Wenn es schon Fremde gäbe, die Anstrengungen unternähmen, anderen Zivilisationen im Weltall eine Nachricht zukommen zu lassen, so müssten sie wohl dafür sorgen, dass die potenziellen Empfänger quasi über die Nachricht stolperten. Sie müssten also auf einer Frequenz funken, die für eine den Weltraum beobachtende Art von einiger Bedeutung wäre. 1,420 GHz könnte eine solche Wellenlänge sein, weil auf dieser Frequenz die häufigste Atomsorte im Weltall, das Element Wasserstoff, aus natürlichen, physikalischen Gründen Radiowellen aussendet. Diese »Emissionslinie« des Wasserstoffs könnte also so etwas wie ein kosmisches Leuchtfeuer sein, um das herum die Zivilisationen des Weltalls sich gegenseitig treffen.

Drake benutzte für seine Suche einen aus heutiger Sicht recht einfachen Empfänger, mit dem er nur gerade einen einzigen »Kanal« abhorchen konnte. So ausgerüstet, verbrachte er rund 150 Stunden und belauschte die beiden Sterne im Bereich von etwa 50 Hertz beiderseits der Wasserstofflinie. Drake gab seiner Initiative auch einen publikumswirksamen Namen: Projekt Ozma (der Name der Prinzessin des sagenhaften Landes Oz). Obwohl Drake nichts Bemerkenswertes entdeckte, erregte sein Experiment eine gewaltige Aufmerksamkeit und bildete zumindest im öffentlichen Bewusstsein den Start der modernen Anstrengungen, Signale fremder Intelligenzen aufzufangen.

Heute sind es mehrere Projekte, die den Himmel nach interessanten Radioquellen durchsuchen. Am Bekanntesten ist wohl »SETI@Home« der University of California at Berkeley. Das kleine Team um den Projektleiter David P. Anderson und den Chefwissenschaftler Dan Werthimer benutzt das riesige 305-m-Radioteleskop von Arecibo in Puerto Rico, indem es einfach einen zusätzlichen Empfänger für viele Millionen Kanäle um den Frequenzbereich von 1,420 GHz im Brennpunkt der Antenne montierte. Der Clou an der ganzen Sache ist nun, dass das Team aus Berkeley die dabei anfallende wahrlich astronomische Datenmenge zunächst nicht selbst verarbeitet, sondern in kleine Datenpakete verpackt und sie per Internet an fast fünf Millionen Computerbenutzer weltweit versendet. Dort, im Computer jedes einzelnen Teilnehmers, werden die Daten bearbeitet und nach der Auswertung wieder nach Berkeley zurückgesendet. Damit spart sich das Team einen riesigen Supercomputer, und die vielen SETI-Interessierten in allen Ländern können ihre Rechner an einem faszinierenden Projekt mitarbeiten lassen, und zwar ohne dabei in ihrer Arbeit behindert zu werden. Das Programm SETI@Home läuft nämlich als eine Art Bildschirmschoner im Hintergrund und nur dann, wenn der Computer gerade nicht benutzt wird. An Stelle fliegender Toaster oder eigener Urlaubsbilder huschen dann die Zacken der Radiosignale aus dem Kosmos über den Bildschirm.

Ein zweites wichtiges Projekt ist »Phoenix«, das vom SETI-Institut im kalifornischen Mountain View betrieben wird. Das SETI-Institut, in unmittelbarer Nachbarschaft zum Ames Forschungszentrum der NASA gelegen, ist zwar ein privates Unternehmen mit privaten Sponsoren, wird aber von zahlreichen Regierungsstellen in einzelnen Projekten unterstützt. Die Leitung des Teams obliegt der bekannten Radioastronomin Jill C. Tarter. »Phoenix« suchte bisher mit verschiedenen Radioteleskopen nach verdächtigen Signalen am Himmel, so u. a. auch mit dem neuen Gerät in Green Bank und der 305-m-Schüssel in Arecibo.

Bei all diesen Suchaktionen mussten sich die SETI-Wissenschaftler immer die teuren Geräte mit den normalen Radioastronomen teilen. Ein eigens für die Suche nach Signalen fremder Intelligenzen konzipiertes Gerät gab es bisher nicht. Dies wird sich aber bald ändern. Im Frühling 2003 begannen in Hat Creek, am Fuße des Mount Lassen in Nord-Kalifornien, die Arbeiten zum Bau des »Allen Telescope Array«. Die ganze Anlage wird im Endausbau aus 350 kleinen und dadurch billigen Empfangsantennen bestehen. Zusammengenommen werden sie aber eines der empfindlichsten Instrumente der Gegenwart bilden und den Radioastronomen, SETI-Forschern und normalen Wissenschaftlern bisher nicht zugängliche Möglichkeiten erschließen. Die mit Gesamtkosten von etwa 40 Millionen US-Dollar relativ billige Einrichtung kann nur dank Spenden der beiden ehemaligen Microsoft-Manager Paul Allen und Nathan Myrhvold gebaut werden, was zeigt, wie wichtig privates Engagement in der Spitzenforschung geworden ist.

Eine weitere spannende Suchaktion mit ganz anderem Ansatz ist erst vor kurzem in den kalifornischen Diabolo Ranges östlich von San José gestartet worden. Wissenschaftler des SETI-Instituts und mehrerer kalifornischer Universitäten haben das optische Fernrohr des Lick Observatoriums mit Lichtsensoren bestückt, die auch unvorstellbar kurze Impulse von nur einer Milliardstel Sekunde Dauer wahrnehmen können. Damit wollen die Fachleute nach Laserimpulsen suchen, die andere Zivilisationen möglicherweise zur Kommunikation ins Weltall aussenden. Ganz sicher wäre eine Kommunikation mit Laserimpulsen nicht so einfach durchführbar wie mit Radiowellen. Das Hauptproblem liegt in der Streuung des Lichts durch den Staub und die Gase, die zwischen den Sternen driften. Der Vorteil von Laserimpulsen wäre aber ihre leichte Unterscheidbarkeit von anderen Lichtquellen. Ganz anders als das schwierige Filtern interessanter Radioimpulse aus dem ständigen Wimmern des Kosmos, fielen die optischen Signale sofort auf und könnten recht einfach von anderen Quellen unterschieden werden. Zudem fallen all die vielen irdischen Störquellen aus, welche die Radioastronomen manchmal fast zum Verzweifeln bringen können.

So raffiniert und empfindlich diese Suchaktionen nach Signalen außerirdischer Intelligenzen auch sind, bisher blieb ihnen allen der ganz große Erfolg verwehrt (ich habe an dieser Stelle die leise Hoffnung, diese Aussage stimme im Moment nicht mehr, wo sie, liebe Leserin, lieber Leser, sich diese Zeilen zu Gemüte führen ...). Bis heute hat niemand das eindeutige, klare und unmissverständliche Signal eines fremden Volkes aus dem Chaos der kosmischen Strahlung herausgefischt. Daraus aber zu schließen, die ganze SETI-Suche sei bisher ein einziger großer Misserfolg gewesen, wäre völlig falsch. Ja, wir müssen uns auch hier vor voreiligen Schlüssen hüten, indem wir aus dem bisherigen Misserfolg auf der Suche nach **eindeutigen** Signalen auf die völlige Einsamkeit des Menschen in der ganzen Galaxis schließen.

Der springende Punkt ist nämlich: Es gab bisher schon Signale, die kaum von der Erde stammen können und die fast alle Charakteristika fremder Radiosendungen tragen, die aber zumindest einem Kriterium der strengen Anforderungen der SETI-Forscher nicht genügten und damit, zu Recht, das Etikett »eindeutig« nicht erhalten konnten. Das berühmteste Beispiel ist das »Wow!«-Signal. Die Geschichte hinter diesem Signal ist spannend und lohnt einen Moment des Verweilens.

Es war schon spät am Abend des 15. August 1977, ungefähr um 23:16 Uhr Ortszeit, als der Empfänger des Big Ear Radioteleskops in Delaware, Ohio, völlig Ungewöhnliches registrierte.[11] Auf Kanal 2 kam aus der Region des Sternbilds Schütze ein Signal mit ungewohnter Stärke herein!

Wäre ein Lautsprecher an die Elektronik der Registriereinheit angeschlossen gewesen, so hätte er laut zu knattern begonnen. Da aber aus Mangel an finanziellen Mitteln niemand im Kontrollraum anwesend war, hätte dies sowieso kein Mensch gehört. Das Big Ear Radioteleskop diente bis Mitte der 1970er Jahre sehr erfolgreich der Erforschung breitbandiger Radioquellen am Himmel, bis ihm ein Entscheid des US-Kongresses die Geldmittel entzog und die angestellten Wissenschaftler neue Stellen suchen mussten. Trotz dieser miserablen Bedingungen entschlossen sich einige begeisterte Forscher, das Gerät auf eigene Kosten weiter zu benutzen. Dies ging natürlich nur, wenn der Betrieb mehr oder weniger automatisch erfolgte, und dazu musste auch das Forschungsgebiet neu ausgerichtet werden. Unter der Leitung des Vizedirektors des Observatoriums Robert S. Dixon sowie von Jerry R. Ehman entschloss sich das kleine Team, einen Atlas von schmalbandigen Sendern am Himmel zu erarbeiten. Dazu war das Teleskop hervorragend geeignet und zudem ließ sich diese Suche fast völlig automatisieren. Ein Nebeneffekt dieser Forschung war, dass in dieser Kategorie von Radioquellen auch mögliche künstliche Signale fremder Kulturen erwartet werden konnten. Je schmalbandiger nämlich ein Signal ist, desto weniger Energie braucht man, um es auszusenden.

Es war Jerry Ehman, der einige Tage nach dem 15. August den Computerausdruck des Empfängers prüfte. Was er dort nach dem Durchblättern einiger Seiten sah, verschlug ihm fast die Sprache. Auf Kanal 2 war vermerkt: 6EQUJ5. Völlig verdutzt schrieb er mit Rotstift daneben »Wow!« (Abb. 28).

Jerry Ehmans Verblüffung kann nur verstehen, wer die Art und Weise kennt, mit der damals die eintreffenden Radioimpulse vom Computer registriert wurden. Der Rechner verglich nämlich die Stärke der Signale mit dem Hintergrundrauschen des Weltalls. Wenn ein Signal eintraf, das eine Standardabweichung (ein statistisches Maß) über dem Hintergrundrauschen lag, so meldete der Computer dies mit einer »1«. War das Signal stärker als sechs Standardabweichungen, so druckte er eine »6«. Dabei maß der Rechner die Signalstärke für eine Periode von jeweils zehn Sekunden. Zwei Sekunden verstrichen danach für die Berechnungen, so dass jeder Eintrag im Ausdruck für eine Zeitspanne von rund zwölf Sekunden stand. Für Signalstärken über 9 griff der Automat auf das Alphabet zurück. Der Buchstabe »U« im Ausdruck bedeutete ein Signal mit der über 30fachen Standardabweichung gegenüber der durchschnittlichen Hintergrundstrahlung.

Was da also eingetroffen war, musste ein wahrlich starkes Signal gewesen sein! Es war aber nicht nur die Intensität der registrierten Strahlung, die bis heute für Faszination und Aufregung sorgt. Da war zunächst einmal auch die Dauer des Signals. Was Ehman auf seinem Computerausdruck fand, war nicht einfach ein kurzfristiges Piepsen oder ein anhaltendes Brummen. Nein, das Signal kam während einer Periode von etwas mehr als 70 Sekunden herein. Es war entweder vorher nicht da oder es war danach wieder weg. Die Unsicherheit erklärt sich aus dem Bau des Big Ear Radioteleskops. Das inzwischen abgebaute Instrument empfing die Strahlung in zwei leicht gegeneinander verschobenen Blickwinkeln. Der Vorteil dieser Bauweise lag in der Möglichkeit, die zwei unterschiedlichen Empfangsperspektiven miteinander vergleichen zu können. Ein irdisches Signal, das sich z. B. durch eine Überlagerung von Wellenlängen in den kritischen Empfangsbereich in der Nähe der Wasserstoff-Frequenz geschmuggelt haben könnte, ließ sich mit dieser Methode relativ leicht erkennen und herausfiltern.

Das »Wow!«-Signal aber war ganz anders. Zunächst einmal bewegte es sich völlig synchron mit den Sternen am Himmel. Dies schließt ein zufälliges Signal durch ein Flugzeug oder einen Satelliten komplett aus. Zudem erschien es nur auf einem der 50 extrem engen Kanäle (Bandbreite 10 kHz!) und es fehlte im zweiten Strahl des Teleskops. Dies bedeutet, es muss sich um ein eng gebündeltes Signal gehandelt haben. Das Signal erfasste das Gerät entweder im ersten Strahl, bevor es im zweiten Strahl eintraf, oder es erreichte das Gerät erst, als der zweite Strahl die fragliche Himmelsgegend erfasste. In jedem Falle war dies kein Dauersignal[12], eher ein mittellanges Aufblitzen mit allen Charakterzügen der Künstlichkeit.

Ein einziges, entscheidend wichtiges Merkmal fehlte diesem Signal und verhinderte bis zum heutigen Tag seine Anerkennung als das erste Zeichen einer fremden Intelligenz. Es hat sich nie mehr wiederholt! Natürlich kann dies eine ganze Menge Gründe haben. So ist z. B. nicht ganz klar, woher exakt denn dieses Signal eigentlich kam. Hier wirkt sich aus, dass die Suche vollautomatisch und in der Freizeit der beteiligten Wissenschaftler quasi zum Nulltarif erfolgte. Jerry Ehman listet in seinem Bericht[11] eine Reihe von Fehlerquellen am Teleskop und in der Software auf, welche die genaue Lokalisierung der Radioquelle verunmöglicht haben. Auch wenn in der Zwischenzeit die ungefähre Stelle am Himmel immer und immer wieder und mit den verschiedensten Instrumenten angepeilt worden ist, bleibt es fast unmöglich, eine Signalquelle dieser engen Bandbreite wieder zu finden, die vielleicht jeweils nur kurzfristig aufflackert und danach wieder verschwindet.

Aber gerade diese Kurzfristigkeit könnte in der Natur einer Sendung Außerirdischer liegen, nämlich dann, wenn sie einen Funkstrahl wie ein Leuchtfeuer einfach zufällig ins All aussenden. Und gerade diese Strategie könnte eine Kontaktaufnahme überhaupt möglich machen. Sollte nämlich eine fremde Zivilisation versuchen, mit Fremden Kontakt aufzunehmen, aber nicht wissen, wo genau mögliche Kontaktpartner zu finden sind, so wird sie wohl oder übel ein Signal in verschiedenste Richtungen aussenden müssen. Damit ein Signal aber auch auffällig genug ist, muss es eine gewisse Stärke besitzen, um sich vor dem Hintergrundrauschen des Weltalls abzuheben. Dies braucht aber sofort eine Unmenge Energie, die nur durch enges Bündeln der Radiosendung gespart werden kann. Es ist also kaum möglich, einfach mit brutaler Gewalt auf allen Kanälen gleichzeitig zu funken. Der Energieaufwand dazu wäre vernichtend. Dies ist übrigens auch ein Grund, weshalb unsere Funksignale der letzten hundert Jahre auf größere Distanzen kaum nachweisbar sind.

Natürlich könnten die »Anderen« sich eine Art Hitliste Erfolg versprechender Planetensysteme zurechtlegen. Vielleicht verfügen sie ja über die Möglichkeit, mit Hilfe von hoch entwickelten Weltraumteleskopen fremde Planetensysteme genauer zu untersuchen und gar mit spektroskopischen Analysen chemische Stoffe nachzuweisen, die auf Leben hindeuten. Schließlich planen auch wir Menschen schon für die nahe Zukunft derartige Instrumente. Die Suche ließe sich dadurch natürlich stark einengen. Trotzdem, wir können ganz einfach nicht erwarten, dass ein eng gebündelter Strahl eines Radiofunkfeuers gerade immer dann die Erde trifft, wenn wir unsere Antennen ungefähr in die Richtung der Sendung drehen. Auch wenn dieses Funkfeuer seither immer wieder mehr oder weniger in Richtung Erde gerichtet gewesen sein sollte, wäre ein exakter Treffer sehr selten. Kombiniert mit der Notwendigkeit, den Empfänger genau auf die Quelle ausgerichtet zu haben, bleibt ein zweiter Nachweis reine Glückssache.

Auch wenn das »Wow!«-Signal keinen eindeutigen Beweis für die Existenz einer sendenden, fremden Lebensform darstellt, so ist es doch äußerst wertvoll. Zusammen mit etwa einem Dutzend anderer Kandidatensignale des SETI@home-Projekts zeigt es uns, dass die Suche mit Hilfe von Radiowellen durchaus von Erfolg gekrönt sein könnte. Es ist deshalb völlig falsch zu behaupten, die mittlerweile zahlreichen Projekte, Radiosendungen in der Nähe des »Wasserstoff-Lochs« zu empfangen, seien bisher ein völliger Misserfolg gewesen. Die Faktenlage ist anders. Immerhin gibt es gerade aus dem Projekt SETI@home ein gutes Dutzend Signale, die bereits mehrfach aus der gleichen engen Himmelsgegend empfangen worden sind. Die Prüfungen, ob es sich dabei um Radioquellen von außerhalb der Erde handelt, und welcher Natur sie sind, laufen gegenwärtig.

Die Suche nach Radiosignalen fremder Intelligenzen ist im Moment wohl die aussichtsreichste Strategie, um ferne Kulturen finden zu können. Radiosignale haben aber einen gewaltigen Nachteil, sie sind für eine Kommunikation über kosmische Distanzen ganz einfach zu langsam, obwohl sie sich mit der höchsten möglichen Geschwindigkeit ausbreiten, die unsere Physik erlaubt. Angenommen, wir fänden eine andere technologisch interessierte Art, direkt »vor unserer Haustüre«, nämlich auf einem nur etwa 50 Lichtjahre entfernten Planeten. Wenn wir nun mit »denen« ein Gespräch führen möchten, so dauerte es zwischen dem Absenden einer unserer Fragen und dem Eintreffen der Antwort rund 100 Jahre. Ein ziemlich langweiliges Gespräch.

Was nun, wenn weiter fortgeschrittene Kulturen Möglichkeiten gefunden hätten, mit weit größerer Geschwindigkeit miteinander zu kommunizieren? In diesem Fall hätten wir ungefähr die gleiche Chance ein solches Gespräch abhören zu können, wie ein Rauchzeichen gebender Indianer, der mit seiner Technologie versuchte, sich in unseren E-Mail-Verkehr einzuschalten. Nein, das Fehlen eines eindeutigen Radiosignals aus dem Kosmos ist noch längst kein Beweis, dass wir Menschen die einzigen intelligenten Lebewesen in unserer Milchstraße sind. Jill Tarter hat kürzlich in einer Buchbesprechung[13] ihre Erfahrungen wieder einmal deutlich ausgedrückt. Auch für sie existiert das Fermi-Paradoxon nicht. Sie, als Astronomin und als Persönlichkeit, die seit vielen Jahrzehnten im Bereich der Suche nach extraterrestrischen Intelligenzen tätig ist, stellt fest, sie sei beeindruckt, wie schlecht wir bis heute das Universum, in welchem wir leben, erforscht haben. Ganz speziell gelte dies auch für den Bereich möglicher Signale fremder Lebensformen.

Und noch etwas! Wir Menschen sitzen hier auf unserer Erde und warten darauf, mit teuren Geräten ein »Hallo – hier sind wir« der Aliens zu empfangen. Außer einem einzigen, kurzen (und heftig kritisierten) Versuch haben wir aber bisher keine ernsthaften Anstrengungen gemacht, selbst aktiv zu werden und zu funken! Was nun, wenn die meisten Zivilisationen nur nach draußen horchen?

Es mag sehr gute Gründe geben, nicht zu sehr auf sich aufmerksam zu machen. Denn ein Planet, auf dem sich eine intelligente Lebensform entwickeln konnte, wäre für eine aggressive Lebensform sicher äußerst attraktiv. Dies gälte selbst dann, wenn es sich als zu schwierig erweisen sollte, einen bereits belebten Planeten bewohnbar zu machen. Immerhin könnte eine belebte Welt als Tankstelle für Wasser, als Mine für Mineralien, als Quelle für Bio-Moleküle, als Stützpunkt im All oder zu irgendeinem anderen Zweck dienen. Und nochmals, wenn die uralten Berichte der frühen Völker unserer Erde irgendein Körnchen echten Erlebens beinhalten sollten, so könnte ein Besuch von Aliens äußerst traumatischer Natur sein.

Im Grunde genommen haben wir Menschen zwei Möglichkeiten. Entweder wir ziehen uns in unser Schneckenhaus zurück, konzentrieren uns auf die Alltagsgeschäfte und verwalten schlicht und einfach unsere Existenz. Oder aber wir entwickeln uns weiter in Richtung einer offenen Gesellschaft, die ihre Umgebung wahrnimmt, sie mit Neugier erkundet und nutzt, und die all jene Mitmenschen am Wissen der Zeit teilhaben lässt, die dies wollen.

Der erste Ansatz mag auf den ersten Blick verlockend sein. Wieso sollen wir derart viel Geld für Forschung ausgeben, die keinen direkt erkennbaren Nutzen für unser tägliches Leben bringt? Und seien wir doch ehrlich. Große Teile der Forschung, die heute mit immensem Aufwand betrieben wird, gehört in diese Kategorie. Dies gilt auf den ersten Blick auch für die allermeisten Projekte zur Erforschung des Weltalls und ganz speziell auch für die Suche nach außerirdischem Leben und fremdartigen Intelligenzen. Sollten wir also dieses Geld sparen, es einsetzen für andere Zwecke, z. B. für die medizinische Versorgung in Not leidenden Ländern der dritten Welt?

Ich bin ganz entschieden gegen einen derartigen Rückzug. Erstens bin ich davon überzeugt, dass wir uns durchaus beides leisten können, wenn wir dies wollen. Wenn es sich die einzige im Moment noch existierende Supermacht erlauben kann, aus dürftigen Vermutungen einen Krieg im fernen Irak zu beginnen, der mit allen Folgen inklusive der jahrelangen Besetzung vermutlich die Summe von mehreren Hundert Milliarden Dollar kosten wird, solange also derart kostspielige »Problemlösungen« politisch vertretbar sind, braucht mir niemand zu sagen, wir müssten jeden Franken, Euro, Dollar, oder welche Währungseinheit auch immer, für »bessere« Zwecke als für die Erforschung unserer Stellung im Kosmos sparen.

Ganz im Gegenteil! Je mehr wir uns ausschließlich auf unsere Alltagsprobleme konzentrieren, desto größer wird die Gefahr einer Rückbesinnung auf regionale Werte, einem idealen Nährboden für das Wachstum lokaler Egoismen (vgl. Kapitel 3.4). Anstatt den Sinn für das Ganze zu entwickeln, nämlich die Zukunft der Menschheit auf einem kleinen und verletzlichen Planeten zu sichern, verschwenden wir unsere Ressourcen weiterhin, um Vorteile für das eigene Volk oder gar für die eigene Person zu erzwingen. Dies kann aber auf einer übervölkerten Erde mit ihren globalen Problemen nicht funktionieren. Wir brauchen die Zusammenarbeit aller Völker.

Zudem widerspräche es einem ganz tief verwurzelten Charakterzug unserer menschlichen Existenz, wollten wir die Erforschung unserer näheren kosmischen Umgebung abbrechen. Wir sind eine zutiefst neugierige Art, die immer wieder in unbekanntes Territorium aufgebrochen ist, Neues erkundet hat und sich auf dieser Basis die

Grundlagen für ihre Entfaltung eröffnete. So brutal es ist, so wenig kann bestritten werden, dass jene Völker, die dazu nicht willens oder nicht in der Lage waren, heute Geschichte sind. Wir können aber unsere expansive Natur auf der Erde nicht mehr weiter ausleben. Unser Heimatplanet ist dazu ganz einfach zu klein und die technischen Hilfsmittel, um einen Gegner zu bezwingen, sind zu apokalyptisch geworden. Das Weltall hingegen steht offen da und bietet uns praktisch unendliche Möglichkeiten, mit deren Nutzung wir heute schon beginnen können. Mit dem gewaltigen Vorteil, dass dazu die Anstrengung der ganzen Menschheit nötig ist, was wiederum nur möglich wird, wenn wir unsere lächerlichen lokalen Egoismen überwinden und zusammen eine große Aufgabe anpacken.

Wir müssen lernen, uns als Bewohner dieses unverständlich riesigen Weltalls mit seinen schier unerschöpflichen Ressourcen zu begreifen. Sollten wir im Laufe unserer Erforschung der näheren Umgebung tatsächlich erkennen, allein in diesem Spiralarm unserer Galaxis als technisch orientierte Art zu existieren, so wären uns auf viele Jahrhunderte hinaus fast unbegrenzte Entfaltungsmöglichkeiten sicher. Entdeckten wir andere Zivilisationen, so täten wir gut daran, uns rechtzeitig und ernsthaft auf eine solche Begegnung vorzubereiten. Können wir es uns wirklich noch leisten, einen real möglichen Kontakt nur als Thema für Science-Fiction-Autoren zu betrachten?

Wir stehen an einem Wendepunkt unserer Kulturgeschichte. Wir erleben, wie uns die Arbeiten der Wissenschaftler ein völlig neues Weltbild eröffnen, das uns eigentlich zwingen müsste, unsere Position neu zu überdenken. Ich habe aber oft den Eindruck, für große Teile der Bevölkerung, ihre politischen Führer und ihre Akademiker, sei die Auseinandersetzung mit den Möglichkeiten, aber auch mit den Gefahren unserer kosmischen Existenz nach wie vor höchstens eine unterhaltende Spielerei für spannende Hollywood-Produktionen, fesselnde Fernsehsendungen und interessante Lektüren. Die Zeiten, in denen wir uns eine derart naive Weltsicht erlauben konnten, sind aber definitiv vorbei. Das Weltall ist da, es ist riesig, es ist kalt, abstoßend und lebensbedrohend. Und trotzdem enthält es alles, was es für die Entstehung von Leben und für die Sicherung unserer Existenz braucht. Das Weltall, diese grandiose Bühne für unvorstellbar riesige, physikalische Kräfte und subtile, chemische Reaktionen, ist in seiner ganzen Widersprüchlichkeit auch einladend. Welche Möglichkeiten es aber wirklich bietet, können wir heute wohl noch nicht einmal richtig erahnen.

Bezeichnend für die zögerliche Annäherung an die Realitäten unserer Existenz ist auch die Art und Weise, wie wir selbst zu Beginn des 21. Jahrhunderts noch immer die bemannte Weltraumfahrt betreiben. Weit davon entfernt, entschlossen die Erkundung des erdnahen Weltraums voranzutreiben, wird mit immensem Kostenaufwand eine technisch veraltete und gefährliche Shuttle-Flotte unterhalten oder es werden mit antiquierten Raketen »Kosmonauten« in den Orbit geschossen.

Im Prinzip hauptsächlich mit der Absicht, eine Weltraumstation aufzubauen, deren wissenschaftlicher Nutzen immer weniger ersichtlich ist. Viele der anderen Missionen, für die bisher *Space Shuttles* eingesetzt worden sind, hätten ebenso gut auch durch unbemannte Raketenstarts erledigt werden können, ohne Gefährdung von Menschenleben und um Größenordnungen billiger. Kein Wunder, kann die heutige bemannte Weltraumfahrt bei weitem nicht mehr die Faszination der *Apollo*-Flüge auslösen.

Der große Unterschied liegt in der fehlenden Perspektive. Natürlich ist es ganz nett, wenn Menschen in der Erdumlaufbahn hausen und experimentieren können. Aber damit kommen wir nicht wirklich weiter. Ganz abgesehen davon, dass die meisten Versuche auch ohne Menschen als Experimentatoren durchgeführt werden könnten, fehlt der Raumstation ein großes Ziel, das uns Menschen eine echte Horizonterweiterung brächte, welches uns an einer großen Entdeckeraufgabe teilnehmen ließe und welches eine neue Aufbruchstimmung auslösen könnte.

Anstatt die zur Verfügung stehenden finanziellen Mittel zielbewusst für die Entwicklung eines kostengünstigen und zuverlässigen Transportsystems aufzuwenden, versucht die NASA ihre alten Fluggeräte mit einem Aufwand von rund 500 Millionen US-Dollar pro Start flugtüchtig zu halten, mit fatalen Folgen. Die Streichung der »Space Launch Initiative« durch die amerikanische Weltraumbehörde bedeutet nicht mehr und nicht weniger, als dass die NASA allen Ernstes beabsichtigte, ihre Shuttle-Flotte bis zum Jahre 2020 in Betrieb zu halten! Die vor kurzem abgestürzte *Columbia* hätte damit fast 40 Jahre lang ihren Dienst verrichten müssen. Und dies für ein Fluggerät, das bei jedem Start die dreifache Gravitationskraft über sich ergehen lassen muss und dessen Unterseite bei der Rückkehr zur Erde auf über 1600 °C erhitzt wird. Unvorstellbar, aber für die Zulieferfirmen der Ersatzteile äußerst lukrativ.

Eine Neuorientierung der bemannten Weltraumfahrt ist dringend. Dazu gehört es Ziele zu formulieren, zu deren Erreichen Menschen wirklich nötig sind und die uns voranbringen. Ein solches Ziel wäre z. B. der Aufbau einer Forschungsstation auf dem Mond, dank der Neuland beschritten, und vor Ort echte, wissenschaftliche Forschung betrieben werden könnte, oder ein Flug zum Mars, auf der Suche nach Spuren ehemaliger oder gar heute noch lebender Mikroben, ähnlich wie es die Amerikaner zumindest vorschlagen. Natürlich wird mit solchen Missionen unser Lebensraum noch nicht wirklich ausgedehnt. Aber dies konnten die Besatzungen der ersten Segelschiffe, die neue Kontinente erreichten, auch noch nicht behaupten. Trotzdem sind dies Ziele, für die es sich lohnt, ein hohes Risiko einzugehen.

Packen wir's an!

Anhang

Literaturhinweise

I
Einleitung

1. Dick, S. J., *Life on other worlds*, Cambridge University Press, 1998, S. 254 ff
2. Sagan, K., *Blauer Punkt im All*, Droemer Knaur, 1994, S. 49 ff

II
Leben auf der Erde

2.1 Wonach wir suchen
1. Vaas, R., *Leben auf der Kriechspur*, Bild der Wissenschaft, 6, 1999, S. 70f
2. MacFadden, J., *Quantum Evolution*, Harper Collins, London, 2000
3. Baars, G., Christen, H. R., *Allgemeine Chemie*, Diesterweg-Sauerländer Verlag, Frankfurt/Main, 1997, S. 72
4. Crick, F., *Of molecules and men*, University of Washington Press, Seattle, 1966
5. Davies, P., *The Fifth Miracle*, The Penguin Press, London, 1998

2.2 Leben – eine kurze Einführung
1. Bellone, E., *Darwin – Ein Leben für die Evolutionstheorie*, Spektrum der Wissenschaft, Biographie 2/1999
2. Mayr, E., *Die Entwicklung der biologischen Gedankenwelt*, Springer Verlag, Berlin, Heidelberg, New York, Tokyo, 1984
3. Stanley, S. M., *Historische Geologie*, Spektrum Akademischer Verlag, Heidelberg, Berlin, Oxford, 1994
4. Watson, J. D., *The Double Helix*, Weidenfeld and Nicolson, 1968.
5. Watson, J. D., Crick, F. H. C., *A structure for Desoxyribose Nucleic Acid*, Nature, No. 4356, 25. April 1953, S. 737 f.

2.3 Extremisten

1. Moritz, M., *Tardigrada*, in: Urania Tierreich, Wirbellose 2, S. 107 ff., Urania Verlag Leipzig, Jena, Berlin, 1994.
2. Gross, M., *Exzentriker des Lebens*, Spektrum Akademischer Verlag, Heidelberg, Berlin, Oxford, 1997.
3. Tardent, P., *Meeresbiologie*, Georg Thieme Verlag, Stuttgart, New York, 1993.
4. Munk, K., (Hrsg.), *Grundstudium Biologie, Mikrobiologie*, Spektrum Akademischer Verlag und G. Fischer Verlag, 2001.
5. Westheide, W., Rieger, R., (Hrsg.), *Spezielle Zoologie, Teil 1: Einzeller und Wirbellose Tiere*. G. Fischer Verlag, Stuttgart, Jena, New York, 1996.
6. Woese, C. R., *Archäbakterien – Zeugen aus der Urzeit des Lebens*, in: Evolution. Reihe: Spektrum der Wissenschaft: Verständliche Forschung. Spektrum der Wissenschaft, Heidelberg, 1983. Original in englischer Sprache: Scientific American 6/1981.
7. Koerner, D., LeVay, S., *Here be Dragons, The Scientific Quest for Extraterrestrial Life*, Oxford University Press, New York, 2000.
8. Shen, Y., Buick, R., Canfield, D. E., *Isotopic evidence for microbial sulphate reduction in the early Archaean era*. Nature, Vol. 410, S. 77, 2001.
9. McKay, C. P., Friedmann, E. I., *The Cryptoendolithic Community in the Antarctic Cold Desert*. Polar Biology, Vol. 4, p.19–25, 1985.
10. Davies, P., *The fifth Miracle*, Allen Lane The Penguin Press, 1998.
11. Knight, J., *The Immortals*, New Scientist, Nr. 2288, p. 36ff, 28. April 2001.
12. Sharma, A., et al., *Microbial Activity at Gigapascal Pressures*, Science, Vol. 295, S. 1514, 2002.
13. http://science.nasa.gov/newhome/headlines/ast01sep98_1.htm

III
Ein lebensfreundliches Weltall?

3.1 Die Ursprünge der Materie

1. Silk, J., *Die Geschichte des Kosmos. Vom Urknall bis zum Universum der Zukunft*, Spektrum Akad. Verlag, Heidelberg, Berlin, Oxford, 1996.

2. Srianand, R., Petitjean, P., Ledoux, C., *The cosmic microwave background radiation temperature at a redshift of 2.34*. Nature, S. 931 ff, Vol. 408, 2000.
3. Steele, D., *Unveiling the flat Universe*, Astronomy, S. 46 ff, 8/2000.
4. Glanz, J., *On Becoming the Material World*, Astronomy, S. 44 ff, 2/1998.
5. Naeye, R., *The Story of Starbirth*, Astronomy, S. 50 ff, 2/1998.
6. Gribbin, J., *Stardust. Supernovae and Life/the Cosmic Connection*, Yale University Press, New Haven and London, 2000.
7. Yulsman, T., *From Pebbles to Planets*, Astronomy, S. 56 ff, 2/1998.
8. Vaas, R., *Die sechs Epochen der Ewigkeit*, Bild der Wissenschaft, S. 64 ff, 6/1999.
9. Zaldarriaga, M., *Background comes to the fore*. Nature, Vol. 420, 19./26. Dezember 2002, S. 747f.
10. Brooks, M., *The results are in ... and now it's time to party.* New Scientist, 5. April 2003, S. 22 f.
11. Herrmann, D. B., *Die Milchstraße*, Kosmos-Verlag, Stuttgart, 2003, S. 56 f.

3.2 Die zweite Generation
1. Naeye, R., *A Clumpy Disk for Beta Pic*, Astronomy, 6, 2000, S. 30–31.
   und: http://hubblesite.org/newscenter/archive/2000/02/text
2. Lemonick, M. D., *Other Worlds. The Search for Life in the Universe*, Simon and Schuster, 1998.
3. Wolszczan, A., *Confirmation of Earth-mass Planets Orbiting the Millisecond Pulsar PSR B1257+12*, Science, 264, S. 538–542, 1994.
4. Mayor, M., Queloz, D., *A Jupiter-mass Companion to a Solar-type Star*, Nature, 378, S. 355–359, 1995.
5. Jakosky, B., *The Search for Life on Other Planets*, Cambridge University Press, 1998.
6. Naeye, R., *Planet Caught Crossing Face of Distant Star*, Astronomy, 2, 20, 2000.
7. Svitil, K. A., *Field Guide to New Planets*, Discover, 3, S. 48–55, 2000.

3.3 Die Geburt der Planeten
1. Ray, T. P., *Fountains of Youth: The Early Day in the Life of a Star*, Scientific American, August 2000, S. 30–35.

2. Jayawardhana, R., *Meet the Cosmic Gambler*, Astronomy, Mai 2000, S. 42–47.
3. Naeye, R., *The Story of Starbirth*, Astronomy, Februar 1998, S. 50–55.
4. Kaler, J. B., *Kosmische Wolken*, Spektrum Akademischer Verlag, Heidelberg, Berlin, 1998.
5. Yulsman, T., *From Pebbles to Planets*, Astronomy, Februar 1998, S. 56–61.
6. Krot, A. N., et al., *A New Astrophysical Setting for Chondrule Formation*. Science, Vol. 291, S. 1776–1779, 2001.
7. Speicher, Ch., *Simulierte Geburt der Erde*, Neue Zürcher Zeitung, 195/2000, S. 59
8. Presseerklärung des Johns Hopkins University Applied Physics Department vom 30.05.2000 unter: http://www.jhuapl.edu/public/pr/000530.htm.
9. Asphaug, E., *Kleinplaneten in Großaufnahme*, Spektrum der Wissenschaft, August 2000, S. 30–37.
10. Sincell, M., *Switched at Birth*, Astronomy, März 2000, S. 48–51.
11. Nellis, W. J., *Metallischer Wasserstoff*, Spektrum der Wissenschaft, Juli 2000.
12. Israelian, G., Santos, N. C., M. Mayor und R. Rebolo, *Evidence for planet engulfment by the star HD 82943*. Nature, Vol. 411, S. 163 ff, 10. Mai 2001.
13. Sahu, K. C., et al., *Gravitational microlensing by low-mass objects in the globular cluster M 22*. Nature, Vol. 411, S. 1022 ff, 2001.
14. Mayer, L., et al., *Formation of Giant Planets by Fragmentation of Protoplanetary Disks*, Science, Vol. 298, 29. November 2002, S. 1756.

3.4 Von der glühenden Hölle zum Planeten der Ozeane

1. Eldredge, N., *The Monkey Business. A Scientist Looks at Creationism*, Washington Square Press, New York, 1982.
2. Canup, R. M., Asphaug E., *Origin of the Moon in a giant impact near the end of Earth's formation*, Nature, 412, 2001, p. 708 ff.
3. Jakosky, B., *The Search for Life on Other Planets*, Cambridge University Press, Cambridge, 1998.
4. Semeniuk, I., *Neptune Attacks*, New Scientist, No 2285, 7. April 2001, p. 27ff
5. Walter, M., *The Search for Life on Mars*, Perseus Books, 1999.
6. Mojzsis, S. J., et al., *Evidence for Life on Earth 3,800 million Years ago*. Nature, 384, 1996, p.55 ff.

7. Eine Diskussion der Resultate gibt: Halliday, A. N., *In the beginning* ..., Nature, 409, 2001, p. 144f.
8. Kring, D. A., Cohen, B. A., *Cataclysmic bombardment throughout the inner solar system 3.9–4.0 Ga.* J. Geophysical Research (Planets), 28. Februar 2002.
9. Drake, M. J., Righter, K., *Determining the composition of the Earth.* Nature, 416, 2002, p. 39ff.
10. Fedo, Ch. M., Whitehouse, M. J., *Metasomatic Origin of Quartz – Pyroxene Rock Akilia, Greenland, and Implications for Earth's Earliest Life,* Science, 296, 2002, p. 1448.
11. Kerr, R. A., *Reversals Reveal Pitfalls in Spotting Ancient and E..T.. Life,* Science, 296, 2002, p. 1384.
12. Schopf, W. J., *Die Evolution der ersten Zellen,* Scientific American, September 1978. In: Evolution. Spektrum der Wissenschaft: Verständliche Forschung. 1983.
13. Blochlin Y., *Snowballs from Space,* New Scientist, 14. September 2002, p. 101
14. Wiechert, U. H., *Earth's Early Atmosphere,* Science, 298, 2002, p. 2341f.
15. Furnes H., et al., *Early Life Recorded in Archean Pillow Lavas,* Science, 304, 2004, 578ff
16. Häusler, T., *Fraßspuren im Gestein,* Facts, 29.April 2004, p. 63.

3.5 Moleküle des Lebens

1. Krueger, F. R., Kissel, J., *Erste direkte chemische Analyse interstellarer Staubteilchen.* Sterne und Weltraum 5/2000. p. 326ff.
2. *The 121 reported interstellar and circumstellar molecules.* Updated 2001 Jan 24 by HAW. National Radio Observatory. http://www.cv.nrao.edu/~awootten/allmols.html
3. Greenberg, J. M., *Kosmischer Staub,* Spektrum der Wissenschaft, 2/2001, S. 30ff.
4. Schueller, G., *Stuff of Life,* New Scientist, 12. September 1998, p. 30ff.
5. Bernstein, M. P., Sandford, S. A., Allamandola, L. J., *Kamen die Zutaten der Ursuppe aus dem Weltall?,* Spektrum der Wissenschaft, 10/1999, S. 26 ff.
6. Giebel, K., *Chemische Evolution,* in: R. Siewing (Hrsg.), *Evolution,* Gustav Fischer Verlag, 1987, p. 66 ff.
7. Engel, M. H., Nagy, B., *Distribution and enantiomeric composition of amino acids in the Murchison meteorite.* Nature, 296, 1982, p. 837ff.

8. Cronin, J. R., Pizzarello, S., *Enantiomeric excesses in meteoritic amino acids*. Science, 275, 1997, p. 951ff.
9. Bailey, J., et al., *Circular polarization in star-formation regions: Implications for biomolecular homochirality*. Science, 281, 1988, p. 672ff.
10. Shibata, et al., *Amplification of a slight enantiomeric imbalance in molecules based on asymmetric autocatalysis*. Journal of the American Chemical Society, 120, 1988, p. 12157f.
11. Hazen, R. M., Filley, T. R.,. Goodfriend, G. A, *Selective adsorptions of L- and D-amino acids on calcite*. Proc. Natl. Acad. Sci. USA, 98 (10), 2001, 5487ff.
12. Becker, L., et al., *Impact Event at the Permian-Triassic Boundary: Evidence from Extraterrestrial Nobel Gases in Fullerenes*. Science, 291, 2001, p. 1530ff.
13. Friedmann E. I., Wierzchos, J., Ascaso, C., Winklhofer, M., *Chains of magnetite crystals in the meteorite ALH84001: Evidence for biological origin*. Proc. Natl. Acad. Sci. USA, 98 (5), 2001, p. 2176ff.
14. Blake, D. F., Jenniskens, P., *The Ice of Life*. Scientific American 8/2001, p. 36ff.
15. Kaplan, R. W., *Der Ursprung des Lebens*. dtv Wissenschaftliche Reihe, Georg Thieme Verlag, Stuttgart, 1972.
16. Cairns-Smith, A. G., *Seven Clues to the origin of life*. Cambridge University Press, 1985.
17. http://wupa.wustl.edu/nai/feature/2000/Maroo-gases.html
18. http://unisci.com/stories/20022/0419021.htm

3.6 Der Funke zündet

1. Spiegelman, S., *An in vitro anaysis of a replicating molecule*, American Scientist, 55, 1967, p.221 ff.
2. Eigen, M., Schuster, P., *The Hypercycle: The Principle of Natural Self – Organization*. Springer Verlag, Heidelberg, Berlin, New York, 1979.
3. Davies, P., *The Fifth Miracle*, The Penguin Press, London, 1998
4. Gilbert, D. M., *Making Sense of Eukaryotic DNA Replication Origins*. Science, 294, 2001, p. 96 ff.
5. Dawkins, R., *The blind watchmaker*. Longman Scientific and Technical, Harlow, England, 1986.
6. Avise, J. C., *Evolving Genomic Metaphors: A New Look at the Language of DNA*. Science, 294, 2001, p. 86 f.

7. Ruvkun, G., *Glimpses of a Tiny RNA World*, Science, 294, 2001, p. 797 f.
8. Johnston, W. K., et al., *RNA-Catalyzed RNA Polymerization*, Science, 292, 2001, p. 1319 ff.
9. Wills, Ch., Bada, J., *The Spark of Life*, Perseus, Cambridge, Massachusettes, 2000.
10. Schöning, K.-U., et al., *Chemical Etiology of Nucleic Acid Structure: The α-Threofuranosyl – (3' → 2') Oligonucleotide System.* Science, 290, 2000, p.1347 ff.
11. Cairns-Smith, A. G., *Seven Clues to the origin of life.* Cambridge University Press, 1985.
12. David Deamer, Nature, Vol 317, 1985, p.792 ff.
13. Schueller, G., *Stuff of Life*, New Scientist, 12. September 1998, p. 30 ff.
14. Woolfson, A., *Life Without Genes*, Harper Collins, London, 2000.

3.7 Kosmische Infektion

1. Marchant, J., *Life in the clouds*, New Scientist, , 26. August 2000, p.4.
2. Davies, P., *Interplanetary Infestations*, Sky & Telescope, September 1999, p.32 ff.
3. Gladman, B. J., *The exchange of impact ejecta between terrestrial planets*, Science, 271, 1996, p. 1387f.
4. Gladman, B. J., *Destination Earth: Martian Meteorite Delivery*, Icarus, 130, 1997, p. 228ff.
5. Ananthaswamy, A., *Hitch-hickers' ride.* New Scientist, 12. Januar 2002, p. 13.
6. Burr, D. M., et al., *Recent aqueous floods from Cerberus Fossae, Mars.* Geophysical Research Letters, Vol. 29, No 1, 2002, p 13f.
7. Chapelle, F. H., et al., *A hydrogen-based subsurface microbial community dominated by methanogens*, Nature, Vol. 415, 2002, p.312ff
8. Samuel, E., *By Jove!* New Scientist, 27. April 2002, p.9.
9. Schenk, P. M., *Thickness constrains on the icy shells of the galilean satellites from a comparison of crater shapes.* Nature, Vol. 417, 2002, p. 419f.
10. Abbott, A., *Battle lines drawn between ›nanobacteria‹ researchers.* Nature, 401, 1999, p. 105.
11. Cisar, J.O., et al., *An alternative interpretation of nanobacteria – induced biomineralization.* Proc. Natl. Acad. Sci. USA, Vol. 97, 2000, p. 11511ff.

12. Gross, M., *Reiter auf der Feuerkugel*, Spektrum der Wissenschaft, Juli 2002, p. 21f.
13. Bergreen, L., *The Quest for Mars*. Voyager. HarperCollinsPublishers. London, 2000.
14. Acuna, M. H., et al., *Magnetic Field and Plasma Observations at Mars: Initial Results of the Mars Global Surveyor Mission*. Science, Vol. 279, 1998, p. 1676 ff.
15. Clark, S., *Venus may surprise us and emerge as a haven for life*, New Scientist, Vol. 175 Nr. 2362, 28. September 2002, p. 16 .
16. Morton, O., *Don't Ignore the Planet Next Door*, Science, Vol. 298, 29. November 2002, p. 1706 f.
17. Motazedian, T., *Does Mars have flowing water?* Astronomy, June 2004, p. 66ff.

3.8 Der Tatort wird eingekreist

1. Kaplan, M., *A fresh start*, New Scientist, 11. Mai 2002, p. 7
2. Irion, R., *Astrobiologists Try to ‚Follow the Water to Life'*, Science, 296, 2002, p. 647.
3. Davies, P., *The Fifth Miracle*, The Penguin Press, London, 1998 In deutscher Übersetzung: *Das fünfte Wunder*, Scherz, Frankfurt, 2001
4. Darling, D., *Life everywhere*, Basic Books, New York, 2001, p. 46. (Anmerkung: Die dort von Darling zitierten Aussagen sind allerdings in dem von ihm angegebenen Artikel der drei Wissenschaftler nicht enthalten).
5. Bernstein, M. P., Sandford, S. A., Allamandola, L. J., *Kamen die Zutaten der Ursuppe aus dem All?* Spektrum der Wissenschaft, 10/1999, p. 26 ff.
6. Kissel, J., Krueger, F. R., *Urzeugung aus Kometenstaub?* Spektrum der Wissenschaft, 5/2000, p. 64 ff.
7. Bada, J. L., Lazcano, A., *Some Like It Hot, But Not the First Biomolecules*, Science, 296, 2002, p. 1982 f.
8. Choi, Ch., *Origins of life could lurk on the Moon*, New Scientist, 27. Juli 2002, p. 15.
9. Wills, Ch., Bada, J. L., *The Spark of Life*, Perseus Publishing, 2000.
10. McKay, Ch. P., *Life in Comets*, in *Comets and the Origin and Evolution of Life*. Thomas, P. J., Chyba, Ch. F., McKay Ch. P., Edts., Springer, New York, 1997
11. Kerner, M., et al., *Self-organization of dissolved organic matter to micelle-like microparticles in river water*, Nature, 422, p. 150 ff, 2003

IV
Wo sind Sie?

4.1 Seltene Erden?
1. Schmeidler, F., *Erde und Mond*, in Waldmeier, M. (Ed.), *Sterne und Weltall*, Hallwag Verlag, 1967. p. 234 und 237.
2. Ward, P. D., Brownlee, D., *Rare Earth. Why Complex Life Is Uncommon in the Universe*. Copernicus, New York, 2000.
3. Walter, U., *Zivilisationen im All*, Spektrum der Wissenschaft, 1999.
4. Schödel, R., et al., *A star in a 15.2-year orbit around the supermassive black hole at the centre of the Milky Way*, Nature, Vol. 419, 17. Oktober 2002, p. 694 ff.
5. Gonzalez, G., Brownlee, D., Ward, P. D., *Lebensfeindliches All*, Spektrum der Wissenschaft, 12/2001, p. 38 ff.
6. Gould, , S. J., *Illusion Fortschritt, Die vielfältigen Wege der Evolution*, Fischer Verlag, Frankfurt a. M., 1999.

4.2 Das Fermi-Paradoxon
1., Horowitz, P., *The Fermi Paradox*. http://frank.harvard.edu/~paulh/unpublished/fermi.htm, 1998.
2. Crawford, I., *Ist da draussen wer?* Spektrum der Wissenschaft, 11, 2000, p. 32 ff.
3. Gould, S. J., *Illusion Fortschritt*, Fischer Taschenbuch, Frankfurt a/M., 1999, p. 205ff.
4. Conway Morris, S., *We were meant to be*, NewScientist, 16. November 2002, p. 26ff.
5. Dick, S..J., *Life on other worlds*, Cambridge University Press, 1998.
6. Lovelock, J., *GAIA. Die Erde ist ein Lebewesen*. Scherz Verlag, Bern, München, Wien, 1992.
7. Zubrin, R., *Entering Space. Creating a spacefaring civilisation*. Tarcher/Putnam, New York, 1999.
8. Schulz, M., *Der leere Thron*, Der Spiegel, 52, 2002, p.136 ff.
9. Finkelstein, I., et al., *Keine Posaunen vor Jericho*, Beck Verlag, München, 2002.
10. von Däniken, E., *Die Götter waren Astronauten*, Bertelsmann Verlag, München, 2001
11. Ehrmann, J.R., *The Big Ear Wow! Signal*, http://www.bigear.org/wow20th. htm#intermittency, 1998
12. Drake, F., Sobel, D., *Is anyone out there?*, Simon & Schuster, London, 1991.
13. Tarter, J., *Ongoing Debate over Cosmic Neighbors*, Science, 299, 3. January 2003, p. 46f.

Register

Umschlaggestaltung von eStudio Calamar unter Verwendung einer Illustration von Detlev van Ravenswaay/Bildagentur Astrofoto.

Mit fünf Illustrationen von Gerhard Weiland nach Vorlagen des Verfassers, 15 Farb- und zehn Schwarzweißfotos.

Bibliografische Information der Deutschen Bibliothek:
Die Deutsche Bibliothek verzeichnet diese Publikation in der Deutschen National-bibliografie. Detaillierte bibliografische Daten sind im Internet über http://dnb.ddb.de abrufbar.

Informationen senden wir Ihnen gerne zu

Bücher · Kalender · Experimentierkästen · Kinder- und Erwachsenenspiele
Natur · Garten · Essen & Trinken · Astronomie
Hunde & Heimtiere · Pferde & Reiten · Tauchen · Angeln & Jagd
Golf · Eisenbahn & Nutzfahrzeuge · Kinderbücher

KOSMOS Postfach 10 60 11
D-70049 Stuttgart
TELEFON +49 (0)711-2191-0
FAX +49 (0)711-2191-422
WEB www.kosmos.de
E-MAIL info@kosmos.de

Gedruckt auf chlorfrei gebleichtem Papier

© 2005 Franckh-Kosmos Verlags-GmbH & Co. KG, Stuttgart
Alle Rechte vorbehalten
ISBN-13: 978-3-440-10504-7
ISBN-10: 3-440-10504-0
Redaktion: Alexander Burden, Sven Melchert
Produktion: Johannes Geyer
Printed in the Czech Republic/Imprimé en République Tchèque

KOSMOS

Einstein, Hawking & Science-Fiction

Rüdiger Vaas
Tunnel durch Raum und Zeit
256 Seiten, ca. 45 Abbildungen
€/D 16,95
€/A 17,50; sFr 29,–
(Preisänderung vorbehalten)
ISBN 978-3-440-09360-3

■ Sind Schwarze Löcher Tore zu anderen Welten? Kann man doch schneller reisen als Licht? Was gestern noch wie Science-Fiction klang, ist heute Gegenstand wissenschaftlicher Forschung. Albert Einsteins Weltbild wackelt, Stephen Hawking musste seine Theorien korrigieren – die verwegenen Erkenntnisse führender Wissenschaftler, spannend wie ein Roman!

www.kosmos.de